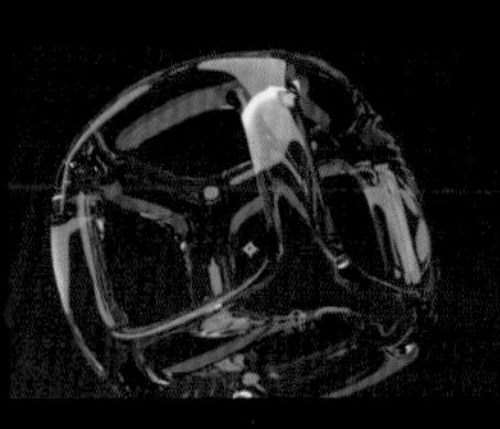

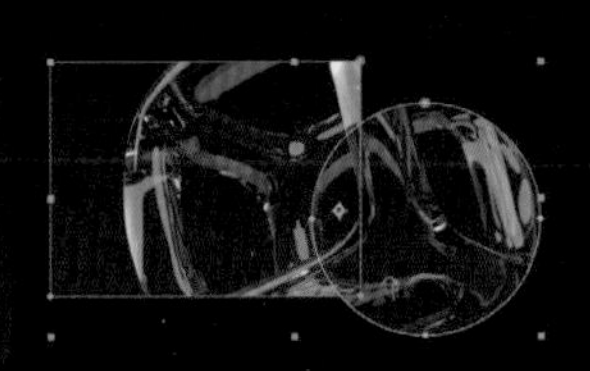

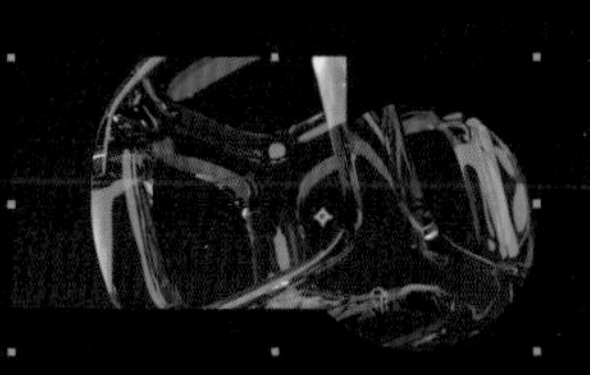

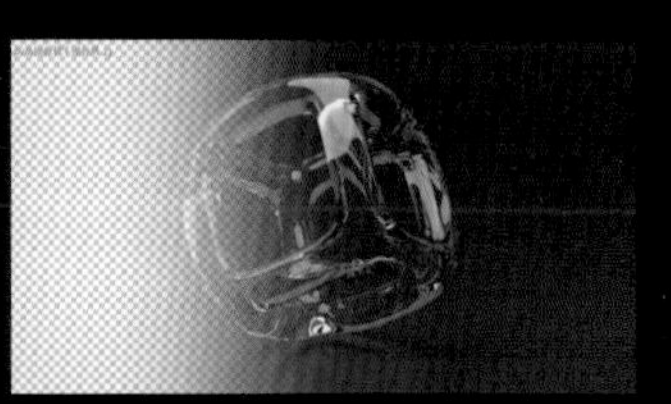

1.3.4　“合成”面板

2.1.8　图层蒙版

2.3.6　制作蒙版实例

2.3.7　预合成

2.4.5 起始与结束属性动画

2.6 基本图形

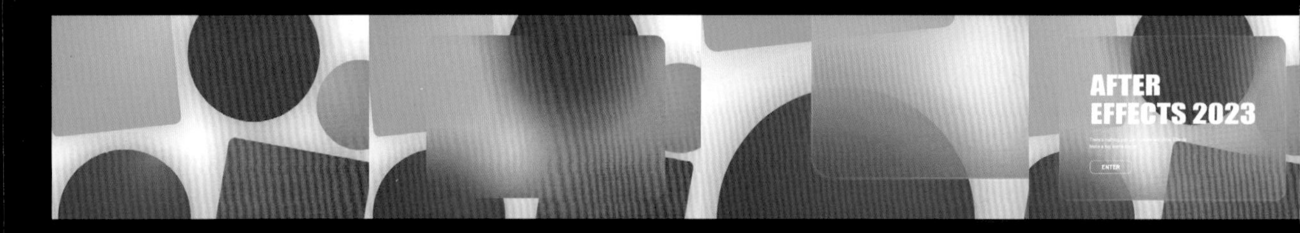

2.7.4 玻璃拟态

3.4.1 点跟踪

3.5　构造 VR 环境

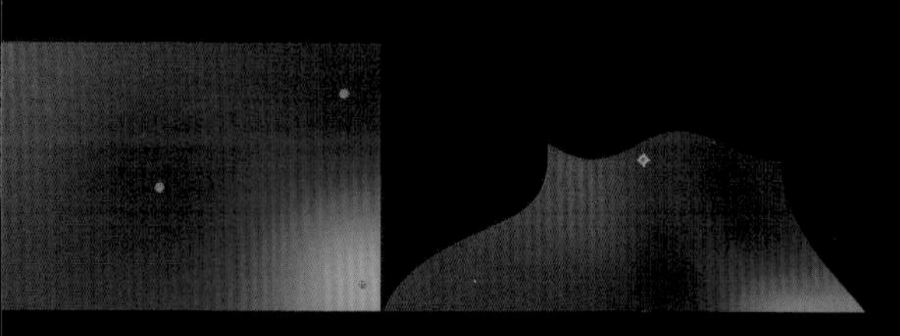

3.7　表达式三维文字效果

AFTER EFFECTS 2023

4.6　实战——流体动画

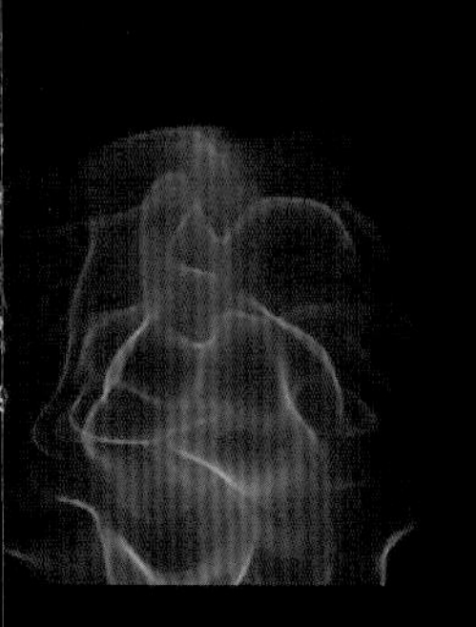

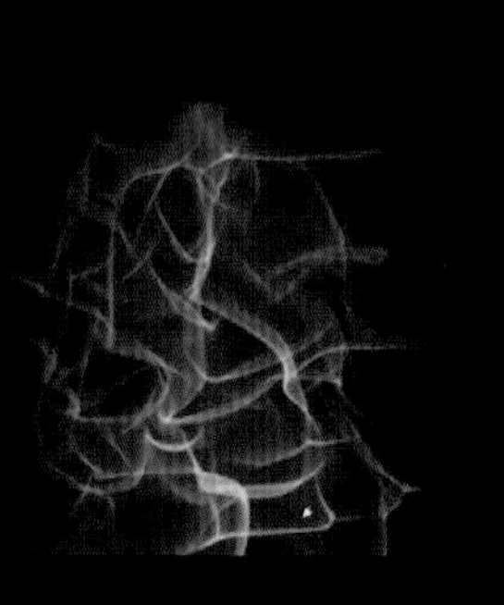

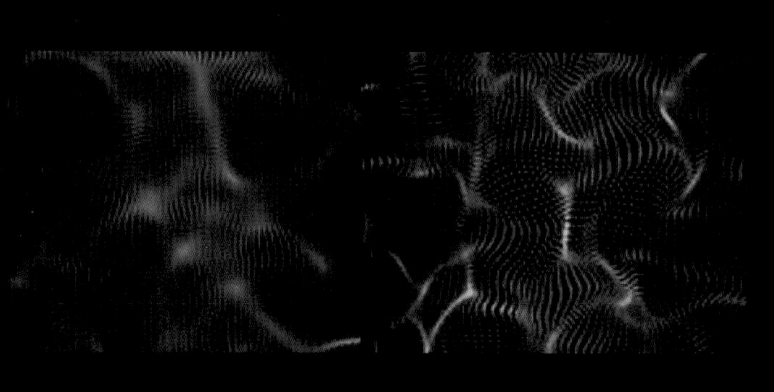

5.3.8　分形场

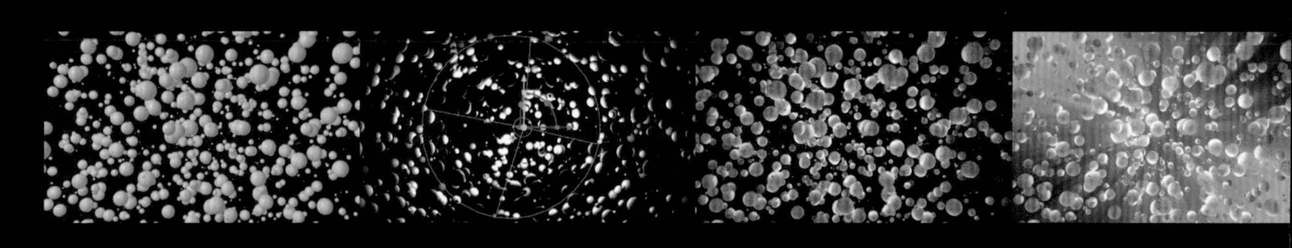

5.6　TAO效果插件

6.3　复古片头

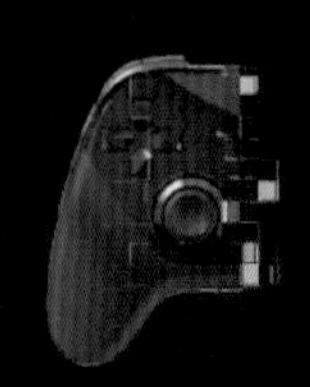

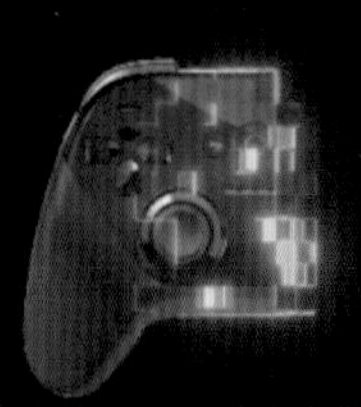

6.4　数码擦除

6.5　液体文字

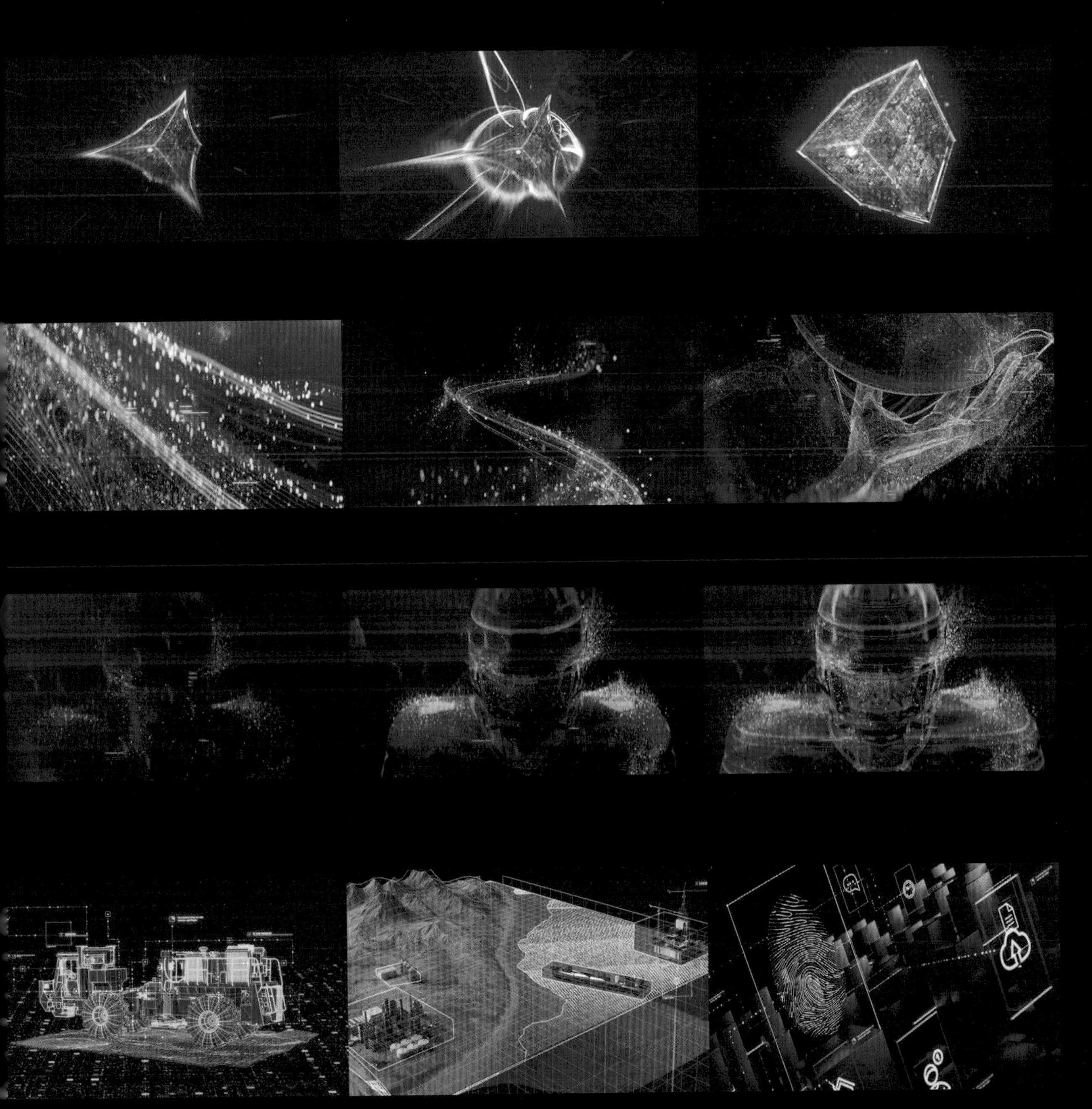

intel
CORE
intel
CORE

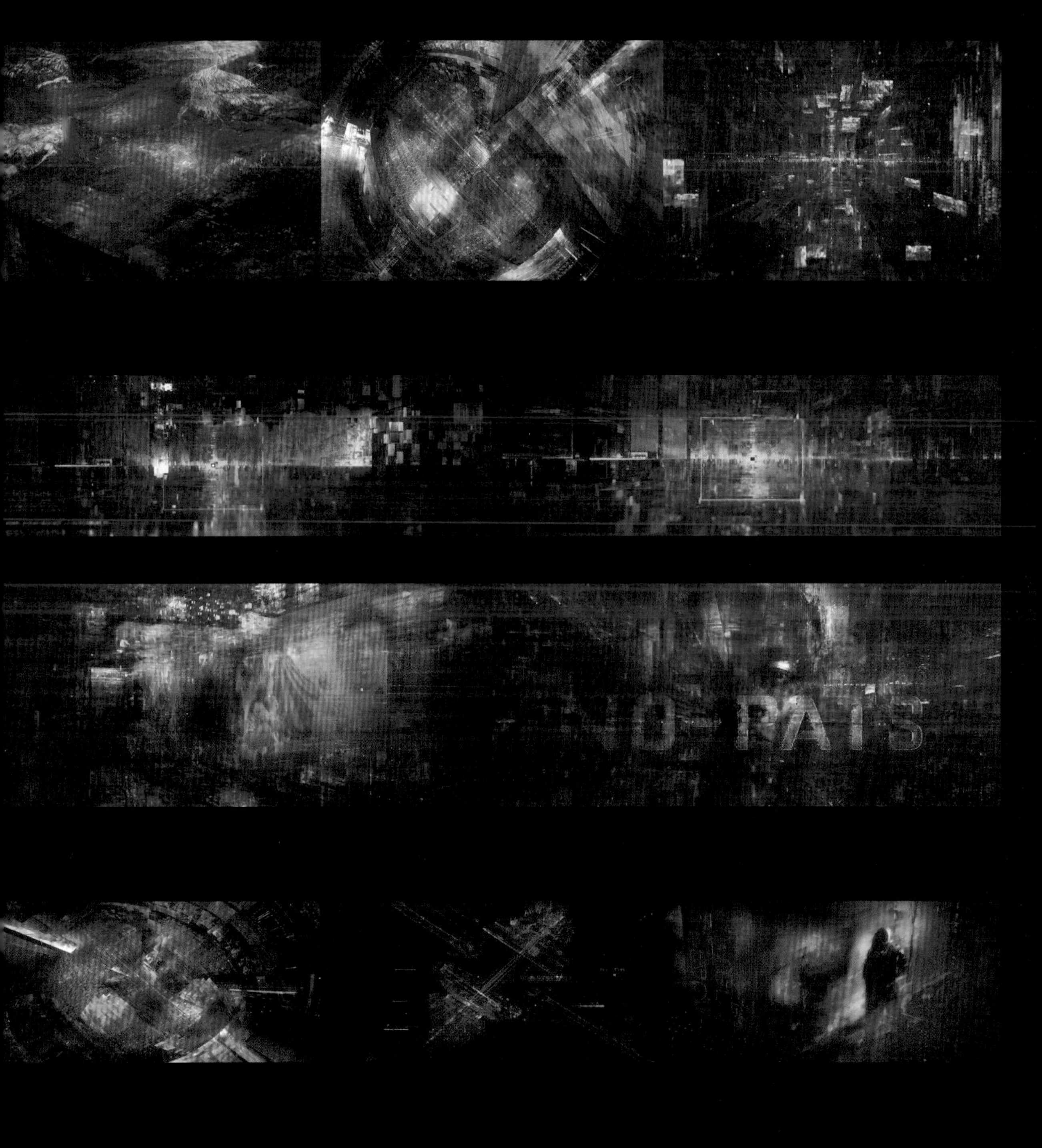

GATE TO NEW
2020 Mnet ASIAN MUSIC AWARDS
MAMA
NEW
TOPIA

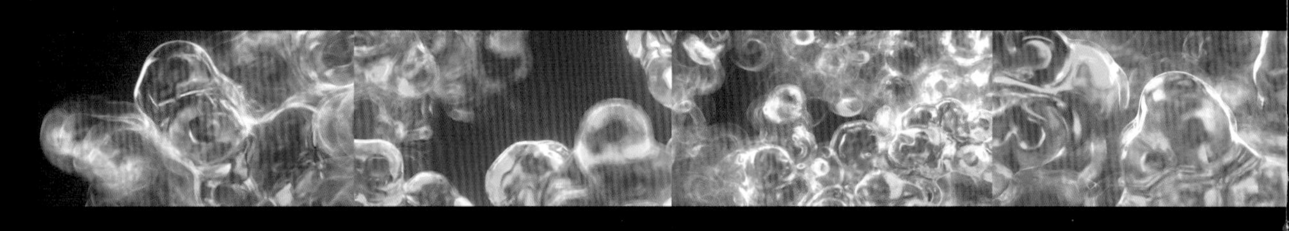

从新手到高手

After Effects 2023 特效合成 从新手到高手

沈洁 曹璠 要中慧 / 编著

清华大学出版社
北 京

内 容 简 介

本书深入分析讲解After Effects的主要功能和命令的使用方法，针对视频特效制作中经常用到的关键帧、蒙版、特效、表达式与插件的使用方法也进行了详细讲解。本书除了讲解软件的基本使用方法，还提供了大量实例，而且实例内容由易到难、由浅入深、步骤清晰、通俗易懂，可以学习到不同层次的视频制作方法。本书还赠送视频教学资料，分为两部分。第一部分为基础教学视频，主要讲解与After Effects相关的基础知识及应用技巧；第二部分为实例教学视频，主要讲解After Effects的进阶应用技巧，并且收录了大量的视频素材，读者可以根据需要练习、使用。

本书内容丰富，结构清晰，技术参考性强，非常适合喜爱影视特效制作的初、中级读者作为自学参考书，也可以作为影视后期处理人员、影视动画制作人员的辅助工具书，还可以作为相关专业院校及培训机构的教材使用。

图书在版编目（CIP）数据

After Effects 2023特效合成从新手到高手 / 沈洁,曹璠, 要中慧编著. -- 北京 : 清华大学出版社, 2024.2

（从新手到高手）

ISBN 978-7-302-65585-5

Ⅰ. ①A… Ⅱ. ①沈… ②曹… ③要… Ⅲ. ①图像处理软件 Ⅳ. ①TP391.413

中国国家版本馆CIP数据核字(2024)第042489号

责任编辑： 陈绿春
封面设计： 潘国文
责任校对： 胡伟民
责任印制： 曹婉颖

出版发行： 清华大学出版社
网　　址： https://www.tup.com.cn，https://www.wqxuetang.com
地　　址： 北京清华大学学研大厦A座　　**邮　　编：** 100084
社 总 机： 010-83470000　　**邮　　购：** 010-62786544
投稿与读者服务： 010-62776969，c-service@tup.tsinghua.edu.cn
质量反馈： 010-62772015，zhiliang@tup.tsinghua.edu.cn
印 装 者： 三河市龙大印装有限公司
经　　销： 全国新华书店
开　　本： 188mm×260mm　　**印　　张：** 15.25　　**插　　页：** 4　　**字　　数：** 498千字
版　　次： 2024年4月第1版　　**印　　次：** 2024年4月第1次印刷
定　　价： 99.00元

产品编号：102088-01

前　言

随着全民短视频时代的到来，拍摄设备的价格也在不断下降，带动了人们行为模式的转变。一直在幕后的影视后期制作行业也随之浮现在大众视野中，越来越多的人想要投入其中，导致影视后期处理成为近年来人才需求增长最快的热门职业之一。虽然市场上也有很多帮助大家制作视频特效的软件，但随着大众对于影像作品质量需求的不断提高，简单的影视后期制作软件已不能满足自媒体从业者的制作需求，本书介绍的 After Effects，正是一款适合视频特效专业人员使用的软件。After Effects 以其操作便捷和功能强大，已经占据影视后期特效软件市场的主导地位，经过不断地发展，After Effects 的功能可以基本满足媒体从业者的大部分影视后期制作需求。

全书共 6 章，内容概括如下。

第 1 章：讲解 After Effects 的基础知识，包括新功能、工作区与基本工作流程。

第 2 章：讲解 After Effects 中与二维动画相关的基础知识，包括图层、蒙版与基础图形等。

第 3 章：讲解 After Effects 中与三维动画相关的基础知识，包括灯光、跟踪、VR 等技术。

第 4 章：讲解 After Effects 常用的内置效果，并通过实例进行讲解。

第 5 章：讲解 After Effects 的 RED GIANT Trapcode 插件，包括 Particular、FORM、MIR、TAO 等。

第 6 章：讲解 After Effects 的综合实例，通过实例介绍制作流程，同时还总结了一些特效应用的综合使用方法。

本书由沈洁、曹璠、要中慧主笔，刘凡等参与了部分章节的编写工作。本书为教育部人文社会科学研究项目 (21YJC760063) 的阶段性成果和上海市虚拟环境下的文艺创作重点实验室的科研教学成果。本书的配套资源和视频教学文件请扫描下面的二维码进行下载，如果在下载过程中碰到问题，请联系陈老师，邮箱：chenlch@tup.tsinghua.edu.cn。由于作者水平有限，书中疏漏之处在所难免。如果有任何技术问题请扫描下面的二维码联系相关技术人员解决。

配套资源

视频教学

技术支持

编者

2024 年 3 月于上海浦江

目 录

第4章 常用内置效果

第5章 RED GIANT Trapcode效果插件

第1章 After Effects 2023概述

1.1 视频制作的专业化需求

随着数字媒体时代的来临，视频已成为人们表达创意、传递信息和展示作品的重要媒介。无论是短视频、广告片、音乐视频还是电影，制作精良的视频作品越来越受欢迎。在竞争日益激烈的视频制作领域，专业化的制作需求覆盖了各类视频制作领域。为实现制作高质量的视频作品的目的，越来越多的从业人员转向使用专业软件，而After Effects 2023正是满足这一需求的完美选择，如图1-1所示为该软件的启动界面。

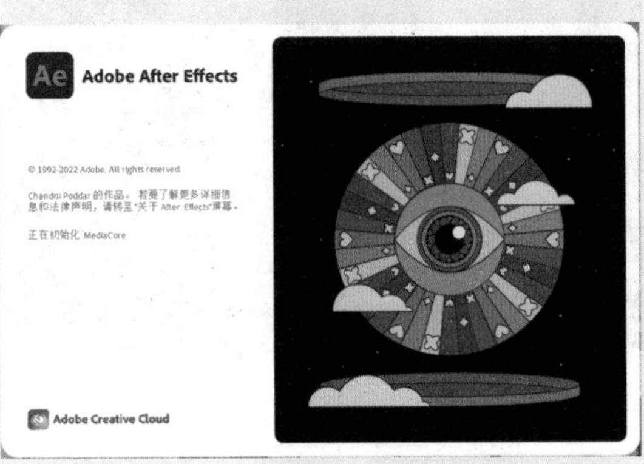

图1-1

由Adobe公司开发的After Effects 2023，是功能强大的视频特效制作和合成软件，提供了丰富的创作工具和专业级的功能，帮助从业人员实现高水平的视频制作。作为业界领先的软件之一，After Effects 2023广泛应用于广告、电影、电视剧、音乐视频等领域。

通过使用After Effects 2023，用户可以轻松应对各种视频制作需求。无论是为电影制作特效场景，还是为广告片添加引人注目的动画效果，该软件都能胜任。从复杂的视觉特效到精准的颜色校正，从动态文字效果到逼真的合成场景，After Effects 2023都提供了无限的创作可能性，如图1-2所示。

图1-2

此外，After Effects 2023还与其他专业软件具备良好的集成性，如Cinema 4D 2023.2.0、Blender等三维建模和动画制作软件，用户可以使用这些软件创建高精度三维模型和动画，并将其直接导入After Effects 2023中进行后期处理或添加特效。这种协同工作流程不仅提高了制作效率，还可以使用户在不同软件之间无缝切换，拓展更多创作的可能性，如图1-3所示。

在当今的后期合成软件中，主要采用两种流行的操作模式，分别是基于节点和基于图层的操作方式，这两种操作方式各有优缺点。基于图层的操作方式是一种比较传统的方式，通过图层的叠加和嵌套来控制画面，易于上手，很多软件都采用这种方式，包括众所周知的Photoshop、Premiere等，当然也包括After Effects；而基于节点的操作方式是通过不同的节点传递功能属性，这要求用户在工作时必须保持清晰的思路，否则会变得越用越乱。除此之外，After Effects 还可以在 Premiere Pro 中创建合成，使用 Dynamic Link 来消除各软件之间的中间渲染，同时还可以导入 Photoshop、Illustrator、Character Animator、Adobe XD 和 Animate 文件，使操作变得更加方便快捷，如图1-4所示。

图1-3

图1-4

使用 After Effects 进行后期编辑比使用其他同类软件更易于入手，因为大部分后期制作人员都具备一定的 Photoshop 使用基础，而 After Effects 几乎可以共享所有 PSD 的工程文件属性，包括图层融合模式等。通过这种操作方式，可以在 Photoshop 中制作一张分镜头，并将其导入 After Effects 中，直接制作动画，这使整个后期制作过程更加高效、流畅。此外，After Effects 还提供了许多高级功能，如支持 3D 空间的合成、高级的蒙版技术和精确的时间线控制等，使后期制作人员能够更加精细地控制画面效果。因此，After Effects 也被广泛应用于电影、电视剧、广告、动画等领域的后期制作中，如图1-5所示。

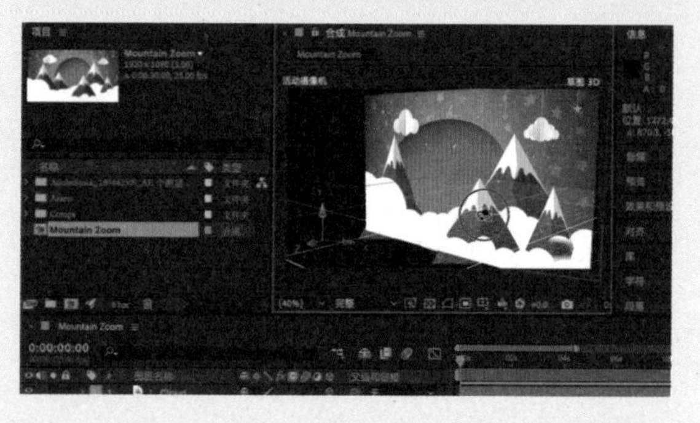

图1-5

在使用 After Effects 进行后期制作时，可以使用商业模板来快速完成动画和特效的添加。其中最著名的商业模板供应商为 ENVATO，这些商业模板都提供简单的操作方式，只需要基本的 After Effects 操作能力即可进行编辑。同时，也可以使用移动设备作为创意收集的来源，通过 Adobe Creative Cloud 共享和使用相关的素材，并最终由桌面设备进行制作，如图1-6所示。

图1-6

无论是视频编辑、特效制作还是动画设计，After Effects 2023 都可以提供强大而灵活的创作环境，使用户创造出更具创意和影响力的视频作品。在接下来的章节中，我们将深入探索 After Effects 2023 的各项功能和应用方法，并通过实例演示和练习帮助大家巩固所学知识，并提供系统而全面的学习指导，帮助你们在视频制作行业中脱颖而出。无论是初学者还是有一定使用经验的用户，本书都会是学习 After Effects 2023 的重要参考资料。让我们一起踏上学习之旅，探索 After Effects 2023 的精彩世界吧！

1.2 After Effects 2023 新功能

After Effects 2023 是本软件的第 20 个版本。由于 Adobe 基于云技术的更新模式，该软件可以随时更新，所以，针对新版本只简要介绍主要更新的功能，并在后文进行详细讲解。

1.2.1 ACES 颜色管理

ACES 是在电影或电视节目制作的整个过程中管理色彩的行业标准，它通过提供标准来保持端到端的图像保真度，从而简化因使用多个图像捕获和演示设备而产生的复杂性，如图1-7所示。

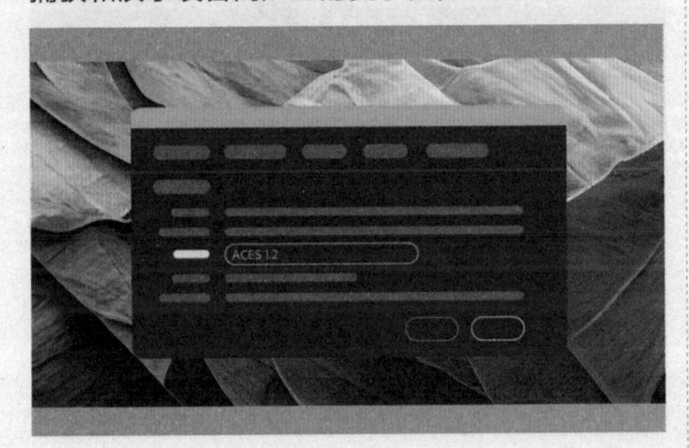

图1-7

After Effects 与 OpenColorIO(OCIO) 的集成简化了ACES工作流程，使用户能够在After Effects 中以本地方式在ACES中工作，如图1-8所示。

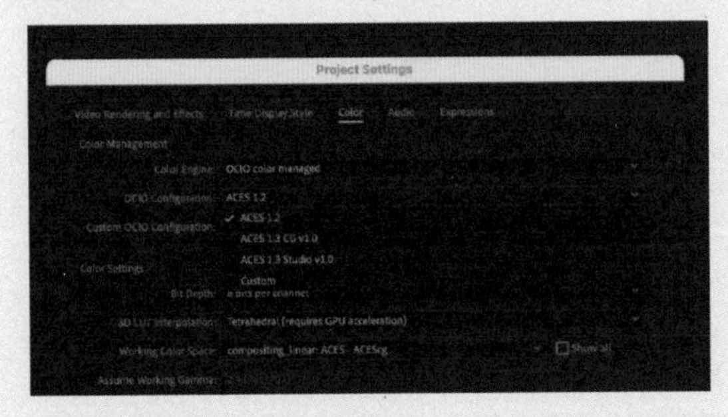

图1-8

1.2.2 属性面板

使用属性面板可以快速访问“时间线”面板中所选图层的重要属性，而无须打开多个图层层次结构或不同的面板。它提高了图层和对象属性的可访问性，从而简化了用户的工作流程，如图1-9所示。

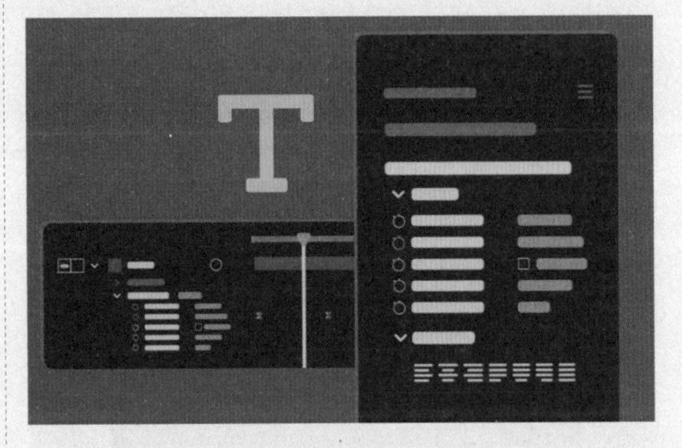

图1-9

After Effects 2023 增加了文本图层的属性面板功能，这是一种从“字符”和“段落”面板为所选图层编辑所有属性的快速、简便的方法，可以更新字体、更改填充和描边、设置段落对齐方式，甚至添加文本动画器，所有这些都无须在面板之间切换，如图1-10所示。

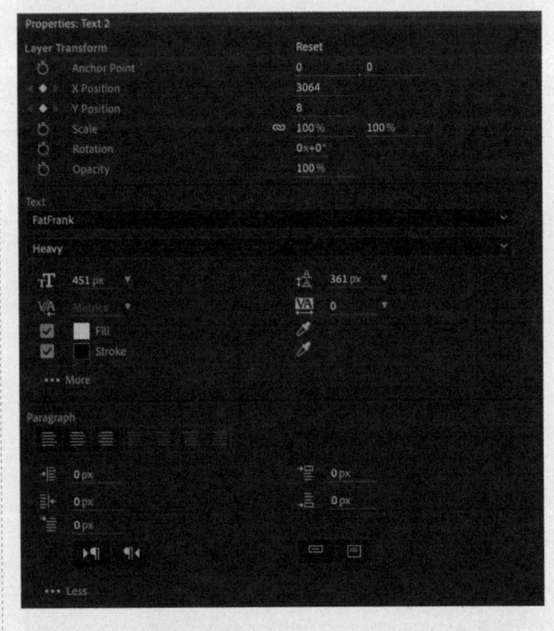

图1-10

1.2.3 特效管理

After Effects 现在会尝试识别可能会干扰用户的项目工作流程，并迫使应用程序崩溃的第三方插件或效果。用户可以在下次启动时使用效果管理器通知来保持启用状态并按原样继续工作，或者在继续工作之前禁用已识别的效果和插件。该功能可以节省大量的工作时间，因为用户不必不断处理由有问题的插件或效果引起的问题，如图1-11所示。

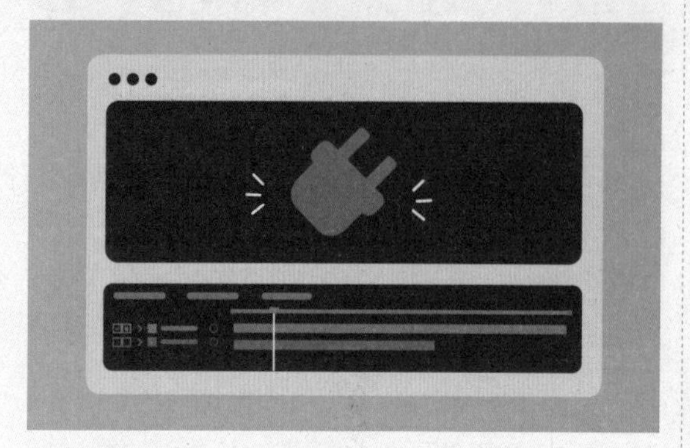

图1-11

用户还可以使用“效果”菜单下的“效果管理器”命令，查看所有已安装效果，并在下次启动时禁用任何效果，如图1-12所示。

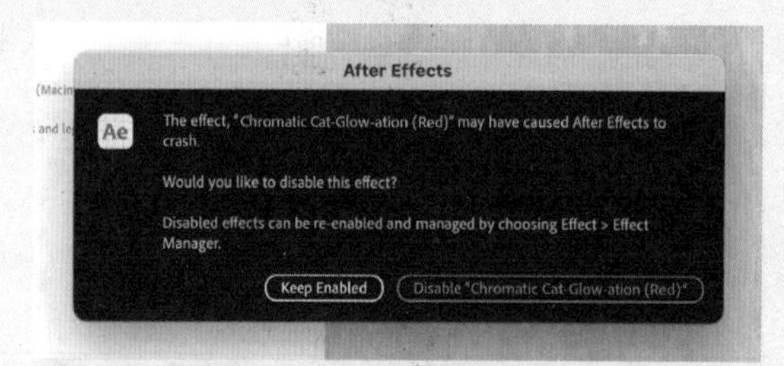

图1-12

1.2.4 启动和修复首选项

使用“首选项”对话框中的“启动和修复”选项卡，可以对 After Effects 中设置的首选项进行故障排除，而无须更改或删除它们或从头开始，如图1-13所示，具体设置如下。

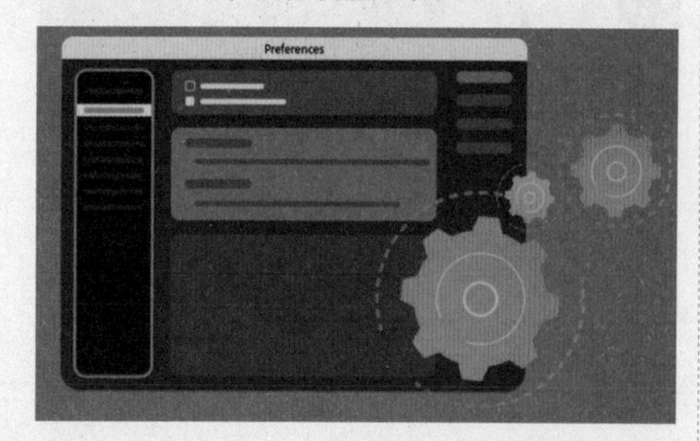

图1-13

※ 以安全模式启动：仅使用默认的 After Effects 首选项和禁用的第三方插件启动一次 After Effects，可以帮助用户确定当前设置的首选项是否已损坏并需要重置。

※ 将所有首选项重置为默认值：将所有首选项永久重置为默认值。

※ 在 Finder 中显示首选项：直接跳转到本地保存的 After Effects 首选项文件。

※ 迁移以前版本的首选项：将所有首选项从以前的 After Effects 版本迁移到当前版本，如图1-14所示。

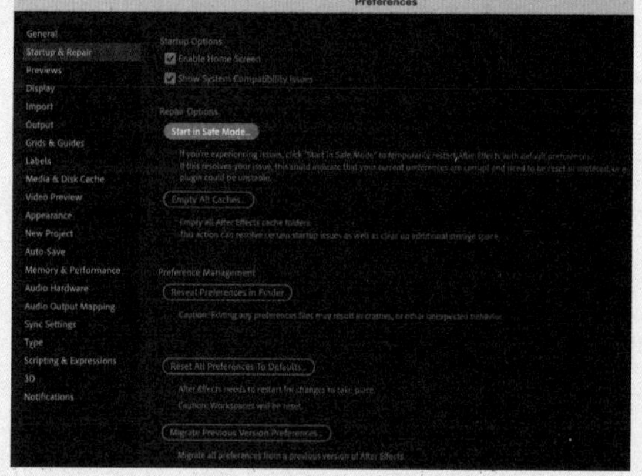

图1-14

1.3 After Effects 2023 工作区

1.3.1 工作界面

在本节中，将全面介绍 After Effects 软件的工作界面，并充分熟悉不同模块的工作流程和操作方法。对于已经使用过 PhotoShop 等软件的用户来说，这个流程并不陌生。而对于初学者来说，你将会发现 After Effects 的工作流程是多么容易学习和理解。通过初步了解，我们可以对 After Effects 有一个整体的认识，并为以后更深入的学习打下良好的基础，如图1-15所示。工作界面各部分的简单介绍如下。

※ A 菜单栏：大多数命令都可以在这里找到，将在对应的章节中进行详细讲解。

※ B 工具：同 Photoshop 的工具箱一样，

大多数工具的使用方法也类似。

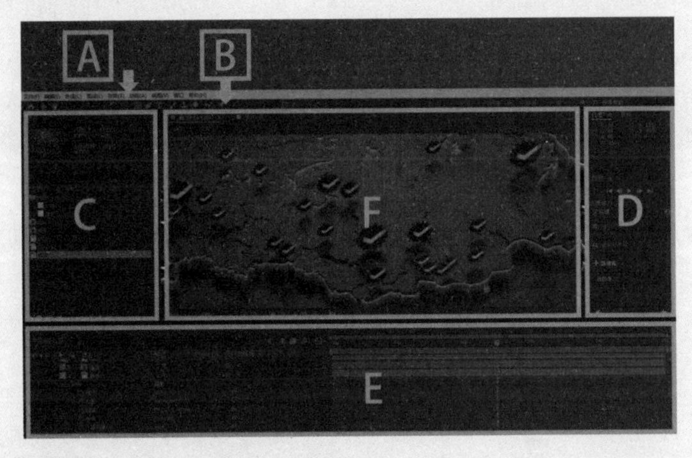

图1-15

※ C “项目”面板：所有导入的素材都在这里进行管理。

※ D 其他功能面板：After Effects 有众多控制面板，以实现不同的功能，随着工作环境的变化，这里的面板也可以进行调整。如果不小心关闭了某个面板，可以通过执行“窗口”中的相应命令再将其调出。

※ E “时间线”面板：After Effects 的主要工作区域，动画制作主要在这个区域内完成。

※ F 视图观察编辑区：其中包括多个面板，最经常使用的就是“合成”面板，通过单击其上方的选项卡，可以切换为“图层”面板，主要用于观察并编辑最终呈现的画面效果。

After Effects 中的窗口按照用途的不同分别放置在不同的框架内，框架与框架之间用分隔条隔开。如果一个框架同时包含多个面板，将在其顶部显示各个面板的选项卡，但只有处于前端的选项卡对应的面板内容是可见的。单击选项卡，将对应面板显示出来。下面将以 After Effects 默认的“标准”工作区为例，对 After Effects 各个界面元素进行详细介绍，如图1–16所示。

图1-16

1.3.2 “项目”面板

在 After Effects 中，“项目”面板提供了一个管理素材的工作区，用户可以很方便地把不同素材导入，并对它们进行替换、删除、注解、整合等操作。After Effects 这种项目管理方式与其他软件不同，例如，使用 Photoshop 将文件导入后，生成的是 Photoshop 文档格式（.psd），而 After Effects 则是利用项目来保存导入素材所在的硬盘位置，这样就会使 After Effects 的文件非常小。当改变导入素材在硬盘的位置时，After Effects 将要求用户重新确认素材的位置。建议使用英文来命名保存素材的文件夹和素材文件名，从而避免 After Effects 识别中文路径和文件名时产生错误，如图1–17所示。

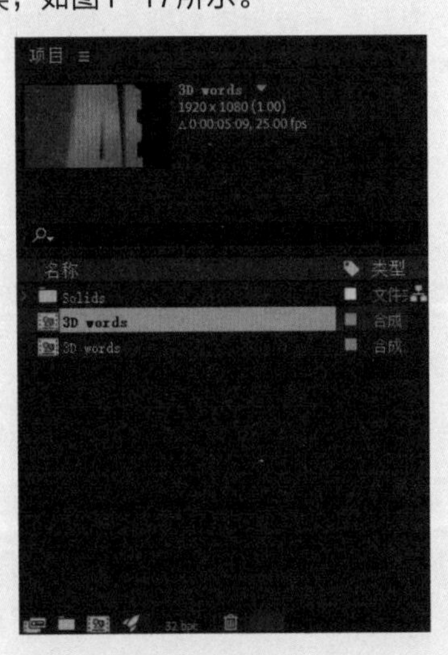

图1-17

在“项目”面板中选择一个素材，在素材的

名称上右击，就会弹出快捷菜单，如图1-18所示。

右击“项目”面板中素材名称后面的小方块图标，会弹出用于选择颜色的菜单。每种类型的素材都有特定的默认颜色，主要用来区分不同类型的素材，如图1-19所示。

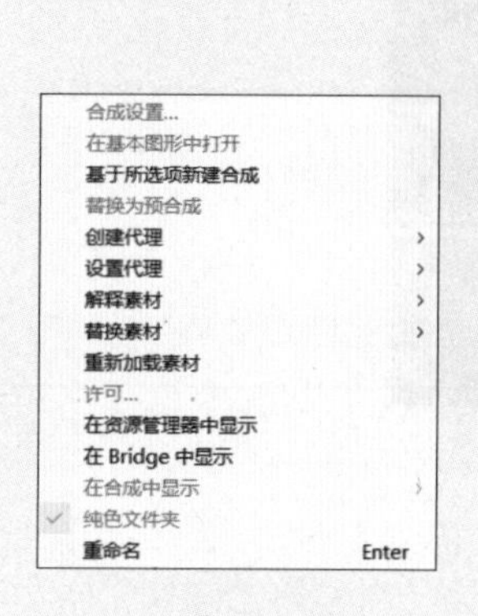

图1-18

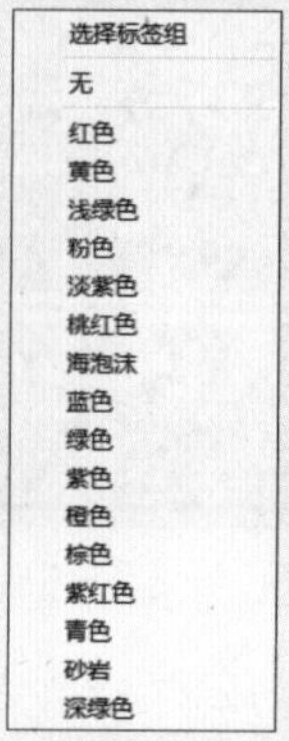

图1-19

在“项目”面板的空白处右击，会弹出包含“新建合成”和“导入”等选项的快捷菜单，如图1-20所示。用户也可以像使用Photoshop一样，在空白处双击，直接导入素材。

图1-20

在“项目”面板的空白处右击，弹出的快捷菜单中的主要命令介绍如下。

※ 新建合成：创建新的合成项目。

※ 新建文件夹：创建新的文件夹，用来分类管理素材。

※ 新建 Adobe Photoshop 文件：创建一个新的 Photoshop 格式的文件。

※ 新建 MAXON CINEMA 4D 文件：创建 CINEMA 4D（.C4D）格式文件，这是 After Effects 新支持的文件格式。

※ 导入：导入新的素材。

※ 导入最近的素材：导入最近使用过的素材。

“项目”面板的其他工具图标的使用方法介绍如下。

※ 查找：用于查找“项目”面板中的素材，在素材比较多的情况下，能够比较快捷地找到需要的文件。

※ “解释素材”图标：用于打开“解释素材”面板，在该面板中可以调整素材的相关参数，如帧速率、通道和场等。

※ “新建文件夹”图标：位于“项目”面板左下角的第二个，可以建立一个新的文件夹，用于管理“项目”面板中的素材，可以把同一类型的素材放入同一个文件夹中。管理素材与动画制作是同样重要的工作，当用户制作大型项目时，将要同时面对大量的视频素材、音频素材和图片素材。合理分配素材将有效提高工作效率，并增强团队协作能力。

※ “新建合成”图标：用来建立一个新的合成，单击该图标会弹出“合成设置”对话框。也可以直接将素材拖至该图标上，创建一个新的合成。

※ “删除”图标：用来删除“项目”面板中所选定的素材或项目。

1.3.3 工具箱

After Effects 的工具箱与 Photoshop 的工具箱类似，通过使用其中的工具，可以对图像素材进行缩放、擦除等编辑操作。工具箱中的工具按照功能的不同分为六大类，分别是：操作工具、视图工具、蒙版工具、绘画工具、文本工具和坐标轴工具。要使用工具时单击工具箱中的工具按钮即可，但有些工具必须选中素材所在的层才能被激活。单击工具按钮右下角的小三角形图标可以显示隐藏工具，将鼠标指针放在该工具按钮上方片刻，系统会显示该工具的名称和对应的快捷键。如果不小心关掉了工具箱，可以执行“窗口”→“工作区”子菜单中相应的工作区模式命令，恢复显示工具箱，如图1-21所示。

图1-21

“选择”工具“手形工具”和“缩放工具”是最常用的工具，在选择和移动图层或者形状时都需要使用“选择”工具。

“选择”工具主要用于在“合成”面板中选择、移动和调节素材的层、蒙版、控制点等。“选择”工具每次只能选取一个素材，按住 Ctrl 键的同时单击其他素材，可以同时选择多个素材。如果需要选择连续排列的多个素材，可以先单击起始素材，然后按住 Shift 键，单击结尾素材，这样中间连续的多个素材就被同时选中了。如果要取消某个层的选中状态，也可以通过按住 Ctrl 键单击该层来完成。

> **提示**
>
> “选择”工具可以在操作时切换。使用“选择”工具时，按住Ctrl键可以将其切换为“画笔工具”，释放Ctrl键又会恢复为“选择”工具。

“手形工具”主要用来调整画面显示的位置。与“移动工具”不同，“手形工具”不移动素材本身的位置，当图像放大后造成图像在面板中显示得不完整，为了方便观察，使用“手形工具”对显示区域进行调整，这样的操作对素材本身的位置不会有任何影响。

> **提示**
>
> “手形工具”在实际使用时一般不会直接选择该工具使用，在使用其他工具时，只要按住空格键，就能快速切换到“手形工具”。

“缩放工具”主要用于放大或者缩小画面的显示比例，对素材本身不会有任何影响。选中“缩放工具”，然后按住 Shift 键在“合成”面板中单击，在素材需要放大的部分单击并拖曳出一个灰色区域，释放鼠标后该区域将被放大。如果需要缩小画面比例，按住 Alt 键“缩放工具”的鼠标指针由带“+”号的放大镜变成带“−”号放大镜。也可以通过修改“合成”面板中 100% 菜单的选项，来改变图像显示的比例。

> **提示**
>
> “缩放工具”的组合使用方式非常多，熟练使用可以提高工作效率。按住Ctrl键系统会切换为“缩放工具”，释放Ctrl键又切换回“缩放工具”；与Alt键配合使用，可以在“缩放工具”的缩小或放大功能之间切换；按快捷键Alt+<或者Alt+>，可以快速放大或缩小图像的显示比例；双击工具箱中的“缩放工具”按钮，可以使素材恢复到100%的显示比例。这些操作在实际操作中都会频繁使用。

其他工具会在后文对应的章节详细讲解。

1.3.4 “合成”面板

“合成”面板主要用于对视频进行可视化编辑，对影片做的所有修改，都将在该面板中显示出来，其中显示的内容是最终渲染效果的最主要参考。“合成”面板不仅可以用于预览源素材，在编辑素材的过程中也可以进行效果预览。“合成”面板不仅用于显示效果，同时也是最重要的工作区域。用户可以直接在“合成”面板中使用工具箱中的工具在素材上进行修改，并实时显示修改的效果，还可以建立快照以方便对比影片的修改效果。

“合成”面板主要用来显示各个层的效果，而且通过该面板可以对层做直观的调整，包括移动、旋转和缩放等，而且对层使用的滤镜也可以在该面板中显示出来，如图1-22所示。

图1-22

单击“合成”面板上方的选项卡，可以在“合成”面板、“固态层”面板、“素材”面板和“流程图”面板之间进行切换，“合成”面板为默认面板，双击“时间线”面板中的素材，会自动切换到“素材”面板中，如图1-23所示。

50% 完整 0:00:00:00 草图 3D Cinema 4D 活动摄像机 1个...

图1-23

“合成”面板相关功能组件介绍如下。

50%：该列表是用来控制合成显示的缩放比例。单击展开该列表，可以从中选取需要的比例大小选项，如图1-24所示。

：该图标是安全区域图标，因为在计算机上制作的影片在电视机上播出时，会将边缘裁掉一部分，为了不把重要的信息裁掉，就有了安全区域的概念，只要把重要信息放在安全区域内，就不会被裁掉。单击该按钮，在弹出的菜单中控制显示或隐藏标题/动作安全线、网格、参考线等，如图1-25所示。

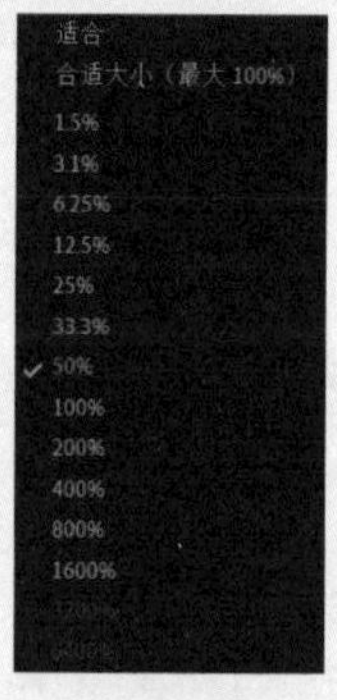

图1-24

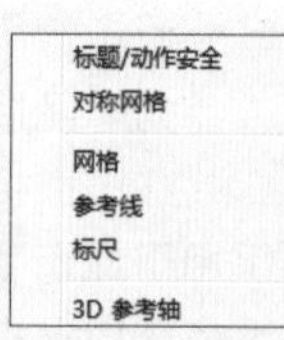

图1-25

：单击该按钮可以显示或隐藏蒙版，如图1-26和图1-27所示。

图1-26

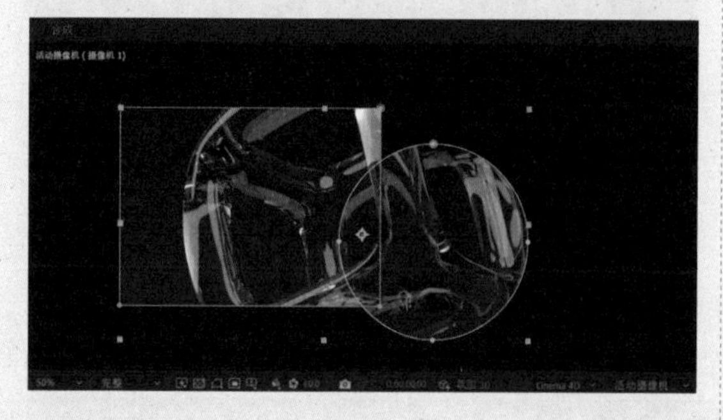

图1-27

0:00:00:29：此处显示的是合成的当前时间，如果单击该数值会弹出“转到时间”对话框，在该对话框中可以直接输入需要跳转的精确时间，如图1-28所示。

图1-28

：该按钮用于暂时保存当前时间点的图像，以便在更改后进行对比。暂时保存的图像只会存在内存中，并且一次只能保存一张。

：该按钮用来显示快照，无论在哪个时间点，只要按住该按钮即可显示最后一次快照的图像。

提示

如果想要拍摄多个快照，可以按住Shift键，然后在需要快照的地方按F5、F6、F7或F8键，即可拍摄多张快照，要显示快照可以只按F5、F6、F7、F8键即可。

：该按钮用来显示通道或设置色彩管理，单击该按钮会弹出菜单，当选择不同的通道模式时，显示区就会显示该通道的图像效果，从而检查图像各通道的信息，如图1-29所示。

(完整)：在该列表中可以选择以何种分辨率显示图像，通过降低分辨率，可以提高计算机运行的效率，如图1-30所示。

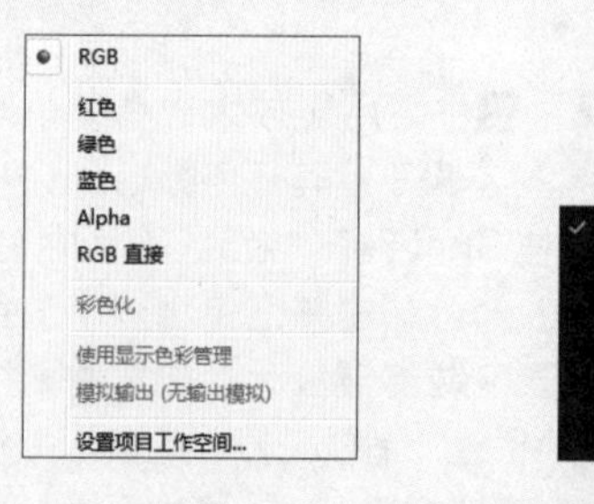

图1-29　　图1-30

提示

执行“合成”→“分辨率”命令也可以设置分辨率，也可以在“合成”面板随时修改。分辨率的大小会影响最后影片渲染输出的质量，如果整个项目很大，建议使用较低的分辨率，这样可以加快预览速度，在输出影片时再调整回“完整”分辨率。4种分辨率的预览图像质量依次递减，用户也可以选择“自定义”选项并自定义分辨率。

：单击该按钮可以在显示区中自定义一个矩形区域，只有在矩形区域中的图像才能显示出来。它可以加速影片的预览速度，只显示需要看到的区域，如图1-31所示。

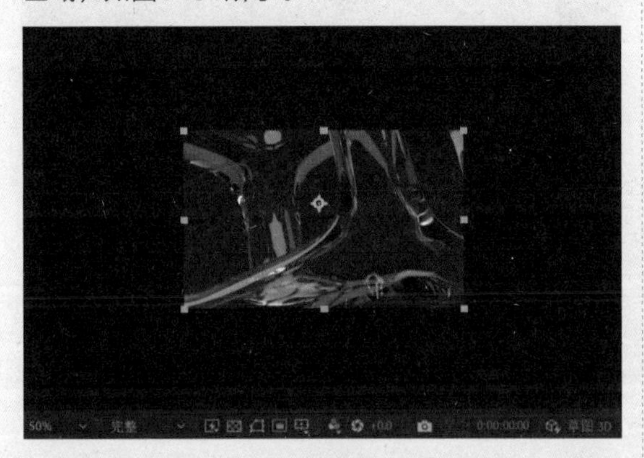

图1-31

：单击该按钮可以打开棋盘格透明背景，如图1-32所示。默认的情况下，背景为黑色。

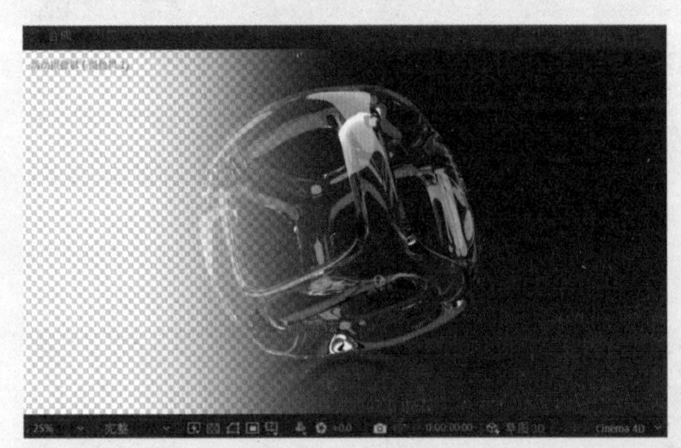

图1-32

活动摄像机：在建立了摄像机并打开了3D图层时，可以通过该列表进入不同的摄像机视图，如图1-33所示。

1个视图：使用该列表，可以控制“合成”面板中显示多个视图，如图1-34和图1-35所示。

在“合成”面板的空白处右击，可以弹出一个快捷菜单，如图1-36所示。其中的主要选项含义如下。

※ 新建：通过选择该子菜单中的选项，可以新建一个合成、固态层、灯光或摄像机层等。

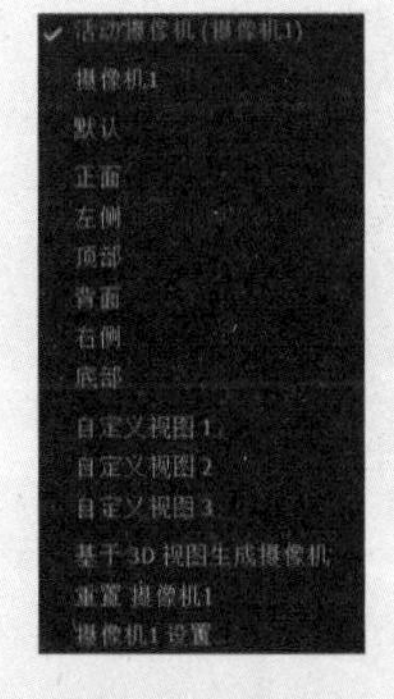

图1-33

图1-34

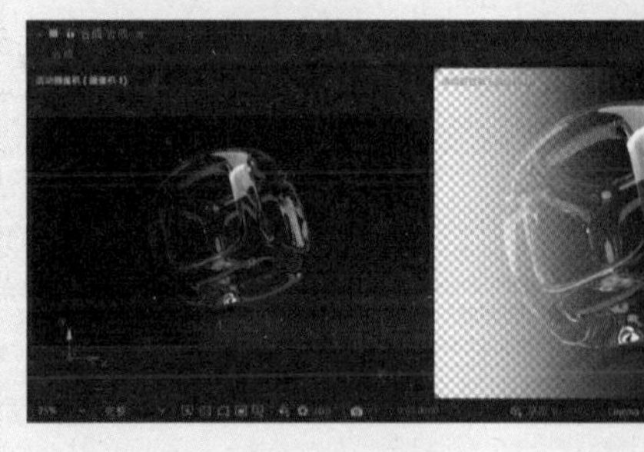

图1-35

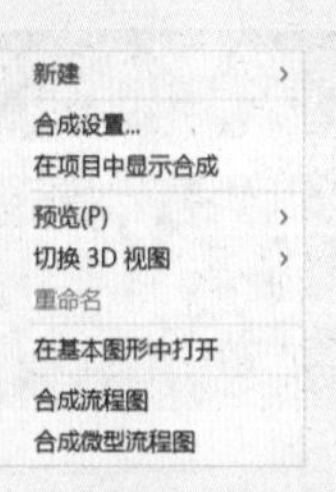

图1-36

※ 合成设置：选择该选项，打开“合成设置”对话框。

※ 在项目中显示合成：选择该选项，可以把合成层显示在“项目”面板中。

※ 预览：选择该子菜单中的选项，可以以不同的方式预览动画。

※ 切换3D视图：选择该子菜单中的选项，可以切换到不同的视图角度。

※ 重命名：选择该选项，重命名合成。

※ 在基本图形中打开：选择该选项，打开“基本图形”面板，创建自定义图形。

※ 合成流程图：选择该选项，进入节点式合成显示模式。

※ 合成微型流程图：选择该选项，进入详细节点合成显示模式，如图1-37所示。

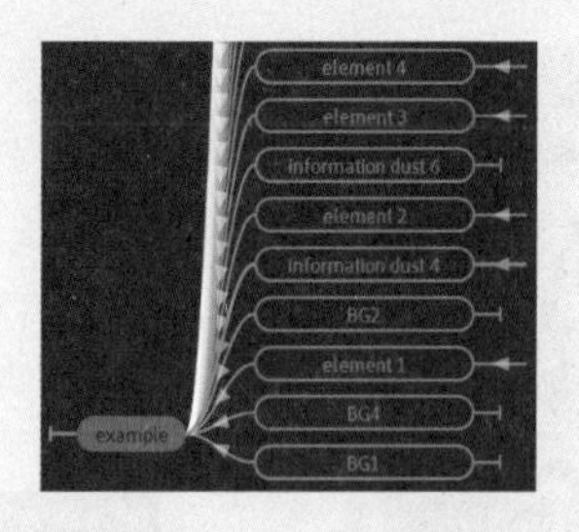

图1-37

同时显示在“合成”面板框架中的还有“素材”面板，该面板可以对素材进行编辑，比较常用的就是编辑切入与切出时间点。双击导入“项目”面板的素材，该素材就可以在“素材”面板中打开，如图1-38所示。

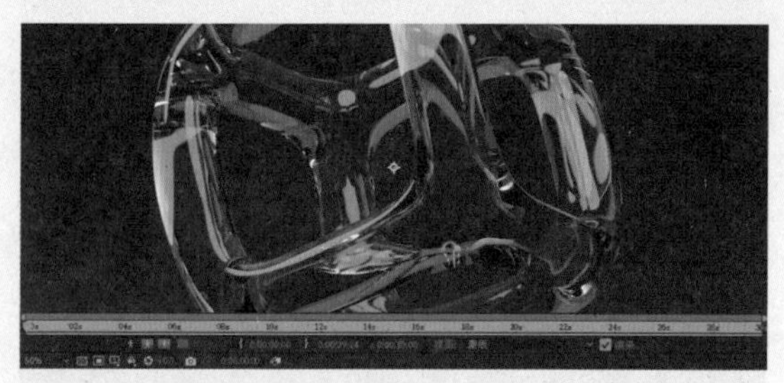

图1-38

1.3.5 “时间线”面板

“时间线”面板是编辑影片重要面板，如图1-39所示，主要功能包括管理层的顺序、设置关键帧等，大部分关键帧特效都在这里完成。素材的时长、在整个影片中的位置等，都在该面板中显示并可以进行调整，特效应用的效果也会在该面板中得到控制。所以说，“时间线”面板是 After Effects 用于组织各个合成图像或场景元素最重要的面板，在后文我们会详细介绍该面板的使用方法，下面简要介绍一些组件的使用方法。

图1-39

※ ：单击该按钮，可以展开或折叠图层部分，如图1-40所示。

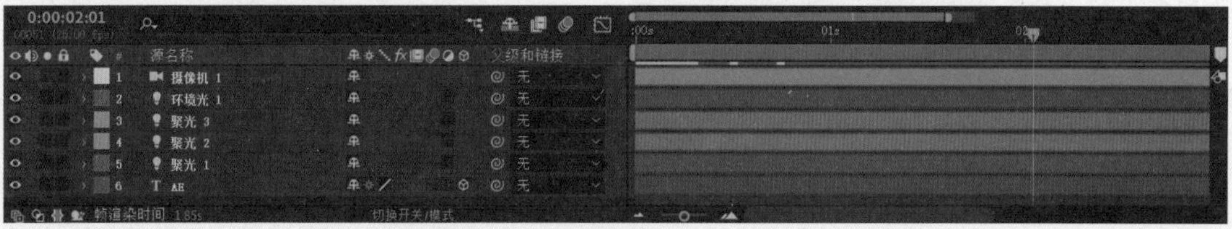

图1-40

※ ：单击该按钮，可以展开或折叠“转换控制”部分。快捷键为F4，反复按F4键可以在两个区域之间进行切换，如图1-41所示。

图1-41

※ ：单击该按钮，可以展开或折叠“出点 / 入点 / 持续时间 / 伸缩”部分，从而直接调整素材的播放速度，如图1-42所示。

图1-42

※ ：单击该按钮，可以展开或折叠“渲染时间”部分，如图1-43所示。

图1-43

1.3.6 其他功能面板

After Effects 界面的右侧，折叠了多个功能面板，这些面板都可以通过执行“窗口”菜单中的对应命令显示或者隐藏，可以根据不同的项目，自由选择调换相关的功能面板，下面介绍常用的功能面板的基本使用方法。

※ “预览”面板：该面板的主要功能是控制播放素材的方式，用户可以以 RAM 方式预览，使画面变得更加流畅，但一定要保证有大量的内存作为支持，如图1-44所示。

※ “信息”面板：该面板会显示鼠标指针所在位置的图像颜色和坐标信息，默认状态下“信息”面板为空白，只有当鼠标指针在“合成”面板或“图层”面板中时才会显示具体信息，如图1-45所示。

※ “音频”面板：该面板会显示音频的各种信息，包括对声音级别的控件和级别单位，如图1-46所示。

※ “效果和预设”面板：该面板中包括了所有的滤镜效果，如果要为某层添加滤镜效果，可以直接在这里选择使用“效果和预设”面板中有“动画预设”选项，是 After Effects 自带的成品动画效果，可以供用户直接使用，如图1-47所示。

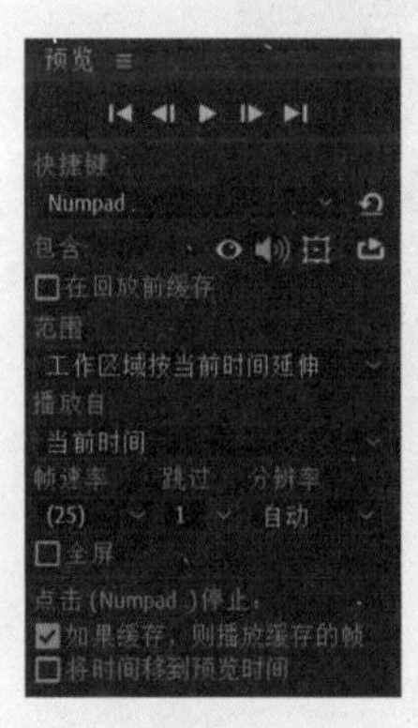

图1-44

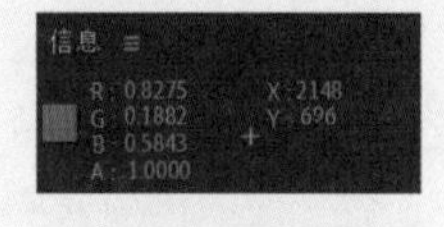

图1-45

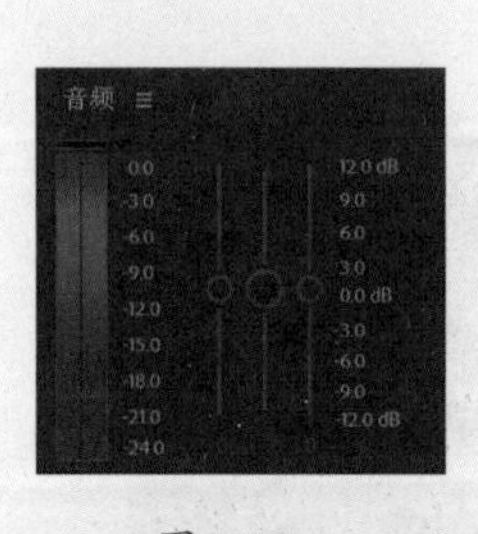

图1-46

图1-47

※ “字符”面板：该面板可以控制文字的相关属性，包括文字的大小、字体、行间距、字间距、粗细、上标和下标等，如图1-48所示。

※ “对齐”面板：该面板主要用来按某种方式排列多个图层，如图1-49所示。

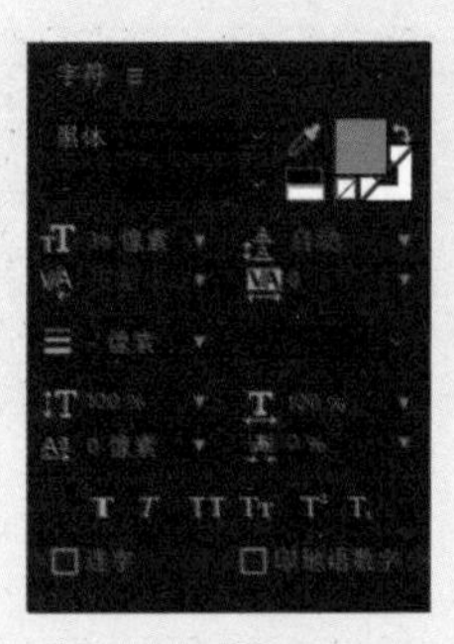

图1-48

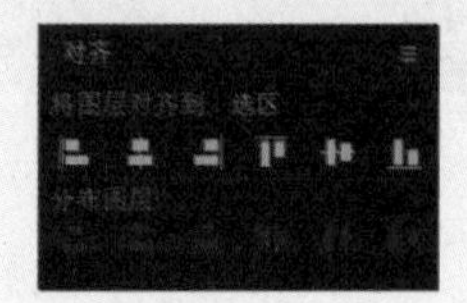

图1-49

“对齐”面板主要针对合成内的素材进行操作，下面来看“对齐”面板的具体使用方法。

01 启动Photoshop，建立3个图层，在不同的图层中，分别绘制3个不同颜色的图形，如图1-50所示。

图1-50

02 将文件存成PSD格式，然后导入After Effects中，在弹出的对话框中，将“导入种类”设置为“合成-保持图层大小”，在“图层选项”区域中选中“可编辑的图层样式”单选按钮，如图1-51所示。

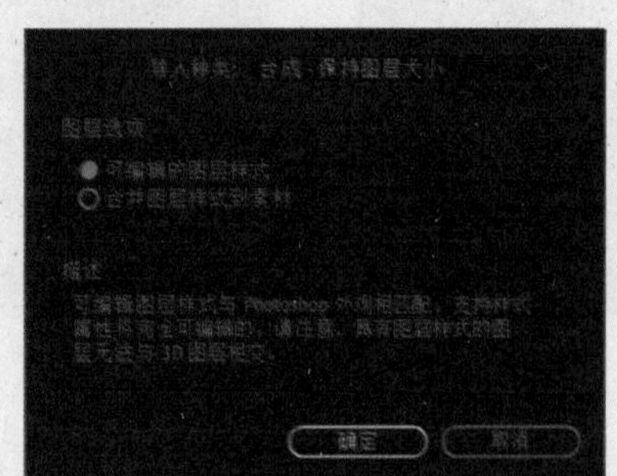

图1-51

03 在“项目”面板中双击导入的合成文件，可以在“时间线”面板中看到3个图层。此时选中3个图层，然后单击“对齐”面板中的按钮实现不同的对齐效果，如图1-52所示。

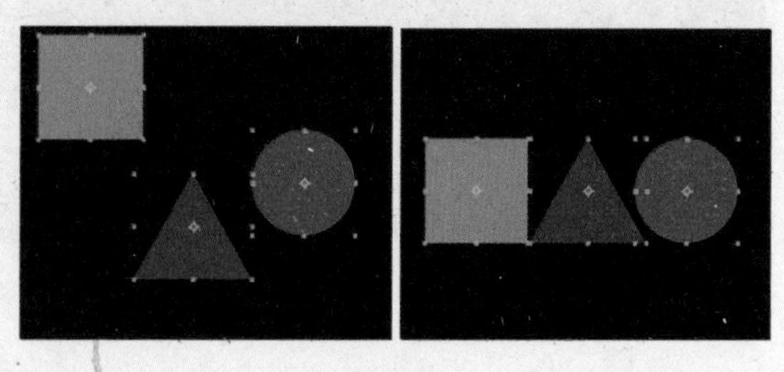

图1-52

1.4 工作流程

本节旨在全面了解 After Effects 2023 的基本使用流程。

1.4.1 素材导入

After Effects 并不是真的将源文件复制到项目中，只是在项目与导入文件之间建立一个文件链接。After Effects 允许用户导入素材的种类非常多，对常用的视频、音频和图片等文件格式支持率很高。特别是对 Photoshop 的 .psd 文件，提供了多层导入的功能。我们可以针对 .psd 文件中图层的关系，选择多种导入模式。在“文件”→“导入”子菜单中提供了多种不同形式的导入素材命令，如图1–53所示，具体的使用方法如下。

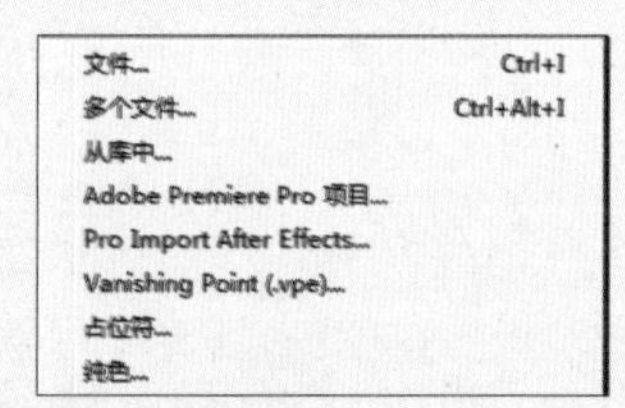

图1-53

※ 文件...：执行该命令，导入一个或多个素材文件。在弹出的“导入文件”对话框中，选中需要导入的文件，单击“打开”按钮，素材将被作为一个素材导入项目，如图1-54所示。

※ 多个文件...：执行该命令，可以多次导入多个素材，单击“导入”按钮完成导入，如图1-55所示。

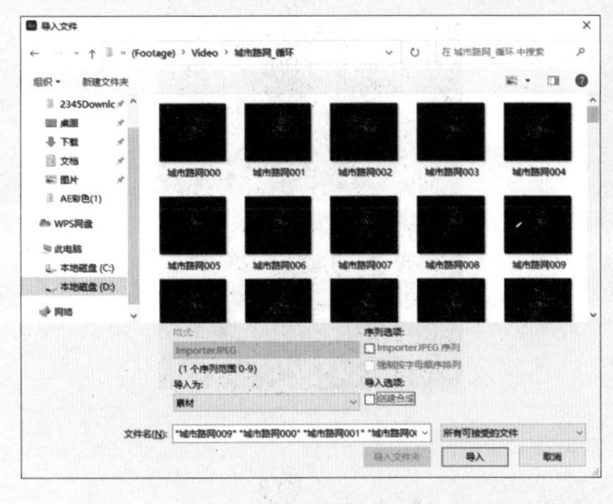

图1-54

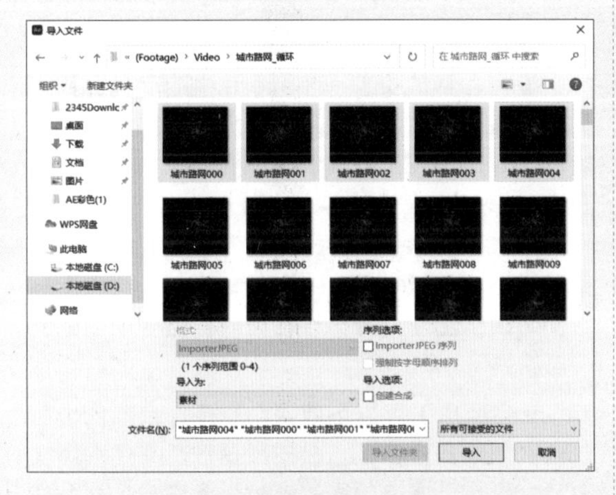

图1-55

当导入 .psd 文件和 .ai 文件等时，系统会保留图像的所有信息。用户可以将 .psd 文件以合并图层的方式导入 After Effects 项目中，也可以单独导入 .psd 文件中的某个图层，这也是 After Effects 的优势所在，如图1-56所示。

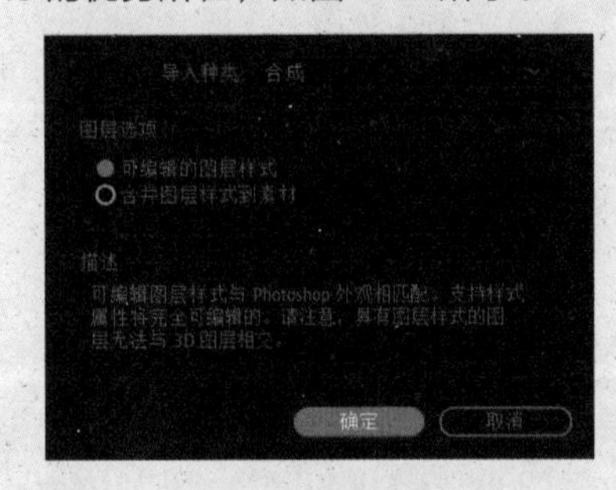

图1-56

用户也可以将一个文件夹导入项目，在“导入文件”对话框中选中相应的文件夹，然后单击“导入文件夹”按钮导入整个文件夹，如图1-57所示。

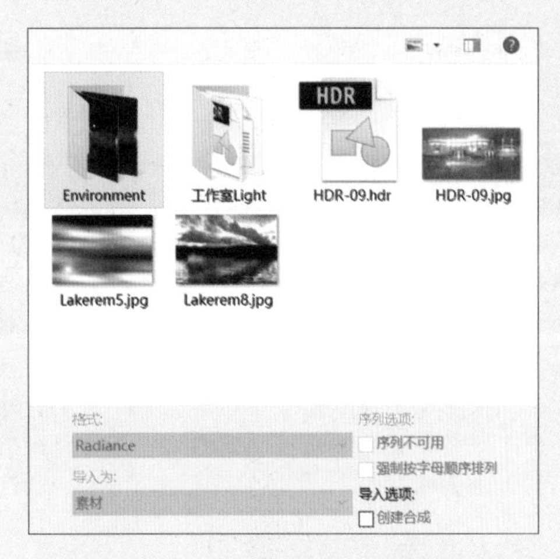

图1-57

有时素材以图像序列帧的形式存在，这是一种常见的视频素材保存方式，视频由多个单帧图像构成，快速浏览时可以形成流动的画面。图像序列帧的命名是连续的，在导入文件时不必要选中所有文件，只需要在“导入文件”对话框中选中首个文件，并选中“ImporterJPEG 序列”和“强制按字母顺序排列”复选框即可，如图1-58所示。

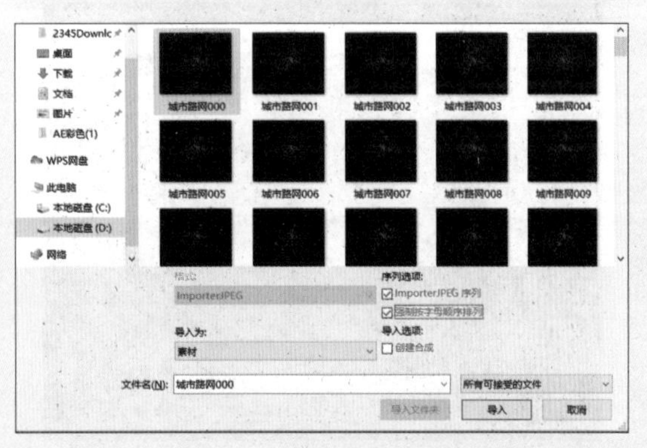

图1-58

图像序列的命名是有一定规范的，对于不是非常标准的序列文件，用户可以按字母顺序导入序列文件，选中“强制按字母顺序排列”复选框即可，如图1-59所示。

图1-59

提示

在向After Effects导入序列帧时，需要留意“导入文件”对话框中“ImporterJPEG序列”复选框

是否被选中，如果为非选中状态，After Effects将只导入单张静态图片。如果多次导入图片序列都取消选中“ImporterJPEG序列”复选框，After Effects将记住用户的这一习惯，保持“ImporterJPEG序列”复选框为非选中状态。“强制按字母顺序排列”复选框是强制按字母顺序排序的选项。默认状态下为非选中状态，如果选中该复选框，After Effects将使用占位文件来填充序列中缺失的所有静态图像。例如，一个序列中的每张图像序列号都是奇数，选中“强制按字母顺序排列”复选框后，偶数号静态图像将被添加为占位文件。

※ 占位符...：执行该命令，导入占位符。当需要编辑的素材还没制作完成，用户可以建立一个临时素材来替代真实素材进行处理。执行“文件”→“导入”→“占位符...”命令，弹出“新占位符”对话框，可以设置占位符的名称、尺寸、帧速率以及持续时间等，如图1-60所示。

图1-60

当用户打开在After Effects中一个项目时，如果素材丢失，系统将以占位符的形式来代替素材，如图1-61所示，占位符以静态的颜色条显示。用户可以对占位符应用蒙版、滤镜效果，或者调整几何属性等必要的编辑工作，当用真实素材替换占位符时，对其进行的所有编辑操作都将转移到该素材上。

在“项目”面板中双击占位符，弹出“替换素材文件”对话框。在该对话框中查找并选择所需的真实素材，然后单击“确定”按钮。在“项目”面板中，占位符将被指定的真实素材代替。

图1-61

1.4.2 合成设置

After Effects的正式编辑工作必须在一个合成中进行，合成类似Premiere中的序列。我们需要新建一个合成，并且进行一系列的设置，才能真正开始编辑工作。需要注意的是，当我们打开After Effects时，系统会默认建立一个项目，也就是APE格式的项目文件，一个项目就是一段完整的影片。After Effects同时只能处理一个项目，如果新建或打开一个项目时，当前项目就会被自动关闭。

一个项目下可以创建多个合成，合成内也可以再次创建多个合成，合成就是带有文件夹属性的影片形式，所有的图层都被包含在一个个合成中。执行“合成”→“新建合成”命令（快捷键Ctrl+N）即可创建合成，此时弹出“合成设置”对话框，如图1-62所示，具体的使用方法如下。

图1-62

※ 合成名称：在该文本框中可以对合成进行命名，以方便合成的后期管理。

※ 预设：针对一些特定的平台软件做了一系列的预先设置，在该列表中可以根据视频需要投送的平台选择相应的预设选项，如图1-63所示，当然也可以不选择预设，自定义合成设置。目前各国的电视制式不尽相同，制式的区分主要在于其帧频（场频）、分解率、信号带宽、载频、色彩空间的转换关系等。

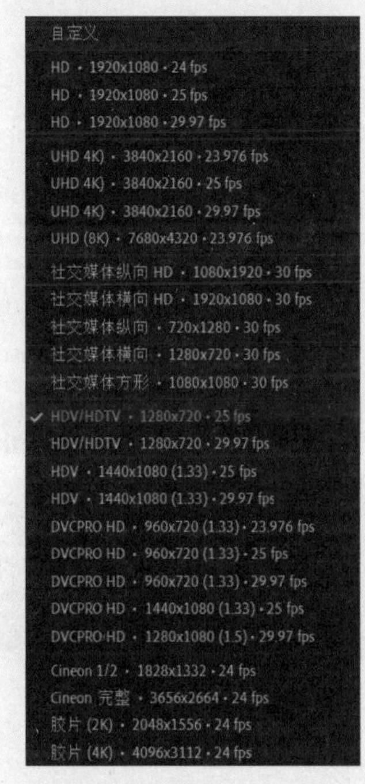

图1-63

※ 宽度：设置合成视频的宽度，单位是像素。

※ 高度：设置合成视频的高度，单位是像素。

※ 锁定长宽比：选中该复选框后，调整视频的宽度或高度时，另外一个参数值会根据长宽比进行相应的变化。

※ 像素长宽比：在该下拉列表中设置像素的长宽比，计算机默认的像素是方形像素，但是电视等其他设备的像素不是方形像素而是矩形像素，这里要根据影片的最终投放平台来选择相应的长宽比。不同制式的像素比是不同的，在计算机显示器上播放像素比是1:1，而在电视上以PAL制式播放时，像素比是1:1.07，如果设置错误会导致视频变形。如果用户在After Effects中导入的素材是由PhotoShop等软件制作的，一定要保证像素比一致。在建立PhotoShop文件时，也可以对像素比进行设置，如图1-64所示。

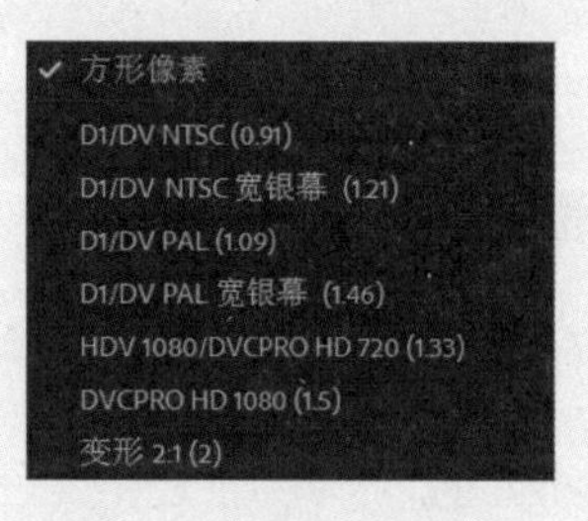

图1-64

※ 帧速率：即在单位时间内，视频刷新的画面数，我国使用的电视制式是PAL制式，默认帧速率为25帧，欧美地区用的是NTSC制式，默认帧速率为29.97帧。我们在After Effects中制作动画时就要注意影片的帧速率，如果导入的素材与项目的帧速率不同，会导致素材的时长发生变化。

※ 分辨率：这里指预览的画质，通过降低分辨率，可以提高预览画面的流畅度，如图1-65所示。

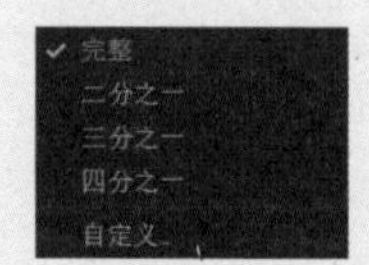

图1-65

※ 开始时间码：指合成开始的时间点，默认为0:00:00:00，如图1-66所示。

开始时间码 0:00:00:00 是 0:00:00:00 基础 25

图1-66

※ 持续时间：指合成的时间长度，这里的数值从右到左依次表示帧、秒、分、时，如图1-67所示。

持续时间 0:00:05:00 是 0:00:05:00 基础 25

图1-67

单击“确定”按钮，完成合成的创建，随后“时间线”面板会被激活，用户可以开始进行编辑合成工作了，如图1–68所示。

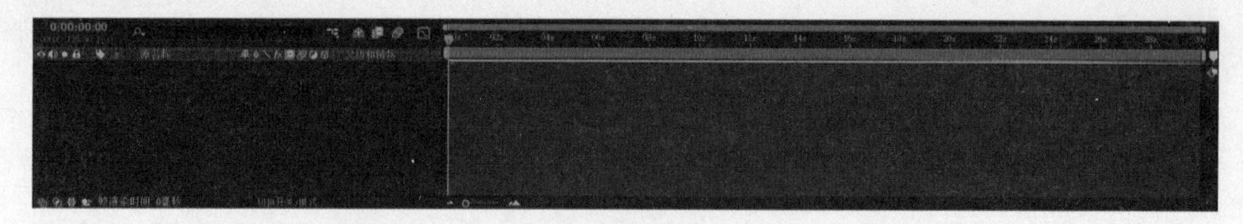

图1-68

1.4.3 图层

Adobe 公司旗下的图形软件，都对“图层”的概念有着很好的诠释，大部分读者都有使用 Photoshop 或 Illustrator 的经历，在 After Effects 中图层的概念与之大致相同，只不过 Photoshop 中的图层是静止的，而 After Effects 的图层大部分用来实现动画效果，所以与图层相关的大部分命令都是为了使图层的动画效果更丰富。After Effects 的图层所包含的元素远比 Photoshop 的图层更丰富，不仅是图像素材，还包括声音、灯光、摄影机等。即使读者是第一次接触这种处理方式，也能很快上手。

我们在生活中见过一张完整图片，放到软件中处理时都会将画面上不同的元素分到不同图层中去。比如一张人物风景图，远处山是远景放在远景层，中间的湖泊是中景，放到中景层，近处的人物是近景，放在近景层。为什么要把不同元素分开，而不是统一到一个图层中呢？这样的好处在于给创作者提供了更大的空间，可以去调整素材之间的关系。当创作者完成一幅作品后发现人物和背景的位置不够理想时，传统绘画只能重新绘制，而不可能把人物部分剪下来贴到另外一边去。而在 After Effects 中，各种元素是分层的，当发现元素的位置搭配不理想时，可以任意调整。特别是在影视动画制作过程中，如果将所有元素放在一个图层中，修改的工作量是巨大的。传统制作动画片是将背景和角色分别绘制在一张透明塑料片上，然后叠加上去拍摄，软件中使用图层的概念就是从这里来的，如图1-69所示。

图1-69

在 After Effects 中图层相关的操作都在“时间线”面板中进行，所以图层与时间是相互关联的，所有影片的制作都是建立在对素材的编辑上，包括素材、摄像机、灯光和声音等，都以图层的形式出现在“时间线”面板中，如图1-70所示。图层以堆栈的形式排列，灯光和摄像机一般会在顶层，因为它们要影响下面的图层，位于顶层的摄像机将是视图的观察镜头。

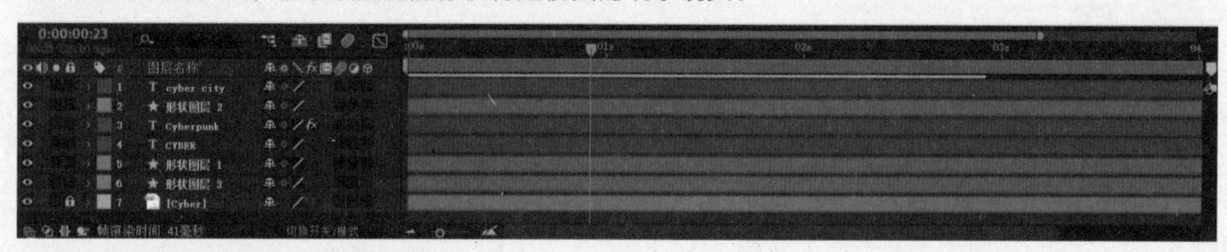

图1-70

1.4.4 关键帧动画

动画是基于人的视觉原理来创建的运动图像。当我们观看一部电影时，我们会看到画面中的人物或场景都是顺畅、自然的，而放慢速度观看画面却是一格格的单幅画面。之所以看到顺畅的动画，是因为人的眼睛会产生视觉暂留，在对上一个画面的感知还没消失时，下一个画面又出现了，就会给人以动的感觉。在短时间内观看一系列相关联的静止画面时，就会将其视为连续的动画。

关键帧这是一个从动画制作中引入的概念，即在不同时间点对对象属性进行调整，而时间点之间的变化由计算机生成。我们制作动画的过程中，要首先制作能表现出动作主要意图的关键动作，这些关键动作所在的帧就叫作"关键帧"。在进行二维动画制作时，由动画师画出关键动作，助手填充关键帧之间的动作，而在 After Effects 中则是由软件帮助用户完成这一烦琐操作的，如图1–71所示。

图1-71

1.4.5 导出视频

当视频编辑制作完成后，就需要导出视频。After Effects 支持多种常用格式的输出，并且有详细的输出设置选项，通过合理的设置，能输出高质量的视频。执行"合成"→"添加到渲染列队"命令（快捷键 Ctrl+M），将做好的合成添加到渲染列队中，准备进行渲染导出工作。"时间线"面板会跳转到"渲染列队"面板，如图1–72所示。

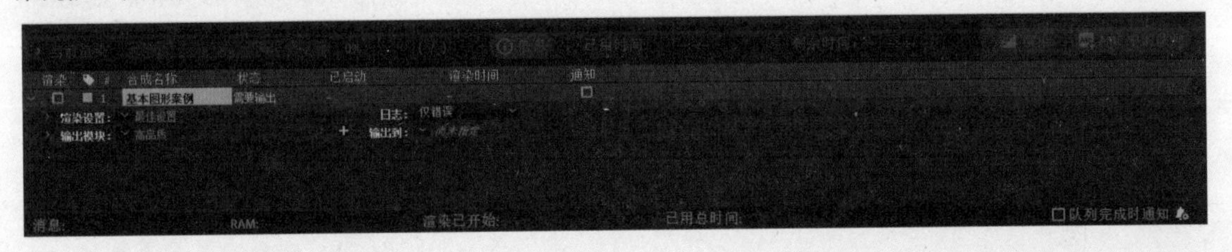

图1-72

单击"输出模块"右侧的蓝色文字"高品质"，会弹出"输出模块设置"对话框，如图1–73所示，该对话框具体的使用方法如下。

※ 格式：在该下拉列表中可以选择输出的视频格式，经常输出的格式为 H.264 和 QuickTime 两，如图1-74所示。熟悉常见的视频格式是后期制作的基础，下面介绍 After Effects 经常使用的视频格式。

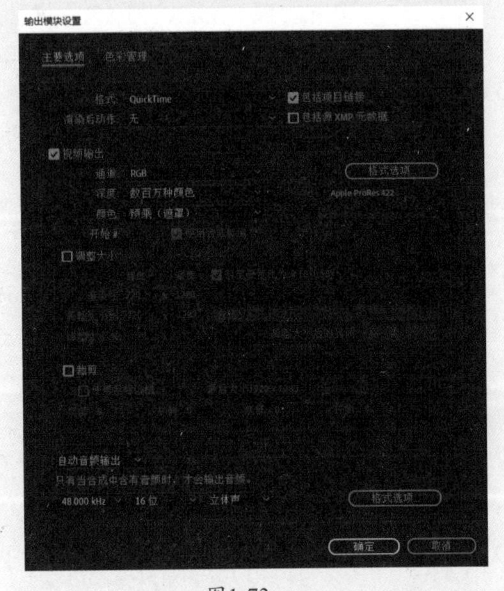

图1-73

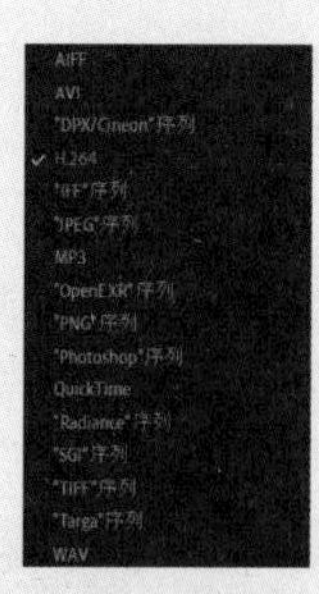

图1-74

- AVI格式：AVI格式的英文全称为Audio Video Interleaved，即音频视频交错格式。它于1992年被Microsoft公司推出，随Windows3.1一起被人们所认识和熟知。所谓“音频视频交错”，就是可以将视频和音频交织在一起进行同步播放。这种视频格式的优点是图像质量好，可以跨多平台使用，但是其缺点是体积过于庞大，而且压缩标准不统一。
- MPEG格式：MPEG格式的英文全称为Moving Picture Expert Group，即运动图像专家组格式。MPEG文件格式是运动图像压缩算法的国际标准，它采用了有损压缩方式，从而减少运动图像中的冗余信息。MPEG的压缩方法说得更加深入一点儿，就是保留相邻两幅画面绝大多数相同的部分，而把后续图像中和前面图像有冗余的部分去除，从而达到压缩的目的。目前常见的MPEG格式有3个压缩标准，分别是MPEG-1、MPEG-2和MPEG-4。MPEG-1：制定于1992年，它是针对1.5Mbps以下数据传输率的数字存储媒体运动图像及其伴音编码而设计的国际标准。也就是我们通常所见到的VCD制作格式。这种视频格式的文件扩展名包括.mpg、.mlv、.mpe、.mpeg及VCD光盘中的.dat文件等；MPEG-2：制定于1994年，设计目标为高级工业标准的图像质量及更高的传输率。这种格式主要应用在DVD/SVCD的制作（压缩）方面，同时在一些HDTV（高清晰电视广播）和一些高要求视频编辑、处理上也有相当多的应用。这种视频格式的文件扩展名包括.mpg、.mpe、.mpeg、.m2v及DVD光盘上的.vob文件等；MPEG-4：制定于1998年，是为了播放流式媒体的高质量视频而专门设计的，它可以利用很窄的带度，通过帧重建技术，压缩和传输数据，以求使用最少的数据获得最佳的图像质量。MPEG-4最有吸引力的地方在于它能够保存接近于DVD画质的小体积视频文件。这种视频格式的文件扩展名包括.asf、.mov、DivX、AVI等。
- H.264格式：H.264格式，又称为“MPEG-4第10部分，高级视频编码”（英语：MPEG-4 Part 10, Advanced Video Coding，缩写为MPEG-4 AVC），是一种面向块，基于运动补偿的视频编码标准。到2014年，它已经成为高精度视频录制、压缩和发布的最常用格式。第一版标准的最终草案于2003年5月完成。
- H.264/AVC项目的目的是创建一个更佳的视频压缩标准，在更低的比特率的情况下，依然能够提供良好视频质量的标准（如，一半或者更少于MPEG-2、H.263或者MPEG-4 Part2）。同时，还要不大幅增加设计的复杂性。H.264的另外一个目标是提供足够的灵活性，以允许该标准能够应用于各种网络和系统的各项应用上，包括低和高比特率及低和高分辨率视频、广播、DVD存储、RTP / IP分组网络和ITU-T多媒体电话系统。H.264标准可以被视为由多个不同的应用框架 / 配置文件组成的“标准系列”。
- MOV格式：MOV格式是美国Apple公司开发的一种视频格式，默认的播放器是QuickTime Player。具有较高的压缩比率和较完美的视频清晰度等特点，但是其最大的特点还是跨平台性，即不仅能支持Mac Os系统，还能支持Windows系统。这是一种After Effects常见的输出格式，可以得到文件很小，但画质很高的影片。

» ASF格式：ASF格式的英文全称为Advanced Streaming format，即高级流格式。它是微软公司为了和Real Player竞争而推出的一种视频格式，可以直接使用Windows自带的Windows Media Player进行播放。由于它使用了MPEG-4的压缩算法，所以压缩率和图像的质量都很不错。

※ 渲染后动作：在该下拉列表中，可以将渲染完的视频作为素材或者作为代理导入After Effects中，如图1-75所示。

※ 通道：在该下拉列表中，可以设置视频是否带有alpha通道，但只有特定的格式才支持，如图1-76所示。

图1-75

图1-76

※ 格式选项：单击该按钮，在弹出的对话框中进行详细视频编码、码率等设置，如图1-77所示。

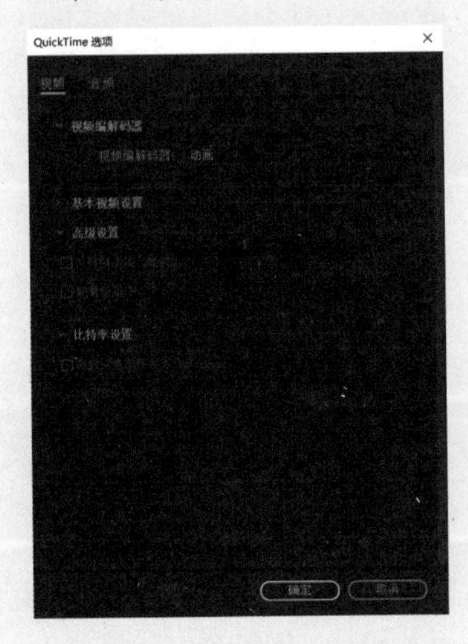

图1-77

※ 调整大小：选中“调整大小”复选框，可以设置视频输出后的尺寸，默认输出的是合成原大小，如图1-78所示。

图1-78

※ 裁剪：选中“裁剪”复选框后，可以裁剪画面的尺寸，如图1-79所示。

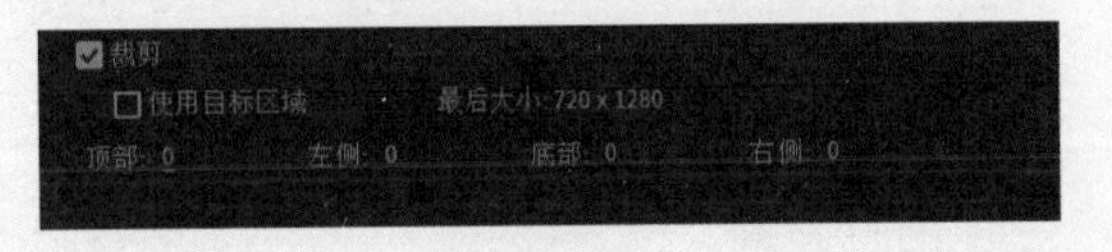

图1-79

※ 自动音频输出，在该选项区域可以进行输出音频的相关设置，如图1-80所示。

图1-80

完成视频输出模块的设置后，单击“确定”按钮，回到渲染列队；单击“输出到”右侧的“尚未指定”蓝色文字，可以设置文件输出的位置。单击“渲染”按钮开始渲染，如图1-81所示，渲染结束时会有声音提示。

提示

在选择输出模式后，不要轻易改变输出格式，除非你非常熟悉该格式的设置，必须修改设置才能满足播放需要，否则细微的修改都可以影响播出时的画面质量。每种格式都对应相应的播出设备，各种参数的设定也都是为了满足播出的需要。不同的操作平台和不同的素材都对应不同的编码解码器，在实际的应用中，选择不同的压缩输出方式，将会直接影响整部影片的画面效果。所以，选择解码器一定要注意不同的解码器对应不同的播放设备，在共享素材时，一定要确认对方可以正常播放。最彻底的解决方法就是连同解码器一起传送过去，可以避免因解码器不同而造成无法播放的麻烦。

图1-81

1.4.6 高速运行

运行 After Effects，对计算机有比较高的要求，如果制作的工程项目比较复杂，计算机的配置又相对较低，就会影响工作效率。但是通过一些简单的设置，可以提高计算机运行的效率。

执行“编辑”→“首选项”→“媒体和磁盘缓存...”命令，如图1-82所示，弹出“首选项”对话框，这里可以设置After Effects的缓存目录，建议将缓存文件夹设置在C盘以外的一个空间较大的磁盘分区中，如图1-83所示。

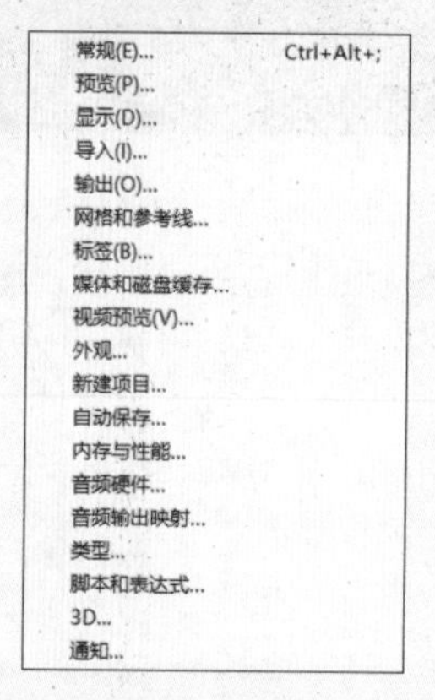

图1-82

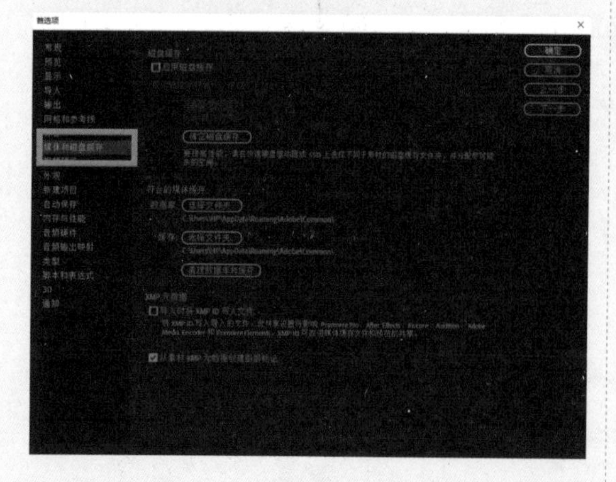

图1-83

After Effects 工作一段时间后，会产生大量的缓存文件，从而影响计算机的运行效率。执行“编辑”→“清理”→“所有内存与磁盘缓存”命令，如图1-84所示，能清理After Effects运行产生的缓存文件，释放内存与磁盘缓存。

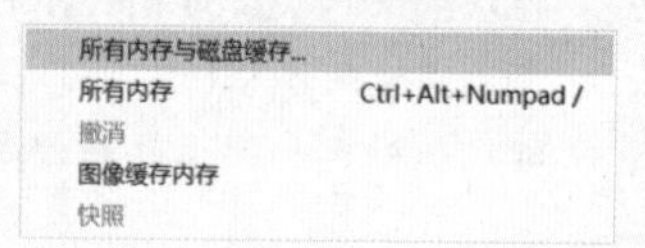

图1-84

提示

如果正在预览内存渲染中的画面，则不要清理。

1.5 After Effects 操作流程实例

下面通过一个简单的实例，演示After Effects的操作流程，从素材导入，到制作简单的动画效果，最后进行文件输出。通过这个实例可以让初学者对视频后期制作有一个基本的认识。任何一个复杂操作都不能回避这一过程，因此掌握After Effects的导入、编辑和输出，将为我们后面深入学习，打下坚实的基础，具体的操作步骤如下。

01 执行“文件”→“新建”→“新建项目”命令，创建一个新的项目。

02 执行“合成”→“新建合成”命令，弹出“合成设置”对话框，对新建合成进行设置。一般需要对合成视频的尺寸、帧数、时长进行预设置。在“预设”下拉列表中选中“社交媒体纵向·720*1280·30fps”选项，相关的参数设置也会跟随改变，如图1-85所示。

03 单击“合成设置”对话框中的“确定”按钮，建立了一个新的合成影片。

04 执行“文件”→“导入”→“文件...”命令，选择3张图片素材（也可以使用视频素材，但需要注意视频的长度，在After Effects中默认图片素材的时长和合成时长一致），将其导入“项目”面板，如图1-86所示。

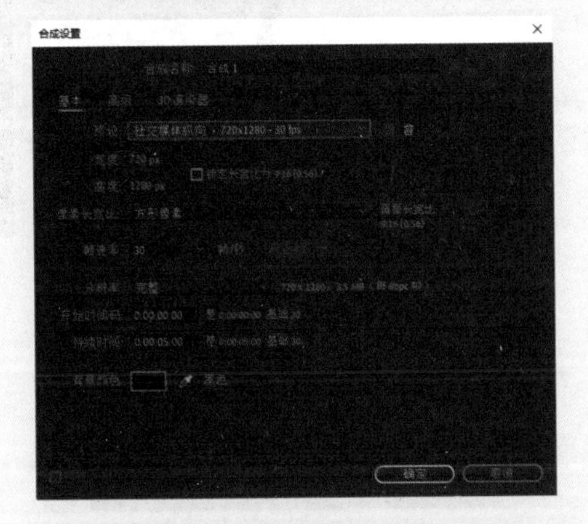

图1-85

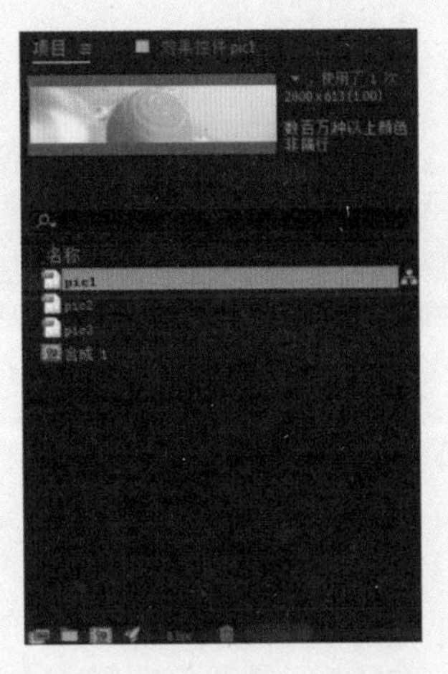

图1-86

05 此时，在“项目”面板中添加了3个图片素材，按住Shift键，选中这3个素材，将其拖入“时间线”面板，图像将被添加到合成影片中，如图1-87所示。

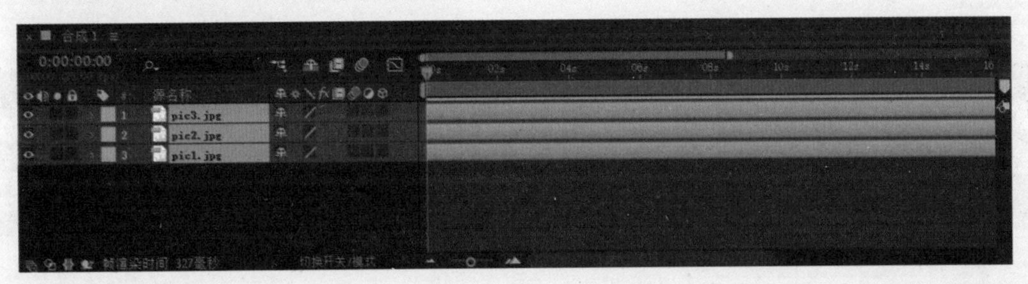

图1-87

06 有时导入的素材和合成影片的尺寸不同，就要将其调整到适合画面的大小。选中需要调整的素材，按快捷键Ctrl+Alt+F，图像会自动和“合成”的尺寸匹配，但同时也会拉伸素材。按快捷键Ctrl+Alt+Shift+G，将素材强制与合成的高度对齐。对于日常的软件操作来说使用快捷键是十分必要的，可以使你的工作效率事半功倍，如图1-88和图1-89所示。

图1-88

图1-89

07 在“合成”面板中单击▣（安全区域）按钮，弹出的菜单如图1-90所示，选择“标题/动作安全”选项，显示安全区域，如图1-91所示。

提示

无论是初学者还是专业人士，显示安全区域是一个非常重要且必需的操作。安全区域的两个安全框分别是“标题安全”和“动作安全”，影片的内容一定要保持在“动作安全”框内，因为在电视播放时，屏幕将不会显示安全框以外的图像，而画面中出现的文字，一定要保证在“标题安全”框内。

08 下面要做一个幻灯片播放的简单效果，每秒播放一张，最后一张渐隐淡出。为了准确设置时间，按快捷键Alt+Shift+J，弹出“转到时间”对话框，将数值改为0:00:01:00，如图1-92所示。

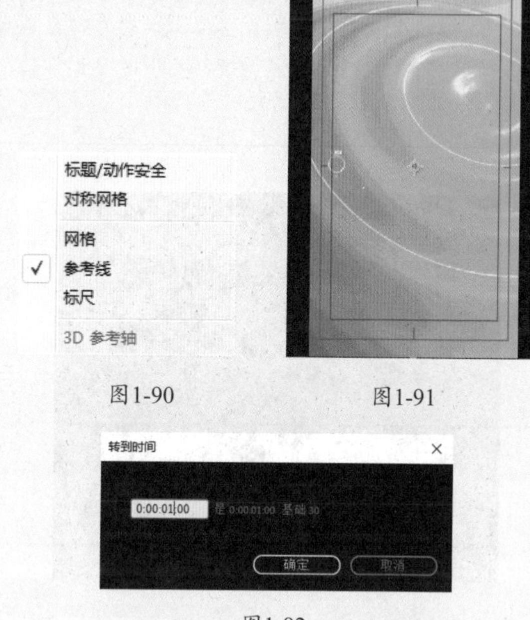

图1-90

图1-91

图1-92

09 单击“确定”按钮，“时间线”面板中的时间指示器会调整到0:00:01:00的位置，如图1-93所示。

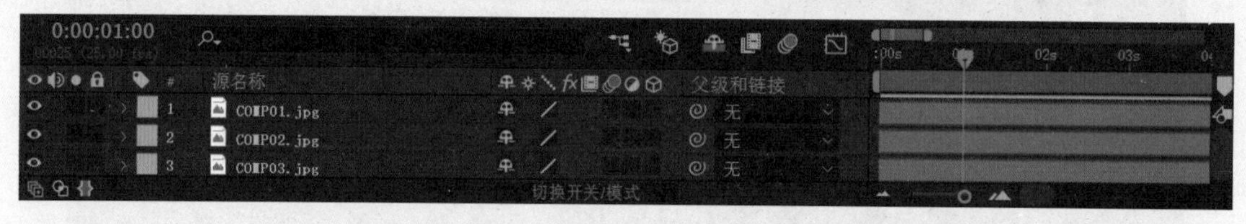

图1-93

提示

这一步也可以用鼠标操作来完成，选中时间指示器并拖曳至合适的位置，但是在实际的制作过程中，对时间的控制需要相对准确，所以在“时间线”面板中的操作尽量使用快捷键和精确数值来控制，这样可以使画面与时间准确对应。

10 选中素材COMP01.jpg所在的图层，按]（右中括号）键，设置素材的出点在时间指示器所在的位置，也可以使用鼠标完成这一操作，选中素材层并拖曳到时间指示器所在的位置，如图1-94所示。

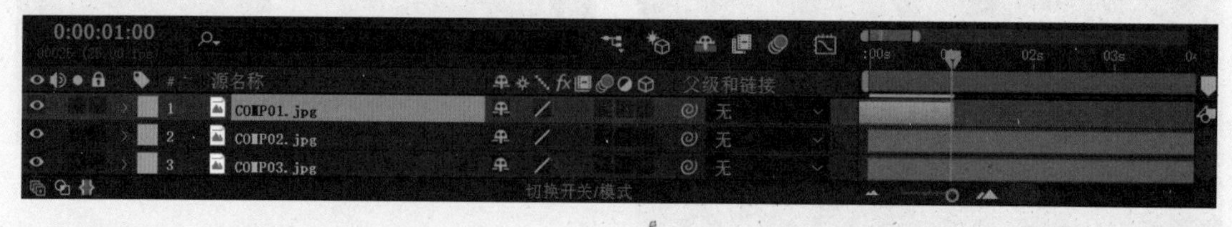

图1-94

提示

按快捷键时，不要使用中文输入法，这样会造成按键无效，必须使用英文输入法。

11 依照上述步骤，每间隔一秒，将素材依次排列，COMP03.jpg不用改变其位置，如图1-95所示。

图1-95

12 将时间指示器调至0:00:01:00的位置，选中COMP03.jpg素材，单击该素材前的图标，展开素材的“变换”属性。单击“变换”前的图标，可以展开该素材的各个属性（每个属性都可以制作相应的动画），如图1-96所示。

图1-96

13 下面要使素材COMP03.jpg渐渐消失，也就是改变其“不透明度”属性。单击“不透明度”属性前的码表图标，此时时间指示器所在的位置会在“不透明度”属性上添加一个关键帧，如图1-97所示。

图1-97

14 移动时间指示器至0:00:04:00，然后调整“不透明度”值为0%，时间指示器所在的位置会在“不透明度”属性上添加另一个关键帧，如图1-98所示。

图1-98

提示

当单击码表图标后，After Effects 将自动记录该属性的参数并创建关键帧。再次单击码表图标，将删除当前时间点的关键帧。调整属性中的数值有两种方法，一种是直接单击数值并修改；另一种是将鼠标指针移至数值上，按住鼠标右键拖动，就可以以滑轮的方式调整数值。

15 单击“预览”面板中的按钮，预览影片。在实际的制作过程中，制作者会反复预览影片，以保证每一帧都不会出现错误。

16 预览影片没有问题后就可以输出视频了。执行“合成”→“添加到渲染队列”命令，或者按快捷键Ctrl+M，出现“渲染队列”面板，如图1-99所示。如果是第一次输出视频，After Effects将要求用户指定输出文件的保存位置。

图1-99

17 单击“输出到”选项右侧的“尚未指定”蓝色文字，选择保存路径。单击“渲染”按钮，完成输出。“渲染队列”对话框中的其他设置会在后文详细讲解，至此实例指针完毕。

输出的影片文件有各种格式，但都不能保存After Effects 中编辑的所有信息，如果后期还需要编辑该文件，就要保存为 After Effects 软件本身的格式——.AEP 格式，但这种格式只是保存了 After Effects 对素材编辑和素材所在位置的情况，也就是说，如果把保存好的 .AEP 文件改变了存储路径，再次打开时软件将无法找到原素材。如何解决这个问题呢？“收集文件”命令可以把所有的素材收集到一起，方便后期继续使用。下面就把上一个实例的文件收集起来。执行“文件”→“整理工程（文件）”→“收集文件”命令，如果你没有保存文件，会弹出警告对话框，提示必须要先保存文件，单击“保存”按钮存储文件，如图1-100所示。

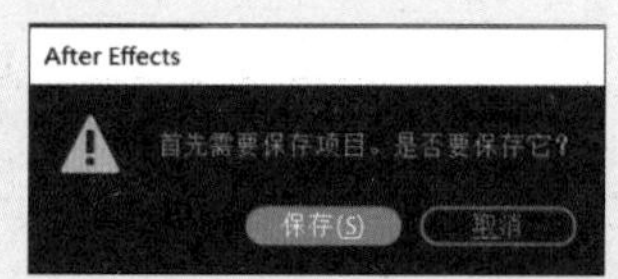

图1-100

此时弹出“收集文件”对话框，如图1-101所示，收集后的文件大小会显示出来，此时要注意存储文件的硬盘分区是否有足够的空间。这点很重要，因为编辑后的所有素材会变得很多，一个 30 秒的复杂特效影片文件将会占用 1GB 左右的硬盘空间，高清影片或电影将会更大，准备一块海量硬盘是很必要的。“收集文件”对话框主要选项的使用方法如下。

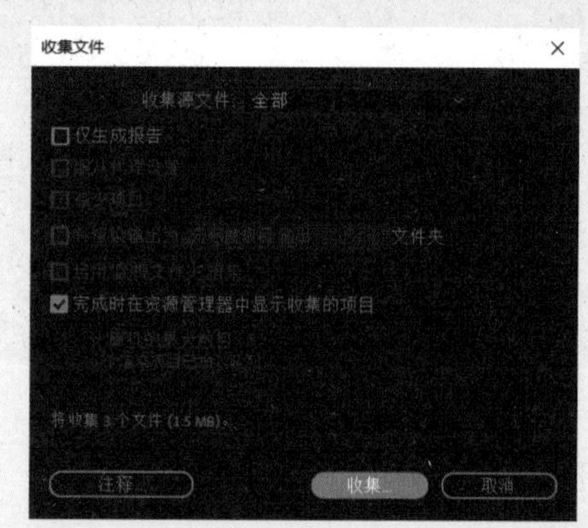

图1-101

※ 收集源文件：在该下拉列表中选中不同的选项，指定收集文件的范围。

» 全部：收集所有的素材文件，包括未曾使用的素材及代理文件。

» 对于所有合成：收集应用于任意项目合成影像中的所有素材以及代理文件。

» 对于选定合成：收集应用于当前所选定的合成影像（在“项目”面板内选定）中的所有素材及代理文件。

» 对于队列合成：收集直接或间接应用于任意合成影像中的素材及代理文件，并且该合成影像处于“渲染队列”中。

» 无（仅项目）：将项目复制到一个新的位置，而不收集任何的素材。

※ 仅生成报告：是否在收集的文件中复制文件和代理文件。

※ 服从代理设置：是否在收集的文件中包括当前的代理文件设置。

※ 减少项目：是否在收集的文件中直接或者间接地删除所选定合成影像中未曾使用过的项目。

※ 将渲染输出为：是否在收集的文件中指定文件夹。

※ 启用“监视文件夹”渲染：是否启动监视文件夹，在网上进行渲染。

※ 完成时在资源管理器中显示收集的项目：设置渲染模块的数量。

※ 注释：单击该按钮，弹出“注释”对话框，为项目添加注解，注解将显示在项目报表的终端。

最终系统会创建一个新文件夹，用于存储项目的新副本、所指定素材文件的多个副本、所指定的代理文件、渲染项目所必需的文件、效果以及字体的描述性报告。只有这样的文件夹被复制到别的硬盘上才可以被无损地编辑，如果只是将 .AEP 文件复制到其他计算机上将无法完全使用。

第2章

二维动画

本章旨在深入探讨 After Effects 中二维类型动画的创建概念和应用方法，并为读者提供一系列实用技巧，引导大家创作令人惊叹的二维动画。

在本章中，所有的操作都围绕着“图层”展开。图层不仅与动画时间密切相关，而且是调整画面效果的关键。因此，本章首先将介绍如何利用图层创建各种类型的动画效果。

蒙版作为控制画面效果的必要手段，可以灵活地制作各种复杂的动画效果。在本章中，我们将深入探讨如何使用蒙版来实现更加细致的画面效果，并通过实例向读者展示如何运用蒙版创造出令人惊叹的动画效果。

此外，我们还将介绍如何使用“人偶位置控点”工具，该工具是制作 MG（Motion Graphics）动画的关键。

本章将通过实例向读者展示如何运用“操控点”工具来创作生动、富有创意的二维动画。最后，讲解如何使用“基本图形”工具创建动画，并将其与特效结合，然后将其传递给 Premiere 完成进一步调整。掌握这些技能将帮助你更加高效地制作出效果惊人的二维动画。

总之，熟悉和掌握相关的二维动画技术是学习 After Effects 的基础。学习完本章内容，你可以运用 After Effects 的各种功能来创造独特、富有创意的二维动画效果。

2.1 图层的基本概念

在 Adobe 公司发布的图形软件中，都对图层的概念有着很好的诠释，大部分读者都有使用 Photoshop 或 Illustrator 的经历，在 After Effects 中图层的概念与之大致相同，只不过 Photoshop 中的图层是静止的，而 After Effects 的图层大部分用来实现动画效果，所以与图层相关的大部分命令都是为了使动画效果更丰富。

在 After Effects 中，图层所包含的元素远比 Photoshop 的图层多。作为创建动画的基本元素，每个图层可以包含不同类型的内容，如文本、静态图像、视频、音频和特效等，并且每个图层都具有自己的属性，如位置、尺寸、角度、不透明度、特效和蒙版等。通过调整每个图层的属性，可以改变图层的外观和动画行为，实现各种创意效果，如图2-1所示。

图2-1

图层在 After Effects 中具有核心的地位，一切的操作都围绕图层展开，用户可以使用图层来创建各种类型的动画效果。例如，可以使用单个图层创建简单的文本动画，或者使用多个图层制作更复杂的动画场景。通过在“时间线”面板中添加关键帧并调整它们的属性值，可以改变图层属性，从而实现动画效果。

在 After Effects 中，与图层相关的操作都在“时间线”面板中进行，所以图层与时间是相互关联的。所有影片的制作都建立在对素材的编辑上，After Effects 中包括的素材、摄像机、灯光和声音都以图层的形式在“时间线”面板中出现，图层以堆栈的形式排列，灯光和摄像机一般会在图层的顶层，因为它们要影响下面的图层，位于顶层的摄像机将是视图的观察镜头。我们也可以拖动图层，调整其在“时间线”面板中的顺序，如图2-2所示。

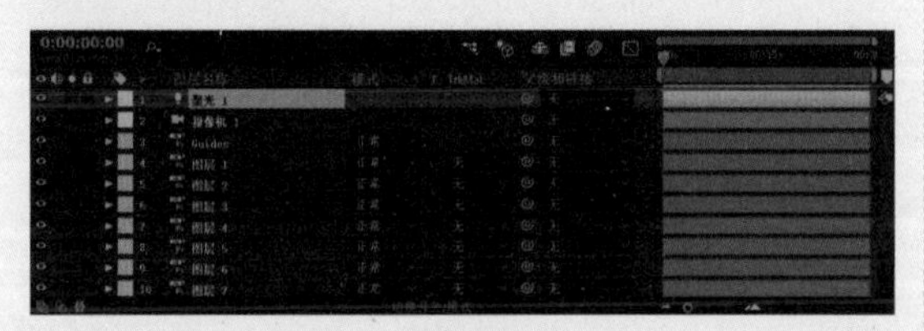

图2-2

因此，在 After Effects 中，图层是创建动画的基本元素，掌握图层的基本概念和使用方法是制作高质量动画的关键。在接下来的内容中，我们将进一步介绍图层的各种属性和如何利用它们创作令人惊叹的动画效果。

2.1.1 图层的类型

用户可以在“图层”菜单执行相应的命令，创建不同的图层，但必须激活“时间线”面板，否则相应命令不可用。在“图层”→“新建”子菜单中，可以看到所有的图层类型，如图2-3所示。

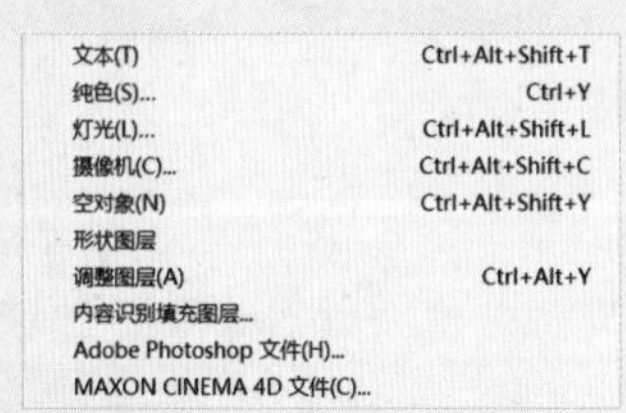

图2-3

在 After Effects 中，最为常用的就是纯色图层，可以创建任意颜色和任意大小的纯色图层，而且大部分图形、色彩和特效都依赖于纯色图层进行创建。创建纯色图层的快捷键为 Ctrl+Y，也可以通过执行“图层”→“图层设置”命令，对创建好的各类图层进行修改。

2.1.2 导入 PSD 文件

首先在 Photoshop 中创建一个 PSD 文件，并将不同的图层设置好（涉及 Photoshop 的操作这里就不再赘述了），可以使用 Photoshop 的图层混合模式，并调整各种属性，包括不透明度等。将文件存为 PSD 格式后，启动 After Effects，在“项目”面板的空白处双击，选择该 PSD 文件，在弹出的“导入”对话框中，选择“导入种类”中的“合成”选项，将 PSD 文件作为一个合成导入，如图2-4所示。

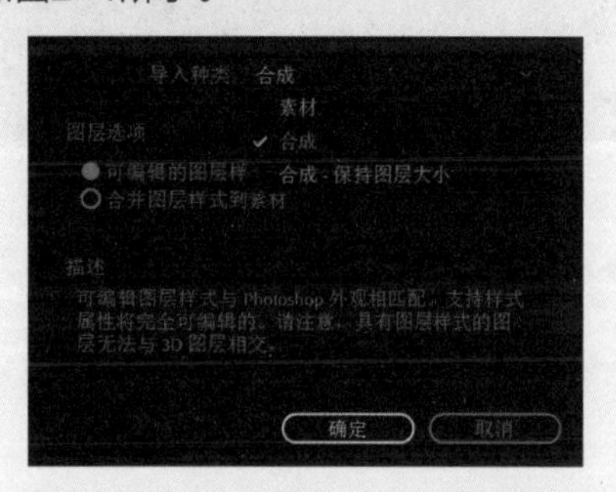

图2-4

在“项目”面板中双击导入的合成项目，即可在“时间线”面板中看到每一个图层。单击图层左侧的■图标，可以展开图形的属性，在 Photoshop 中相关的属性设置都可以在 After Effects 中显示出来，并进行调整。

2.1.3 合成的管理

在制作复杂的项目时，经常在一个项目中出现多个合成，我们要养成在“时间线”面板中整理合成的顺序与命名的习惯。首先要建立一个总的合成，每一个镜头和特效都会在其中放置。我们也可以调整其在“时间线”面板中的顺序，但是无论用什么样操作方式，清晰的文件结构都会使操作事半功倍，如图2-5所示。如果在“时间线”面板中不小心将某一个合成关闭，可以在“项目”面板中双击该合成，即可在“时间线”面板中再次看到该合成。

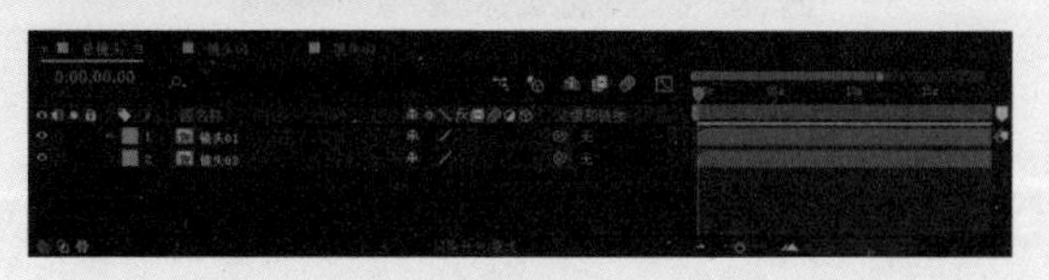

图2-5

2.1.4 图层的属性

After Effects的主要功能就是创建运动图像，通过控制“时间线”面板中图层的参数，可以为图层添加各种各样的动画效果。每一个图层名称的前面都有一个▶图标，单击它即可展开图层的属性参数，如图2-6所示。常用属性参数的具体使用方法如下。

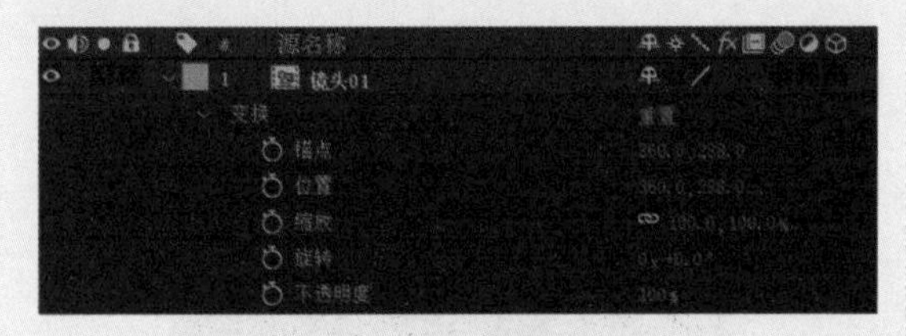

图2-6

※ 锚点：该参数可以在不改变图层的中心的情况下移动图层。可以单击参数修改数值，也可以直接用鼠标指针在参数上拖动来改变数值。

※ 位置：该参数可以对图层进行位移。

※ 缩放：该参数可以控制图层的大小。在参数前面有一个🔗图标，用来控制图层是否按比例缩放。

※ 旋转：该参数用来控制图层的旋转角度。

※ 不透明度：该参数用来控制图层的不透明度。

提示

在每个属性名称上右击，可以弹出一个快捷菜单，在该菜单中选择“编辑值”选项，即可打开对应属性的对话框，在该对话框中可以输入精确的数值，如图2-7所示。

图2-7

在设置图层的动画时，为图层创建关键帧是一个重要的手段，下面讲述如何为图层设置关键帧，具体的操作步骤如下。

01 在“时间线”面板中，展开一个要制作动画效果的图层的属性，将时间指示器移至要设关键帧的位置，如图2-8所示。

图2-8

02 在“位置”属性中有一个⏱图标，单击该图标即可看到在时间指示器的位置创建了一个关键帧，如图2-9所示。

图2-9

03 调整时间指示器的位置，再拖动“位置”参数，前面的参数可以修改图层的横向位置，后面的参数可以修改图层的纵向位置。修改参数后，发现在时间指示器的位置自动创建了一个关键帧，如图2-10所示。

图2-10

通过上述操作，就制作好了一个完整的图层移动动画，其他参数都可以按照相同的方法创建关键帧来制作动画。

提示

双击“位置”关键帧，可以打开“位置”对话框，在该对话框中可以精确地设置该属性参数，从而改变关键帧的位置参数。用户可以通过多种方法查看“时间线”和“图表编辑器”面板中的元素状态。如果使用的鼠标带有滚轮，只需要按住Shift键再滚动鼠标上的滚轮，即可快速缩放视图；按住Alt键再滚动鼠标上的滚轮，将动态放大或缩小时间线。

2.1.5 图层的分类

在“时间线”面板中可以建立各种类型的图层，在“图层”→“新建”子菜单中，可以选择新建图层的类型，如图2-11所示，各种图层的具体说明如下。

文本(T)	Ctrl+Alt+Shift+T
纯色(S)...	Ctrl+Y
灯光(L)...	Ctrl+Alt+Shift+L
摄像机(C)...	Ctrl+Alt+Shift+C
空对象(N)	Ctrl+Alt+Shift+Y
形状图层	
调整图层(A)	Ctrl+Alt+Y
内容识别填充图层...	
Adobe Photoshop 文件(H)...	
MAXON CINEMA 4D 文件(C)...	

图2-11

※ 文本：建立一个文本层，也可以用“文字”工具直接在“合成”面板中单击建立。文本图层是较常用的图层，在After Effects中添加文字效果比在其他三维软件或图形软件中制作文字效果，有更大的自由度和调整空间。

※ 纯色：是一种含有纯色形状的图层，也是经常使用的一种图层，在实际的应用中会经常为纯色图层添加效果和蒙版，以达到需要的画面效果。当执行“纯色”命令时，会弹出“纯色设置”对话框。通过调整该对话框，可以对纯色图层进行设置，图层的大小可以设置为32000像素×32000像素，也可以为纯色图层设置各种颜色，并且系统会为不同的颜色自动命名，名称与颜色相关，当然用户也可以自定义名称。

※ 灯光：建立灯光。在After Effects中灯光都是以图层的形式存在的，并且会一直在所有图层的顶层。

※ 摄像机：建立摄像机。在After Effects中摄像机都是以图层的形式存在的。

※ 空对象：建立一个虚拟物体图层。当建立一个空对象图层时，除了“不透明度”属性，空对象图层拥有其他图层的一切属性。该类型图层主要用于，当需要为一个图层指定父图层时，又不想在画面上看到这个图层的实体，而建立的一个虚拟物体图层，可以对其进行一切操作，但在“合成”面板中又不可见，只有一个控制图层的操作手柄框。

※ 形状图层：该图层允许用户使用“钢笔”工具或“几何体创建”工具绘制实体的平面图形。如果直接在素材上使用“钢笔”工具或“几何体创建”工具绘制图形，绘制出的将是针对该图层的蒙版。

※ 调整图层：建立一个调整图层。调整图层主要用来整体调整一个合成项目中的所有图层，一般该图层位于项目的上方。用户对图层的操作，如添加效果时，只对一个图层起作用，调整图层的作用就是用来对所有图层进行统一调整。

※ 内容识别填充图层：该图层可以从视频中移除不想要的对象或区域。此功能由Adobe Sensei提供技术支持，具备即时感知能力，可以自动移除选定区域并分析时间线中的关键帧，通过拉取其他帧中的相应内容来合成新的像素。只需环绕某个区域绘制蒙版，After Effects即可将该区域的图像内容替换成根据其他帧相应内容生成的新图像内容。

※ Adobe Photoshop文件：建立一个PSD文件图层。建立该类型图层的同时会弹出一个对话框，让用户指定PSD文件的位置，该文件可以通过Photoshop进行编辑。

※ MAXON CINEMA 4D文件：建立一个C4D文件图层。建立该类型图层的同时会弹出一个对话框，让用户指定C4D文件的位置，该文件可以通过CINEMA 4D进行编辑。

2.1.6 图层的混合模式

After Effects中图层的混合模式，可以控制每个图层如何与它下面的图层混合或交互。After Effects中的图层的混合模式与Photoshop中的混合模式相同。如果在“时间线”面板中没有找到“模式”栏，可以按F4键显示出来，如图2-12所示。

大多数混合模式仅修改源图层的颜色值，而非Alpha通道。“Alpha添加”混合模式影响源图层的Alpha通道，而“轮廓”和“模板”混合模式影响它们下面的图层的Alpha通道。用户无法通过使用关键帧来直接为混合模式制作动画。不同的混合模式被分成不同的组，具体的使用方法如下。

图2-12

※ “正常类别”组：包括正常、溶解、动态抖动溶解。除非不透明度小于源图层的100%，否则像素的结果颜色不受基础像素的颜色影响。“溶解”混合模式使源图层的一些像素变成透明的。

※ “减少类别”组：包括变暗、相乘、颜色加深、经典颜色加深、线性加深、深色。这些混合模式往往会使颜色变暗，其中一些混合颜色的方式与在绘画中混合彩色颜料的方式大致相同。

※ “添加类别”组：包括相加、变亮、滤色、颜色减淡、经典颜色减淡、线性减淡、浅色。这些混合模式往往会使颜色变亮，其中一些混合颜色的方式与混合投影光的方式大致相同。

※ “复杂类别”组：包括叠加、柔光、强光、线性光、亮光、点光、实色混合。这些混合模式对源颜色和基础颜色执行不同的操作，具体取决于颜色之一是否比50%的灰色浅。

※ “差异类别”组：包括差值、经典差值、排除、相减、相除。这些混合模式基于源颜色和基础颜色值之间的差异创建相应的颜色。

※ “HSL类别”组：包括色相、饱和度、颜色、明度。这些混合模式将颜色的HSL表示形式的一个或多个值（色相、饱和度和发光度）从基础颜色传递到结果颜色。

※ “蒙版类别”组：包括模板Alpha、模板亮度、轮廓Alpha、轮廓亮度。这些混合模式实质上是将源图层转换为所有基础图层的蒙版。“模板”和“轮廓”混合模式使用图层的Alpha通道或亮度值来影响该图层下面的所有图层的Alpha通道。使用这些混合模式不同于使用轨道遮罩，后者仅影响一个图层。“模板”混合模式断开所有图层，以便可以通过模板图层的Alpha通道显示多个图层。“轮廓”模式封闭图层下面应用了混合模式的所有图层，以便可以同时在多个图层中剪切一个洞。要阻止轮廓和“模板”混合模式断开或封闭下面的所有图层，可以预合成要影响的图层并将它们嵌套在合成中。

2.1.7 图层的样式

Photoshop提供了各种图层样式（例如阴影、发光和斜面）从而更改图层的外观。在导入Photoshop文件时，After Effects可以保留在Photoshop中制作的图层样式。也可以在After Effects中应用图层样式并为其制作动画。After Effects还运行复制并粘贴任何图层样式，包括以PSD文件形式导入After Effects的图层样式。

如果要将合并的图层样式转换为可编辑的图层样式，需要选中一个或多个图层，然后执行“图层”→“图层样式”→“转换为可编辑样式”命令。如果要将图层样式添加到所选图层中，执行“图层”→“图层样式”子菜单中的图层样式命令。要删除图层样式，可以在“时间线”面板中选择它，然后按Delete键即可。

2.1.8 图层蒙版

在“时间线”面板中，还可以使用图层相互进行蒙版。在“时间线”面板中，拖动图层使其位于用作填充图层的上方。通过从填充图层的“轨道遮罩”菜单中选择任意选项，为轨道遮罩定义透明度。

在“时间线”面板中可以看到有3个图层，如图2-13所示。

图2-13

“轨道遮罩”命令主要用于将合成中的某个素材图层上面的图层设为透明的轨道遮罩层。在“时间线”面板中先单击关闭“纯色”图层左侧的眼睛图标，观察ink_1.mov和Colorful fluid.mp4两个图层，如图2-14所示。

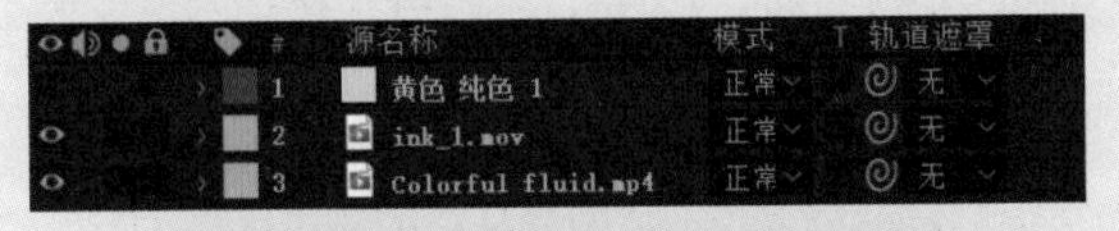

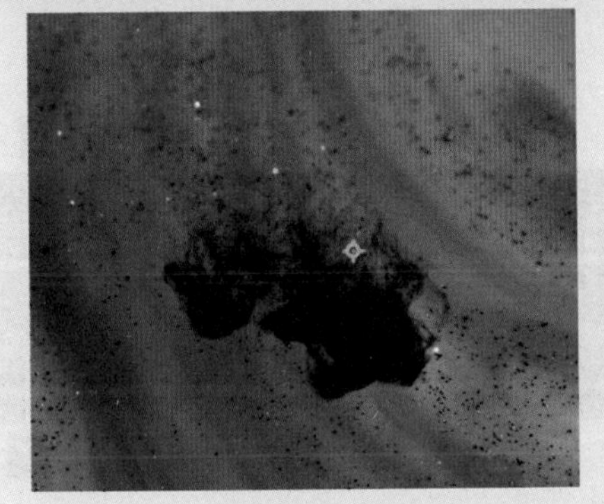

图2-14

单击Colorful fluid.mp4图层右侧的“轨道遮罩”菜单，选择Alpha蒙版“ink_1.mov”选项，如图2-15所示，可以看到水墨以外的区域被去除，如图2-16所示。如果没有看到这一栏，可以按F4键显示出来。

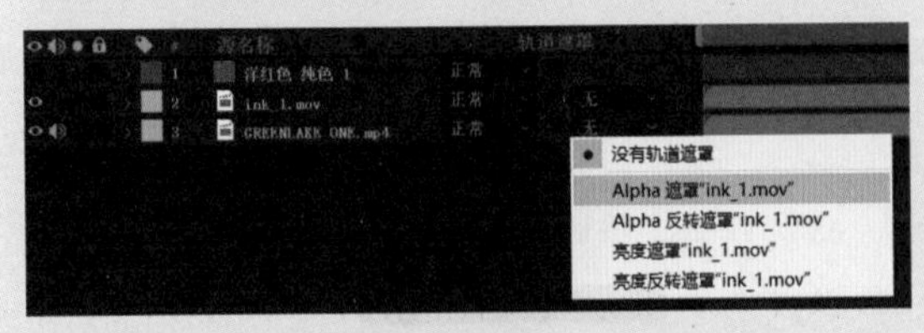

图2-15

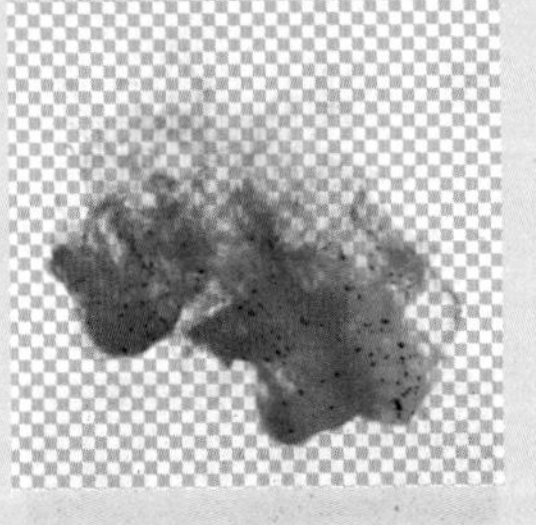

图2-16

当添加了一个白色的背景时，可以看到只有水墨部分的画面被显示出来，如图2-17所示。

我们也经常使用纯色图层进行画面蒙版，如果对纯色图层设置动画，蒙版也会出现动画效果，如图2-18所示。在实际工作中会经常用到这个方法。

图2-17

图2-18

选择轨道遮罩后，会出现两个图标，图标代表的4种含义分别如下。

※ Alpha蒙版：利用素材的Alpha通道创建轨迹蒙版，通道像素值为100%时不透明。

※ Alpha反转蒙版：反转Alpha通道蒙版，通道像素值为0%时不透明，也就是反向蒙版（画面中水墨部分就会变成透明），如图2-19所示。

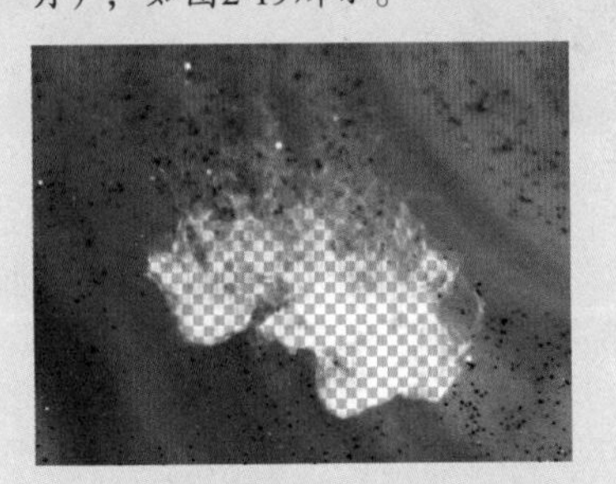

图2-19

※ 亮度蒙版：利用素材图层的亮度创建蒙版，像素的亮度值为100%时不透明，如图2-20所示。我们建立一个黑白色的蒙版，如果选择“亮度蒙版”，蒙版只对亮度参数起作用，黑色的素材不会影响画面。

图2-20

※ 亮度反转蒙版：反转亮度蒙版，像素的亮度值为0%时不透明，如图2-21所示。

图2-21

图层的蒙版是After Effects经常用到的命令，在后面的实例中还会经常使用。

2.2 “时间线”面板

After Effects中关于图层的大部分操作都是在“时间线”面板中完成的。“时间线”面板以图层的形式把素材逐一摆放，同时可以对每个图层进行位移、缩放、旋转、创建关键帧、剪切、添加效果等操作。“时间线”面板在默认状态下是空白的，只有在导入一个合成素材时才会显示出内容。

2.2.1 “时间线”面板的基本功能

“时间线”面板的功能主要是控制合成中各种素材之间的时间关系，素材与素材之间是按照图层的顺序排列的，每个图层的时间条长度代表这个素材的持续时间。用户可以对每个图层设置关键帧和动画属性。我们先从它的基本区域讲起，如图2-22所示。

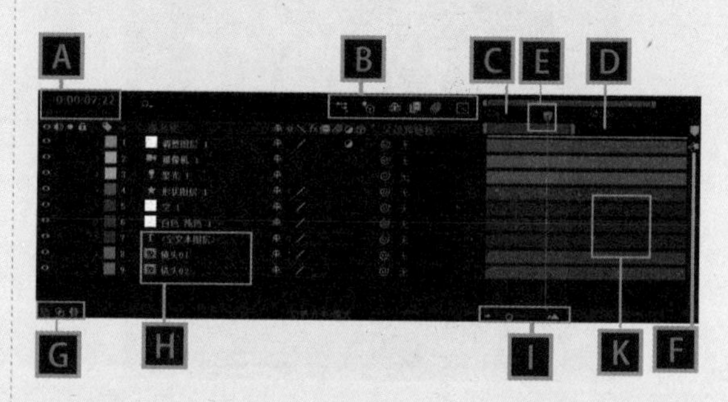

图2-22

※ A：这里显示的是合成中时间指示器所在的时间位置，通过单击此处直接输入时间指示器所要指向的时间点，移动时间指示器的位置；后面显示的是合成的帧数以及帧速率，如图2-23所示。

0;00;07;09

图2-23

※ B区：该区域主要是一些功能按钮。

» ：在该文本框中输入关键字，可以在“时间线”面板中查找素材。

» ：单击该按钮，打开“迷你合成微型流程图”面板。每个图层以节点的形式显示，可以快速看清图层之间的结构形式，如图2-24所示。

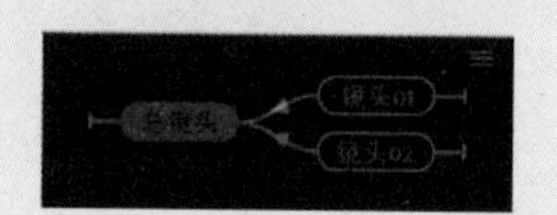

图2-24

» ：该按钮是用来控制是否显示“草图3D”功能。

» ：该按钮用来显示或隐藏“时间线”

面板中处于"消隐"状态的图层。"消隐"状态是After Effects给图层的显示状态定的一种拟人化的名称。通过显示和隐藏图层来限制显示图层的数量，简化工作界面，提高工作效率。下面我们来看怎样隐藏消隐层，如图2-25所示。

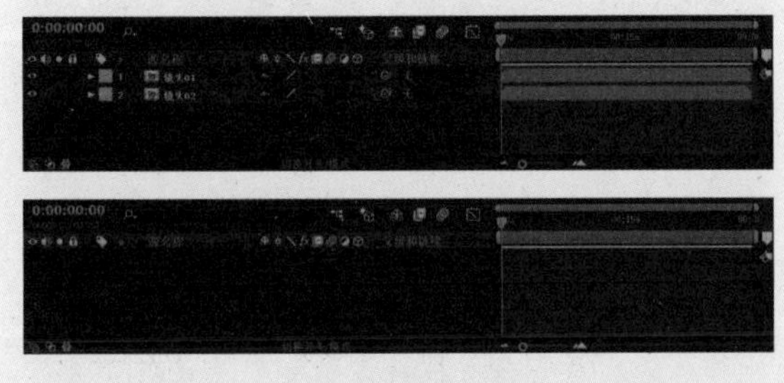

图2-25

提示

在一些商用After Effects模板中，会经常使用该功能将一些不需要修改的图层隐藏，如果想调整这些图层，可以显示"消隐"的图层。

» ■："帧混合"总开关按钮，可以控制是否在图像刷新时启用"帧混合"效果。一般情况下，应用帧混合时只会在需要的图层中开启帧混合功能，因为开启"帧混合"总开关，会降低预览的速度。

提示

当使用了"时间伸缩"命令后，可能会使原始的动画的帧速率发生改变，而且会产生一些意想不到的效果，此时就可以使用帧混合功能对帧速率进行调整。

» ■："运动模糊"按钮可以控制是否在"合成"面板中应用"运动模糊"效果。在素材层后面单击■按钮，可以为该图层添加运动模糊效果，用来模拟电影中摄影机使用的长胶片曝光效果。

» ■：单击该按钮，可以快速进入"曲线编辑"面板，对关键帧进行属性调整，如图2-26所示。

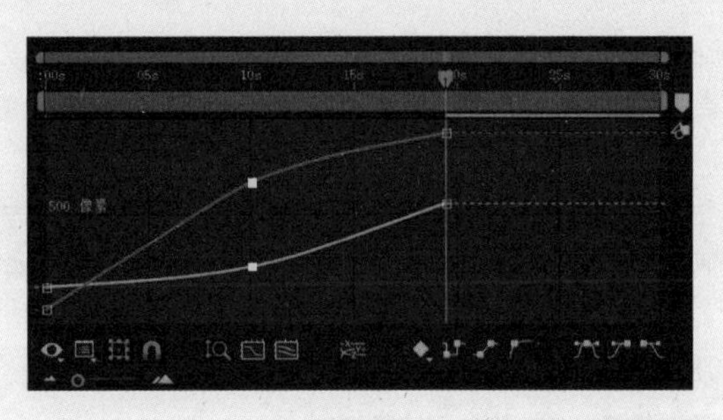

图2-26

※ C：这里的两个小箭头用来指示时间导航器的起始和结束位置，通过拖动滑块可以将时间指示器缩放，该操作会被经常使用，如图2-27所示。

图2-27

※ D：这里是工作区域，可以通过拖动前后两个蓝色矩形标记，控制预览或渲染的时间区域，如图2-28所示。其中的"显示缓存指示器"为绿色的部分，为按下空格键对动画进行预渲染时，已经渲染完成的部分，如图2-29所示。

图2-28

图2-29

※ E：这是时间指示器，它是一个蓝色的小三角形，下面连接一条红色的线，可以很清楚地辨别时间指示器在当前时间标尺中的位置。在蓝色三角形的上面还有一条蓝色的线，表示当前时间在导航栏中的位置，如图2-30所示。

图2-30

导航栏中的蓝色标记都是可以用鼠标拖动的，这样方便我们控制时间区域的开始和结束；对时间指示器的操作，可以用鼠标直接拖动，也可以直接在时间标尺的某个位置单击，使时间指示器移至新的位置。

当我们选中一段素材时，按 I 键，可以将时间指示器移至该段素材的第一帧；按 O 键，可以将时间指示器移至素材的最后一帧；当按 [键时，可以将这段素材的第一帧移至时间指示器的位置；按] 键时，可以将这段素材的最后一帧移至时间指示器的位置。这 4 个快捷键在键盘上是安排在一起的，就是为了方便我们的操作，可以不使用鼠标的情况下移动每一段素材的位置，并精准对齐。

除了可以使用这些快捷键，当在“时间线”面板中需要将多段没有对齐的素材进行对齐时，还可以通过执行命令快速完成。首先按下 Ctrl 键，按排列顺序选中需要进行排列的图层，如图2-31所示。

图2-31

执行“动画”→“关键帧辅助”→“序列图层...”命令，如果需要融合两段素材，在弹出的对话框中选择“过渡”模式，并设定持续时间；如果只是重新排列，需要取消选中“重叠”复选框，如图2-32所示。

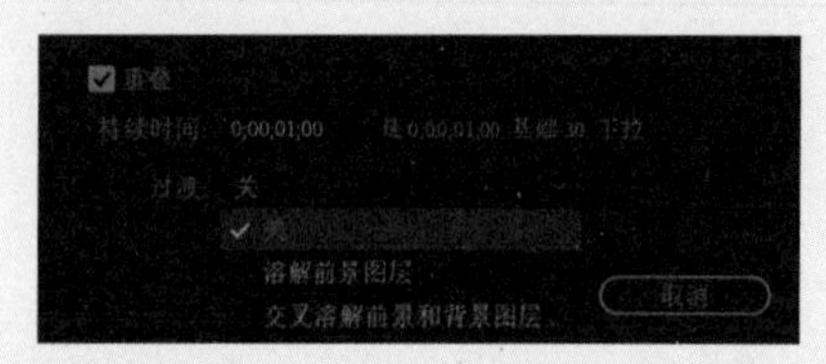

图2-32

单击“确定”按钮，可以看到“时间线”面板中的图层按选择顺序进行了排列，而起始位置则是时间指示器所在的位置，如图2-33所示。

图2-33

提示

除了使用鼠标拖动的方式，最有效且最精准的移动时间指示器的方法是使用对应的快捷键。按Home键可以将时间指示器移至第一帧；按End键可以将时间指示器移至最后一帧；按Page Up键可以将时间指示器移至当前位置的前一帧；按Page Down键可以将时间指示器移至当前位置的后一帧；按快捷键Shift+Page Up可以将时间指示器移至当前位置的前10帧；按快捷键Shift+Page Down可以将时间指示器移至当前位置的后10帧；按快捷键Shift+Home可以将时间指示器移至工作区开头的入点上；按快捷键Shift+Home可以将时间指示器移至工作区结尾的出点上。

※ F：单击按钮，打开“时间线”面板所对应的“合成”面板。

※ G：提供了 3 个按钮，用来打开或关闭一些常用的面板。当我们将这些开关都开启时，“时间线”面板中显示我们需要的大部分数据，这非常直观，但是却牺牲了宝贵的操作空间，时间条几乎全部给覆盖。

» ：单击该按钮，打开或关闭“图层开关”选项区域，如图2-34所示。

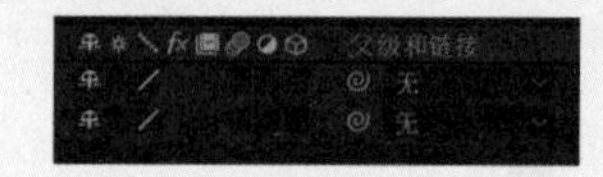

图2-34

» ：单击该按钮，打开或关闭Modes 选项区域，快捷键为 F4 键，如图2-35所示。

图2-35

» ：单击该按钮，打开或关闭“入”“出”“持续时间”和“伸缩”选项区域，如图2-36所示。

图2-36

※ H：“时间线”面板的功能区域，共有 13 个选项区域，在默认状态下只显示了几个常用的选项区域，如图2-37所示。

图2-37

在每个选项区域右击，在弹出的快捷菜单中选择相应的选项，或者用面板菜单打开用来控制选项区显示的菜单，如图2-38所示，下面对这些选项逐一进行介绍。

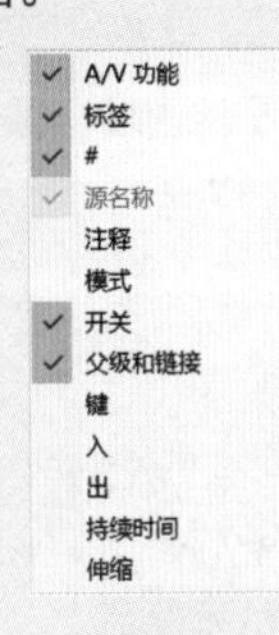

图2-38

※ A/V 功能：选择该选项，显示 A/V 功能选项区域，可以对素材进行隐藏、锁定等操作，如图2-39所示。

» ：单击该按钮，可以控制素材在“合成”中的显示或隐藏。

» ：单击该按钮，可以控制音频素材在预览或渲染时是否起作用，如果素材没有声音就不会出现该按钮。

» ：单击该按钮，可以控制素材是否单独显示。

» ：单击该按钮，用来锁定素材，锁定的素材不能进行编辑。

※ 标签：该选项区域显示素材的标签颜色，它与“项目”面板中的标签颜色相同。当我们正在进行一个合作项目时，合理使用标签颜色就变得非常重要，一个小组往往会有一个固定标签颜色对应方式，比如，红色表示非常重要的素材，绿色表示音频，这样就能快速找到需要的素材大类，并从中找出需要的素材。在使用颜色标签时，不同类的素材要尽量使用对比强烈的颜色，同类素材可以使用相近的颜色，如图2-40所示。

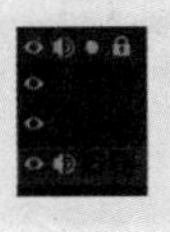

图2-39

图2-40

※ #：该选项区域显示的是素材在“合成”中的编号，如图2-41所示。After Effects 中的图层编号一定是连续的数字，如果出现前后数字不连贯的情况，则说明在这两个层之间有隐藏图层。当我们知道需要选择的图层编号时，只需要按数字键盘上对应的数字键即可快速切换到对应图层。例如按数字键盘上的 9 键，将直接选择编号为 9 的图层。如果图层的编号为双数或三位数，则只需要连续按对应的数字键即可切换到对应的图层。例如，编号为 13 的图层，先按数字键盘上的 1 键，After Effects 先响应该操作，切换到编号为 1 的图层上，然后按 3 键，After Effects 将切换到编号为 13 的图层。需要注意的是，输入两位和两位以上的图层编号时，输入连续数字的时间间隔不要超过 1 秒，否则 After Effects 将认为第二次输入为重新输入。例如，输入 1，然后间隔 3 秒再输入 5，After Effects 将切换到编号为 5 的图层，而不是切换到编号为 15 的图层。

※ 图层名称：该选项区域用来显示素材的图标、名字和类型，如图2-42所示。

图2-41

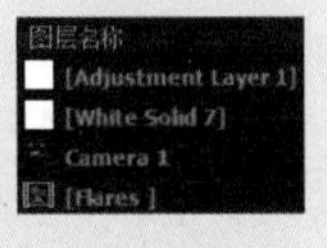

图2-42

※ 注释：在该选项区域中，可以通过单击在其中输入要注解的文字，如图2-43所示。

※ 开关：在该选项区域中提供的切换按钮，可以控制图层的显示和性能，如图2-44所示。

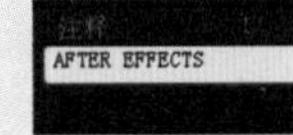

图2-43

图2-44

» ：消隐层按钮，可以设置图层的消隐属性。如果只把需要隐藏图层的“消隐”开关按钮激活，是无法产生隐藏效果的，必须在单击激活“时间线”面板上方的消隐层按钮的情况下，单个图层的消隐功能才能产生效果。

» ![icon]：这个按钮是矢量编译功能的开关，可以控制合成中的使用方式和嵌套质量，并且可以将Adobe Illustrator矢量图像转化为位图。

» ：这个按钮可以控制素材的显示质量，为状态时显示为草图，为状态时显示为最好质量。特别是对大量素材同时缩放和旋转时，调整显示质量能有效提高工作效率。

» ：该按钮可以打开或关闭图层中的滤镜效果。当给素材添加滤镜效果时，After Effects将对素材滤镜效果进行计算，这将占用大量CPU资源。为提高工作效率，减少处理时间，有时需要关闭一些图层的滤镜效果。

» ：帧混合按钮，单击该按钮，可以为素材添加帧混合效果。

» ：运动模糊按钮，单击该按钮，可以为素材添加动态模糊效果。

» ：调节图层按钮，单击该按钮，可以打开或关闭调整图层，开启时可以将普通图层转化为调整图层。

» ：3D图层按钮，单击该按钮，可以转化普通图层为3D图层。转化为3D图层后，能在三维空间中对图层进行修改或添加动画效果。

※ 模式：该选项区域可以设置图层的叠加模式和轨迹蒙版类型。“模式”栏下的是叠加模式；T栏下可以设置保留该图层的不透明度；TrkMat栏下是轨迹蒙版菜单，如图2-45所示。

※ 父级：该选项区域可以指定一个图层为另一个图层的父层，在对父层进行操作时，子层也会进行相应的变化，如图2-46所示。在该选项区域中有两栏，分别有两种父子连接的方式。一种是拖动一个图层的图标到目标层，这样原图层就成为目标图层的父层；另一种是在后面的下拉列表中选择一个图层作为父层。

※ 键：该选项区域可以提供一个关键帧操纵器，通过它可以为图层的属性创建关键帧，还可以使时间指示器快速跳转到下一个或上一个关键帧，如图2-47所示。

图2-45

图2-46

提示

在“时间线”面板中不显示“键”选项区域时，打开素材的属性折叠区域，在A/V功能选项区域下方也会出现关键帧操纵器。

※ 入：该栏可以显示或改变素材层的切入时间，如图2-48所示。

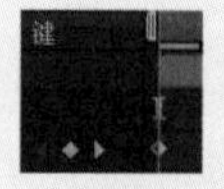

图2-47

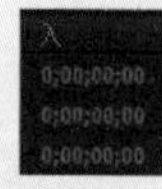

图2-48

※ 出：该栏可以显示或改变素材层的切出时间，如图2-49所示。

※ 持续时间：该栏可以查看或修改素材的持续时间，如图2-50所示。在数字上单击，会弹出“时间伸缩”对话框，在该对话框中可以精确设置图层的持续时间，如图2-51所示。

图2-49

图2-50

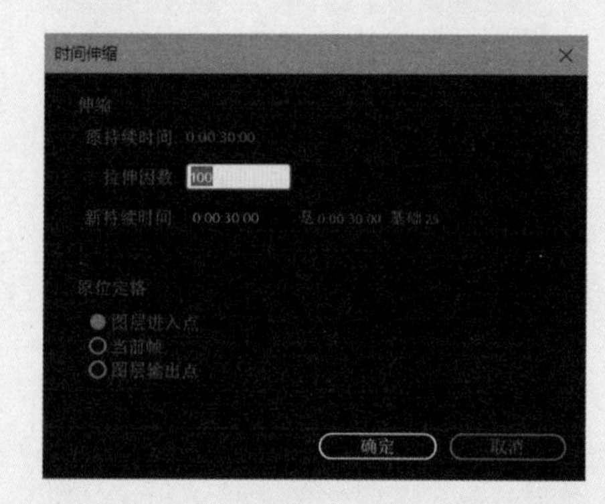

图2-51

※ 伸缩：该栏可以查看或修改素材的延迟

时间，如图2-52所示。在数字上单击，也会弹出“时间伸缩”对话框，在该对话框中可以精确设置图层的持续时间。

※ I：该控件是时间缩放滑块，和导航栏的功能类似，都可以对合成的时间显示进行缩放，只是它以时间指示器的位置为中心进行缩放的，而且没有导航栏准确，如图2-53所示。

图2-52

图2-53

※ K：该区域用来放置素材堆栈，当把一个素材调入“时间线”面板后，该区域会以图层的形式显示素材。用户可以把素材直接从“项目”面板中拖至“时间线”面板中，并且任意摆放它们的位置，如图2-54所示。

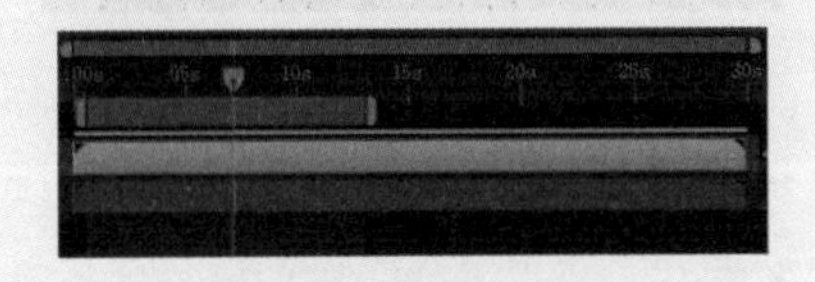

图2-54

2.2.2 显示与隐藏图层

用户可以通过各种手段暂时把图层隐藏起来，这样做的目的是方便操作。当项目中的图层越来越多时，这些操作是非常必要的。特别是为图层制作动画时，过多图层会影响调整素材的效果，并且降低预览速度。适当减少显示不必要的图层，能大幅提高工作效率。

当要隐藏某一个图层时，单击“时间线”面板中该图层最左边的图标，眼睛图标会消失，此时该图层在“合成”面板中将不显示，再次单击，眼睛图标出现，图层内容也将被显示出来。

这样虽然能在“合成”面板中隐藏该图层，但在“时间线”面板中该图层依然存在，一旦图层的数目非常多时，在“时间线”面板中隐藏一些暂时不需要再编辑的图层是很有必要的。我们可以使用“消隐”功能来隐藏层。在“时间线”面板中找到“独奏”栏，单击想要隐藏图层对应的图标，我们发现该图层以下的图层都被隔离了，不在“合成”面板中显示。

2.2.3 在“时间线”面板中操作图层

在“时间线”面板中，针对图层的调整是After Effects的基础操作，初学者要充分掌握本节的知识，这会使你的工作事半功倍。我们可以在“编辑”菜单中找到如下命令。

1. 移动

在位于“时间线”面板中顶部的图层将被显示在画面的最前面，用户可以用拖动该图层的层次位置。图层的层次位置决定了图层的显示优先级，上面图层的元素遮挡下面图层的元素，比如背景元素一定是在底层的，角色一般在中间图层或顶部图层。

2. 重复

“重复”（快捷键为Ctrl+D）命令主要用于将所选中的对象直接复制，与“复制”命令不同，“重复”命令是直接复制，并不将复制的对象存入剪贴板。用户执行“重复”命令复制图层时，会将被复制图层的所有属性，包括关键帧、蒙版，效果等一同复制，如图2-55所示。

图2-55

3. 拆分图层

“拆分图层”命令主要用于分裂图层，在“时间线”面板中可以执行该命令将图层任意切分，从而创建两个完全独立的图层，分裂后的图层中仍然包含原始图层的所有关键帧。在“时间线”面板中，用户可以使用时间指示器来指定分裂的位置，把时间指示器移至想要分裂的时间点，执行“编辑”→“拆分图层”命令（快捷键为Ctrl+Shift+D），即可分裂选中的图层，如

图2-56所示。

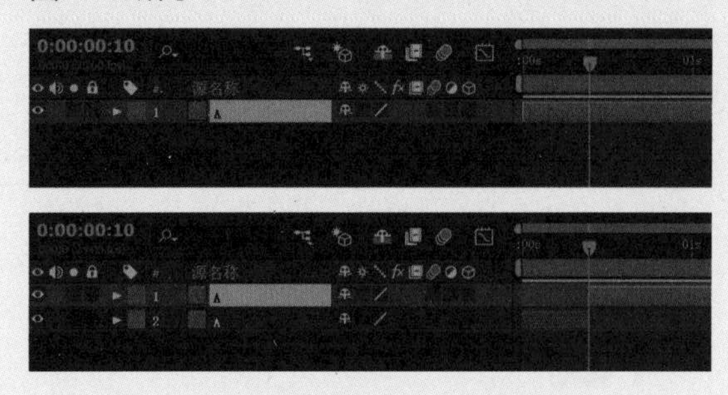

图2-56

2.2.4 制作动画

动画是基于人的视觉原理创建的运动图像。当我们观看一部电影时，我们会看到画面中的人物或场景都是顺畅、自然的，而放慢速度观看时，看到的画面却是一格格的单幅画面。之所以看到顺畅的画面，是因为人的眼睛会产生视觉暂留现象，对上一个画面的感知还没消失，下一个画面又出现，就会给人以动的感觉。在短时间内观看一系列相关联的静止画面时，就会将其视为连续的画面。

关键帧这是一个从动画制作中引入的概念，即在不同的时间点对对象属性进行调整，而时间点之间的变化画面由计算机生成。在制作动画的过程中，首先要制作能表现出动作主要意图的关键动作，这些关键动作所在的帧，就叫作“关键帧”。制作二维动画时，由动画师画出关键动作，助手填充关键帧之间的画面。在After Effects中，是由软件帮助用户完成这一烦琐操作的。

After Effects的动画关键帧主要是在“时间线”面板中制作的，不同于传统动画，After Effects可以帮助用户制作更为复杂的动画效果，可以随意控制动画关键帧，这也是非线性影视编辑软件的优势所在。

1. 创建关键帧

创建关键帧是在“时间线”面板中进行的，所谓创建关键帧就是对图层的属性值设置动画，展开图层的“变换”属性，每个属性的左侧都有一个码表图标，这是关键帧记录器，是设定动画关键帧的关键。单击图标，激活关键帧记录功能，从这刻起，无论是在“时间线”面板中修改属性值，还是在“合成”面板中修改画面中的对象，都会被记录为关键帧。被记录的关键帧在时间线里出现一个关键帧图标，如图2-57所示。

图2-57

在“合成”面板中对象移动的轨迹会形成一条控制线，如图2-58所示。

图2-58

单击“时间线”面板中的“图表编辑器”图标，激活曲线编辑模式，如图2-59所示。

图2-59

将时间指示器移至两个关键之间的位置，修改“位置”属性值，时间线上又新建了一个关键帧，如图2-60所示。

图2-60

在“合成”面板中可以观察到对象的运动轨迹线也多出了一个控制点。我们也可以使用“钢笔”工具直接在“合成”面板的动画曲线上添加一个控制点，如图2-61所示。

在“时间线”面板中右击，在弹出的快捷菜

单中切换到编辑速度图表模式，如图2-62所示，此时关键帧图标发生了变化。在“合成”面板中调节控制器的手柄，“时间线”面板中的关键帧曲线也会随之发生变化。

图2-61

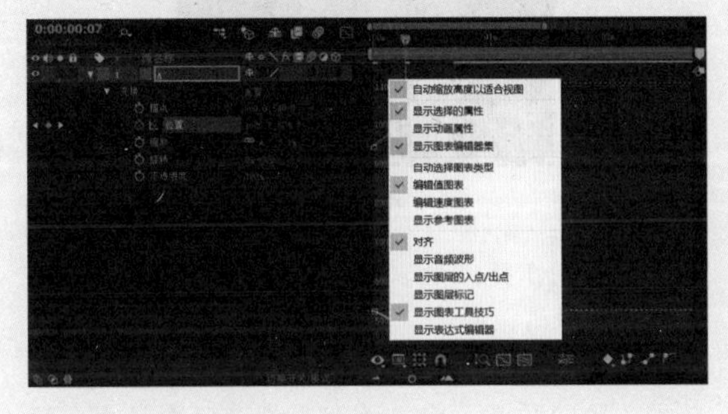

图2-62

2. 选择关键帧

在“时间线”面板中单击要选择的关键帧，即可将其选中。如果要同时选中多个关键帧，按住Shift键，单击要选中的多个关键帧，或者在“时间线”面板中单击并拖曳创建一个选择框，选取需要选中的关键帧，如图2-63所示。

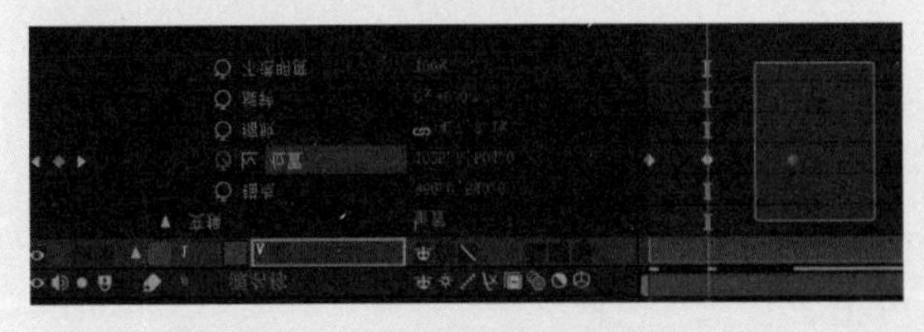

图2-63

时间指示器是设置关键帧的重要工具，所以准确地控制时间指示器是非常必要的，在制作过程中，一般使用快捷键控制时间指示器。按I和O键，用来调整时间指示器到素材的起始处和结尾处，按住Shift键移动时间指示器，它会自动吸附到邻近的关键帧上。

3. 复制和删除关键帧

选中需要复制的关键帧，执行“编辑”→“复制”命令，将时间指示器移至要粘贴的时间位置，执行“编辑”→“粘贴”命令，粘贴关键帧到该位置。关键帧数据被复制后，可以直接转化为文本，在Word等文本软件中直接粘贴，数据将以文本的形式展现，例如下面的文字。

Adobe After Effects 8.0 Keyframe Data

Units Per Second	25
Source Width	1920
Source Height	1080
Source Pixel Aspect Ratio	1
Comp Pixel Aspect Ratio	1

Transform	Anchor Point		
Frame	X pixels	Y pixels	Z pixels
	960	540	0

Transform	Position		
Frame	X pixels	Y pixels	Z pixels
0	960	540	0
7	1025.68	504	0
17	1119.5	540	0

End of Keyframe Data

删除关键帧的操作也很简单，选中需要删除的关键帧，按Delete键即可删除该关键帧。

2.2.5 调整动画路径

在After Effects中，制作动画可以通过各种手段来实现，而使用曲线来控制动画是常用的手法。在图形软件中常用Bezier手柄来控制曲线，熟悉Illustrator的用户对这个工具并不陌生，这是用户控制曲线的最佳手段。在After Effects中，同样可以使用Bezier曲线来控制路径的形状。在“合成”面板中用户可以使用“钢笔”工具来修改路径曲线。

Bezier曲线包括带有控制手柄的点。在“合成”面板中可以观察到，手柄控制着曲线的方向和角度，左侧的手柄控制左侧的曲线，右侧的手柄控制右侧的曲线，如图2-64所示。

在“合成”面板中，使用“添加顶点”工具，为路径添加一个控制点，可以轻松改变对象的运动方向，如图2-65所示。

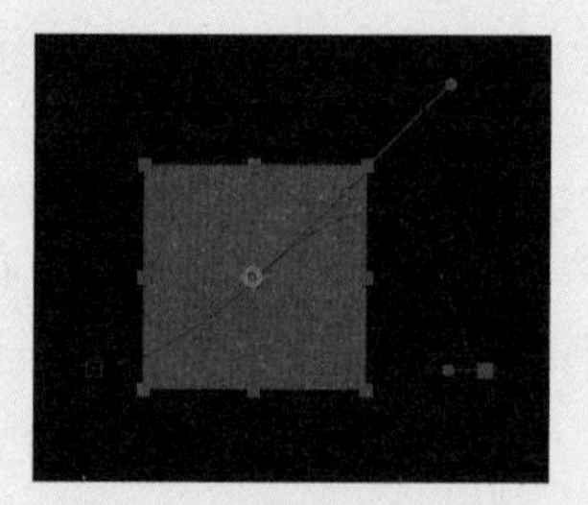

图2-64

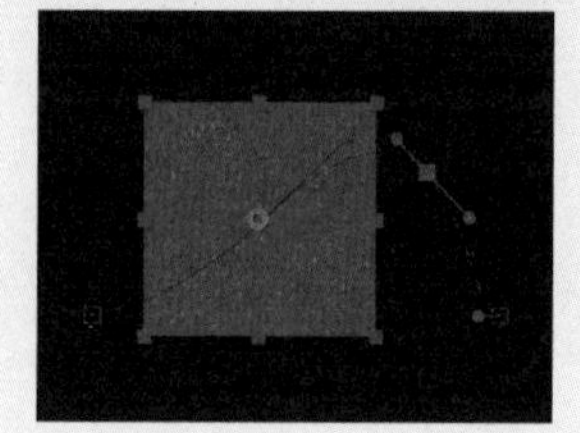

图2-65

用户可以使用“选择”工具▶来调整曲线的手柄和控制点的位置。如果使用“钢笔”工具✒可以直接通过按住 Ctrl 键，将“钢笔”工具切换为“选择”工具。控制点之间的虚线点的密度对应了时间的快慢，也就是点越密对象运动得越慢，如图2–66所示。控制点在路径上的相对位置，主要靠调整“时间线”面板中关键帧的位置实现。

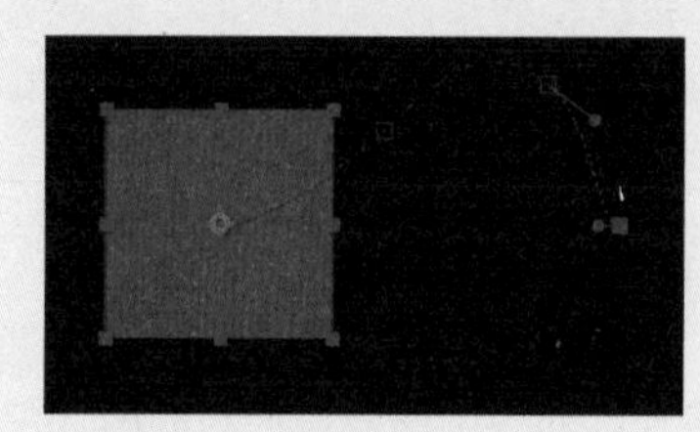

图2-66

按数字键盘的 0 键，播放动画，可以观察到对象在路径上的运动一直朝着一个方向，并没有随着路径的变化而改变方向。这是因为没有开启“自动方向”功能。执行“图层”→“变换”→“自动定向”命令，弹出“自动方向”对话框，如图2–67所示。

图2-67

在“自动方向”对话框中选中“沿路径定向”复选框，单击“确定”按钮。再次播放动画，可以观察到对象在随着路径的变化而改变方向，如图2–68所示。

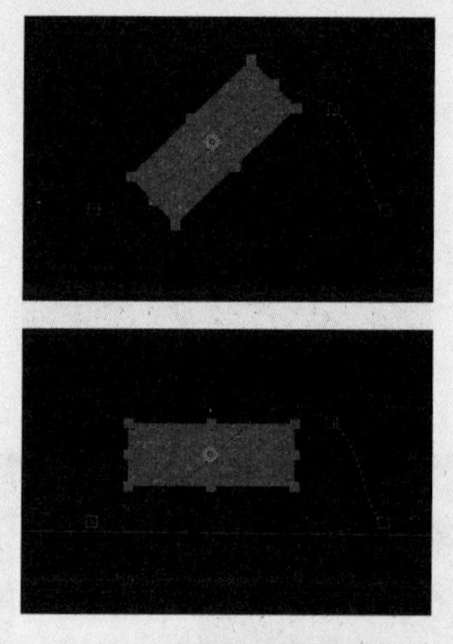

图2-68

动画制作完成后，可以通过按空格键预览动画效果，也可以调出“预览”面板，单击“播放”按钮进行播放。在“预览”面板中还可以设置缓存范围，预览的动画会被保存在缓存区中，再次预览时会被覆盖。“时间线”面板中显示预览的区域，绿色的线条就是渲染完成的部分，如图2–69所示。

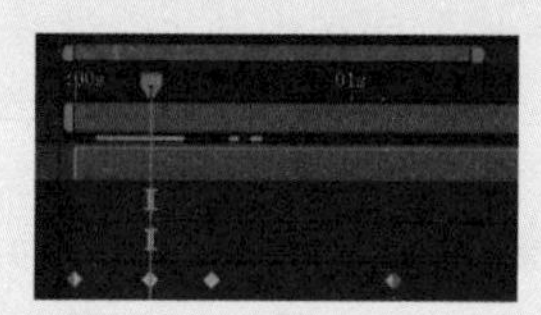

图2-69

2.2.6 清理缓存

“清理”命令主要用于清除内存缓冲区的暂存文件，在“编辑”→“清理”子菜单中有相应的清理命令，如图2–70所示。在实际制作过程中，由于素材量不断增加，一些不必要的操作和预览影片时留下的数据文件会大量占用大量的内存，制作中不时地清理缓存是很有必要的。建议在渲染输出之前进行一次对于内存的全面清理。

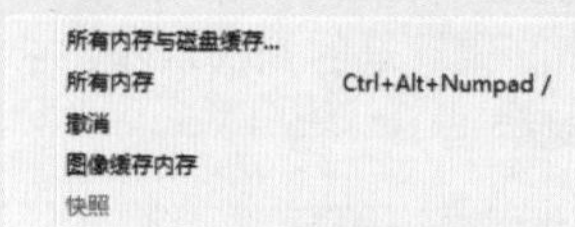

图2-70

※ 所有内存与磁盘缓存：将内存缓冲区中的所有存储信息与磁盘中的缓存清除。

※ 所有内存：将内存缓冲区中的所有存储信息清除。

※ 撤销：清除内存缓冲区中保存的操作过的步骤。

※ 图像缓存内存：清除RAM预览时系统放置在内存缓冲区的预览文件，如果在预览影片时无法完全播放整段影片，可以通过执行该命令，释放缓存的空间。

※ 快照：清除内存缓冲区中的快照信息。

2.2.7 编辑动画曲线

调整动画曲线是作为一个动画师的必备技能，“图表编辑器”是After Effects中编辑动画的主要工具，通过调整曲线可以大幅提高动画的制作效率，使关键帧的调整更直观，操作更简易。对于使用过三维动画软件或二维动画软件的读者来说，应该对“图表编辑器”功能并不陌生，下面详细介绍“图表编辑器”面板的各项功能。

“图表编辑器”是一种曲线编辑器，在许多动画软件中都有。当我们没有选择任何一个已经设置关键帧的属性时，“图表编辑器”内将不显示任何数据和曲线。当对图层的某个属性设置了关键帧动画后，单击“时间线”面板中的按钮就可以进入“图表编辑器”面板，如图2-71所示。该面板的使用方法如下。

图2-71

※ ：单击该按钮，将弹出一个菜单，如图2-72所示，选择不同的选项，将可以用不同的方式显示“图表编辑器”面板中的动画曲线。

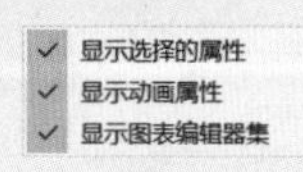

图2-72

» 显示选择的属性：选择该选项，在“图表编辑器”面板中，只显示已选中的有动画的素材属性。

» 显示动画属性：选择该选项，在“图表编辑器”面板中同时显示一个素材中所有的动画曲线。

» 显示图表编辑器集：选择该选项，显示曲线编辑器的设定。

※ ：该按钮用来选择动画曲线的类型和辅助选项。单击该按钮会弹出菜单，如图2-73所示，当在任意图层中设置了多个关键帧时，可以帮助我们过滤当前不需要显示的曲线，使我们直接找到需要修改的关键帧。

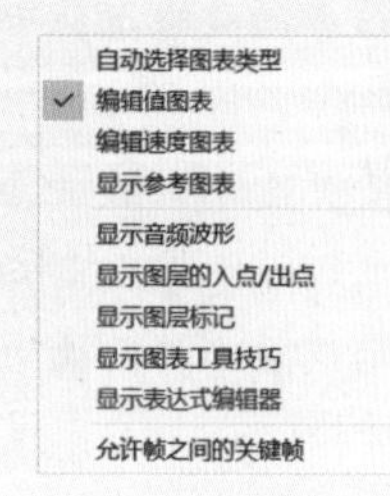

图2-73

» 自动选择图表类型：选择该选项，自动显示动画曲线的类型。

» 编辑值图表：选择该选项，编辑数值曲线。

» 编辑速度图表：选择该选项，编辑速率曲线。

» 显示参考图表：选择该选项，显示参考类型的曲线。

提示

当选择“自动选择图表类型”和“显示参考图表”选项时，“图表编辑器”面板中常出现两种曲线，一种是带有可编辑点（在关键帧处出现小方块）的曲线，一般为白色或浅洋红色；另一种是红色和绿色，但不带有编辑点的曲线。

下面以“位置”的X和Y属性设置关键帧动画为例，解释这两种曲线的区别。当为图层在X和Y属性设置关键帧后，After Effects将自动计算一个速率数值，并绘制曲线。在默认状态“自动选择图表类型”被激活的情况下，After

Effects 认为在“图表编辑器”中调整速率对整体调整更有用，而 X 和 Y 的关键帧的调整则应该在合成图像中进行。因此，大多数情况下，速度图表被 After Effects 作为默认首选曲线显示出来。

我们可以通过直接选择编辑值图表，来调整设置关键帧的属性的曲线，这样一般是为了清楚控制单个属性的变化。当只是调整一个轴上的某个关键帧时，对应曲线上的关键帧也会被选中。如果只是改变当前关键帧的数值，对应轴上的关键帧控制点将不受影响，但移动某个轴上的关键帧控制点在时间线上的位置时，对应另一个轴上的关键帧控制点将随之改变在时间线上的位置。这说明，在 After Effects 中，是不支持对单个空间轴独立使用关键帧的。

- 显示音频波形：选中该选项，显示音频的波形。
- 显示图层的入点/出点：选中该选项，显示切入点和切出点。
- 显示图层标记：选中该选项，显示图层的标记。
- 显示图表工具技巧：选中该选项，显示曲线上的工具信息。
- 显示表达式编辑器：选中该选项，显示表达式编辑器。
- 允许帧之间的关键帧：这是允许关键帧在帧之间切换的开关。如果关闭该选项，拖动关键帧时将自动与精确的帧的数值对齐。如果激活该选项，则可以将该关键帧拖至任意时间点。但是当使用“变换盒子”缩放一组关键帧时，无论该属性是否被激活，缩放关键帧都将落在帧之间。

※ ：单击该按钮，在同时选中多个关键帧时，显示转换框，利用该框可以同时对多个关键帧进行移动和缩放操作，如图2-74所示。如果我们想反转关键帧，只需要将其拖到缩放框另一侧即可。按住 Shift 键拖动其一个边角处的控制点，将按比例进行缩放；同时按住 Ctrl+Alt 键再拖动其一个边角处的控制点，将让框的一端逐渐缩小；同时按住 Ctrl+Alt+Shift 键，再拖动其一个边角处的控制点，将在垂直方向上移动框的一边；按住 Alt 键拖动其一个边角处的控制点，可以使框倾斜。

提示

可以通过移动“变换盒子”的中心点来改变缩放方式。首先移动中心位置后，按住Ctrl键并拖动鼠标。缩放框将按照中心点的新位置缩放关键帧。

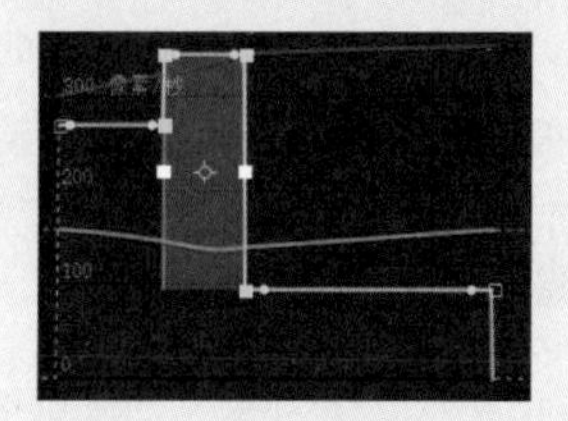

图2-74

※ ：单击该按钮，开启或关闭吸附功能。

※ ：单击该按钮，打开或关闭使曲线自动适应的“图表编辑器”面板。

※ ：单击该按钮，使选中的关键帧适应“图表编辑器”面板的大小。

※ ：单击该按钮，使全部的动画曲线适应“图表编辑器”面板的大小。

※ ：单击该按钮，通过选择弹出菜单中的不同选项，编辑选中的关键帧，如图2-75所示。

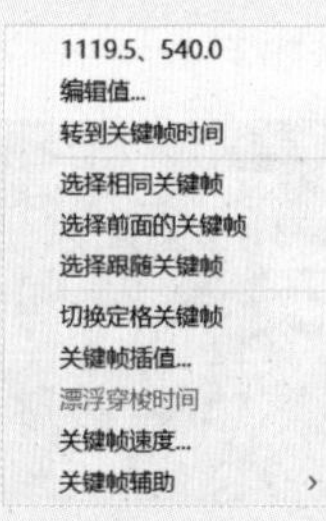

图2-75

※ ：单击该按钮，使关键帧保持现有的动画曲线。

※ ：单击该按钮，使关键帧前后的控制手柄变成直线。

※ ：单击该按钮，使关键帧的手柄转变为自动的贝塞尔曲线。

※ ：单击该按钮，使选中的关键帧前后

的动画曲线快速变得平滑。

※ ：单击该按钮，使选中的关键帧前的动画曲线变得平滑。

※ ：单击该按钮，使选中的关键帧后的动画曲线变得平滑。

2.3 蒙版

2.3.1 创建蒙版

当一个素材被合成到一个项目中时，需要将一些不必要的背景去除，但并不是所有素材的背景都是非常容易被分离出来的，这时就可以使用蒙版。蒙版被创建时，也会作为图层的一个属性显示在属性列表中，只需要在“时间线”面板中选中需要建立蒙版的图层，使用工具箱中的“钢笔”工具、“矩形”工具和“椭圆”工具等，如图2-76所示，直接在图层上绘制即可。我们还可以使用Photoshop或Illustrator等软件，把绘制好的路径文件导入项目，作为蒙版使用，如图2-77所示。

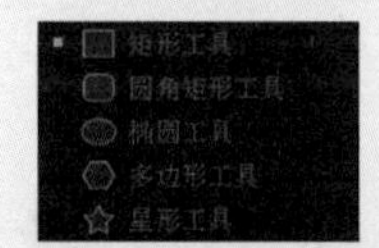

图2-76

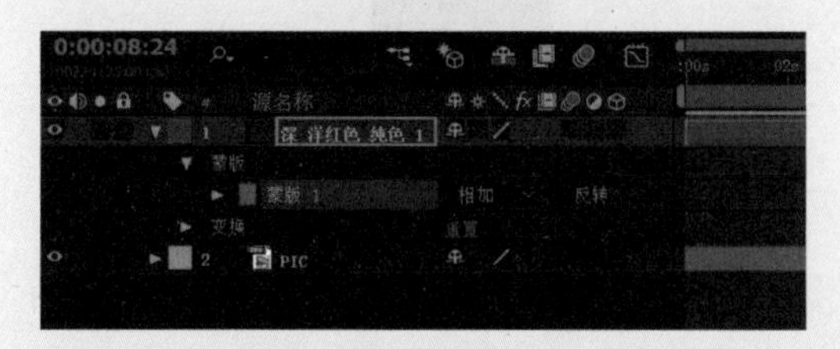

图2-77

蒙版是一个用路径圈定的区域，控制透明区域和不透明区域的范围。在After Effects中，可以通过绘制蒙版，控制效果范围等各种富于变化的效果。当一个蒙版被创建后，位于蒙版范围内的区域是可以被显示的，区域范围外的图像将不可见。当要移动蒙版时，可以使用“选择”工具移动或者选取蒙版，这些操作同样对形状图层起作用，如图2-78所示。

图2-78

提示

需要注意的是，如果在“时间线”面板中没有选中任何图层的情况下，直接绘制路径，创建出的是独立的形状图层，所以蒙版一定要依附在某一个图层上。

2.3.2 蒙版的属性

每当一个蒙版被创建后，所在图层的属性中会多出一个“蒙版”属性，如图2-79所示。通过对调整该属性可以精确地控制蒙版，下面介绍具体的使用方法。

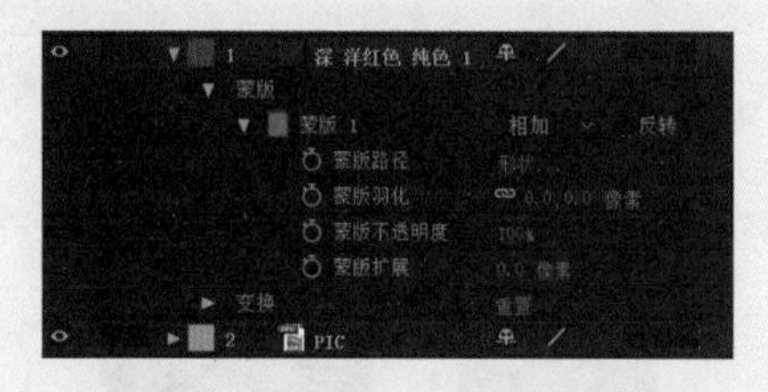

图2-79

※ 蒙版路径：该属性控制蒙版的外形。可以通过对蒙版的每个控制点设置关键帧，对图层中的图形做动态的蒙版。单击右侧的“形状”文字，弹出如图2-80所示的“蒙版形状”对话框，可以精确调整蒙版的外形。

※ 蒙版羽化：该属性控制蒙版范围的羽化效果。通过修改值可以改变蒙版控制范围内外之间的过渡范围，如图2-81所示。两个数值分别控制不同方向上的羽化程度，单击右侧的图标，可以取消两组

数据的关联。如果单独羽化某一侧边界，可以产生独特的效果。

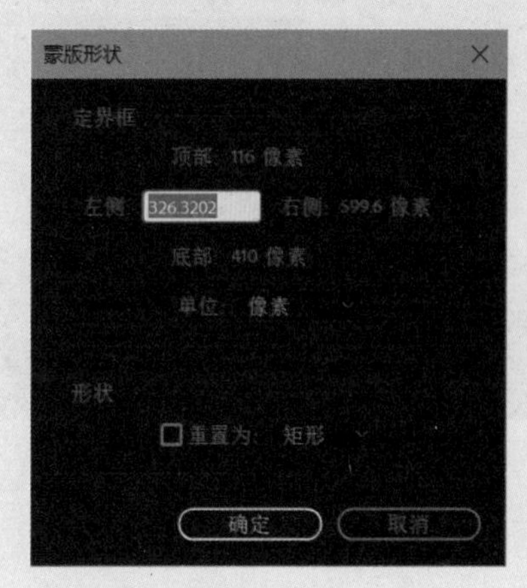

图2-80

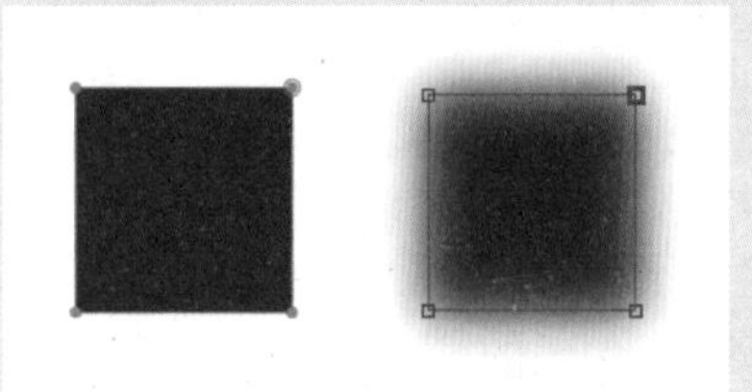

图2-81

※ 蒙版不透明度：该属性控制蒙版范围的不透明度。

※ 蒙版扩展：该属性控制蒙版的扩张范围。在不移动蒙版的情况下，扩张蒙版的范围，有时也可以用来修改转角的圆化程度，如图2-82所示。

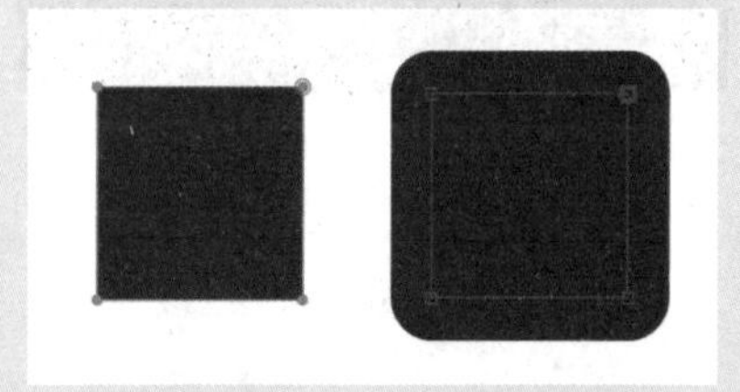

图2-82

默认建立的蒙版的颜色是淡蓝色的，如果图层的画面颜色和蒙版的颜色一样，可以单击该蒙版名称左侧的彩色方块图标，将其修改为不同的颜色。单击蒙版名称右侧的蒙版混合模式菜单，如图2-83所示，可以选择不同的蒙版混合模式。当我们绘制多个蒙版并且相互交叠时，混合模式就会起作用，不同混合模式的使用方法如下。

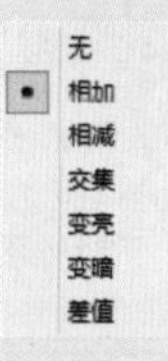

图2-83

※ 无：选择该选项，蒙版无混合效果，如图2-84所示。

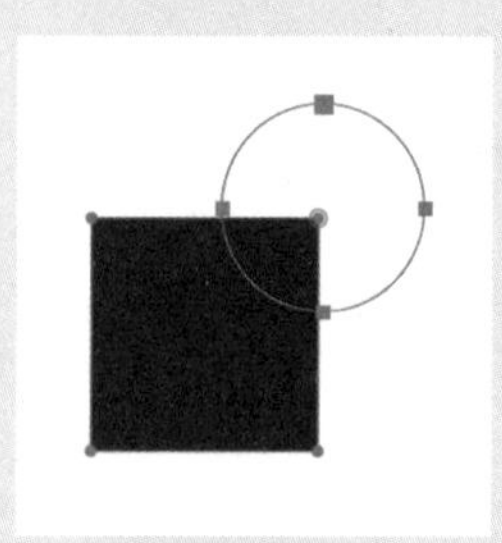

图2-84

※ 相加：蒙版叠加在一起时，添加控制范围。对于一些能直接绘制的特殊曲线蒙版范围，可以通过多个常规形状的蒙版相加计算后获得，其他混合模式也可以使用相同思路来处理，如图2-85所示。

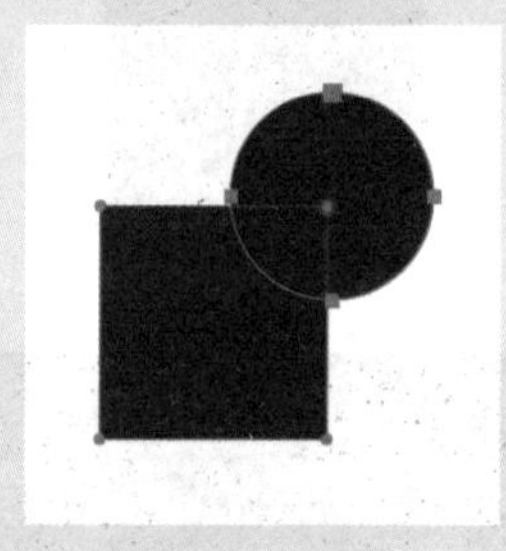

图2-85

※ 相减：蒙版叠加在一起时，减少控制范围，如图2-86所示。

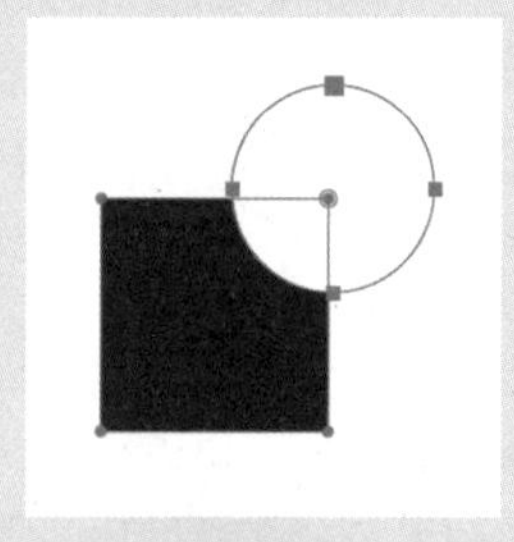

图2-86

※ 交集：蒙版叠加在一起时，相交区域为控制范围，如图2-87所示。

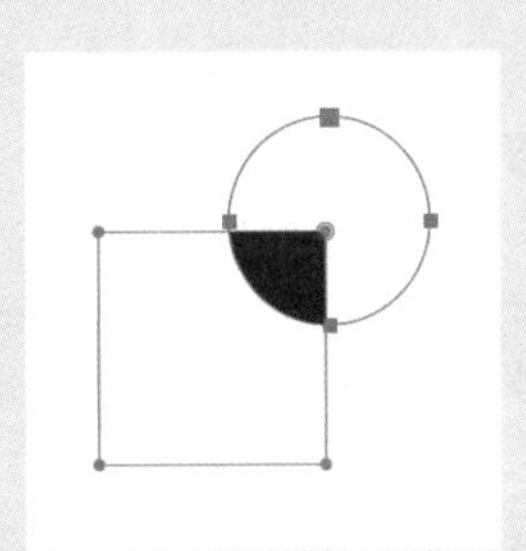

图2-87

※ 变亮和变暗：蒙版叠加在一起时，相交区域加亮或减暗控制范围，该混合模式必须作用在不透明度小于100%的蒙版上，才能显示出效果，如图2-88所示。

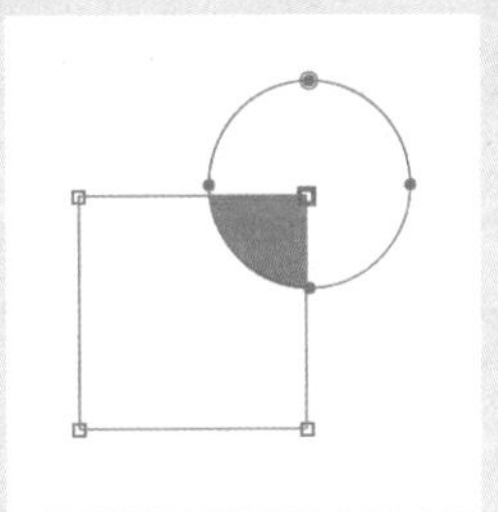

图2-88

※ 差值：蒙版叠加在一起时，相交区域以外为控制范围，如图2-89所示。

图2-89

选中“反转”复选框，蒙版的控制范围将被反转，如图2-90所示。

图2-90

提示

在蒙版绘制完成后，还可以继续修改蒙版，使用“选择”工具在蒙版边缘双击，蒙版的外框将会被激活，此时即可再次调整蒙版。如果想绘制正方形或正圆形蒙版，可以按住Shift键，单击并拖曳鼠标进行绘制。在“时间线”面板中选中蒙版图层，双击工具箱中的“矩形”工具或“椭圆”工具按钮，可以使被选中的蒙版调整到合成影片的有效尺寸。

2.3.3 蒙版插值

“蒙版插值”面板可以为蒙版形状的变化创建平滑的动画，从而使蒙版的形状的变化更自然。执行“窗口”→“蒙版插值”命令可以将该面板打开，如图2-91所示，具体的使用方法如下。

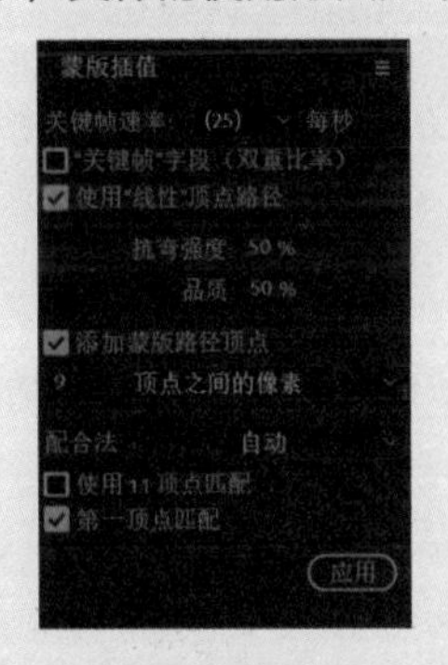

图2-91

※ 关键帧速率：在文本框中输入数值，设置每秒添加多少个关键帧。

※ 关键帧字段：设置在每个场中是否添加关键帧。

※ 使用“线性”顶点路径：设置是否使用线性顶点路径。

※ 抗弯强度：设置最易受到影响的蒙版的弯曲值的变量。

※ 品质：设置两个关键帧之间，蒙版外形变化的品质。

※ 添加蒙版路径顶点：设置蒙版外形变化的顶点的单位和设置模式。

※ 匹配法：设置两个关键帧之间，蒙版外形变化的匹配方式。

※ 使用1:1顶点匹配：设置两个关键帧之间，

蒙版外形变化的所有顶点一致。

※ 第一顶点匹配：设置两个关键帧之间，蒙版外形变化的起始顶点一致。

2.3.4 形状图层

使用路径工具绘制图形时，当选中某个图层时，绘制出来的是蒙版；当不选中任何图层时，绘制出的图形将成为形状图层。形状图层的属性和蒙版不同，其类似 Photoshop 中的形状，如图2-92所示。

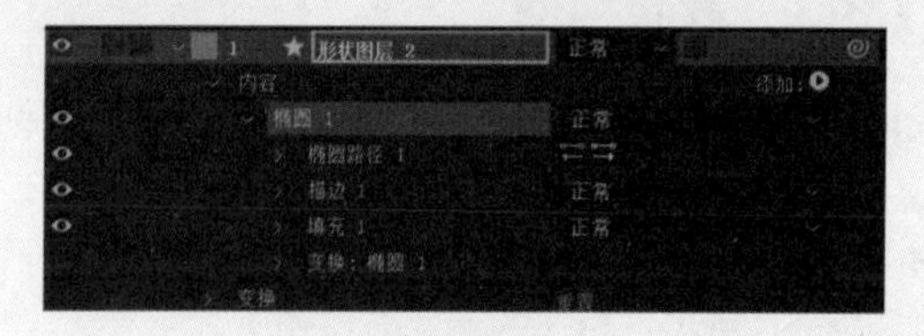

图2-92

我们可以在 After Effects 中绘制形状，也可以使用 Illustrator 等矢量软件进行绘制，然后将路径导入 After Effects 中，再转换为形状。首先将 AI 文件导入项目，将其拖至“时间线”面板中，在该图层上右击，在弹出的快捷菜单中选择“从矢量图层创建形状”选项，将 AI 文件转换为形状。可以看到矢量图层变成了可编辑的状态，如图2-93所示。

图2-93

在 After Effects 中无论是蒙版形状、绘画描边、动画图表都是由路径形成的，所以绘制时基本的操作是一致的。路径包括线段和顶点，线段是连接顶点的直线或曲线；顶点定义路径的各段开始和结束的位置。通过拖动路径顶点、每个顶点的方向线（或切线）末端的方向手柄，或者路径自身，都可以更改路径的形状。

要创建一个新的形状图层，在“合成”面板中进行绘制之前按 F2 键，取消选中任何图层。我们可以使用下面任意一种方法创建形状和形状图层。

※ 使用“形状”工具单击并拖曳创建形状或蒙版和使用“钢笔”工具创建贝塞尔曲线形状或蒙版。

※ 执行“图层”→“从文本创建形状”命令，将文本图层转换为形状图层。

※ 将蒙版路径转换为形状路径。

※ 将运动路径转换为形状路径。

我们也可以先建立一个形状图层，通过执行“图层”→“新建”→“形状图层”命令，创建一个新的形状图层。当选中路径工具时，在属性栏的右侧会出现相关工具的调整选项。在这里可以设置“填充”和“描边”等参数，如图2-94所示，这些的操作在形状图层的属性中也可以修改。

填充： 描边： 0 像素 添加： RotoBezier

图2-94

被转换的形状也会将原有的“组”信息保留下来，每个组里的“路径”和“填充”属性都可以单独进行编辑并设置关键帧。

由于 After Effects 并不是专业绘制矢量图形的软件，所以并不建议在 After Effects 中绘制复杂的形状，还是建议读者在 Illustrator 这类矢量软件中进行绘制，再导入 After Effects 中进行编辑。但是在导入路径时也会出现许多问题，并不是所有 Illustrator 文件的属性都被保留下来。包含数千个路径的文件可能导入非常缓慢，且不提供反馈。

2.3.5 绘制路径

在 After Effects 中绘制形状离不开“钢笔”工具，其使用方法与 Adobe 其他软件的“钢笔”工具没有太大的区别。After Effects 软件中可以绘制的工具介绍如下。

※ “钢笔”工具：主要用于绘制不规则蒙版“形状”或开放的路径。

※　“添加顶点”工具：使用该工具，可以在路径上添加顶点。

※　“删除顶点”工具：使用该工具，可以在路径上删除顶点。

※　“转换顶点”工具：使用该工具，可以在路径上转换顶点的形式。

※　“蒙版羽化”工具：使用该工具，可以羽化蒙版边缘的蒙版的硬度。

这些工具在实际制作中使用的频率非常高，除了用于绘制蒙版、形状，还可以用来在“时间线”面板中调节曲线。

使用“钢笔”工具绘制贝塞尔曲线，通过拖动方向线来创建弯曲的路径，方向线的长度和方向决定了曲线的形状。在按住Shift键的同时拖动，可以将方向线的角度限制为45°的整数倍；在按住Alt键的同时拖动，可以仅修改引出的方向线。将“钢笔”工具放置在希望开始绘制曲线的位置，然后单击并按住，如图2-95所示，将出现一个顶点，并且“钢笔”工具的指针将变为一个箭头，如图2-96所示。拖动以修改顶点的两条方向线的长度和方向，然后释放鼠标按键，如图2-97所示。

图2-95

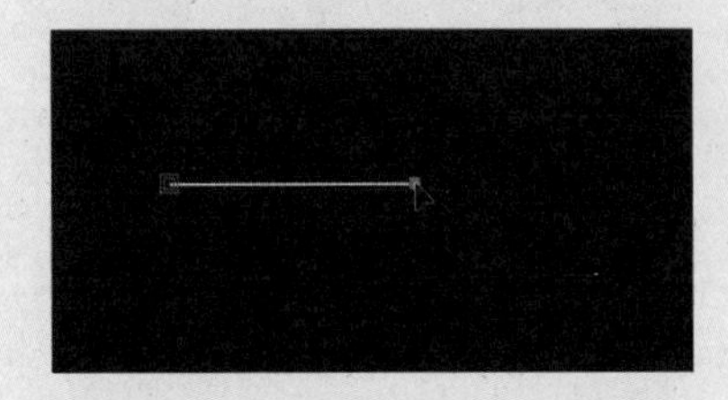

图2-96

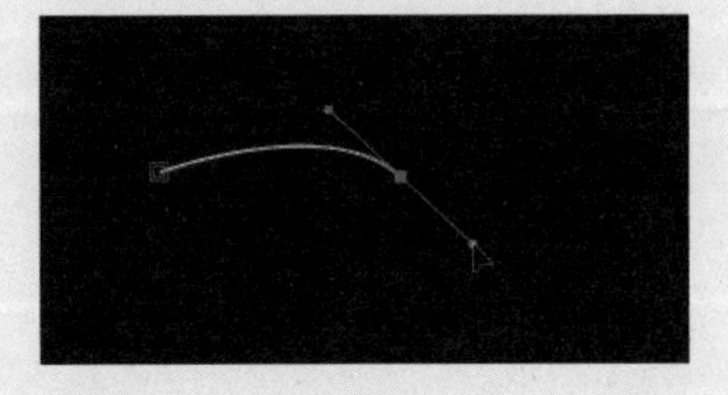

图2-97

绘制贝塞尔曲线的方法并不容易掌握，建议反复练习，在大多数图形设计软件中，曲线的绘制都是基于这一模式的，所以必须熟练掌握，直到能自由、随意地绘制出需要的曲线为止。

2.3.6　制作蒙版实例

下面通过一个简单的实例，讲解制作蒙版的具体流程。

01 执行“合成”→“新建合成”命令，创建一个新的合成，在“预设”菜单中选择HDV 1080 25选项，“持续时间”为0:00:05:00，“合成名称”为遮罩，其他选项保持默认，如图2-98所示。

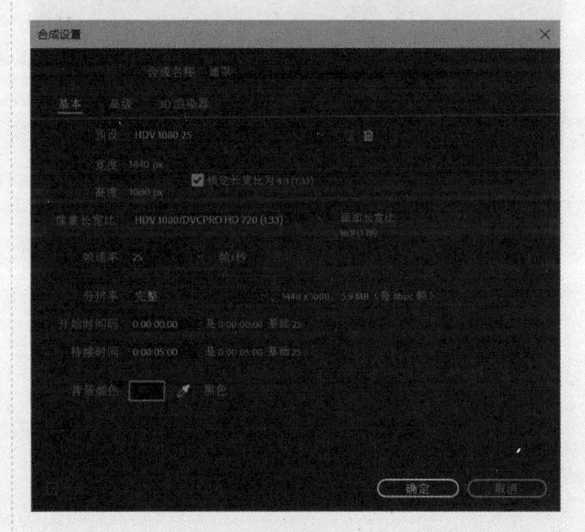

图2-98

02 执行“文件”→“导入”→“文件”命令，导入“背景”和“光线”图片文件。

03 在“项目”面板中选中“背景”和“光线”图片素材，将其拖入“时间线”面板，如图2-99所示。调整“光线”图层的混合模式为“相加”模式。如果“时间线”面板中没有“模式”一栏，可以按F4键调出。通过调整图层的“混合模式”将光线图片中的黑色部分隐藏，如图2-100所示。

图2-99

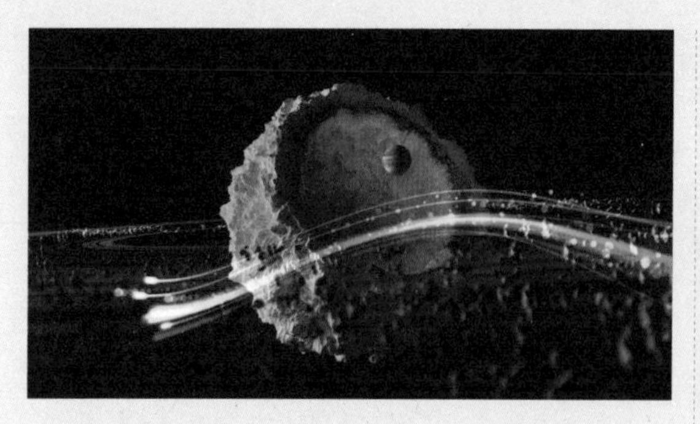

图2-100

04 选中“光线”图层，在“合成”面板中调整光线至合适的位置，使用“钢笔”工具绘制一个封闭的蒙版，如图2-101所示。

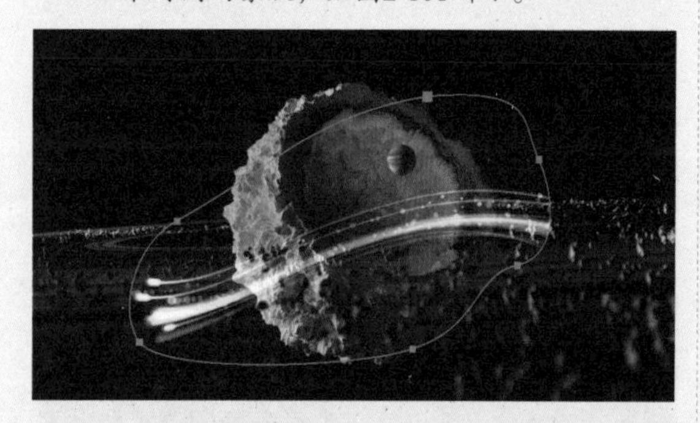

图2-101

05 在“时间线”面板中展开“光线”图层的属性，修改“蒙版1”下的“蒙版羽化”值为222.0,222.0像素，如图2-102所示。此时，蒙版遮挡的光线部分有了平滑的过渡，如图2-103所示。

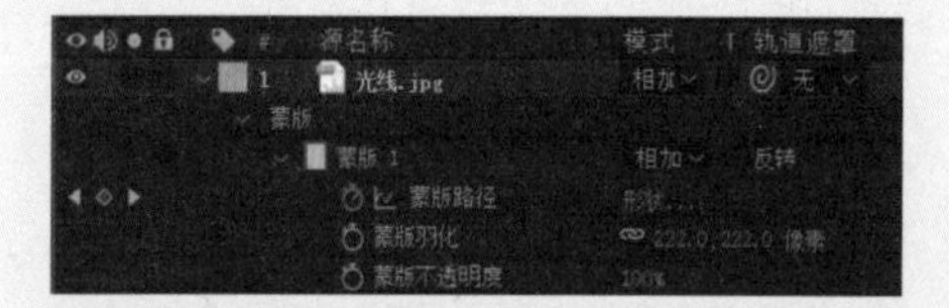

图2-102

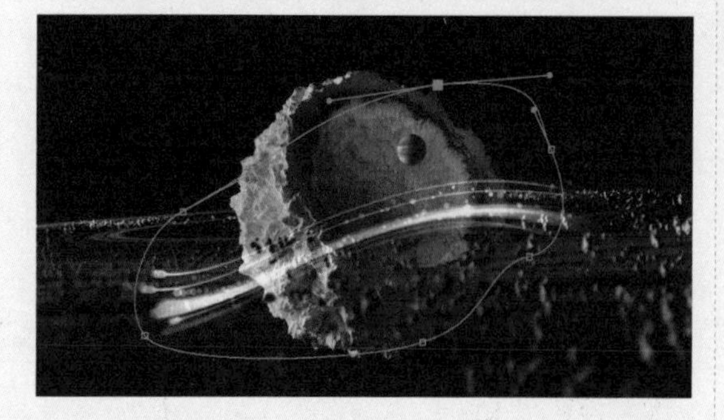

图2-103

06 在“合成”面板中移动蒙版到光线的右侧，可以使用“缩放”工具缩小操作区域的显示比例，如图2-104所示。

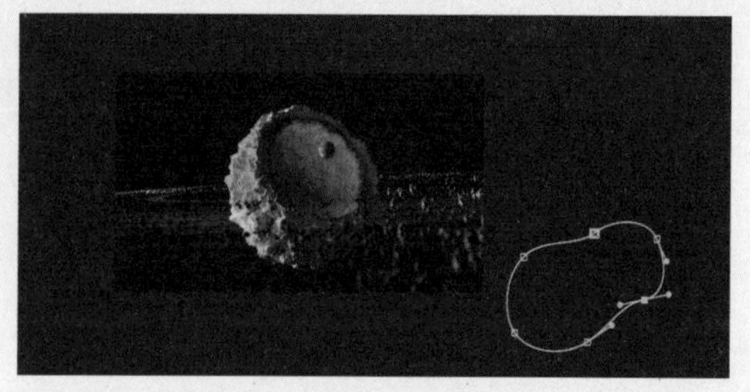

图2-104

07 在“时间线”面板中，把时间指示器调整到起始位置，单击“蒙版路径”属性左边的码表图标，为蒙版的外形设置关键帧，如图2-105所示。

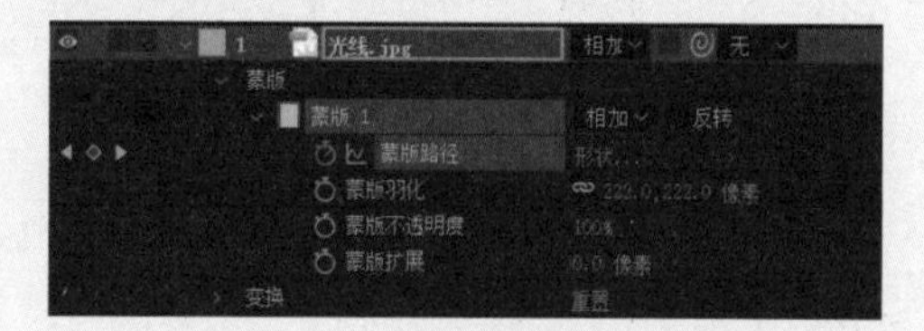

图2-105

08 “蒙版路径”属性的关键帧动画主要是通过修改蒙版的控制点在画面中的位置实现的。将时间指示器调整到0:00:00:05，使用“选择”工具，选中蒙版左侧的控制点，并向左侧拖动，如图2-106所示。

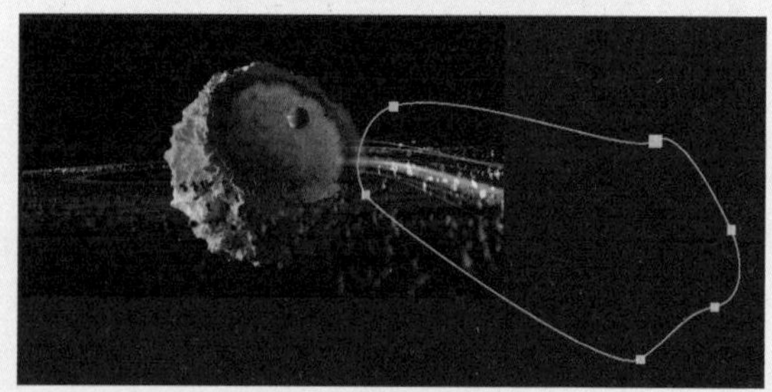

图2-106

09 把时间指示器调整到0:00:00:10，选中蒙版的控制点继续向左拖动，如图2-107所示。

10 将时间指示器调整到0:00:00:15，选中蒙版的控制点继续向左拖动。光线将完全显示出来，然后按空格键，播放动画预览效果，可以看到光线从无到有划入画面，如图2-108所示。

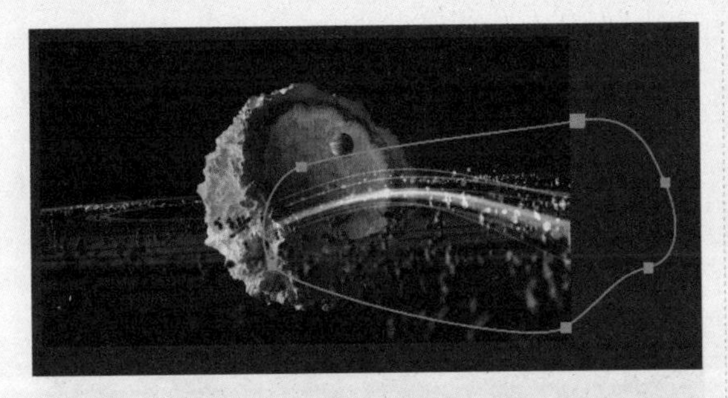

图2-107

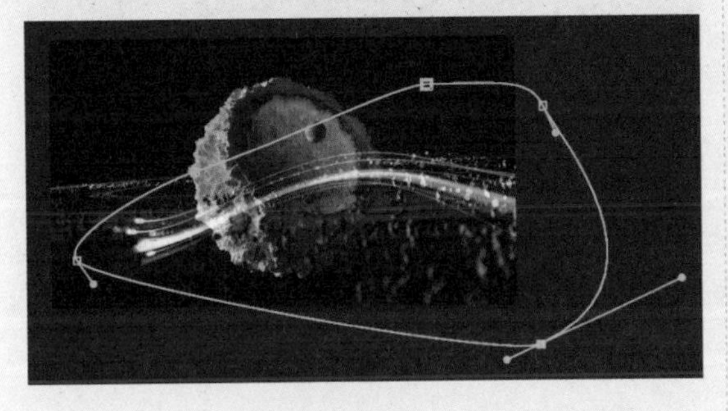

图2-108

11 为了让图片产生光线划过的效果，在光线划入的同时，又要出现划出的效果。将时间指示器调整到0:00:00:10，选中蒙版右侧的控制点并向左拖动，如图2-109所示。

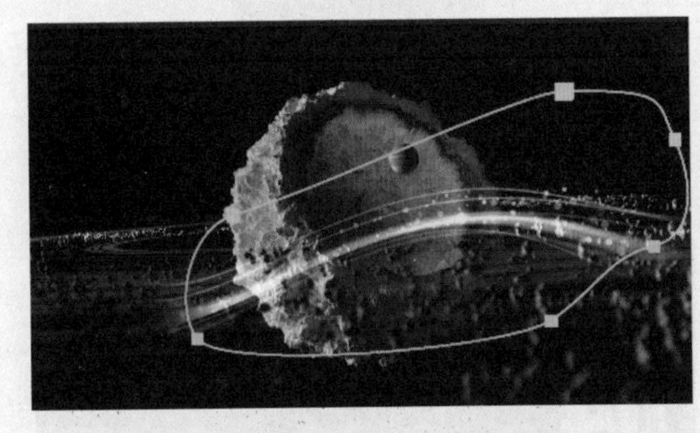

图2-109

12 将时间指示器调整到0:00:00:15，选中蒙版右侧的控制点并继续向左拖动，如图2-110所示。

13 将时间指示器调整到0:00:00:20，选中蒙版左侧的控制点并向右继续拖动，直到完全遮住光线，如图2-111所示。

14 按空格键，播放动画预览效果，可以看到光线划过画面。我们使用一张静帧图片，利用蒙版工具，制作出光线划过的动画效果。如果想加快光线移动的速度，可以直接调整关键帧的位置。

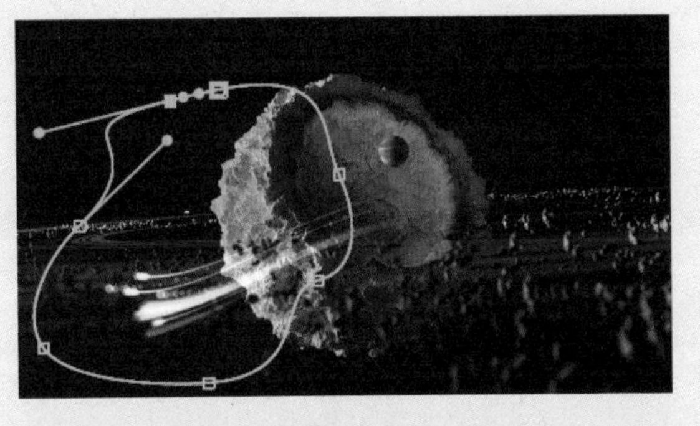

图2-110

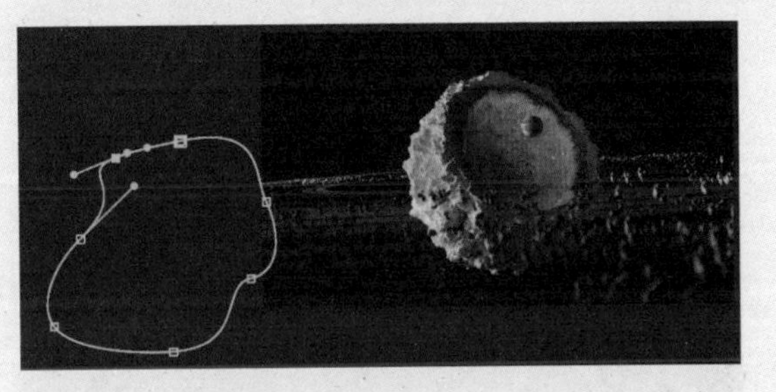

图2-111

2.3.7 预合成

“预合成”命令主要用于建立“合成”中的嵌套层。当制作的项目越来越复杂时，可以利用该命令选择合成影像中的图层再建立一个嵌套合成影像图层，这样可以方便管理。在实际的制作过程中，每个嵌套合成影像图层管理一个镜头或效果，创建的嵌套合成影像图层的属性可以重新编辑。执行“预合成”命令时，会弹出“预合成”对话框，如图2-112所示，具体的使用方法如下。

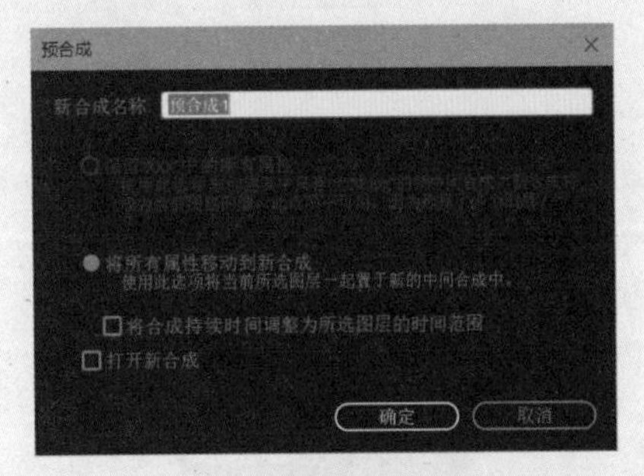

图2-112

※ 保留“XXX”中的所有属性：选中该单选按钮时，创建一个包含选取图层的新嵌套合成影像，新的合成影像中替换原始素材层，并且保持原始图层在原合成影像中的属性和关键帧不变。

※ 将所有属性移动到新的合成：选中该单选按钮时，将当前选择的所有素材图层都放在新的合成影像中，原始素材图层的所有属性都转移到新的合成影像中，新合成影像的帧尺寸与源合成影像相同。

※ 打开新合成：选中该复选框，创建后打开新的“合成”面板。

下面通过实例形式，讲解预合成的基本使用方法，具体的操作步骤如下。

01 执行“合成”→“新建合成”命令，弹出“合成设置”对话框，命名为“预合成”，其他参数如图2-113所示。

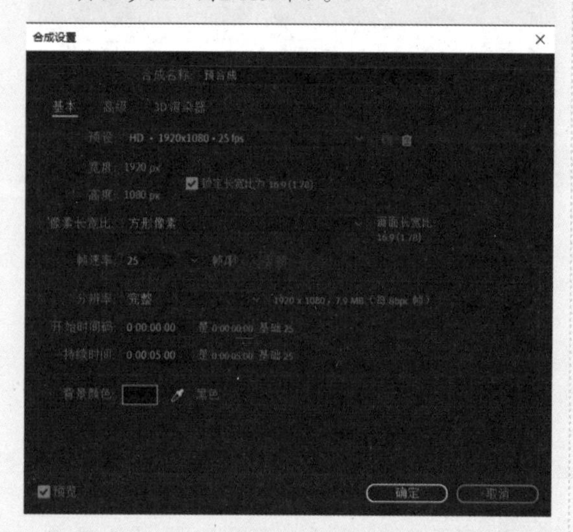

图2-113

02 执行“文件”→“导入”→“文件”命令，导入素材文件。在“项目”面板选中导入的素材，将其拖入“时间线”面板，图像将被添加到合成影片中，并在“合成”面板中显示出图像。选择“文字”工具T，系统会自动调出“字符”面板，将文字的颜色设为白色，其他参数设置如图2-114所示。

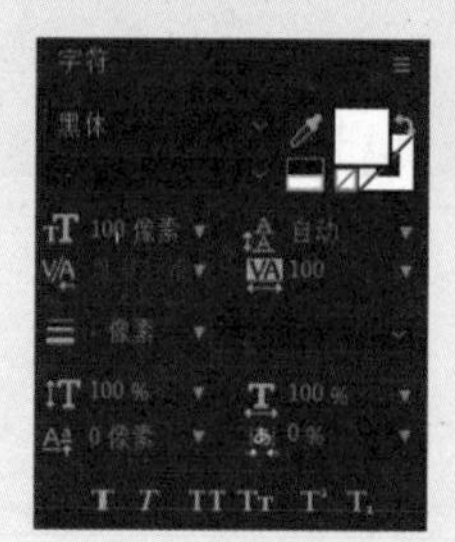

图2-114

03 选择“文字”工具，在“合成”面板中单击，并输入文字YEAR，如图2-115所示。在“字符”面板中将文字字体调整为“黑体”，并调整文字的大小到合适的尺寸，背景图片可以选择任意一张图片。

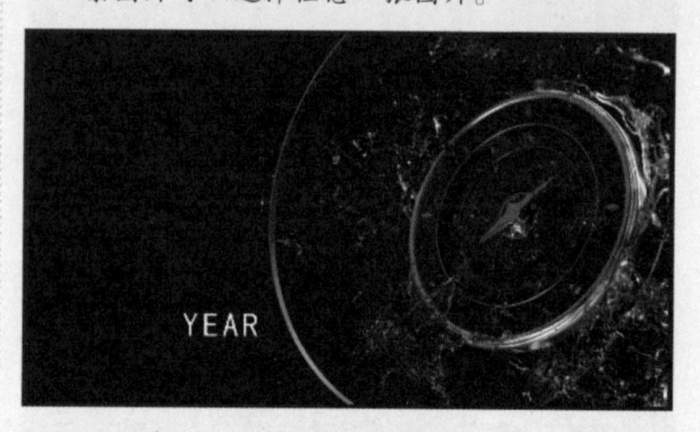

图2-115

04 再次选择“文字”工具，在“合成”面板中单击，并输入文字02/03/04/05/06/07/08/09，使其成为一个独立的文字层，在“文字”面板中将文字字体调整为Impact，并调整文字的大小到合适的尺寸，如图2-116所示。

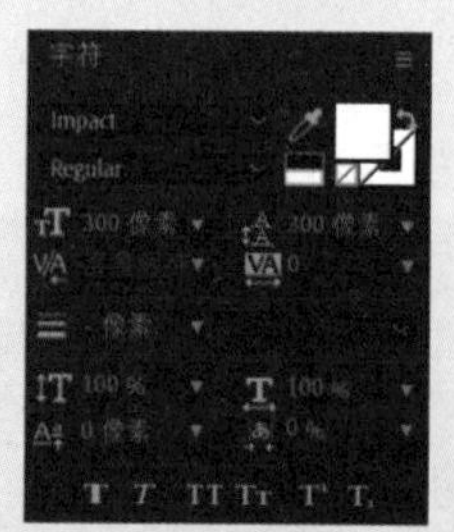

图2-116

05 在“时间线”面板中，选中数字文字图层的“变换”下的“位置”属性，单击属性左侧的码表图标，为该属性设置关键帧，如图2-117所示。动画为文字图层从02向上移至09。

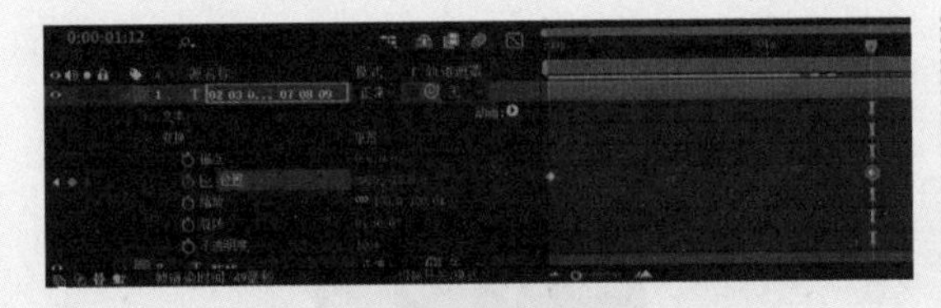

图2-117

06 按空格键对动画进行预览，可以看到文字不断向上移动，如图2-118所示。

图2-118

07 在“时间线”面板中选中数字文字图层，按快捷键Ctrl+Shift+C，弹出“预合成”对话框，单击“确定”按钮，如图2-119所示，将文字图层设置为一个独立的合成。

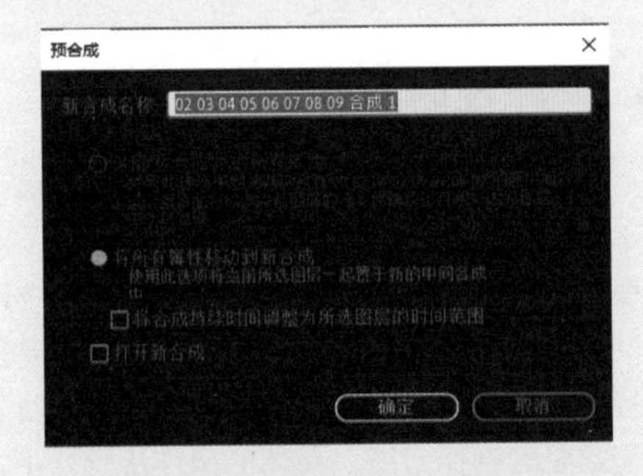

图2-119

08 在“时间线”面板中，选中合成后的数字文字图层，使用“矩形”工具，在“合成”面板中绘制一个矩形蒙版，如图2-120所示。

09 按空格键对动画进行预览，可以看到文字出现了滚动的效果，蒙版以外的文字将不会显示出来，如图2-121所示。

这个实例展示了预合成的作用，如果不对数字文字图层建立预合成，蒙版则会随着位置的移动而移动，也就是说，预合成可以把整个图层制作成为一个独立的图层，具有独立的动画属性。可以方便制作二次动画。

图2-120

图2-121

2.4 文字动画

文字动画一直是After Effects的特色所在，不同于传统的字幕系统，After Effects的文字动画具有更优秀的动画能力，可以制作出更复杂的动画内容。本节将全面讲解After Effects的文字动画系统，如图2-122所示。

图2-122

2.4.1 创建文字层

现在的文字动画，有很多都是在后期软件中完成的，After Effects并不能使字体有很强的立体感，而优势在于文字的运动所带来的震撼效果。After Effects 的文本工具可以制作出用户可以想象的各种效果，使创意得到最好的展现。

使用“文字”工具可以直接在“合成”面板中创建文字，其分为横排文字和直排文字两种，当创建文字后，可以单击工具栏右侧的“切换字符和段落面板”按钮，在相应的面板中，调整文字的大小、颜色、字体等基本参数。

文本层的属性中除了“变换”属性，还有“文本”属性，这是文本特有的属性。“文本”属性中的“源文本”子属性可以制作与文本相关的动画，如颜色、字体等。利用“字符”和“段落”面板，还可以制作改变文本属性的动画。

当使用文本工具在“合成”面板中建立一个文本时，系统自动会生成一个文本图层，当然也可以通过执行“图层”→“新建”→“文本”命令创建一个文本图层。当选择文本工具时，单击工具栏右侧的按钮，弹出“字符”和“段落”面板，可以通过这两个面板设置文本的字体、大小、颜色和排列等，如图2-123所示。

ADOBE AFTER EFFECTS

图2-123

文本工具主要用于在合成影片中建立文本，共有两种文本工具：“横排文字”工具和“直排文字”工具。

当建立好一段文字时，展开“时间线”面板中文本图层的“文本”属性，单击“源文本”属性前的码表图标，设置一个关键帧，如图2-124所示。

图2-124

移动时间指示器到 0:00:01:00，在“字符”面板中单击填充颜色图标，弹出“文本颜色”对话框，如图2-125所示，选取文字的颜色。

在“源文本”属性上建立了一个关键帧，如法炮制，在 0:00:02:00 再建立一个改变颜色的关键帧，可以看到这种插值关键帧的图标是方形的，如图2-126所示。

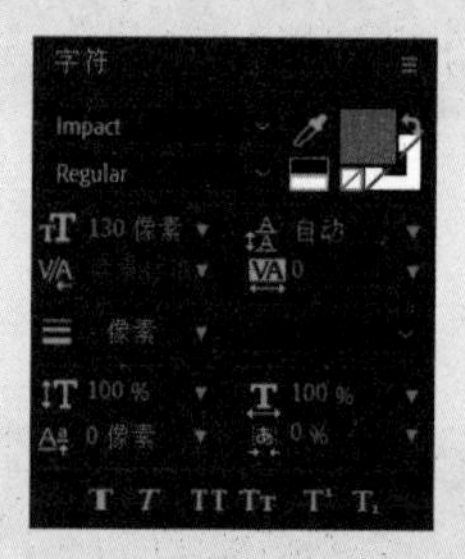

图2-125

图2-126

提示

“源文本”属性的关键帧动画是以插值的方式存在的，也就是关键帧之间没有变化，在没有播放到下一个关键帧时，文本将保持前一个关键帧的特征，所以动画就像在播放幻灯片。

2.4.2　路径选项属性

“文本”属性中有一个“路径选项”子属性，展开下拉列表，在文本图层中建立蒙版时，即可利用蒙版路径创建动画效果。蒙版路径在应用于文本动画时，可以是封闭的图形，也可以是开放的路径。下面通过一个实例讲解“路径选项”属性动画效果的制作方法，具体的操作步骤如下。

01 新建一个文本图层并输入文字，选中文本图层，使用“椭圆”工具创建一个蒙版，如图2-127所示。

图2-127

02 在“时间线”面板中，展开文本图层下的“文本”属性，在“路径选项”的“路径”下拉列表中选中“蒙版1”选项，如图2-128所示，文本将沿着路径排列，如图2-129所示。

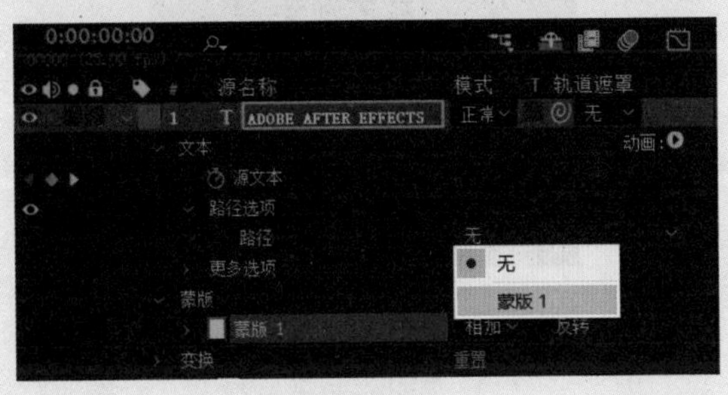

图2-128

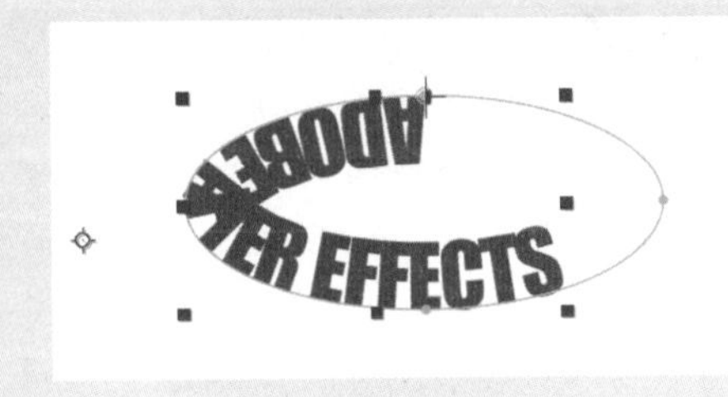

图2-129

03 选中“反转路径”复选框，文字效果如图2-130所示。

图2-130

04 选中“垂直于路径”复选框，主要用于控制文字是否与路径相切，文字效果如图2-131所示。

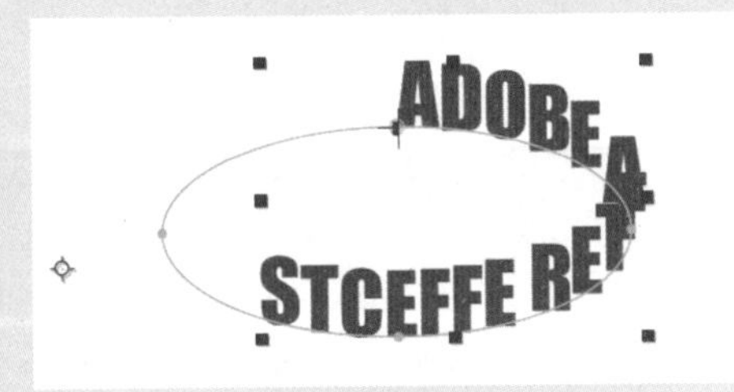

图2-131

05 选中“强制对齐”复选框，控制路径中文字的排列方式。在“首字边距”和“末字边距”之间排列文本时，需要选中该复选框，文字将分散排列在路径上；取消选中该复选框，文字将按从起始位置顺序排列，文字效果如图2-132所示。

图2-132

06 分别指定首尾文字所在的位置，与路径文本的对齐方式有直接关系。可以在“合成”面板中对文本进行调整，用鼠标调整字母的起始位置，也可以通过改变“首字边距”和“末字边距”值来实现。单击“首字边距”选项前的码表图标，设置第一个关键帧，然后移动时间指示器到合适的位置，再改变“首字边距”值为100，一个简单的文本路径动画就制作完成了。

在“路径选项”下面还有一些相关属性，使用“更多选项”中的子属性，如图2-133所示，可以制作出更丰富的效果。

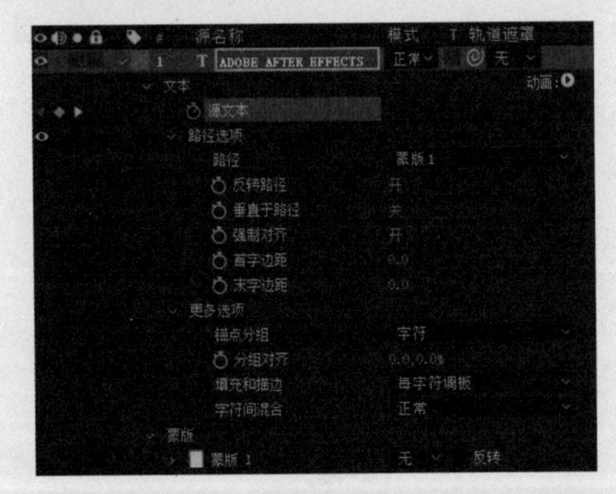

图2-133

※ 描点分组：该属性提供了4种不同的文本锚点的分组方式选项，如图2-134所示，分别是“字符”“词”“行”“全部”。

字符
词
行
全部

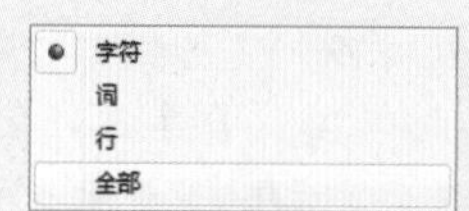

图2-134

» 字符：选中该选项，将每个字符作为一个整体，分配其在路径上的位置。

» 词：选中该选项，将每个单词作为一个个体，分配其在路径上的位置。

» 行：选中该选项，将文本作为一个队列，分配其在路径上的位置。

» 全部：选中该选项，将文本中所有文字，分配在路径上。

※ 分组对齐：控制文本沿路径排列的随机度。

※ 填充和描边：调整文本的填充与描边的模式。

※ 字符间混合：设置文字之间的混合模式。

2.4.3 范围选择器

文本图层可以通过文本动画工具创造复杂的动画效果，当添加文本动画效果时，软件会建立一个范围选择器，利用对起点、终点和偏移值的设置，制作出各种文字运动效果。

为文本添加动画的方式有两种，可以执行“动画”→“动画文本”命令，也可以单击“时间线”面板中文本图层中“动画”属性旁的三角图标。两种方式都可以弹出文本动画菜单，菜单中有各种可以加入文本的动画属性，如图2-135所示。

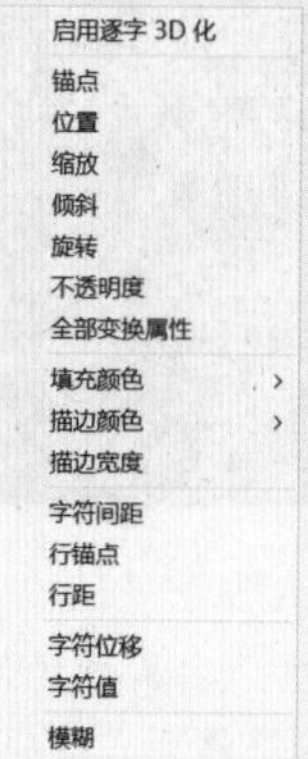

启用逐字 3D 化
锚点
位置
缩放
倾斜
旋转
不透明度
全部变换属性
填充颜色
描边颜色
描边宽度
字符间距
行锚点
行距
字符位移
字符值
模糊

图2-135

当用户添加一个文本动画属性时，软件会自动建立一个范围选择器，如图2-136所示。

范围选择器 1
起始
结束
偏移
高级
单位
百分比
依据
字符
模式
相加
数量
形状
正方形
平滑度
缓和高
缓和低
随机排序
位置

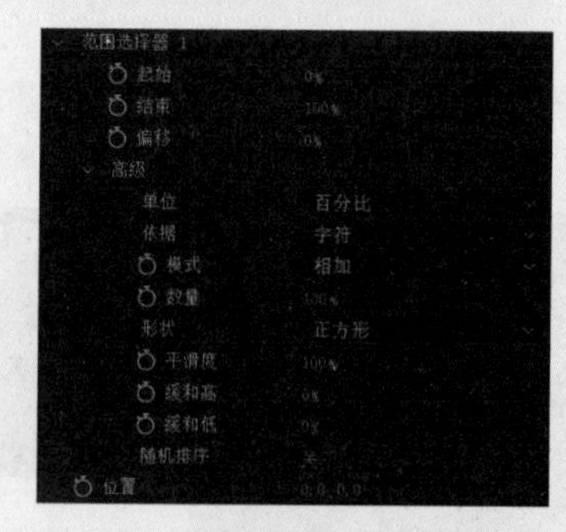

图2-136

用户可以反复添加“范围选择器”，多个控制器得出的复合效果非常丰富。下面介绍范围控制器的相关参数。

※ 起始：设置控制器有效范围的起始位置。

※ 结束：设置控制器有效范围的结束位置。

※ 偏移：控制“起始”和“结束”范围的偏移值（即文本起始点与控制器之间的距离，如果“偏移”值为0时，“起始”和“结束”值将没有任何变化）。设置“偏移”值在文本动画制作过程中非常重要，可以创建一个可以随时间变化的选择区域（如当“偏移”值为0%时，“起始”和“结束”的位置可以保持在用户设置的位置，当值为100%时，“起始”和“结束”的位置将移至文本的末端）。

※ 高级：该属性下，提供了更多设置属性。

» 单位和依据：指定有效范围的动画单位，即指定有效范围内的动画以什么模式为一个单元运动，如字符以一个字母为单位，单词以一个单词为单位。

» 模式：指定有效范围与原文本的交互模式（共6种融合模式）。

» 数量：控制动画制作工具属性影响文本的程度。

» 形状：控制有效范围内，字母的排列模式。

※ 平滑度：控制文本动画过渡时的平滑程度，只有在选择“正方形”模式时才可用。

※ “缓和高”和“缓和低”：控制文本动

画过渡时的速率。

※ 随机排序：指定是否应用有效范围的随机性。

※ 随机植入：控制有效范围的随机度，只有开启“随机排序”时才有效。

除了可以添加范围选择器，还可以对文本添加摆动控制器和表达式控制器，摆动控制器可以做出很多种复杂的文本动画效果，电影《黑客帝国》中经典的坠落数字的动画效果就是使用 After Effects 制作的，下面介绍摆动控制器的使用方法。

在“动画制作工具”右侧单击“添加”图标 添加:，在弹出的菜单中选择“选择器”→“摆动”选项，即可添加摆动控制器。摆动控制器主要用来随机控制文本，可以反复添加。具体属性的使用方法如下。

※ 模式：指定与上方选择器的融合模式（共六种融合模式）。

※ “最大”和“小量”：设置控制器随机范围的最大值与最小值。

※ 依据：设置不同的文本字符排列形式。

※ 摇摆/秒：设置控制器每秒变化的次数。

※ 关联：控制文本字符之间，相互关联变化随机性的比率。

※ “时间”和“空间相位”：控制文本在动画时间范围内，控制器的随机值变化。

※ 锁定维度：锁定随机值的相对范围。

※ 随机植入：控制随机比率。

2.4.4 范围选择器动画

本节讲述范围选择器动画的制作过程，具体的操作步骤如下。

01 执行“合成”→“新建合成”命令，创建一个新的合成影片，具体设置如图2-137所示。

02 选择“横排文字”工具T，新建一个文本图层，并输入文字After Effects。

03 为文本层添加动画效果。选中文本图层，执行“动画”→“动画文本”→“不透明度”命令，也可以单击“时间线”面板中“文本”属性右侧的“动画”旁的三角图标 动画:，在弹出的菜单中选择“不透明度”选项，为文本添加范围控制器和“不透明度”属性，如图2-138所示。

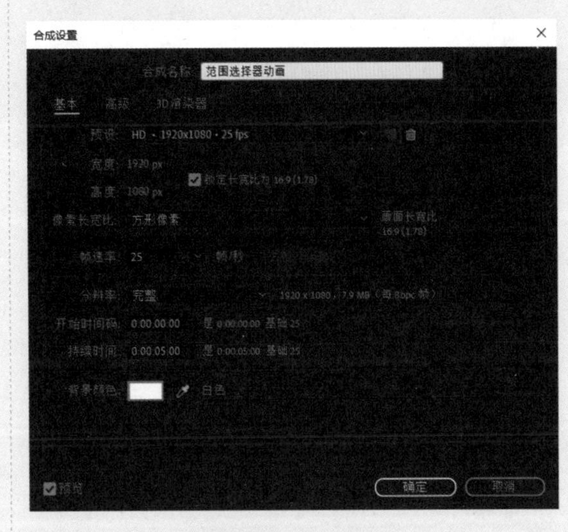

图2-137

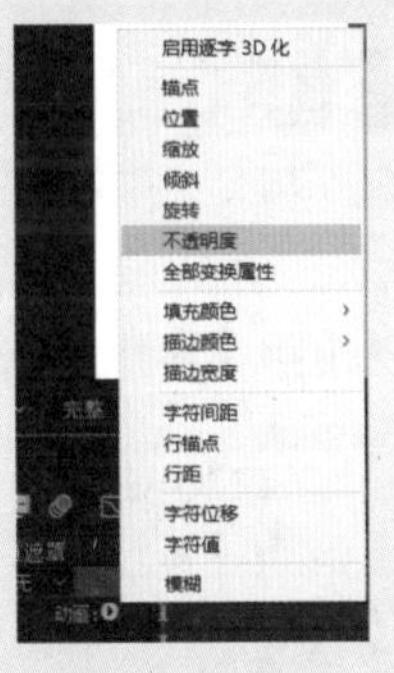

图2-138

04 在“时间线”面板中，把时间指示器调整到起始位置，单击“范围选择器1”属性下“偏移”子属性前的码表图标，设置关键帧“偏移”值为0%，如图2-139所示。

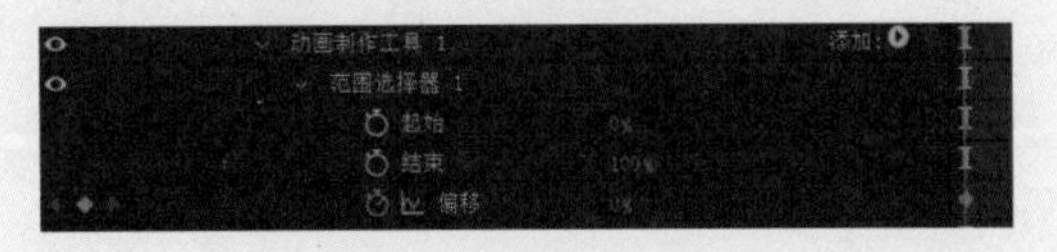

图2-139

05 调整时间指示器到结束位置，调节“偏移”值为100%，并设定关键帧，如图2-140所示。

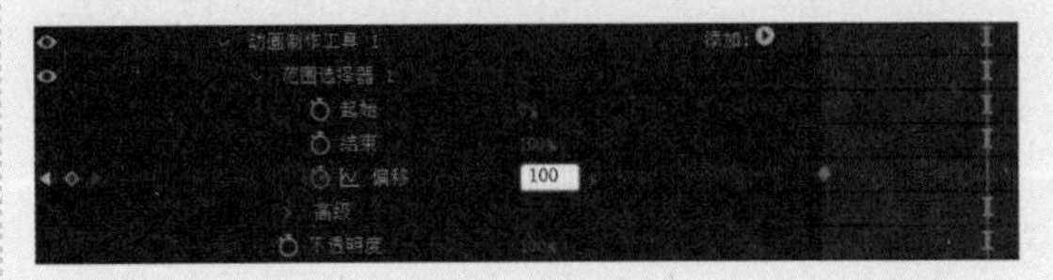

图2-140

06 此时预览动画，文字没有任何变化。将“不透明度”值调整为0%，注意不需要设置关键帧，直接调整参数即可，如图2-141所示。

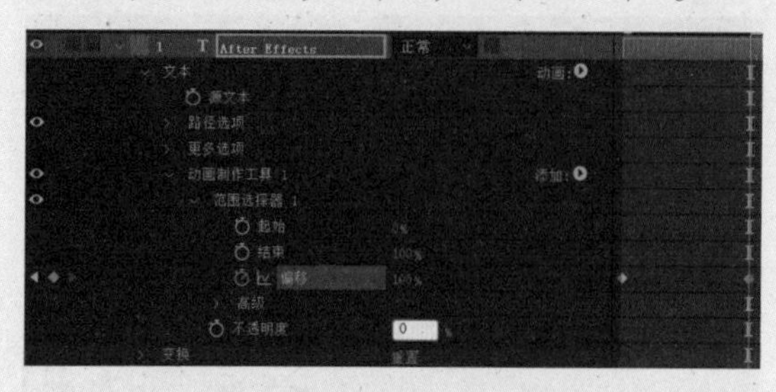

图2-141

07 按空格键播放影片，可以看到文本逐渐显示出来的动画，如图2-142所示。

图2-142

> **提示**
>
> 第一次接触“偏移”动画时，可能会感到非常苦恼，不容易理解“偏移”属性所起的作用，好像并没有对文字设置任何动画。其实，“偏移”属性主要用来控制动画效果范围的偏移值，影响范围才是关键，也就是说，我们对“偏移”值设置关键帧就可以控制偏移值的变化，如果设置“偏移”值为负值，运动方向和正值正好相反。实际制作时，还可以通过调节“偏移”值的动画曲线来控制运动的节奏。

2.4.5 起始与结束属性动画

本节讲述起始与结束属性动画的制作过程，具体的操作步骤如下。

01 重新输入一段文字，如图2-143所示，在“范围选择器”属性下除了“偏移”属性还有“起始”和“结束”两个属性，它们用于定义“偏移”的影响范围。对于初学者来说，理解这个概念存在一定的困难，但是经过反复训练可以熟练掌握。

图2-143

02 选中文本图层，执行“动画”→“动画文本”→“缩放”命令，也可以单击“时间线”面板中“文本”属性右侧的“动画”旁的三角图标 动画:，在弹出的菜单中，选择“缩放”选项，为文本添加范围动画控制器和“缩放”属性。在“时间线”面板中，调节“范围选择器1”属性下“起始”值为0%，“结束”值为15%，这样就设定了动画的有效范围，如图2-144所示。在“合成”面板中可以观察到，文字上的控制手柄会随着数值的变化移动位置，也可以通过鼠标拖曳控制器，如图2-145所示。

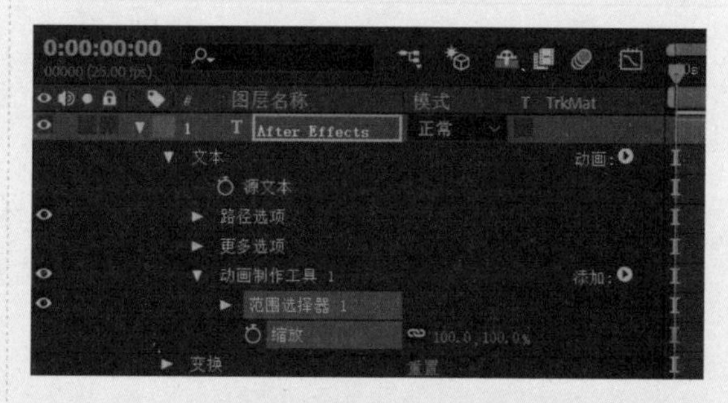

图2-144

图2-145

03 设置“偏移”值。将时间指示器调整到0:00:00:00，单击“偏移”前的码表图标，设置关键帧，“偏移”值为-15%，再把时间指示器调整到0:00:01:00，设置关键帧，“偏移”值为100%，如图2-146所示，拖动时间指示器，可以看到控制器的有效范围被制作成了动画。

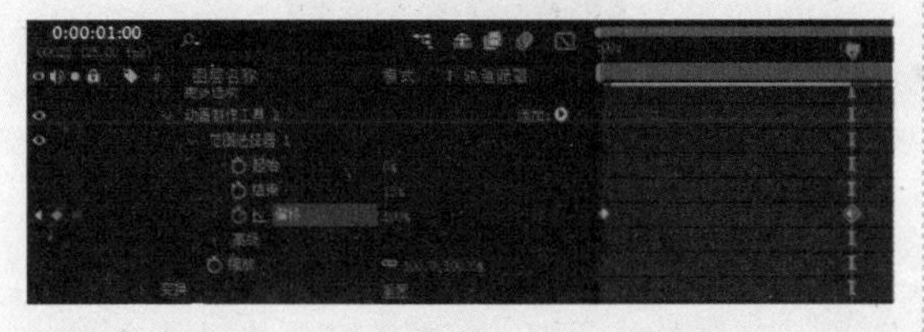

图2-146

04 调整文本图层的“缩放”值为250%，可以看到只有在控制器有效范围内，文本出现缩放动画，如图2-147所示。

图2-147

05 再为文本添加一些效果,单击文本图层“动画1” 属性右侧的添加:图标，在弹出的菜单中，选择“属性”→“填充颜色”→RGB选项，为文本添加“填充颜色”效果。此时在文本图层中多了“填充颜色”属性，修改“填充颜色”为紫色，然后按小键盘上的0键，播放动画并观察效果，可以看到文本在放大的同时，颜色也发生了变化，如图2-148所示。本例制作完毕。

图2-148

2.4.6 文本动画预设

在After Effects中预设了很多文本动画效果，如果对文本没有特别的动画制作需求，只是需要将文本以动画的形式展现，使用动画预设是一个很不错的选择。下面来学习如何添加动画预设。

首先在“合成”面板中创建一段文字，在“时间线”面板中选中文本图层，执行“窗口”→“效果和预设”命令，弹出“效果与预设”面板，如图2-149所示。

图2-149

在“效果与预设”面板中，展开“动画预设”文件夹，其中Text文件夹下的预设都是定义文本动画的。Animate in和Animate Out文件夹中包含的选项，就是经常制作的文字呈现和隐去的动画预设，如图2-150所示。

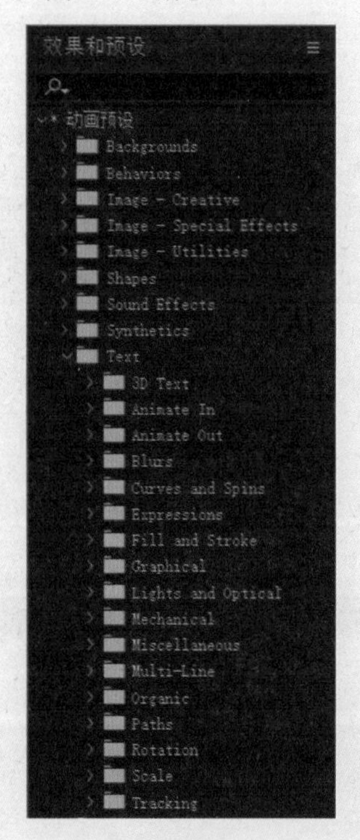

图2-150

选中需要添加预设的文本，再双击需要添加的预设，观察“合成”面板并播放动画，可以看到文字动画已经设定成功。展开“时间线”面板上的文本属性，可以看到范围选择器已经被添加到文本上，预设的动画也可以通过调整关键帧的位置来调整动画的效果。

如果想预览动画预设的效果也很简单，在“效果和预设”面板单击右上角的■图标，在弹出的菜单中选择“浏览预设”选项，就可以在Adobe Bridge中预览动画效果，如图2-151所示。

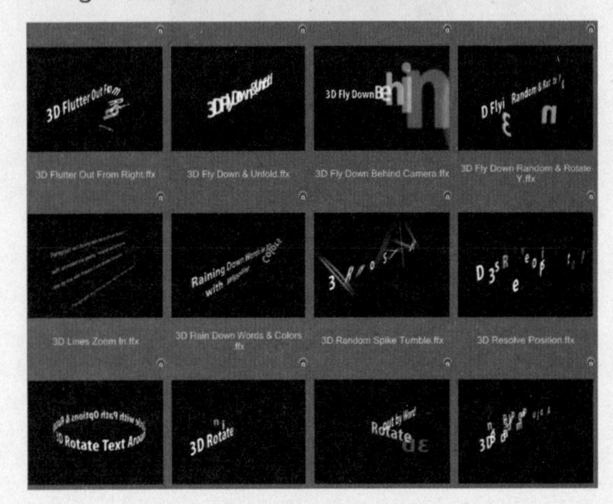

图2-151

2.5 人偶位置控点工具

“人偶位置控点”工具，如图2-152所示，用于在静态图片上添加关节点，然后通过拖曳关节点来改变图像的形状，如同操纵木偶一般。在新版本的After Effects中，“高级人偶位置控点”工具依旧采用旧版的人偶工具类似的核心概念，不同之处在于添加了新功能和更平滑的变形效果，提供了新的控点行为，以及更平滑、定制程度更高的变形效果。

Adobe After Effects 2023 - 无标题项目.aep *
文件(F) 编辑(E) 合成(C) 图层(L) 效果(T) 动画(A) 视图(V) 窗口 帮助(H)

图2-152

“人偶位置控点”工具将基于控点的位置动态重绘网格，可以在区域中添加多个控点，并保留图像细节。“人偶位置控点”工具还可以控制控点的旋转角度，以实现不同样式的变形，从而更加灵活地弯曲图形。该工具可以做出很好的联动动画，我们可以使用该工具做出飘动的旗子或者人物的手臂动作。“人偶位置控点”工具由五个工具组成，如图2-153所示，具体的使用方法如下。

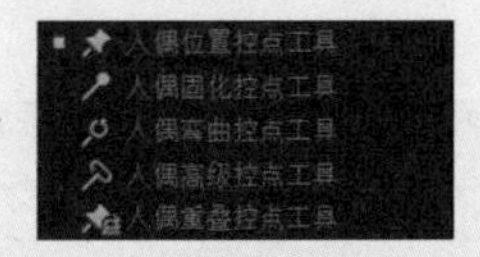

图2-153

※ “人偶位置控点”工具：该工具用来放置和移动控点的位置。用此工具布置的控点，只能控制控点的位置，这些控点在用户界面中显示为黄色圆圈。

※ “人偶固化控点”工具：该工具用来放置延迟点。在延迟点放置范围内，图像将减少被“人偶位置控点”工具的影响程度，这些控点在用户界面中显示为红色圆圈。

※ “人偶弯曲控点”工具：控点可自动计算自身与周边控点的相对位置，同时还允许用户控制控点的缩放和旋转。可以使用“人偶弯曲控点”工具创建的弯曲控点，创建角色呼吸时的胸部变形效果，或者摇摆尾巴的效果。另一种情况是，缩放或旋转图形的某一部分，但想让控点所在的位置，随人偶的其余部分一起移动。这些控点在用户界面中显示为橙褐色圆圈。

※ “人偶高级控点”工具：该工具用来控制控点的位置、缩放和旋转。使用该工具，可有效控制控点周围操控网格的变形方式。如果没有驱动所有3个属性，网格可能会生成明显的畸变。例如，可以使用高级控点驱动角色的头部向侧面移动并向后看。但是，如果不手动驱动旋转，头部将一直朝向同一个方向且会造成外观拉伸现象。这些控点在用户界面中显示为蓝绿色圆圈。

※ “人偶重叠控点”工具：该工具用来放置交迭点。放置交叠点周围的图片将出现一个白色区域，该区域显示图片范围表示在产生图片扭曲时，该区域的图像将显示在最上面。这些控点在用户界面中显示为蓝色圆圈。

当放置第一个控点时，轮廓中的区域自动分隔成三角形网格，如图2-154所示。如果无法看到网格，选中“人偶位置控点”工具，在“工具栏”右侧选中“显示”复选框，即可看到网格。左侧的“扩展”参数用于控制网格影响的范围，“密度”用于控制网格密度，细密的网格可以制作更精细的动画效果，但是也会增加运算的负担。网格的各个部分还与图像的像素关联，因此像素随网格移动。

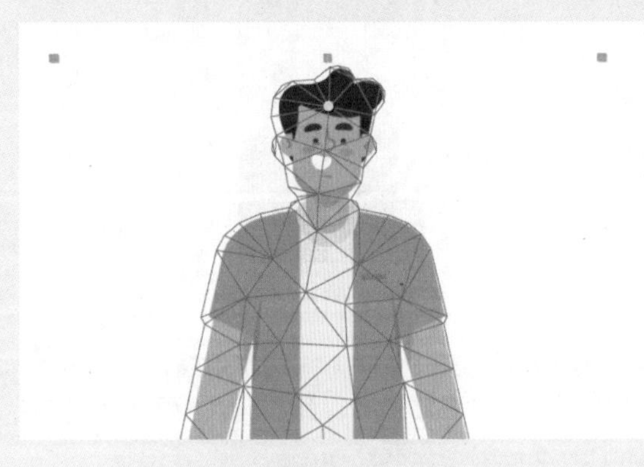

图2-154

当继续为人物的手臂添加控点时，网格的密度会自动加强，如图2-155所示。

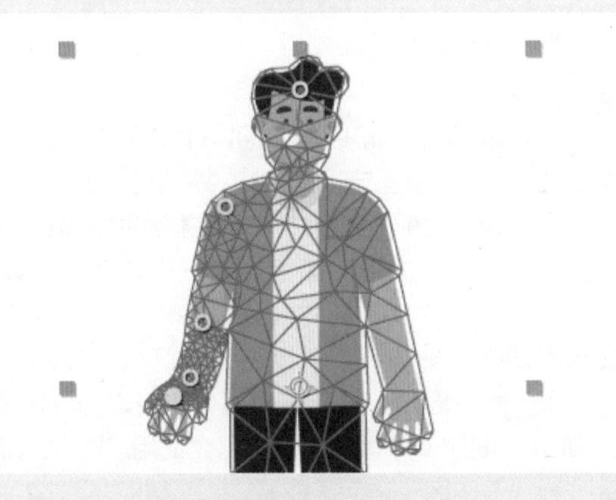

图2-155

在“时间线”面板中展开属性，可以看到在“效果”属性中多了“操控”属性，也可以找到每一个添加的操控点，如图2-156所示，使用“选择”工具移动操控点，可以看到其他区域的图形也会跟随运动，如图2-157所示。

操作时会发现，在移动手臂的“操控点”时，身体也会跟随运动，这是我们不想看到的，需要使用“人偶固化控点”工具固定不希望移动的区域，在需要固定的位置放置控点，如图2-158所示。

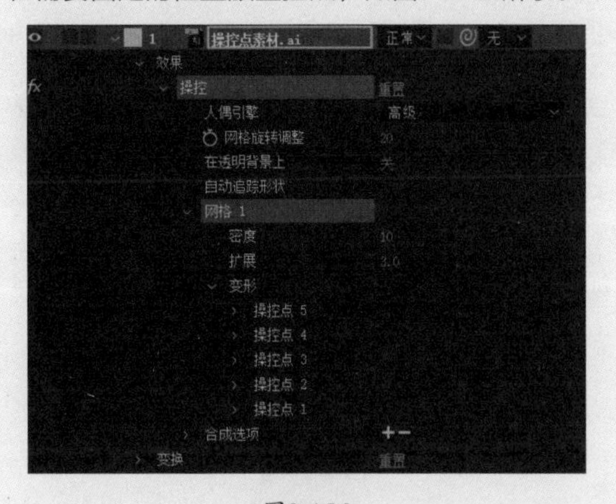

图2-156

图2-157

图2-158

可以看到“人偶固化控点”工具的点是以红色显示的，并且同时加密了网格。再次移动控点时，可以看到身体部分将不再跟随移动。展开每一个控点的属性，可以使每个控点在“位置”和“固化控点”属性之间转换。

此时移动人偶的手臂并与身体重合，手的位置在身体的后面，可以使用“人偶重叠控点”工具调整同一图层素材重叠时的前后顺序，如图2-159所示。

图2-159

选中“人偶重叠控点”工具，在手臂的部分添加重叠点，每次单击就会出现一个蓝色的点，网格会被覆盖上半透明的白色蒙版，如图2-160所示。必须用蒙版部分覆盖需要“重叠”的图像部分，如果有遗漏的网格会被放置在画面的后面，显示出破碎的面。这些点在“时间线”面板的图层属性下也可以找到，调整的效果如图2-161所示。

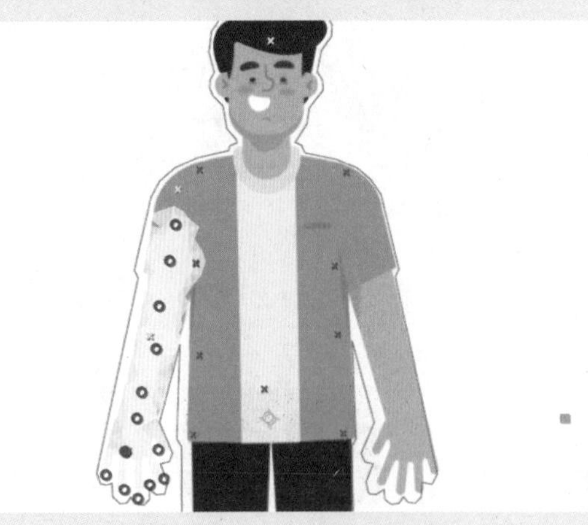

图2-160

图2-161

在动画制作过程中，我们一般将所有素材分层导入，例如手臂和手、腿和脚，躯干也会分成几个部分，这样在制作动画时就不会相互影响，在不同图层之间设置父子关系，可以使不同的部分联动，创建出复杂的动画。

2.6 基本图形

“基本图形”面板，如图2-162所示，可以为动态图形创建自定义控件，并通过 Creative Cloud Libraries 将它们共享为动态图形模板或本地文件。“基本图形”面板就像一个容器，可以在其中添加、修改不同的控件，并将其打包为可共享的动态图形模板。可以从工作区栏中使用一个名为“基本图形”的新工作区，它可以与 After Effects 中的“基本图形”面板配合使用。执行“窗口”→“工作区”访问工作区。

After Effects 中有三种主要方式使用“基本图形”面板，分别如下。

※ 将参数从“时间线”面板拖至“基本图形”面板。

※ 创建主控件的主属性，允许用户在将合成嵌套在另一个合成中时，修改该合成的效果和图层属性。

※ 导出动态图形模板 (.mogrt)，将用户

的 After Effects 项目封装到可直接在 Premiere Pro 中编辑的动态图形模板中。而且会保留设计所需的所有源图像、视频和预合成，并打包在模板中。

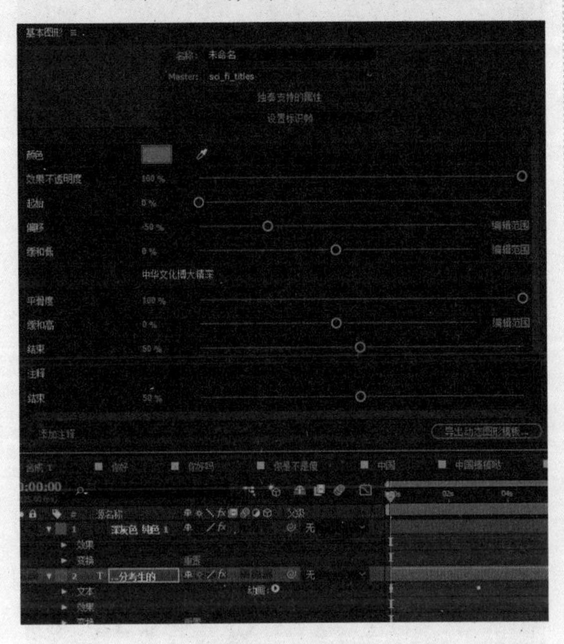

图2-162

下面通过一个实例，讲解“基本图形”面板在After Effects和Premiere Pro中的使用方法。具体的操作步骤如下。

01 制作一个带有动态文本的字幕条，可以设置字体、特效、颜色等信息，也可以直接打开制作好的“基本图形实例”项目，如图2-163所示。

图2-163

02 我们简单制作了一个类似电视字幕条的字体效果，包括播出时间等信息。在实际工作中，当制作好项目，发现播出时间和内容要调整时，发现视频已经在Premiere Pro中输出了，再次打开After Effects进行编辑会异常麻烦。此时就可以使用“基本图形”面板了，执行“窗口”→“基本图形”命令，打开“基本图形”面板。在“主合成”选项中选择需要调整的合成，在“基本图形”面板中，调整“主合成”为“选择合成”，如图2-164所示。

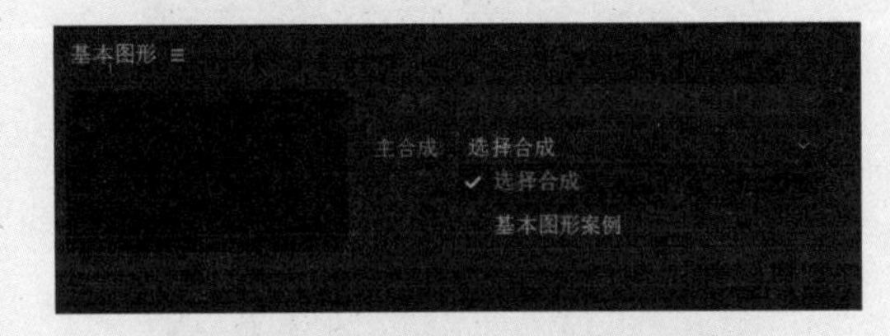

图2-164

03 在“时间线”面板中展开PM09:00-10:00的属性，找到“源文本”属性，该属性主要控制文本的内容。选中该属性并拖至“基本图形”面板，可以看到该属性被添加到“基本图形”的属性中，如图2-165所示。也可以在“时间线”面板中选择一个属性，然后执行“动画”→“将属性添加到基本图形”命令，或者在“时间线”面板中右击一个属性，然后在弹出的快捷菜单中选择“将属性添加到基本图形”选项。

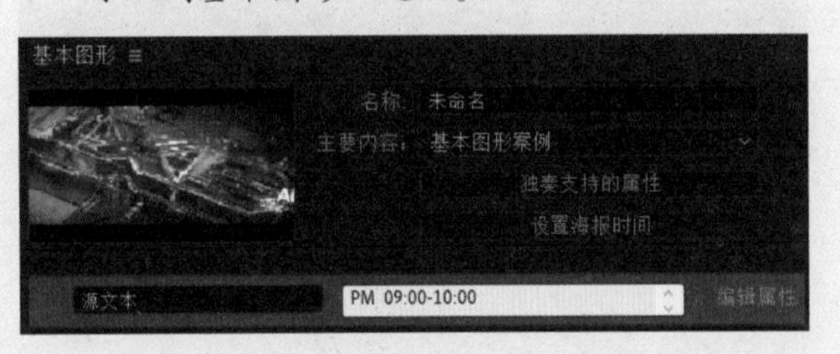

图2-165

04 选择剧场文字的“源文本”属性，并拖至“基本图形”面板，为了方便识别，可以更改属性名称，如图2-166所示，当导入Premiere Pro时便于修改。

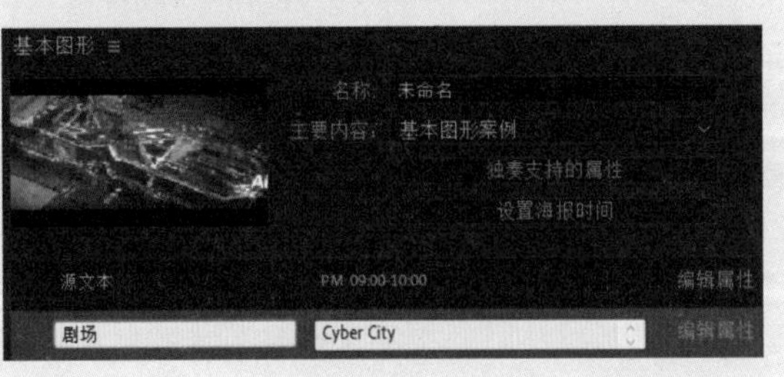

图2-166

05 在“时间线”面板中展开形状图层的属性，在“填充1”下面找到“颜色”属性，如图2-167所示，将其拖至“基本图形”面板。

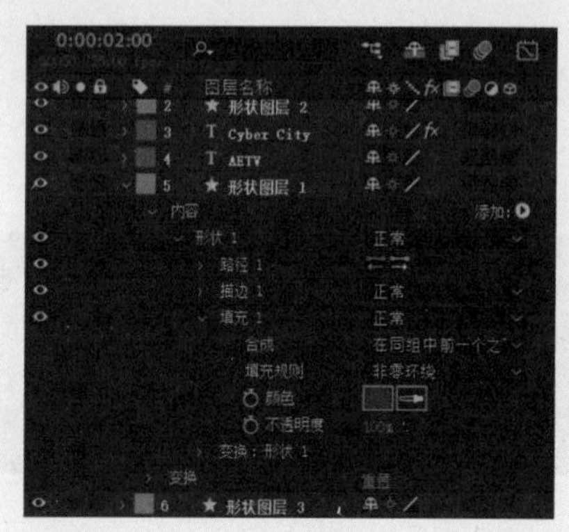

图2-167

06 将属性名称改为“字幕条颜色”，如图2-168所示，可以拖动的属性包括“变换”蒙版和“材质”等选项。

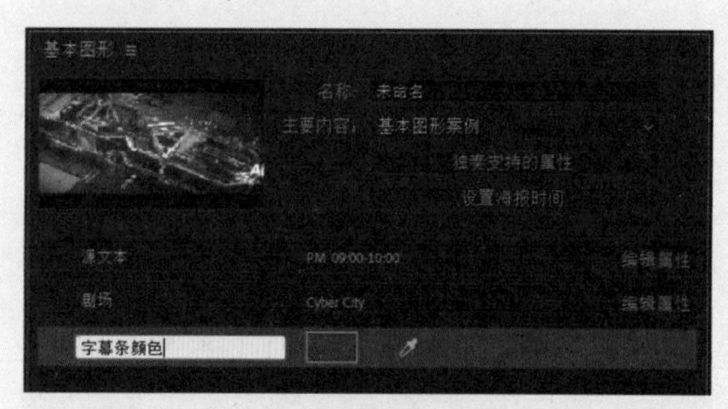

图2-168

提示

受支持的控件类型包括：复选框、颜色、数字滑块等。如果添加了不受支持的属性，系统会显示警告消息：“After Effects 错误：尚不支持将属性类型用于动态图形模板”。

07 采用同样的方法将其他两个底色也拖至“基本图形”面板，并重命名，如图2-169所示。

08 将该项目命名为AETV，也可以为该“基本图形”添加注释。在实际工作时，大部分是团队协作，对项目进行注释是十分必要的。在“基本图形”面板底部单击“添加注释”按钮，可以添加多个注释，并且为它们重命名或重新排序，还可以根据需要撤销和重做添加注释、将注释重新排序，以及移除注释，如图2-170和图2-171所示。

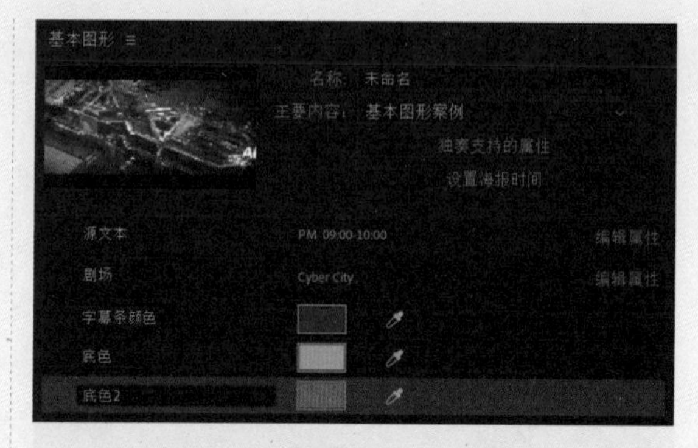

图2-169

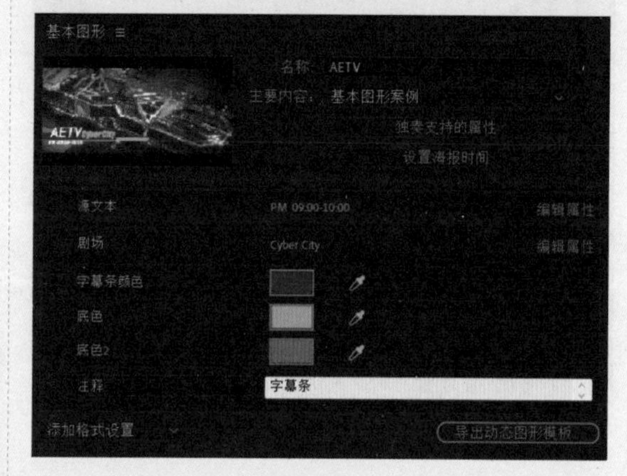

图2-170

09 在“基本图形”面板单击右下角的“导出为动态图形模板”按钮，将项目导出。在弹出的对话框中选择“本地模板文件夹”选项，在“兼容性”选项区域还有两个选项，如图2-172所示。

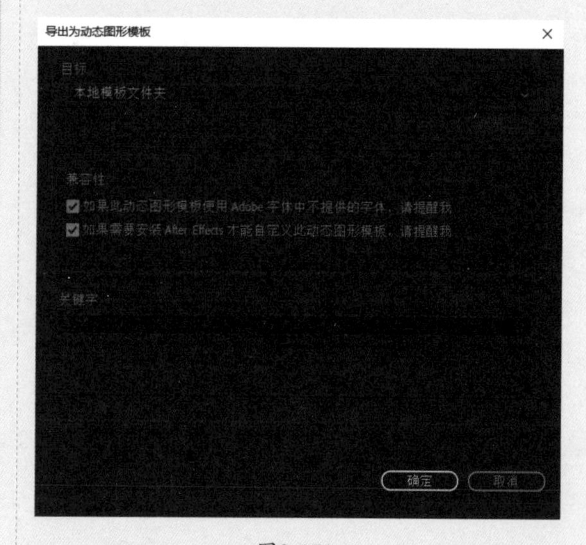

图2-171

10 如果希望当合成使用 Adobe 字体中不提供的字体时得到提醒，则应选中“如果此动态图形模板使用 Adobe 字体中不提供的字体，请提醒我”复选框。

11 如果仅需导出与 After Effects 无关的功能（例如任何第三方增效工具），选中“如果需要安装 After Effects 以自定义此动态图形模板，请提醒我”复选框。

12 启动Premiere Pro，执行“窗口”→“基本图形”命令，打开“基本图形”面板，可以看到Premiere Pro已经扫描到该模板。

图2-172

13 在“项目”面板右下角单击“新建”按钮，为项目建立一个序列，如图2-173所示。

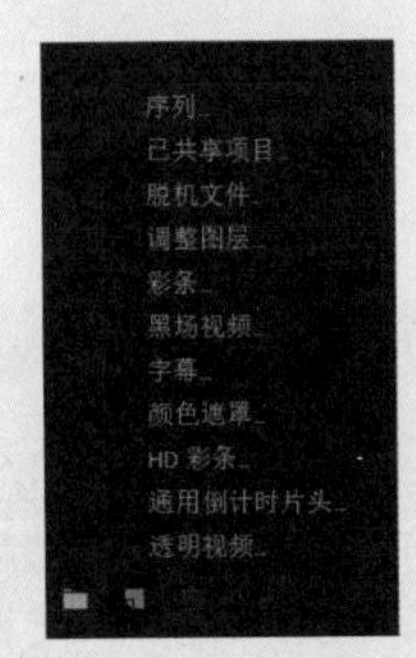

图2-173

14 在“序列预设”对话框中，选择和“基本图形”项目对应的“序列”选项，如图2-174所示。

15 在“基本图形”面板选中AETV项目，并拖至新建的序列上，如果项目与序列不匹配，系统会弹出“剪辑不匹配警告”对话框进行提示，如图2-175所示。

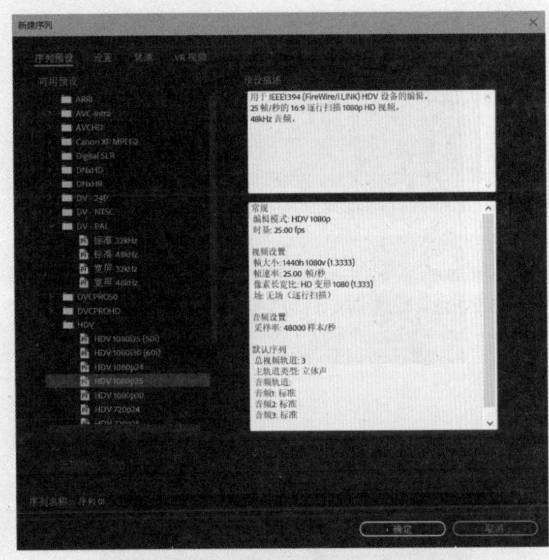

图2-174

图2-175

16 拖动时间指示器观察动画，可以看到Premiere Pro可以直接读取After Effects的项目文件，如图2-176所示。

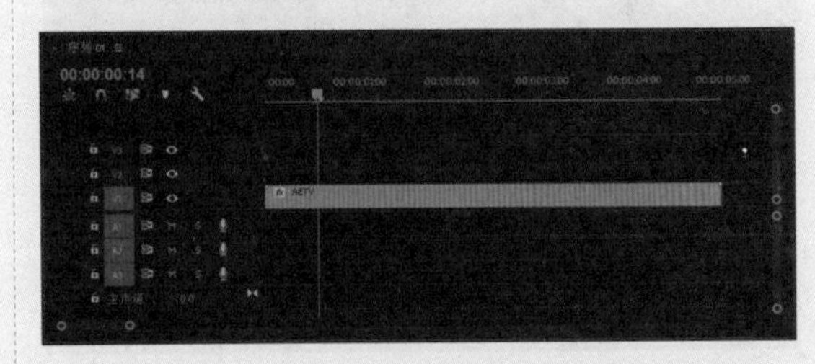

图2-176

17 选中该序列，在“基本图形”面板中也可以看到在After Effects中编辑的各种属性，如图2-177所示。

18 修改播放时间的文字内容、剧场的文字内容，以及背景字幕条的颜色，如图2-178所示，此时观察到对应的文字和颜色都发生了变化，但动画的内容依然保持不变，如图2-179所示。至此，本例制作完成。

图2-177

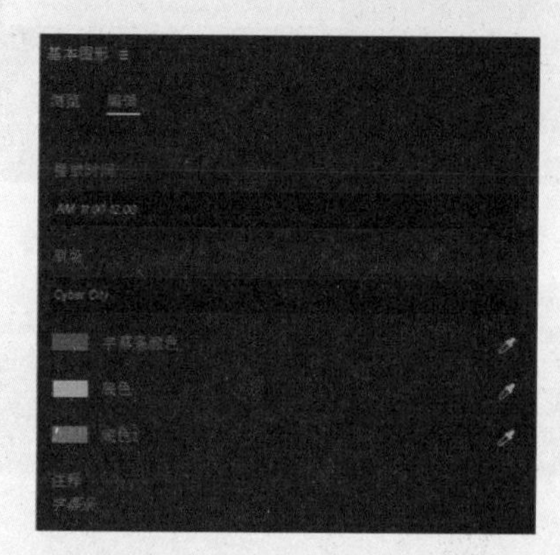

图2-178

图2-179

2.7 实战实例

本节通过 4 个实战实例，重温本章学习的关于二维动画的知识。

2.7.1 切割文字

本节制作“切割文字”动画效果，具体的操作步骤如下。

01 创建一个新的合成，命名为“切割文字”，预设为HDTV 1080 29.97，“持续时间”为5秒。创建一段文字，可以是单词也可以是一段话，这些文字在后期还能修改。可以使用Arial字体，该字体为Windows系统的默认字体，笔画较粗，适于表现该特效，如图2-180所示。

图2-180

02 在“时间线”面板选中文字图层，使用“钢笔”工具绘制一个三角形，遮挡住文字的一部分，如图2-181所示。

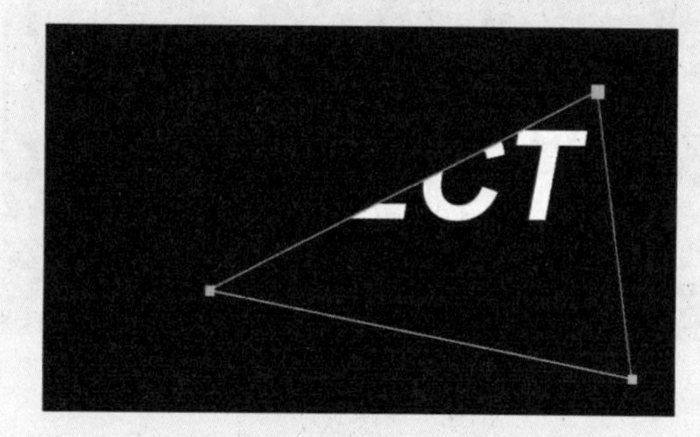

图2-181

03 选中文字图层，执行“效果”→“模拟”→CC Pixel Polly命令，不用调整任何参数，直接播放动画，可以看到文字已经有了碎裂效果，如图2-182所示。

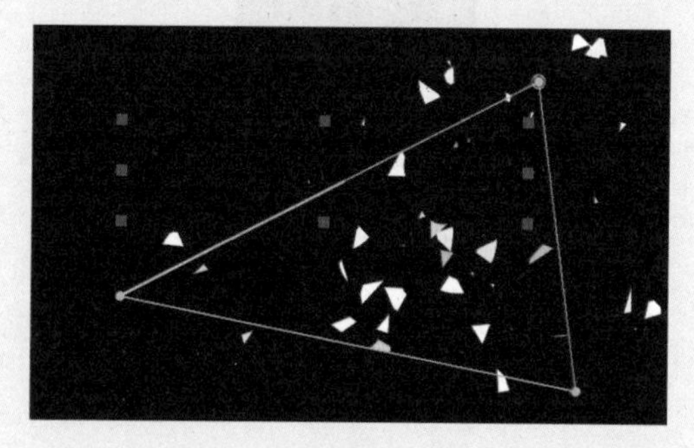

图2-182

04 选中文字图层，按快捷键Ctrl+D，复制文字图层，系统自动命名为2，将其放置在顶层。删除该图层的CC Pixel Polly效果（选中效果并按Delete键），展开蒙版属性，选中“反转”

复选框，如图2-183所示，播放动画可以看到文字的一角被切掉，如图2-184所示。

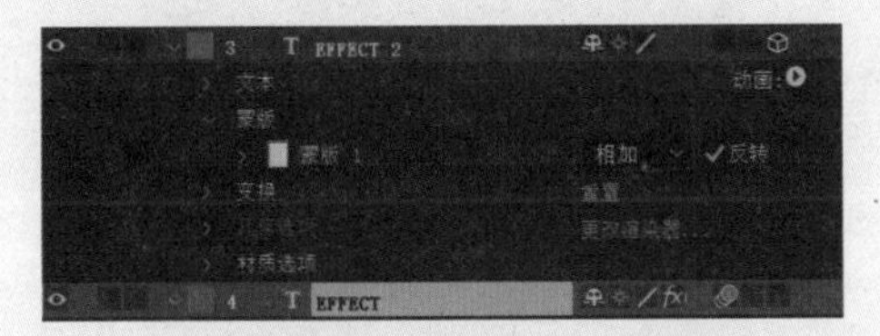

图2-183

图2-184

05 如果只是简单的文字效果现在已经制作完毕了，此处接着让它变得更丰富且有趣。使用“钢笔”工具绘制一个图形，并与切掉的部分重合，可以使用“选择”工具调整其位置，如图2-185所示。

图2-185

06 在“时间线”面板中展开该形状图层的属性，将“描边宽度”值设置为6.0，“颜色”为白色，与文字填充颜色一致，如图2-186所示。

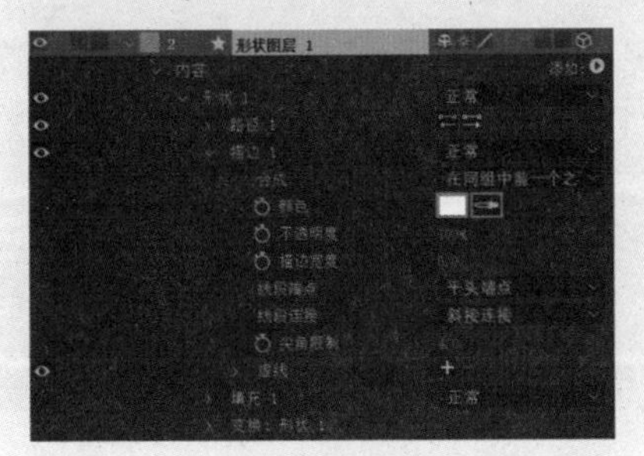

图2-186

07 在“时间线”面板中单击右上角的“添加”旁边的三角形按钮，在弹出菜单选中“修剪路径”选项，为路径添加“修剪路径”属性。展开“修剪路径”属性，设置“开始”和“结束”属性的关键帧，“开始”调整为100%~0%的时长为2帧，“结束”调整为100%~0%的时长为2帧，但滞后于“开始”1帧，如图2-187所示。播放动画可以看到线段随着线段出现、划过、消失。

图2-187

08 执行“图层”→“新建”→“摄像机”命令，创建一个默认设置的摄像机，单击开启所有图层的“三维”按钮，如图2-188所示。

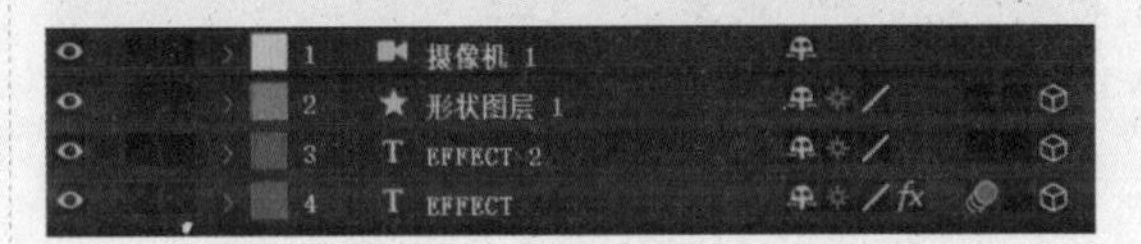

图2-188

09 选中破碎的文字图层，调整该图层的CC Pixel Polly属性，通过调整Force和Direction Randomne等参数，如图2-189所示，让碎片范围扩大到蒙版以外，更具立体感，如图2-190所示。

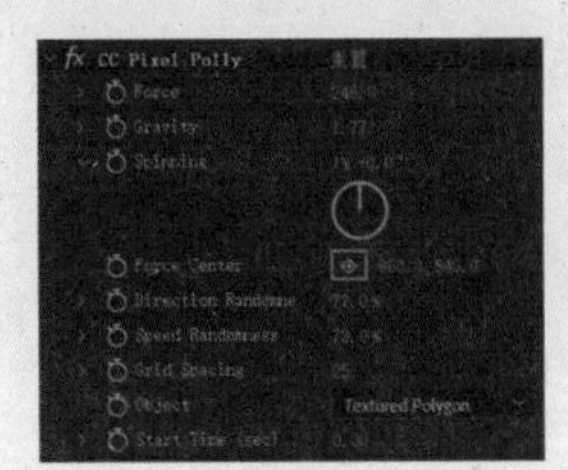

图2-189

图2-190

2.7.2 扰动文字

本节制作“扰动文字”动画效果，具体的操作步骤如下。

01 创建一个新合成，命名为“扰动文字”，预设为HDTV 1080 29.97，“持续时间”为0:00:03:00。创建一段文字，可以是单词也可以是一段话，这些文字在后期还能修改。可以使用Impact字体，因为其笔画较粗，适合该特效的表现，如图2-191所示。

图2-191

02 在“时间线”面板中单击选中该文字图层，右击并在弹出的快捷菜单中选择“预合成”选项，在弹出的“预合成”对话框中命名为“文字”，如图2-192所示。

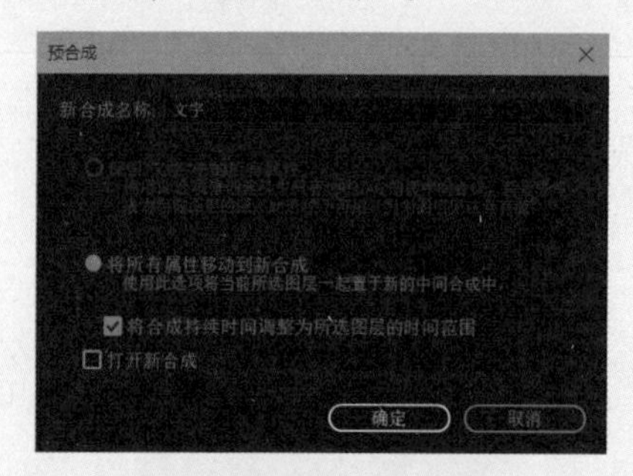

图2-192

03 创建一个纯色图层，颜色不限，命名为“置换”。选中该图层，执行“效果”→“杂色与颗粒”→“分形杂色”命令，为其添加“分形杂色”效果。在“时间线”面板中，调整“分形类型”为“动态渐进”，“杂色类型”为“块”，“对比度”值为300。展开“变换”属性，将取消选中“统一缩放”复选框，并调整“缩放宽度”和“缩放高度”值，如图2-193所示，可以看到画面为长方形条状，如图2-194所示。

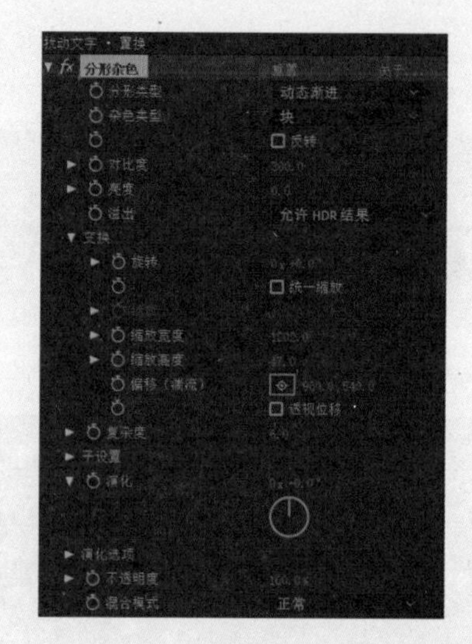

图2-193

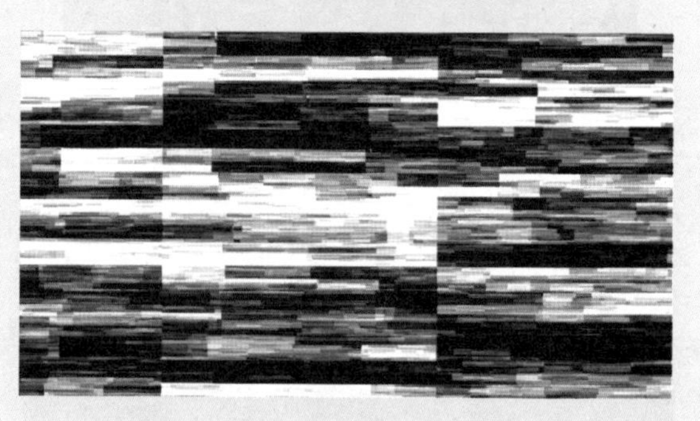

图2-194

04 按住Alt键，单击“演化”属性左侧的码表图标，为该属性添加表达式，并输入time*3000，参数3000表示倍数。播放动画，可以看到画面在不断变换，如果觉得强度不够，可以加大参数为4000，如图2-195所示。

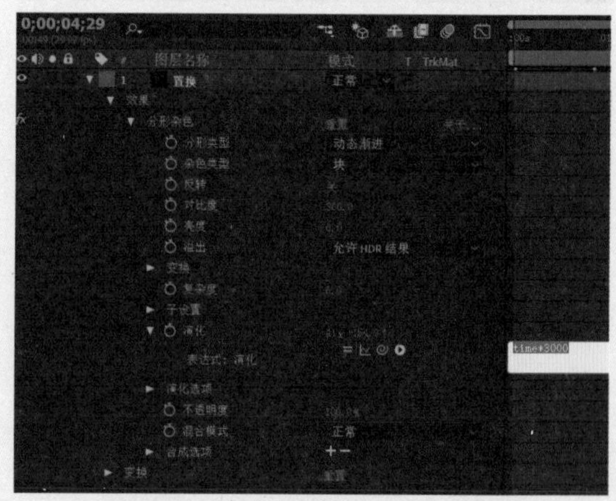

图2-195

05 设置“亮度”属性动画，时长1秒，关键帧参数为-249至207，也就是画面从纯黑到纯白的过程。选中两个关键帧并右击，在弹出的快捷菜单中选择“关键帧辅助”→“缓动”选项，如图2-196所示。打开动画曲线可以发现动画被优化，如图2-197所示。

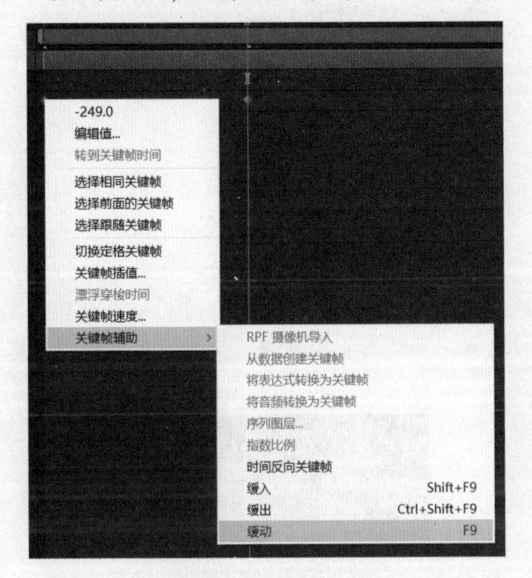

图2-196

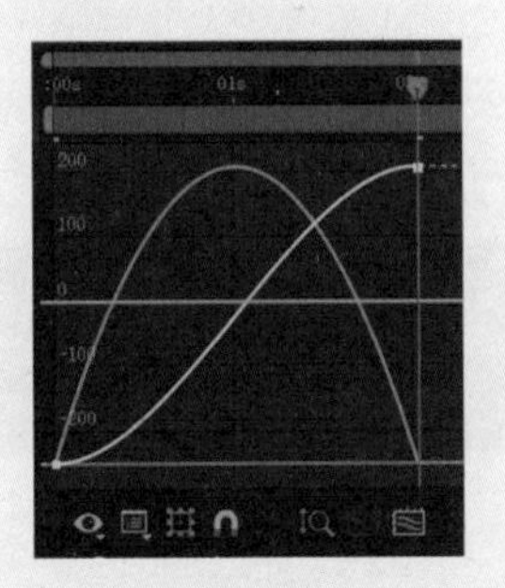

图2-197

06 在“时间线”面板中单击选中该文字图层，右击并在弹出的快捷菜单中选择“预合成”选项，命名为“置换蒙版”。将“置换蒙版”图层移至文字图层的上方，将文字图层的TrkMat切换为“亮度”，如图2-198所示。播放动画可以看到文字逐渐显现出来，如图2-199所示。

图2-198

图2-199

07 选中“置换蒙版”图层，按快捷键Ctrl+D，复制一层并放置在文字图层的下方，命名为“置换2”，如图2-200所示。

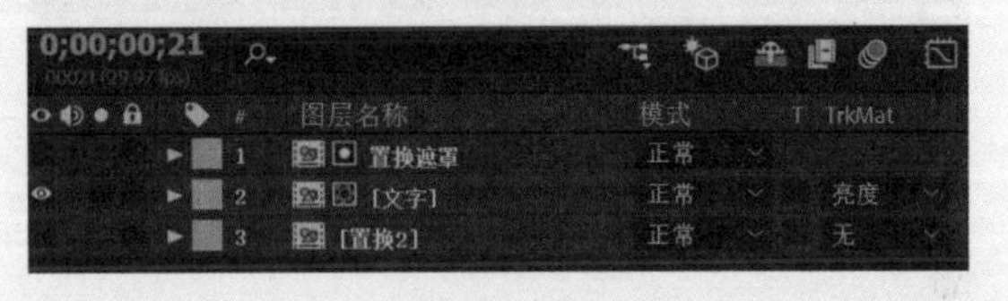

图2-200

08 选中文字图层，执行“效果”→“扭曲”→“置换图”命令，并将“置换图层”切换为“置换2”，如图2-201所示。

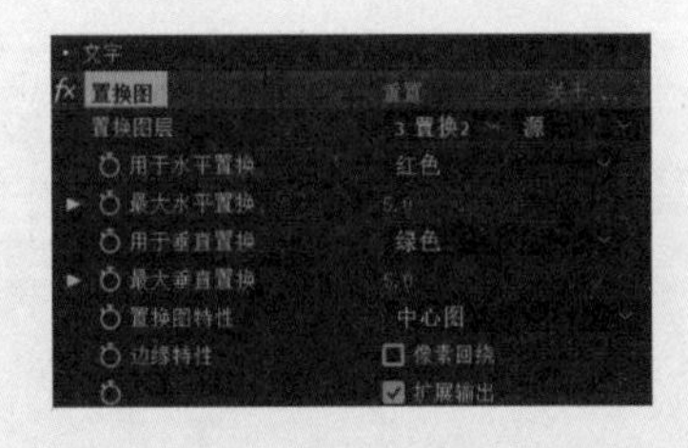

图2-201

09 设置“最大水平置换”的动画关键帧，参数为0至150至0的循环，中间可以多添加几个值，如图2-202所示，播放动画可以看到文字在水平方向上被扭动干扰，如图2-203所示。

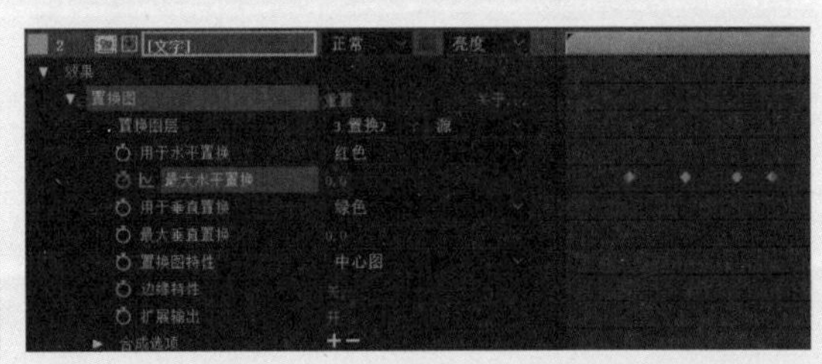

图2-202

10 选中文字图层，继续执行“效果”→“风格化”→“马赛克”命令，分别设置“水平块”和“垂直块”的参数动画，关键帧参数随意，但最后一帧调整为4000，也就是让马赛克的密度完全忽略不计，如图2-204所示。

图2-203

图2-204

11 选中3个合成并右击，在弹出的快捷菜单中选择“预合成”选项，创建一个新的预合成，并命名为“红”，如图2-205所示。

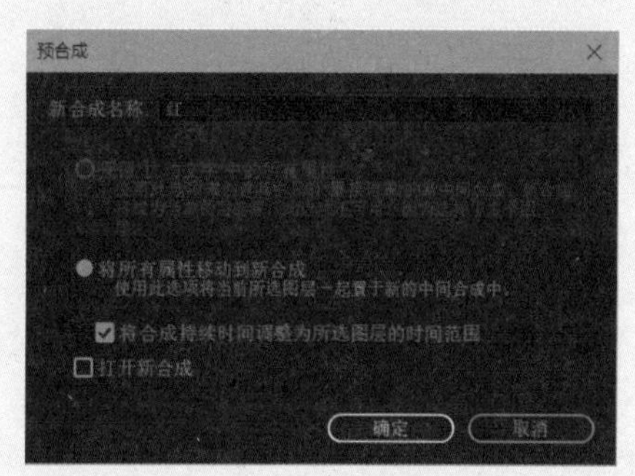

图2-205

12 选中“红”图层，按快捷键Ctrl+D，复制两个同样的图层，分别命名为“蓝”和“绿”，如图2-206所示。

图2-206

13 选中每个图层分别执行“效果”→“通道”→“转换通道”命令，添加“转换通道”效果。

提示

当想为另一个图层添加上一个效果时，可以在“效果”菜单顶部位置，找到上一次添加的效果命令，如图2-207所示。

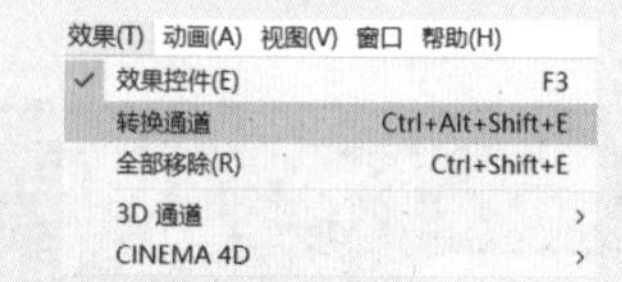

图2-207

14 将“红”图层的“从 获取绿色”属性切换为“完全关闭”，“从 获取蓝色”切换为“完全关闭”，如图2-208所示，也就是将“红”图层的绿色和蓝色通道关闭。采用同样的方法，将“蓝”图层和“绿”图层的其他通道关闭。

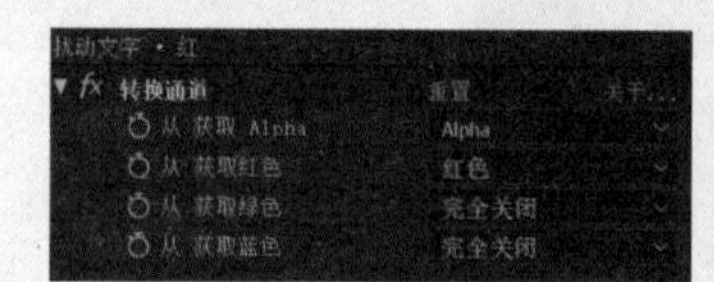

图2-208

15 放大显示“时间线”面板，将“蓝”图层向后移动2帧，“绿”图层向后移动1帧，如图2-209所示。

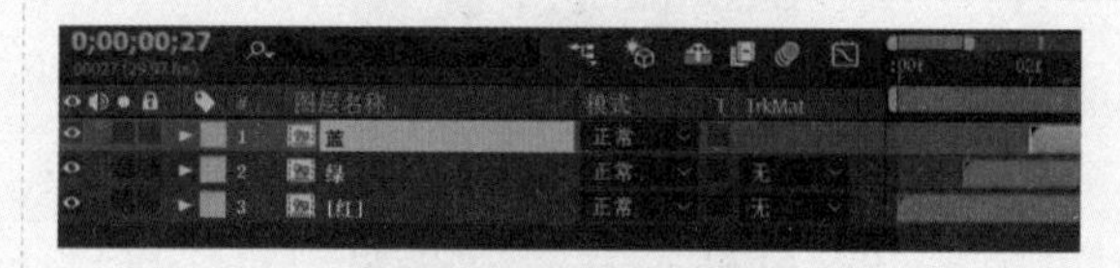

图2-209

16 将“蓝”图层和“绿”图层的“模式”分别调整为“相加”，如图2-210所示，如果找不到该栏，可以按F4键调出。播放动画可以看到文字带有色彩的扰动画面，如图2-211所示，至此，本例制作完毕。

图2-210

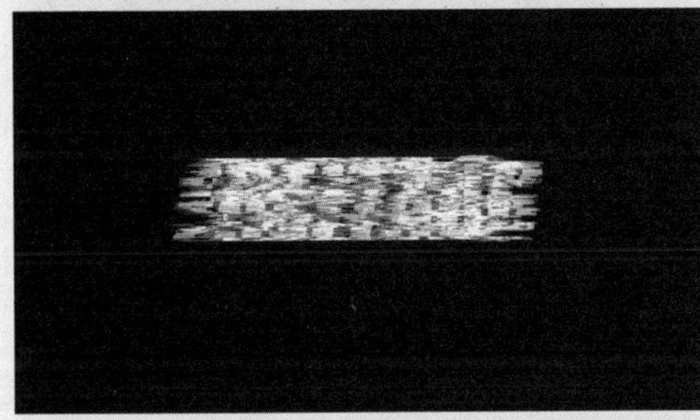

图2-211

2.7.3 动态图形

本节制作“动态图形”动画效果，具体的操作步骤如下。

01 首先创建一个合成，并命名为“动态图形”，在弹出的“合成设置”对话框中，进行如图2-212所示的设置。

02 创建一个纯色图层，并命名为“环形”，该图层的颜色可以随意设置。选中纯色图层，执行“效果”→“生成”→“无线电波”命令，添加“无线电波”效果。在“时间线”面板中拖动时间指示器观察效果，可以看到由中心发出的圆形电波，如图2-213所示。

03 在“效果控件”面板中调整“无线电波”效果的参数。首先将展开“多边形”属性，将“边”值调整为6，可以看到电波变为六边形，如图2-214所示。原有的参数为64，这个边设置的数值越高，圆形就会越圆。

图2-212

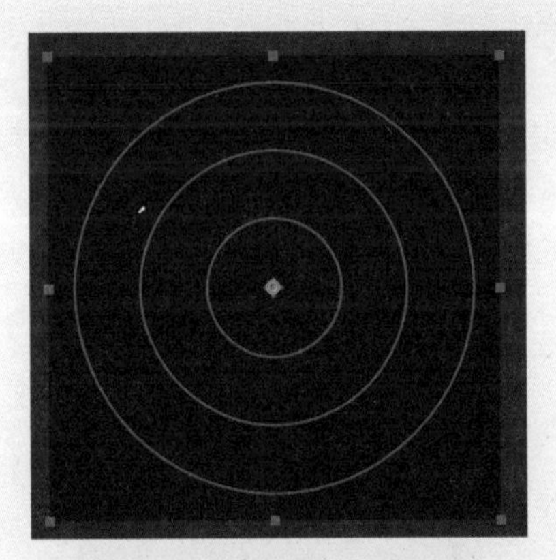

图2-213

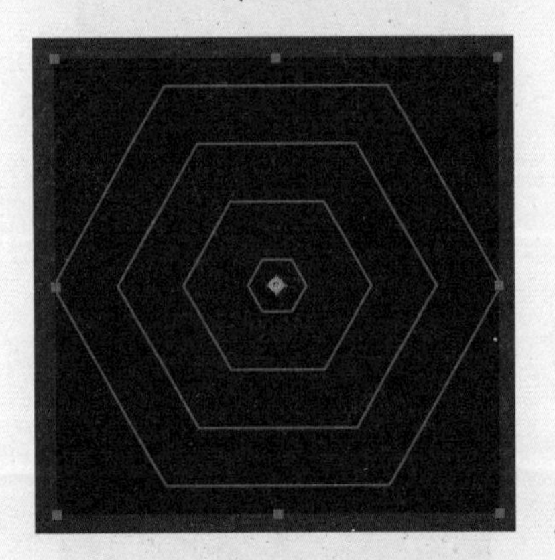

图2-214

04 为“环形”图层绘制一个蒙版，选中“多边形”工具，在画面中单击并拖曳进行绘

制，绘制过程中可以按上、下方向键调整多边形的边数。绘制一个六边形并放在画面的中心位置，如图2-215所示。如果找不到中心位置，可以开启“标题/动作安全”功能，帮助查找。

图2-215

05 在“效果控件”面板中，将“波浪类型”切换为“蒙版”，此时“蒙版”属性会被激活，将蒙版切换为“蒙版1”，如图2-216所示，重新拖动时间指示器，可以看到电波的六边形和蒙版的六边形保持一致，如图2-217所示。

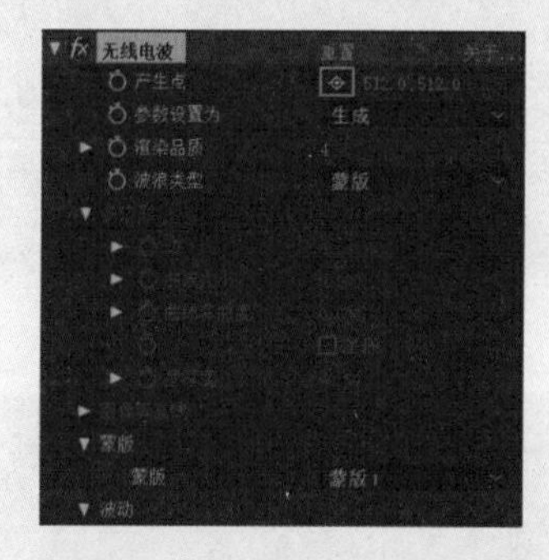

图2-216

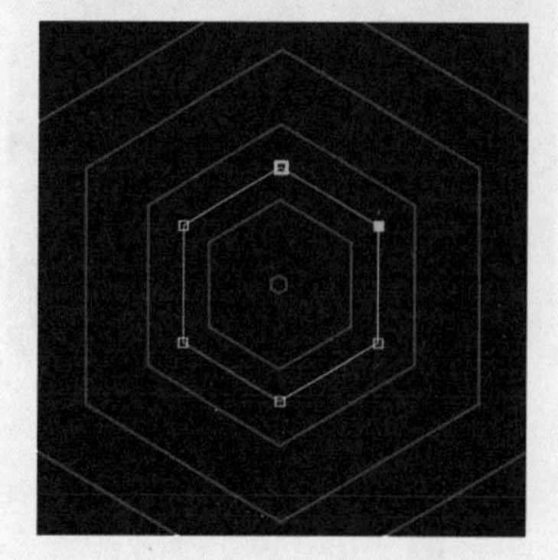

图2-217

06 单击并拖曳蒙版的顶点，可以看到发射的六边形随着蒙版而移动，为这些顶点设置动画也可以制作出富有变化的效果，同时蒙版也控制着电波的外形和方向，如图2-218所示。

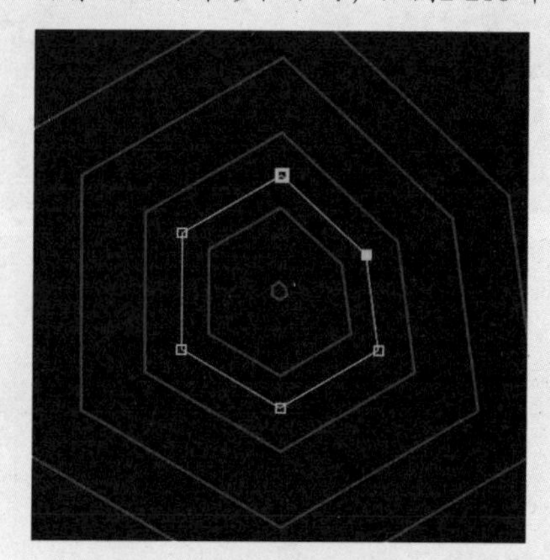

图2-218

07 设置“波动”属性下的参数，并调整“描边”属性下的“淡出时间”为0.000。因为设置“寿命（秒）”为1.000，这样电波过了1秒后就不再向外扩展了，而“淡出时间”是控制电波外边缘消散程度的，如果是0.000将不会有过渡效果，如图2-219所示。

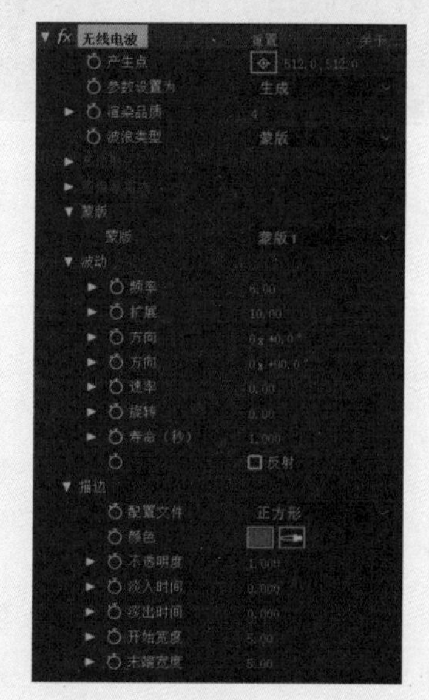

图2-219

08 下面调整“描边”的“颜色”和“开始宽度”，用户可以选择自己喜欢的颜色。此时可以看到，“开始宽度”值控制了电波起始线条的宽度，如图2-220所示。

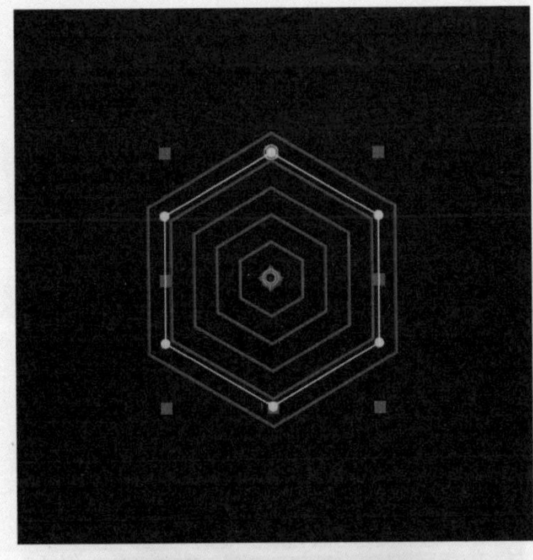

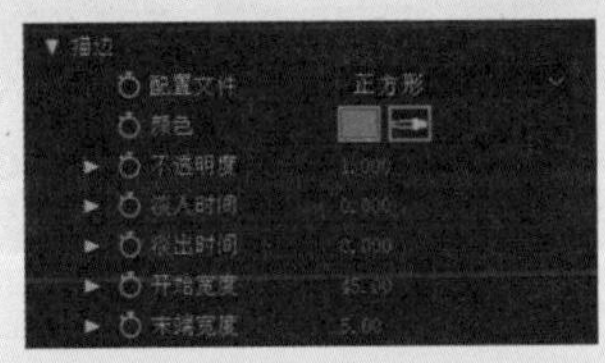

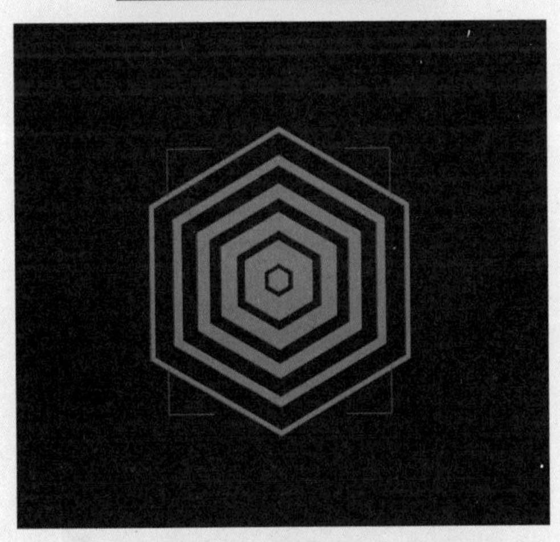

图2-220

09 下面为“频率”和“颜色”值设置动画，将“频率”值设置为10至0的动画，时间长度不限，画面中电波发射出后就会消失。“颜色”设置为蓝色到白色，如图2-221所示，后发射的电波将变为白色，形成渐变的效果。也可以设置为更丰富的色彩变化，如图2-222所示。

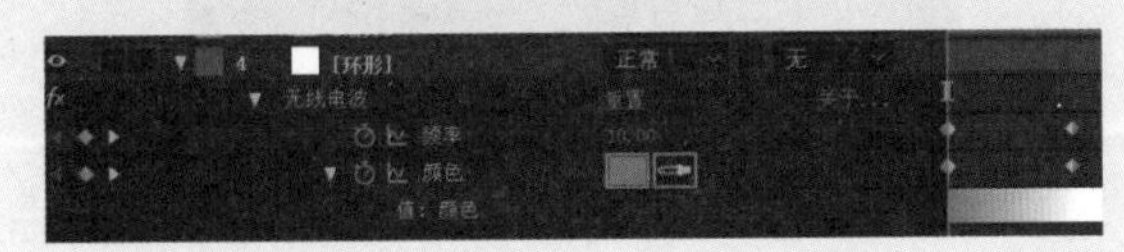

图2-221

图2-222

10 也可以适当调整“描边”下“开始宽度”值，让中心位置的线条变得更粗，使图形化更为明显，如图2-223所示。

图2-223

11 创建一个新的纯色图层，并命名为“渐变”。在“时间线”面板中选中纯色图层，右击并在弹出的快捷菜单中选择“图层样式”→“渐变叠加”选项，展开“渐变叠加”属性，将“样式”切换为“角度”，如图2-224所示。为“角度”参数设置动画，可以看到渐变分切的线像时针一样转动，如图2-225所示。

12 在“时间线”面板中选中“渐变”图层并右击，在弹出的快捷菜单中选择“预合成...”选项，为图层创建一个预合成。在“预合成”对话框中，选中“将所有属性移至新合成”单选按钮，选中“将合成持续时间调整为所选图层的时间范围”复选框，如图2-226所示。

图2-224

图2-225

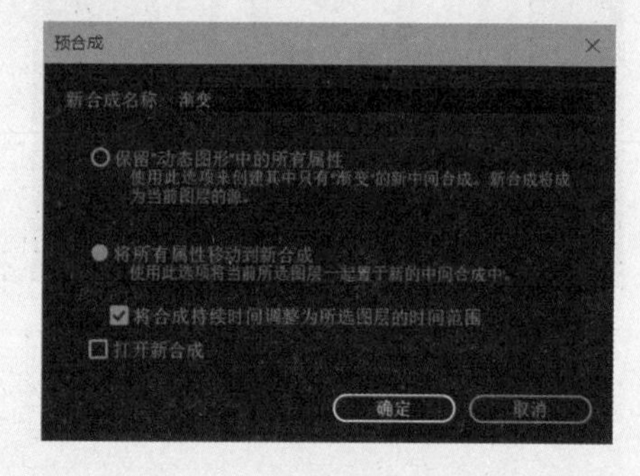

图2-226

13 执行"合成"→"新建"→"调整图层"命令，创建一个调整图层，并命名为"置换"。选中"置换"图层，执行"效果"→"时间"→"时间置换"命令，将"时间置换图层"切换为"渐变"图层。隐藏"渐变"图层，设置"最大移位时间[秒]"值为0.6，"时间分辨率[fps]"值为6.0，如图2-227所示，可以看到渐变动画会直接切分环形，如图2-228所示。同样的原理，如果添加不同的渐变效果，可以得到不同的置换结果。

图2-227

图2-228

14 为了丰富图形的变化，再添加一些辅助图形。不选中任何图层，使用"多边形"工具绘制一个六边形形状图层，同样需要将中心与"渐变"图层重合。在工具栏右侧，将形状图层的填充调整为"无"，"描边"调整为紫色，如图2-229所示。

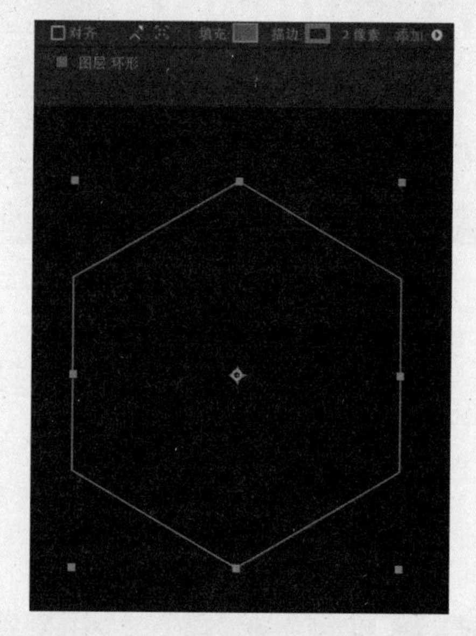

图2-229

15 在"时间线"面板中展开"描边1"属性，在"虚线"属性右侧单击+按钮，为线条添加虚线。再次单击+按钮，添加“间隙”属性。设置“描边宽度”值为24，“线段端点”为“圆头端点”，“虚线”值为0，“间隙”值为42，可以看到线条变为一个个紫色的点，如图2-230所示。可以采用这种方法绘制出各种类型的点。

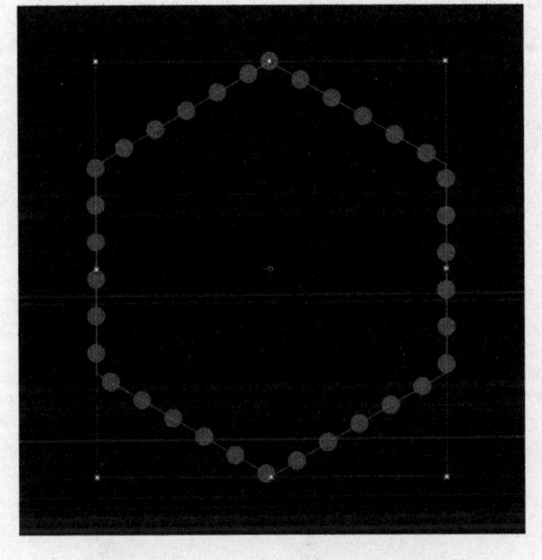

图2-230

16 在“时间线”面板中，设置“描边宽度”的参数动画，设置动画为0至30至0的参数变化。播放动画可以看到圆点由无到有，由小到大，然后消失。将“形状图层1”图层拖至“置换”图层下面，在“时间线”面板中，图层位置与关键帧的位置如图2-231所示。

图2-231

> **提示**
>
> 如果需要只显示有关键帧的属性，可以选中该图层并按U键，就会在“时间线”面板中只显示带有关键帧的属性，这样可以方便直接调整和观察关键帧。

17 此时可以看到圆点也随着渐变动画进行运动，将圆点的关键帧选中，并向后拖动，这样图形和圆点的动画就有了时间差，如图2-232所示。

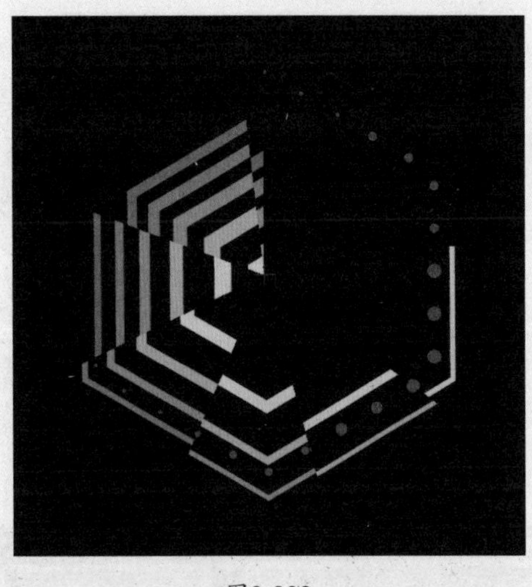

图2-232

18 在“时间线”面板中选中所有图层并右击，在弹出的快捷菜单中选择“预合成...”命令，为所有图层创建一个预合成。在“预合成”对话框中，命名为“图形”，选中“将所有属性移至新合成”单选按钮和“将合成持续时间调整为所选图层的时间范围”复选框，如图2-233所示。

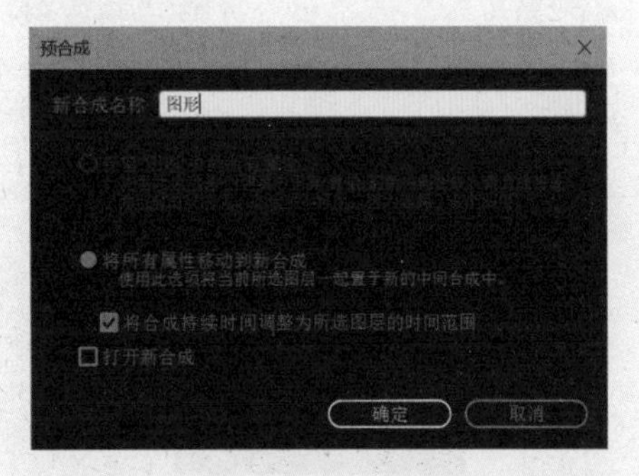

图2-233

19 下面为动画添加背景，首先建立一个白色的纯色图层，再建立一个黑色的纯色图层，黑色图层在白色图层上面。选中黑色纯色图层，绘制一个圆形蒙版，调整“蒙版羽化”值为402。调整“变换”属性下的“不透明度”值为66%，这样就创建了一个富于变化的灰度背景，如图2-234所示。

20 下面为图形添加阴影，选中“图形”图层，按快捷键Ctrl+D，复制一个“图形”图层，并放置在原图层下方，命名为“阴影”，如图2-235所示。

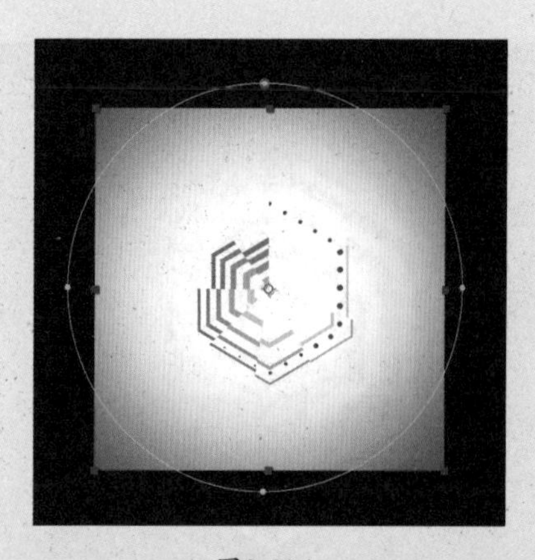

图2-234

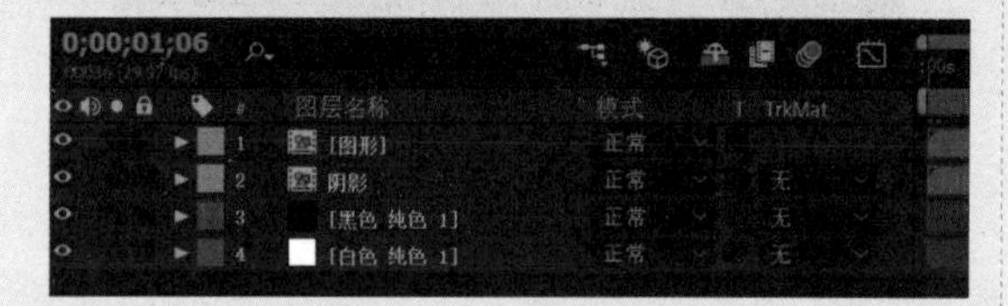

图2-235

21 选中“阴影”图层，在“效果和预设”面板中搜索关键字“三色调”，可以看到在“颜色校正”下出现了“三色调”效果，如图2-236所示。选中搜索到的“三色调”效果，并拖至“阴影”图层上，即可为其添加该效果。

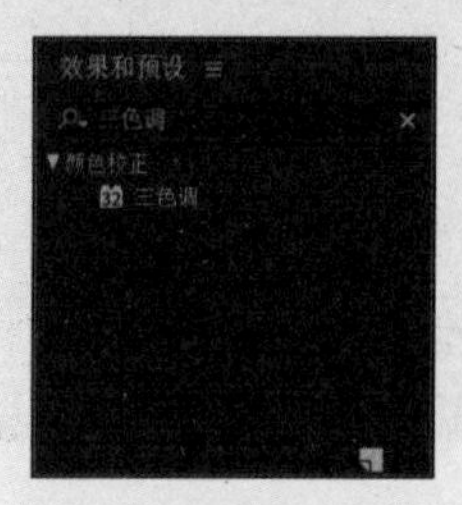

图2-236

> **提示**
>
> 一般使用“效果和预设”面板搜索需要的效果名称时，相关的效果就会被模糊搜索到。值得注意的是，中文版After Effects并不支持对于英文“效果”名称的搜索，但是支持搜索CC系列的效果。

22 调整“三色调”属性中3个色彩属性为黑色，如图2-237所示。使用“三色调”效果可以调整出富于变化的阴影颜色，但如果只是黑色，也可以执行“效果”→“生成”→“填充”命令，直接将色彩转换为黑色。

图2-237

23 现在阴影和图形重叠在一起了，执行“效果”→“过渡”→CC Scale Wipe命令，为阴影添加变形动画，调整Direction值为0x+50.0°，调整Stretch值为-1.10，如图2-238所示，让阴影拉出来。在“时间线”面板中调整“阴影”层的“变换”属性下的“不透明度”值为36%，让阴影看起来更为真实，如图2-239所示。

图2-238

图2-239

24 选择“阴影”图层，执行“效果”→“模糊和锐化”→“高斯模糊”命令，调整“模糊度”值为26，让阴影更加真实，如图2-240所示。

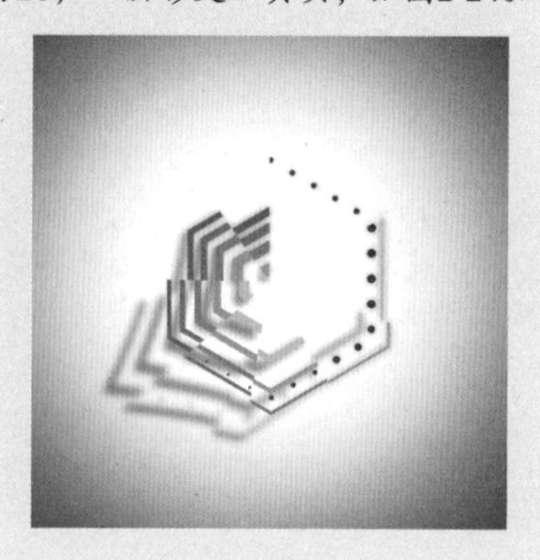

图2-240

25 执行“效果”→“过渡”→“线性擦除”命令，设置“过渡完成”值为32%，“擦除角度”值为0x+50.0°，“羽化”值为198.0，如图2-241所示。可以看到阴影渐渐虚化，也较为真实，如图2-242所示，至此，本例制作完毕。

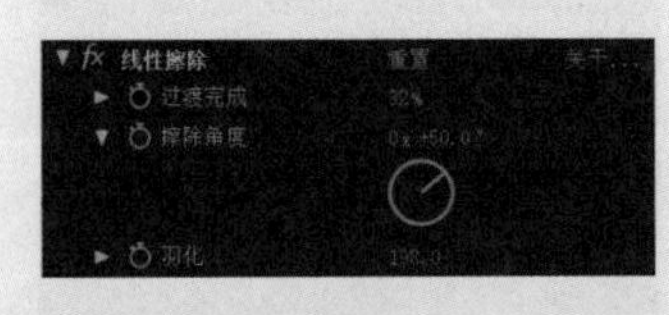

图2-241

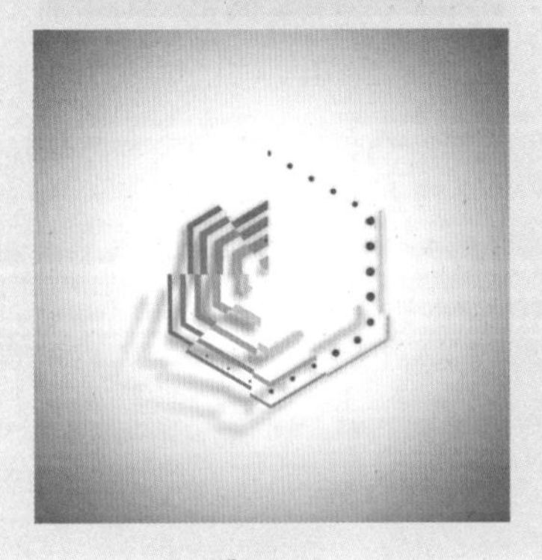
图2-242

2.7.4 玻璃拟态

本节制作“玻璃拟态”动画效果，具体的操作步骤如下。

01 创建一个新的合成，命名为“玻璃拟态”，预设为HDTV 1080 25，“持续时间”为0:00:10:00，如图2-243所示。

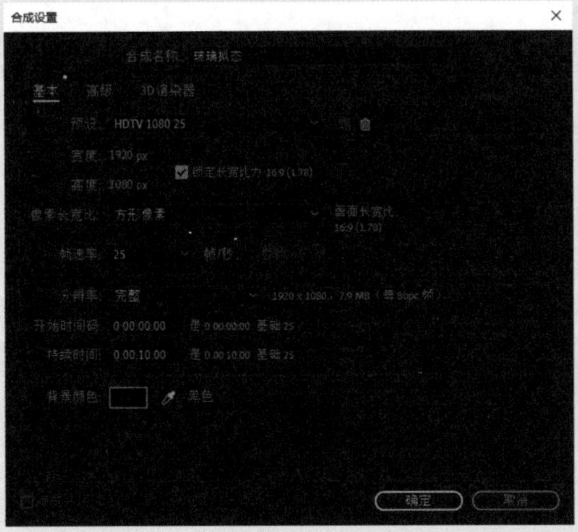

图2-243

02 按快捷键Ctrl+Y，新建纯色图层，在“纯色设置”对话框中，将“名称”改为“背景”，颜色设置为白色，如图2-244所示。

图2-244

03 执行“图层”→“新建”→“形状图层”命令，创建一个新的矩形形状图层。按住Shift键绘制正方形。选中“形状图层1”图层，调整“描边宽度”值为0像素，如图2-245所示。

图2-245

04 设置矩形参数，选中“形状图层1”图层，修改“大小”值为650.0,650.0，“圆度”值为35.0，如图2-246所示。

05 选中“形状图层1”图层，设置“旋转”值为0x-6.0°，如图2-247所示。

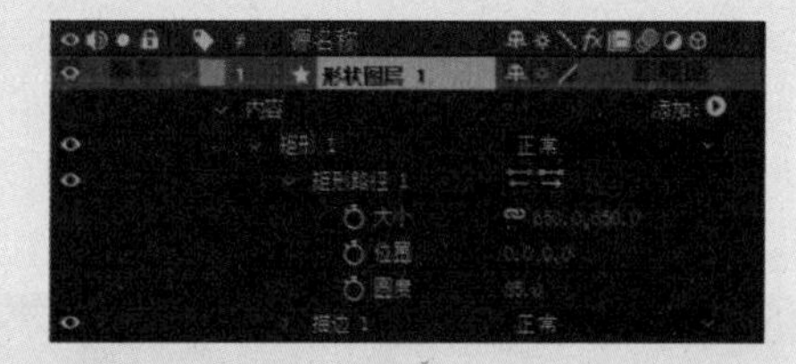

图2-246

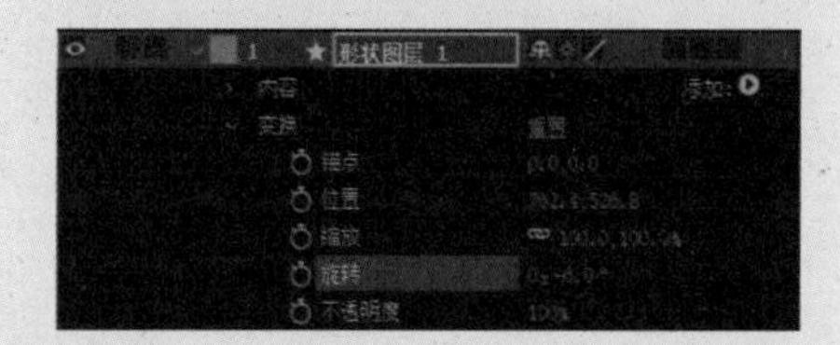

图2-247

06 将矩形放置在适合的位置后，继续绘制一个椭圆形。选中“形状图层2”图层，修改“大小”值为720，如图2-248所示。

图2-248

07 选中“形状图层1”图层，按快捷键Ctrl+D复制一个矩形，放置在适合的位置并调整大小和旋转角度。再选中“图层形状2”图层，复制两个椭圆形，放置在适合的位置并调整大小，如图2-249所示。

图2-249

08 选中“形状图层1”图层，执行“效果”→“生成”→“梯度渐变”命令，修改“渐变形状”为“径向渐变”，并调整“渐变起点”和“渐变终点”值，如图2-250所示。

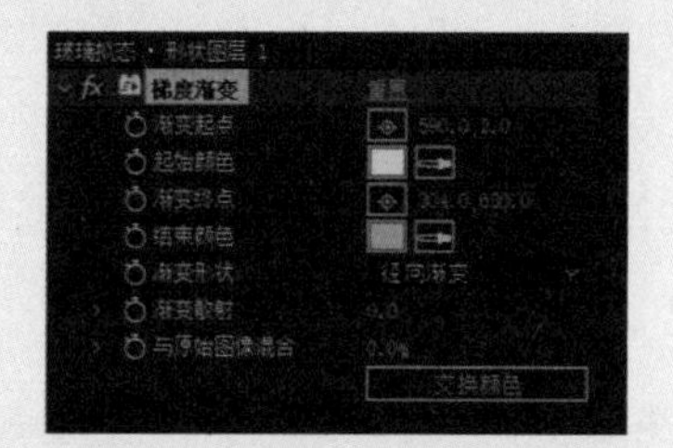

图2-250

09 单击“起始颜色”旁的黑色色块■，并调整颜色。采用相同的方式，单击“结束颜色”旁的白色色块□，并调整颜色，做出渐变色的效果，如图2-251所示。

图2-251

10 选择“形状图层1”图层，执行“效果”→“透视”→“投影”命令，添加“投影”效果。将“阴影颜色”修改为渐变中的结束颜色（绿色），“不透明度”值为45%，“距离”值为0.0，“柔和度”值为500.0，如图2-252所示。

图2-252

11 按住Ctrl键，同时选中“梯度渐变”与“投影”，依次复制到其余4个形状图层中，通过调整“渐变起点”“渐变终点”“起始颜色”“结束颜色”的颜色，为其他形状添加效果，如图2-253所示。

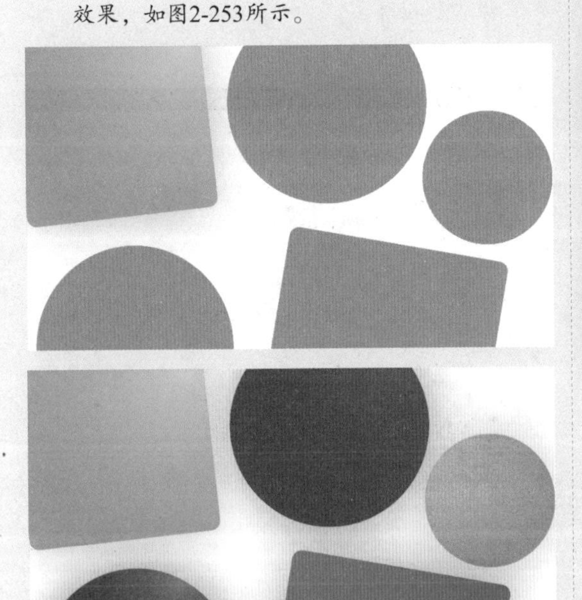

图2-253

12 形状调整完成后，可以通过添加抖动表达式的方法，为形状图层增添扭动效果。选择“形状图层1”图层，打开“变换”→“位置”属性，右击“编辑表达式”属性。时间线轨道会变成表达式文本框，并自动填充默认效果的表达式，如图2-254所示，添加表达式wiggle（），表达式数值为wiggle（1,30），如图2-255所示。

图2-254

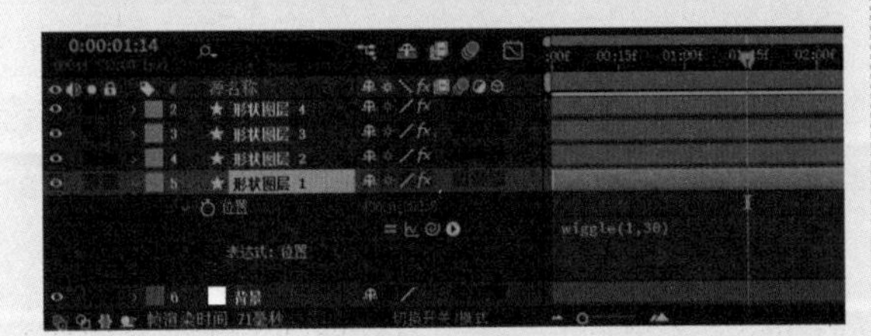

图2-255

13 采用同样的方法，为其他形状图层增加表达式，如图2-256所示。

图2-256

14 新建一个圆角矩形，重命名为“磨砂玻璃”，如图2-257所示，并通过单击“水平对齐”“垂直对齐”按钮，使其居中于画面中心。

图2-257

15 设置圆角矩形的参数。选中“磨砂玻璃”图层，修改“大小”值为1300.0,866.7，“圆度”值为60.0，如图2-258和图2-259所示。

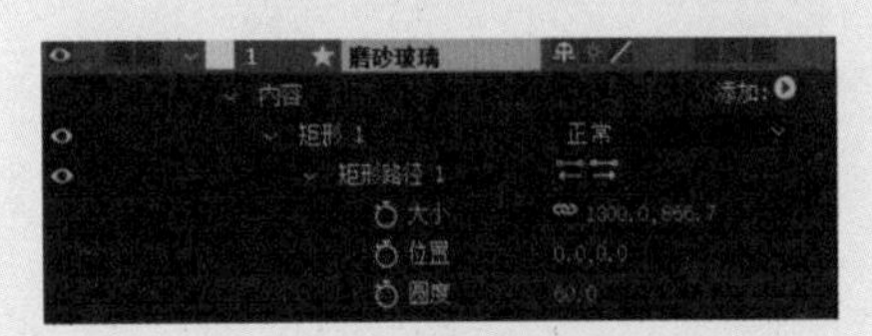

图2-258

图2-259

16 在“时间线”面板中，单击“磨砂玻璃”图层的“调整图层”图标◙，如图2-260所示。

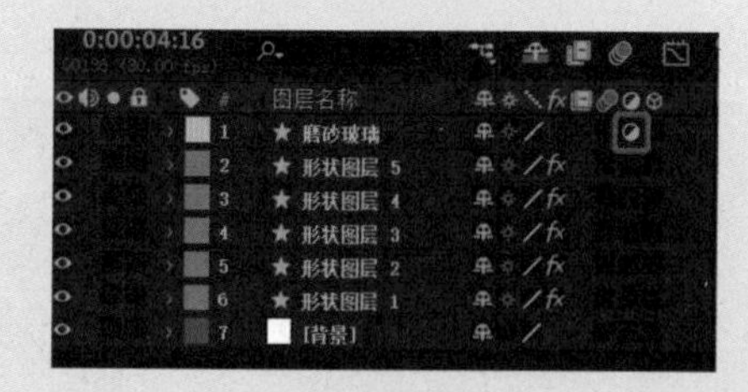

图2-260

17 选中“磨砂玻璃”图层，执行“效果”→“模糊和锐化”→“快速方框模糊”命令，如图2-261所示。调整“模糊半径”值为45.0，“迭代”值为30，如图2-262所示，做出磨砂玻璃的效果，如图2-263所示。

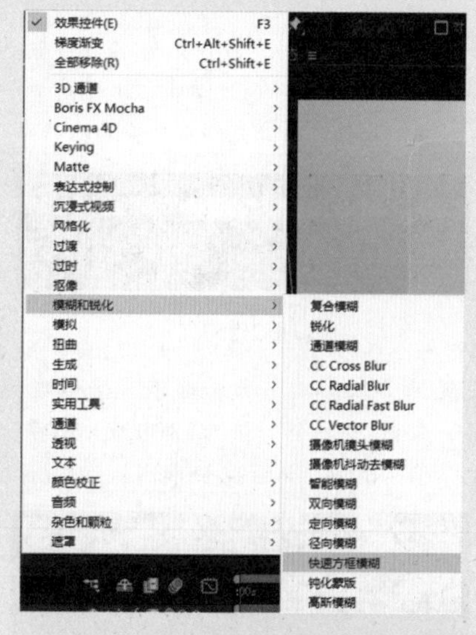

图2-261

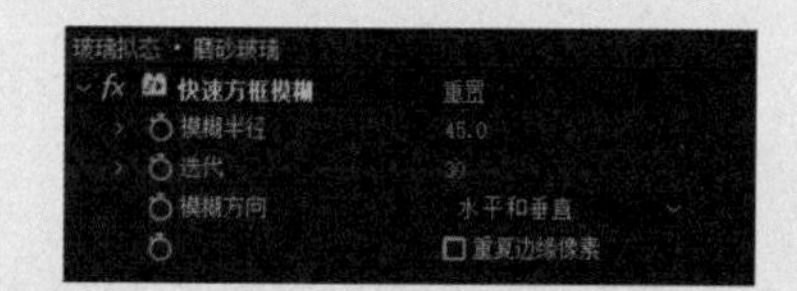

图2-262

图2-263

18 选中“磨砂玻璃”图层，使用“椭圆”工具，如图2-264所示，在形状的中心创建蒙版，如图2-265所示。

图2-264

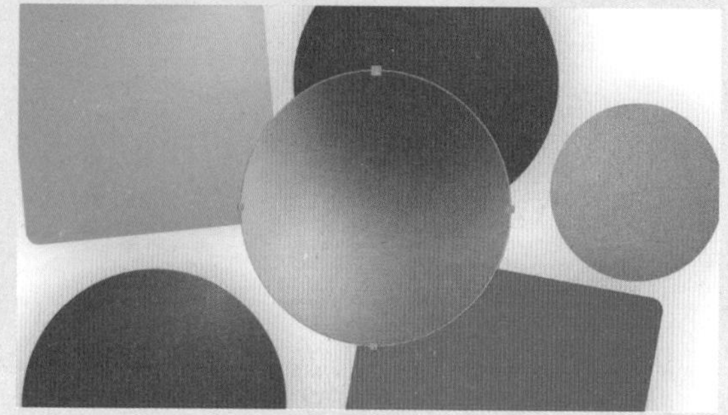

图2-265

19 调整蒙版参数。选中“反转”复选框，使图层变为中心通透的磨砂玻璃效果。为了使蒙版自然过渡，更符合玻璃质感，可以调整“蒙版羽化”值为400.0,400.0，如图2-266和图2-267所示。

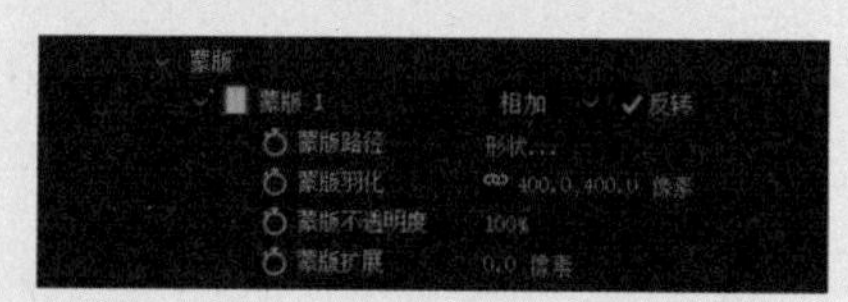

图2-266

图2-267

20 “磨砂玻璃”图层设置完成后，需要再叠加一个高光图层，使玻璃拟态的质感更突出，拉开与其他形状之间的层次关系。选中“磨砂玻璃”图层，按快捷键Ctrl+C和快捷键Ctrl+V，复制“磨砂玻璃”图层，并重命名为“高光”。

21 单击“高光”图层右侧的“调整图层”图标

将其取消。选择“高光”图层，选中“快速方框模糊”属性，按Delete键删除效果，如图2-268所示。

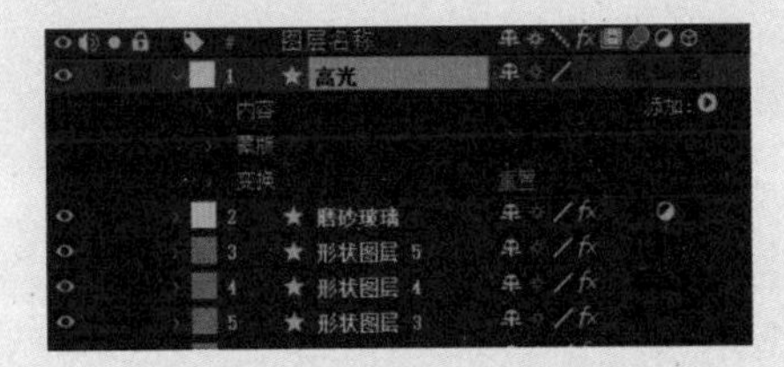

图2-268

22 选中“高光”图层，将“颜色”修改为白色，“不透明度”值为8%，如图2-269所示，使高光效果更自然、更柔和。

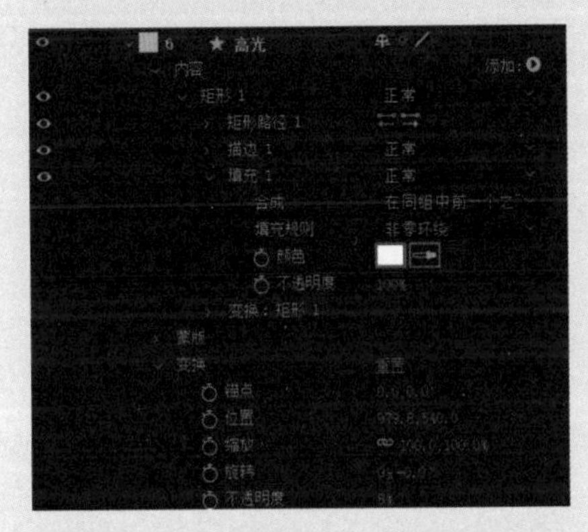

图2-269

23 进行到本步玻璃拟态效果已初见雏形。我们可以通过增加玻璃边线细节的方式，使玻璃拟态的效果更真实。复制“高光”图层，重命名为“边线”，如图2-270所示。删除“边线”图层的蒙版，单击“填充”按钮，在弹出的“填充选项”对话框中选择“无”选项，单击“确定”按钮，如图2-271所示。回到“时间线”面板，修改“描边”值为8，“不透明度”值为15%，效果如图2-272所示。

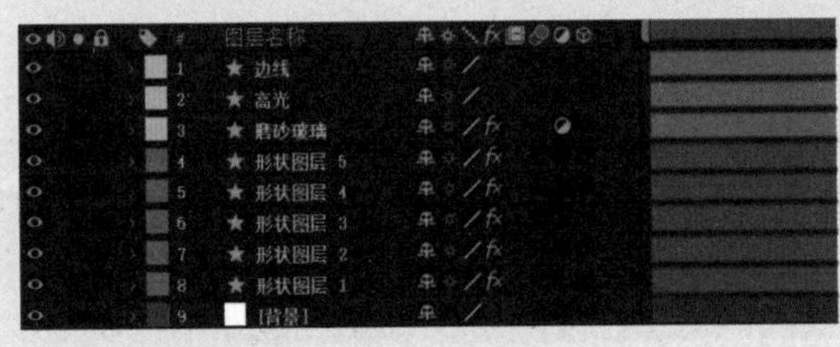

图2-270

24 使用“横排文字”工具，输入一段文字，可以是单词也可以是一段话，这些文字在后期还能修改。单击工具栏右侧的“切换字符和段落面板”图标，调出“字符”面板，在其中调整文字的字体、大小和颜色，如图2-273和图2-274所示。

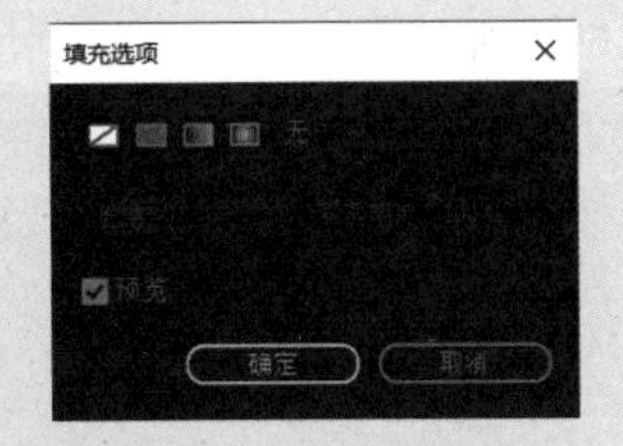

图2-271

图2-272

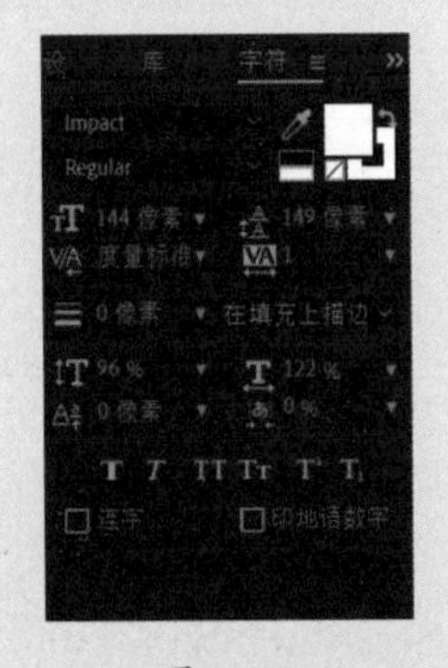

图2-273

图2-274

25 执行“效果”→“透视”→“投影”命令，调整“不透明度”值为20%，“距离”值为25.0，“柔和度”值为45.0，如图2-275所示。通过为文字增加投影的方式，使文字更突出，画面整体更有层次，如图2-276所示，至此，本例制作完毕。

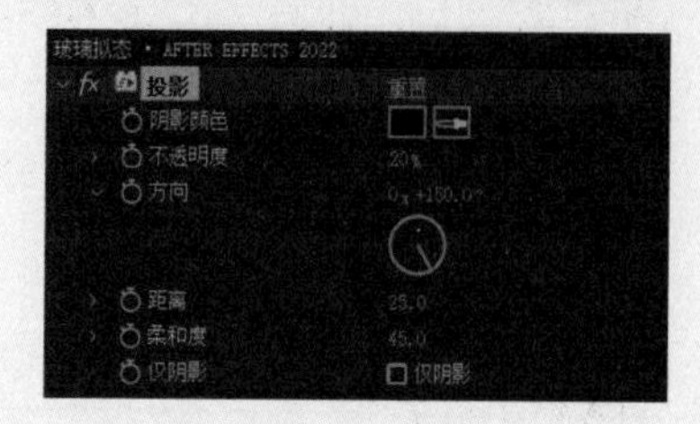

图2-275

图2-276

第3章
三维动画

3.1 After Effects 三维空间的基本概念

3.1.1 3D 图层的概念

After Effects具备强大的三维图形处理能力，可以处理 2D 和 3D 图层。在 After Effects 中，3D 的概念是建立在 2D 的基础之上的。无论是静态还是动态的画面，都在 2D 空间中形成，但可以利用人们在视觉上形成的错觉，呈现立体的效果。

在三维立体空间中，我们经常用 X、Y、Z 坐标来表示物体在空间中的状态，这一概念来自数学体系。其中，X 和 Y 坐标表示的是二维空间，也就是平面上的长和宽；而 Z 坐标则是体现三维空间的关键，它代表的是深度，也就是物体厚度。通过对 X、Y、Z 三个坐标的调整，我们可以确定一个物体在三维空间中的位置。除了位置，三维空间中的物体还具有旋转、缩放等属性。通过对这些属性的调整，我们可以创建出各种不同的三维效果，比如旋转的球体、平移的立方体等。这些三维效果可以让我们的视频作品更加生动、立体、丰富，也更具有观赏性，如图3-1所示。

图3-1

因此，在学习 After Effects 中的三维动画之前，我们需要掌握三维空间的基本概念和相关工具的使用方法。熟悉这些基本概念和工具可以让我们更加灵活地创作各种三维效果，提高我们的创作能力。

提示

在After Effects中可以导入和读取三维软件的文件，但并不能像在三维软件中一样随意控制和编辑这些物体，也不能建立新的三维物体。这些三维信息在实际的制作过程中，主要用来匹配镜头和做一些相关的对比工作。在新版本的After Effects中，加入对C4D格式文件的支持，这大幅增强了After Effects对三维对象的处理功能。CINEMA 4D软件这几年一直致力于在动态图形设计方向的发展，这次和After Effects的结合进一步确立了在这方面的竞争优势。

3.1.2 3D 图层的基本操作

创建 3D 图层是一件很简单的事，与其说是创建，其实更像是转换。具体的操作步骤如下。

01 执行“合成”→“新建合成”命令，创建一个新的合成。按快捷键Ctrl+Y，新建一个纯色图层，设置颜色为绿色，这样方便观察坐标轴，然后缩小该图层到合适的大小，如图3-2所示。

图3-2

02 单击“时间线”面板中“3D图层”图标下对应的方框，方框内出现图标，此时该图层就被转换为3D图层了，也可以通过执行“图层”→“3D图层”命令进行转换。展开纯色图层的属性列表，可以看到多出了许多属性，如图3-3所示。

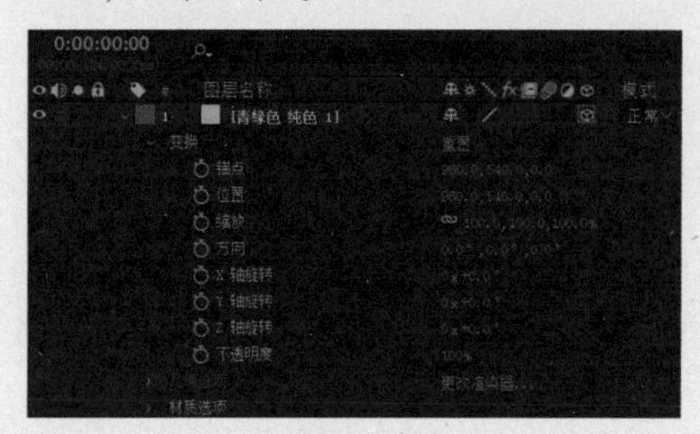

图3-3

03 使用“旋转”工具，在“合成”面板中旋转该图层，可以看到图像有了立体的效果，如图3-4所示，并出现了一个三维坐标控制器，红色箭头代表X轴（水平），绿色箭头代表Y轴（垂直），蓝色箭头代表Z轴（深度）。同时在“信息”面板中，也出现了3D图层的坐标信息，如图3-5所示。

图3-4

图3-5

提示

如果在“合成”面板中没有看到坐标轴，可能是因为没有选中该图层或没有显示控制器，执行“视图”→“视图选项”命令，弹出“视图选项”对话框，在该对话框中选中“手柄”复选框即可。

3.1.3 观察3D图层

我们知道在2D图层模式下，图层会按照在“时间线”面板中的顺序依次显示，也就是说，排列位置越靠前，在“合成”面板中就会越靠前显示。而当图层开启3D模式时，这种情况就不存在了。图层的前后完全取决于它在3D空间中的位置，如图3-6所示。

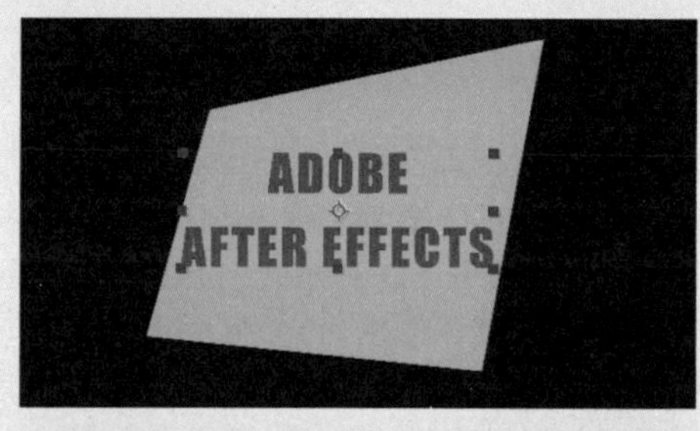

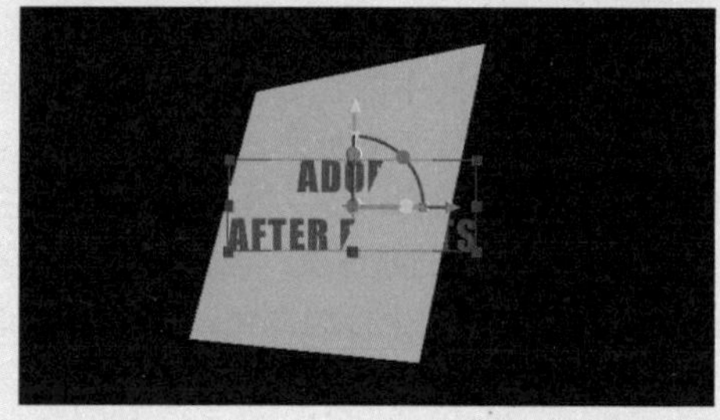

图3-6

此时用户必须通过不同的角度来观察3D图层之间的关系。在“合成”面板的活动摄像机菜单中，选择不同的视图角度选项，如图3-7所示，也可以执行“视图”→“切换3D视图”子菜单中的命令切换视图。默认选择的视图为“活动摄像机”，其他视图还包括6种不同方位视图和3个自定义视图等。

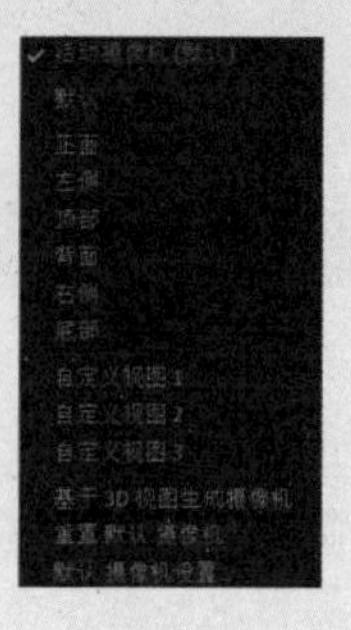

图3-7

用户还可以在“合成”面板中同时打开 4 个视图，从不同的角度观察画面，如图3-8所示，在“合成”面板的“选择视图布局”菜单中选择“四个视图”选项即可。

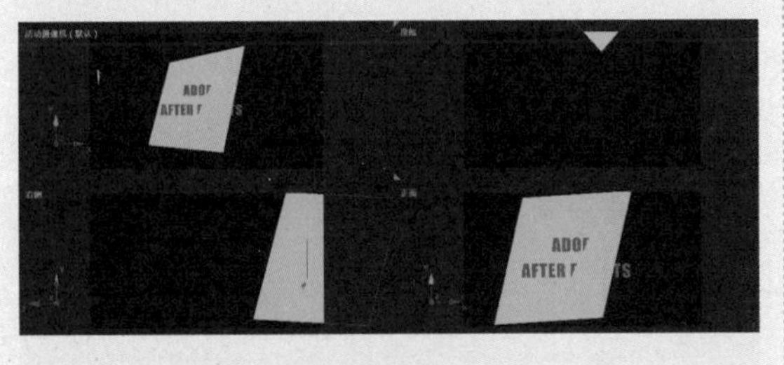

图3-8

在“合成”面板中，对图层进行移动或旋转等操作时，按住 Alt 键，图层在移动时会以线框的方式显示，这样方便与操作前的画面作对比，如图3-9所示。

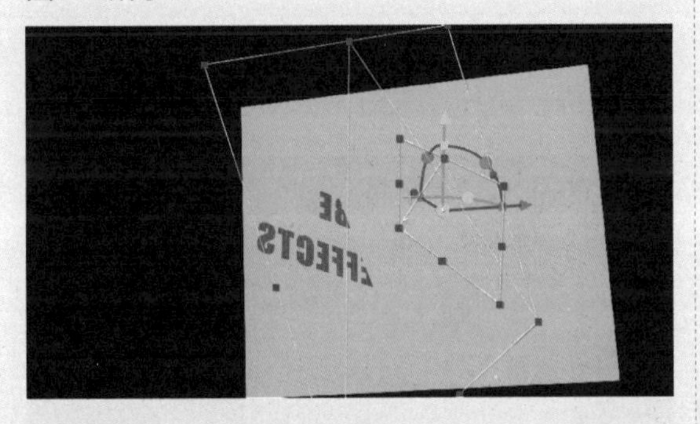

图3-9

> **提示**
>
> 在实际的制作过程中，可以通过按F10、F11、F12等键，在几个窗口之间切换，通过不同的角度观察画面，按Esc键可以快速切换回上一次的视图。

3.2 灯光图层

灯光可以增加画面光感的细微变化，这是手工模拟所无法达到的。我们可以在 After Effects 中创建灯光，用来模拟现实世界的真实效果。灯光在 After Effects 的 3D 效果中有着不可替代的作用，各种光线效果和阴影都有赖灯光的支持。灯光图层作为 After Effects 中的一种特殊图层，除了正常的属性值，还有灯光特有的属性，我们可以通过对这些属性的设置来控制画面效果。

用户可以执行“图层”→“新建”→“灯光”命令来创建一个灯光图层，同时会弹出“灯光设置”对话框，如图3-10所示。

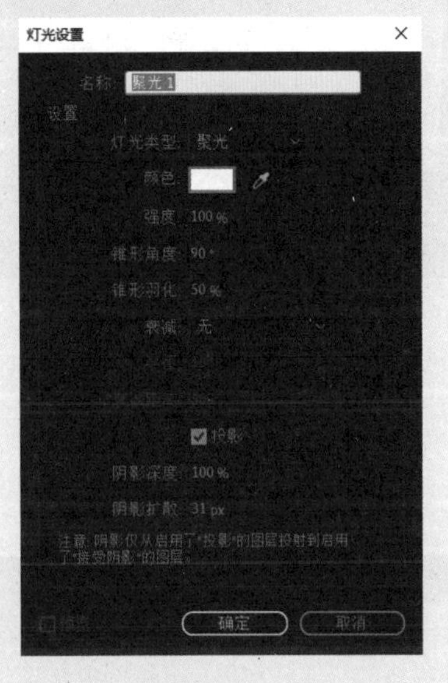

图3-10

3.2.1 灯光的类型

熟悉三维软件的用户对这灯光类型并不陌生，大多数三维软件都有这几种灯光类型，按照用户的需求不同，After Effects 提供了 4 种光源，分别为“平行”“聚光”“点”和“环境”。

※ 平行：光线从某个点发射照向目标位置，光线平行照射，类似太阳光。其光照范围是无限远的，可以照亮场景中位于目标位置的每一个物体，如图3-11所示。

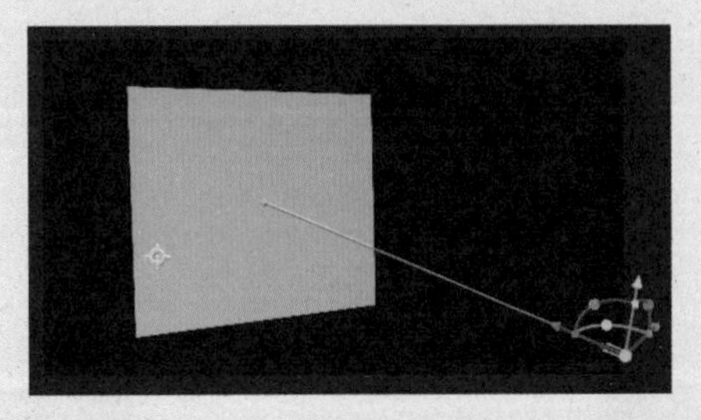

图3-11

※ 聚光：光线从某个点发射，以圆锥形呈放射状照向目标位置。被照射处会形成一个圆形的光照范围，可以通过调整“锥形角度”来控制照射范围的面积，如

图3-12所示。

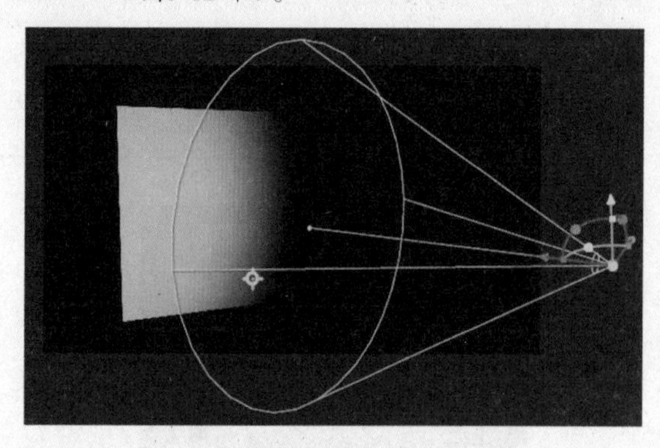

图3-12

※ 点：光线从某个点发射向四周扩散。随着光源距离物体越来越远，光照的强度会衰减。其效果类似平时常见的人工光源，如图3-13所示。

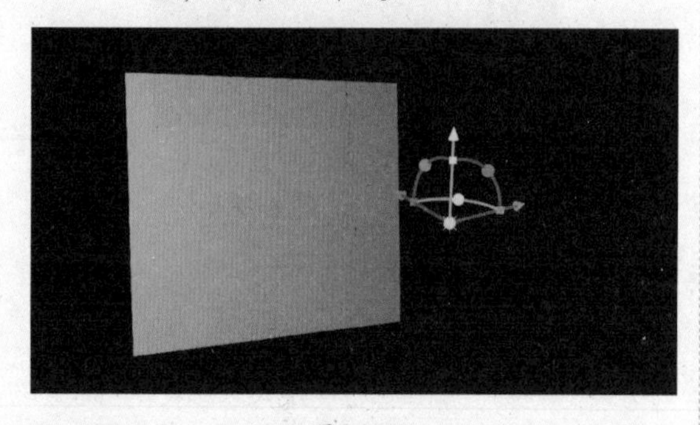

图3-13

※ 环境：光线没有发射源，可以照亮场景中所有的物体，但环境光源无法产生投影，通过改变光源的颜色来统一整个画面的色调，如图3-14所示。

图3-14

3.2.2 灯光的属性

在创建灯光时可以定义灯光的属性，也可以创建后在属性栏中修改。下面详细介绍灯光各个属性的使用方法，如图3-15所示。

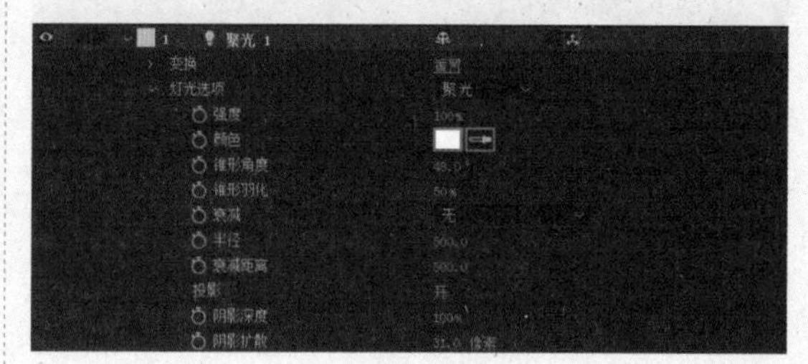

图3-15

※ 强度：控制灯光的强度。强度越高，灯光越亮，场景受到的照射就越强。当“强度”值为0时，场景就会变黑。如果“强度”值为负值，可以去除场景中某些颜色，也可以吸收其他灯光发射的光线，如图3-16所示。

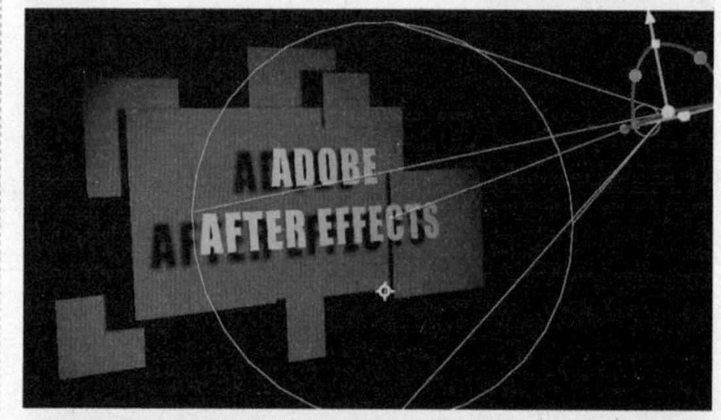

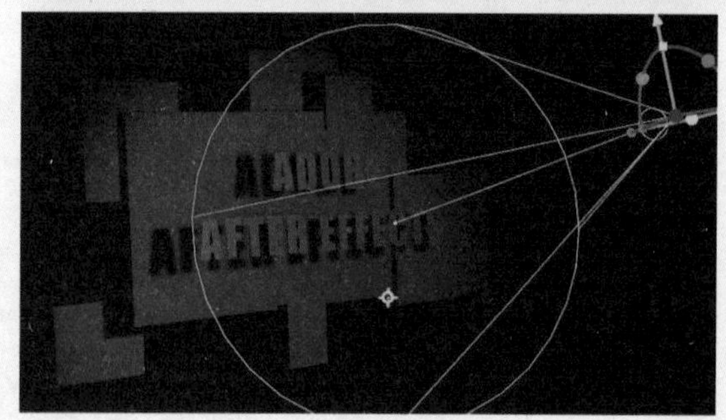

图3-16

※ 颜色：控制灯光的颜色。

※ 锥形角度：只有聚光灯有此属性，主要用来调整灯光照射范围的大小，角度越大，光照范围越广，如图3-17所示。

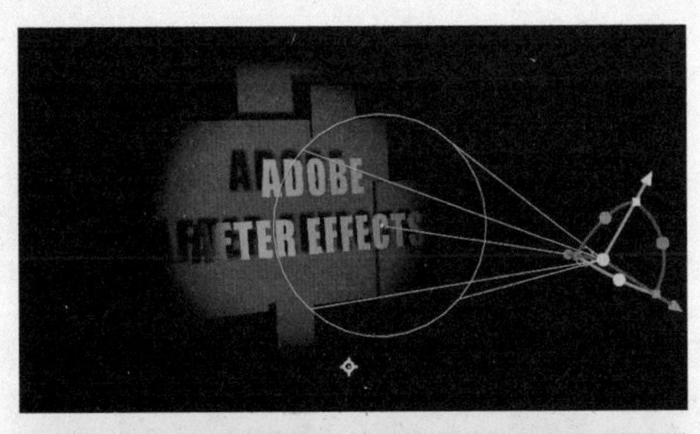

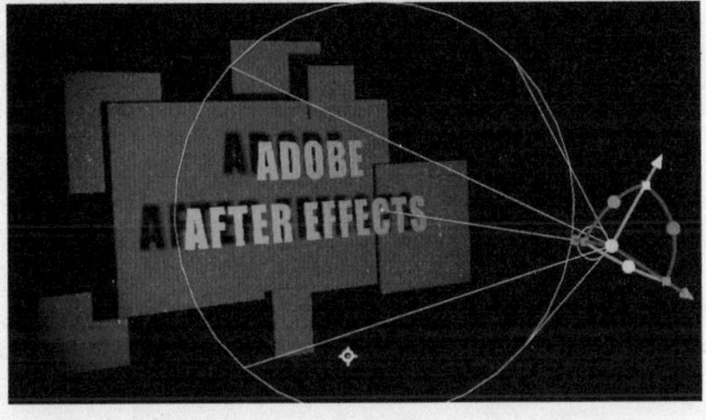

图3-17

※　锥形羽化：只有聚光灯有此属性，可以使聚光灯的照射范围产生一个柔和的边缘，如图3-18所示。

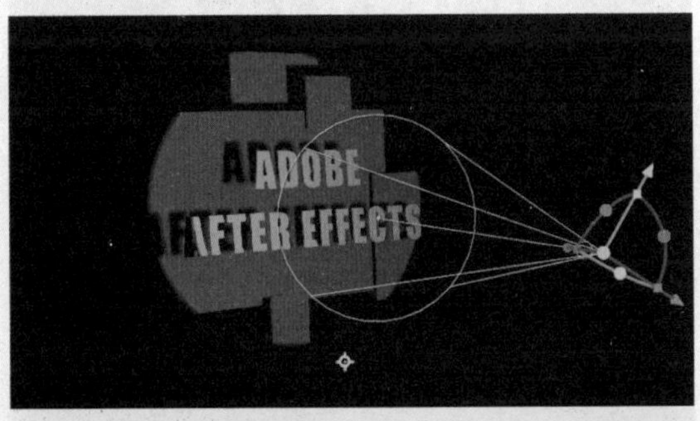

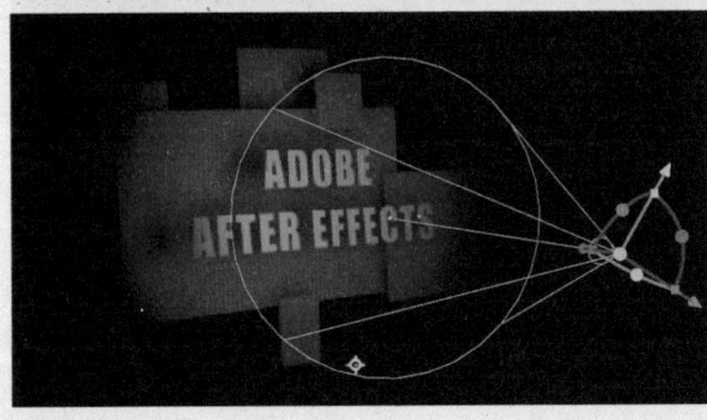

图3-18

※　衰减：这个概念源于真实的灯光，任何光线都带有衰减的属性。在现实中，当一束光照射出去，站在十米远和百米远所看到的光的强度是不同的，这就是光线的衰减。而在After Effects中，如果不进行设置，灯光是不会衰减的，会一直持续地照射下去，"衰减"方式可以设置开启或关闭。

※　半径：控制"衰减"值的半径。

※　衰减距离：控制"衰减"值影响的距离。

※　投影：开启投影，灯光会在场景中产生投影。如果要看到投影的效果，同时要开启图层材质属性中的投影。

※　投影深度：控制阴影的颜色深度。

※　投影扩散：控制阴影的扩散程度，主要用于控制图层与图层之间的距离产生的柔和的漫反射效果，如图3-19所示。

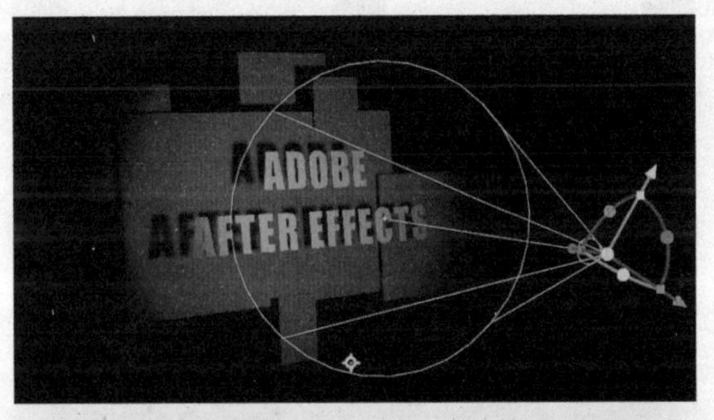

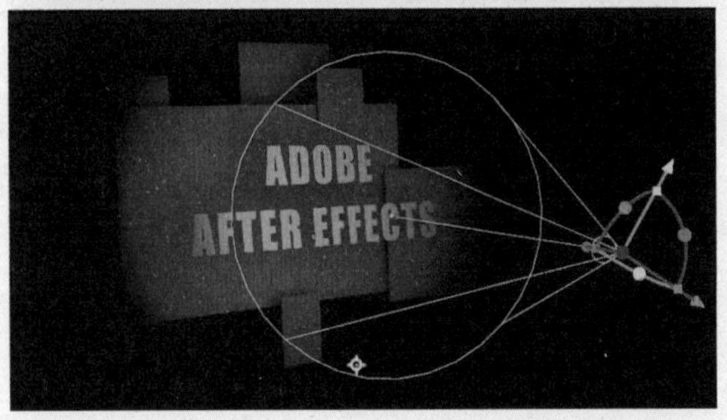

图3-19

3.2.3 几何选项

当图层被转换为3D图层时，除了多出三维空间坐标的属性，还会添加几何选项，不同的图层类型被转换为3D图层时，所显示的属性会有所变化。如果使用"经典3D"渲染模式，"几何选项"是灰色的，必须执行"合成"→"合成设置"命令，在弹出的"合成设置"对话框的"3D渲染器"选项卡中，将"渲染器"更改为CINEMA 4D渲染模式，如图3-20所示，才可以显示“几何选项”属性。CINEMA 4D合成渲染器是After Effects中的新3D渲染器，它是用于文本和形状突出的工具，也是3D作品的首选渲染器。

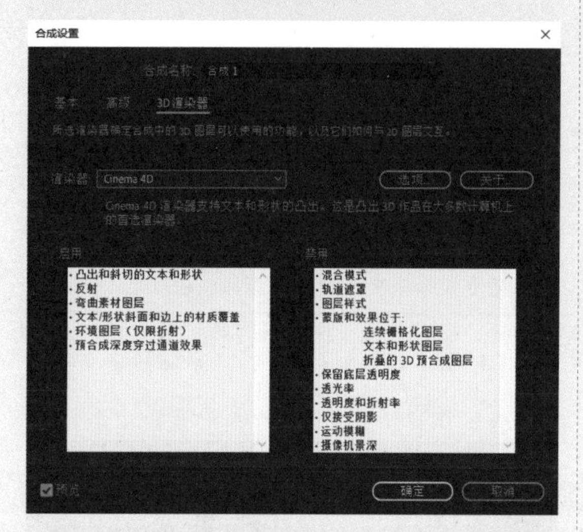

图3-20

利用“几何选项”属性，如图3-21所示，可以制作类似三维软件中的文字倒角效果，其主要属性的使用方法如下。

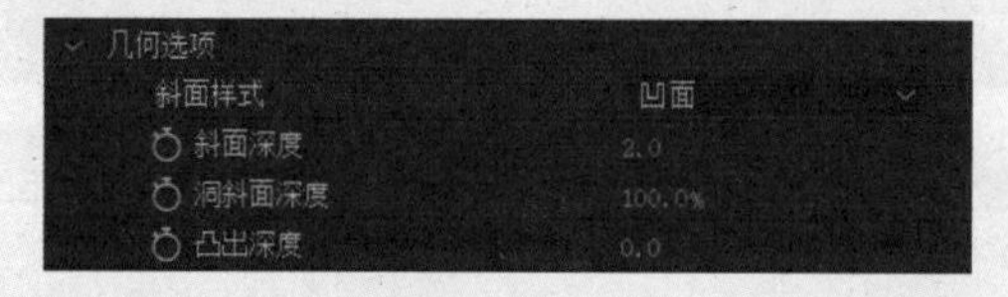

图3-21

※ 斜面样式：设置斜面的形式，包括“无”（默认值）“尖角”“凹面”和“凸面”。

※ 斜面深度：设置斜面的大小（水平和垂直），以像素为单位。

※ 洞斜面深度：设置字符内部斜面的大小，例如字母O中的“洞”，表示为斜面深度的百分比。

※ 凸出深度：设置凸出的厚度，以像素为单位，侧（凸出的）表面垂直于前表面。

3.2.4 材质选项

当在场景中创建了灯光后，场景中的图层受到灯光的照射，但图层中的属性也需要配合灯光。当图层的3D属性开启后，“材质选项”属性将被开启，如图3-22所示，下面介绍该属性的使用方法（当使用CINEMA 4D渲染器时，材质属性会发生变化）。

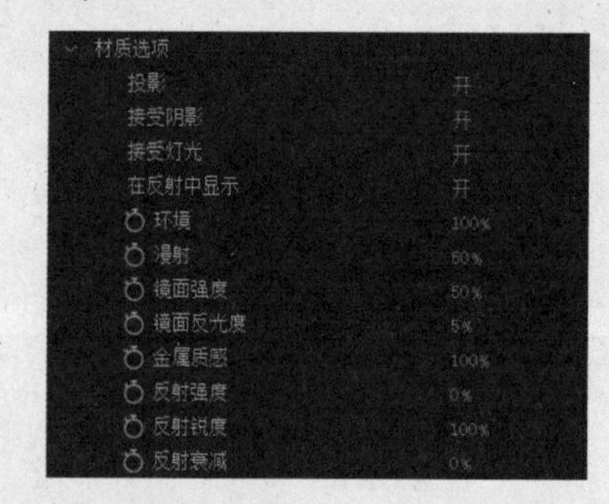

图3-22

※ 投影：控制图层是否形成投影，就像一个开关。投射阴影的角度和明度则取决于灯光，也就是说，观察开启投影必须先建立一盏灯，并开启“灯光”图层的“投影”属性。需要注意的是，灯光的“投影”属性也开启才能产生阴影，如图3-23所示。

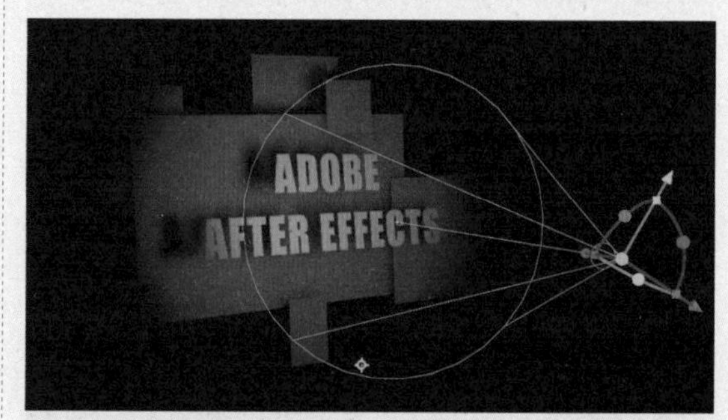

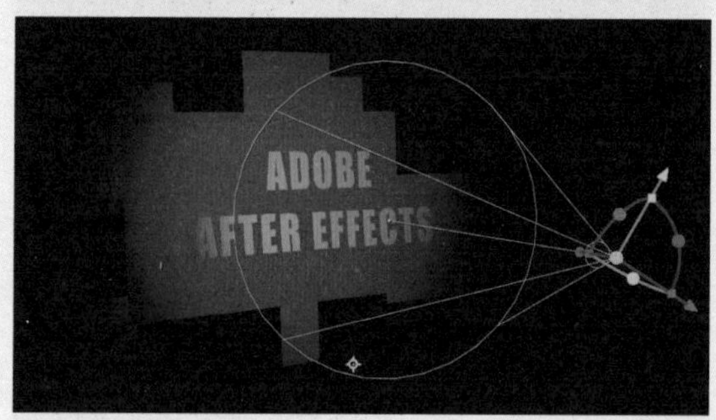

图3-23

※ 接受阴影：控制当前图层是否接受其他图层投射的阴影。

※ 接受灯光：控制当前图层是否接受灯光的影响，如图3-24所示。熟悉三维软件的用户对这几个属性不会陌生，这是控制材

质的关键属性。因为After Effects是影视后期处理软件，这些属性所呈现的效果并不像三维软件那么明显。

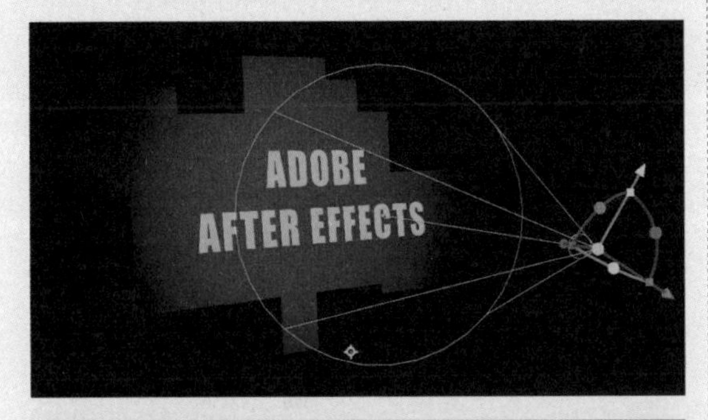

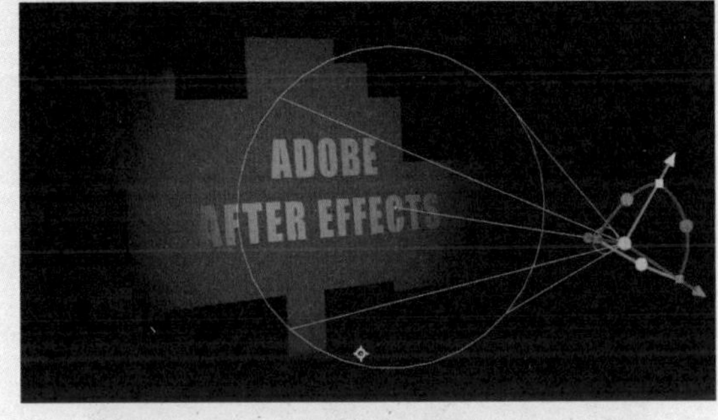

图3-24

※ 在反射中显示：控制图层是否显示在其他反射图层的反射中。

※ 环境：控制反射周围物体的比率。

※ 漫射：该属性控制图层中的物体受到灯光照射时，物体反射的光线发散率。

※ 镜面强度：控制光线被图层反射出去的比率。100%为最多的反射；0%为无镜面反射。

※ 镜面反光度：控制镜面高光范围的大小。仅当"镜面"值大于0时，此值才处于可用状态。100%为具有小镜面高光的反射；0%为具有大镜面高光的反射。

※ 金属质感：控制高光颜色。值为最大时，高光色与图层的颜色相同，反之，则与灯光的颜色相同。

提示

下面的"反射强度"等参数为CINEMA 4D独有的渲染属性。

※ 反射强度：控制其他反射的3D对象和环境映射，在多大程度上显示在此对象上。

※ 反射锐度：控制反射的锐度或模糊程度。较大的值会产生较锐利的反射效果，而较小的值会使反射效果变得模糊。

※ 反射衰减：针对反射面，控制菲涅耳效果的量，即处于各个掠射角时的反射强度。

不要小看这些数据的细微差别，影片中物体的细微变化，都是在不断地调试中得到的，只有细致地调整这些数据，才能得到想要达到的完美效果。结合"光线追踪3D"渲染器，通过调整图层的"几何选项"和"材质选项"，可以调整出3D软件才能制作出的惊人效果，如图3-25所示。

图3-25

3.3 摄像机

摄像机主要用来从不同角度观察场景。其实我们一直在使用摄像机，当创建一个项目时，系统会自动建立一台摄像机，即活动摄像机。用户可以在场景中创建多台摄像机，为摄像机设置关键帧，并得到丰富的画面效果。动画之所以不同于其他艺术形式，就在于它观察事物的角度是有多种方式的，给观众带来与平时不同的视觉刺激。

摄像机在After Effects中也是作为一个图层出现的，新建的摄像机被排在堆栈图层的顶层，用户可以通过执行"图层"→"新建"→"摄像机"命令创建摄像机，此时会弹出"摄像机设置"对话框，如图3-26所示。

After Effects中的摄像机和现实中的摄像机类似，用户可以调节镜头的类型、焦距和景深等。After Effects提供了9种常见的摄像机镜头。下面简单介绍其中几个镜头类型。

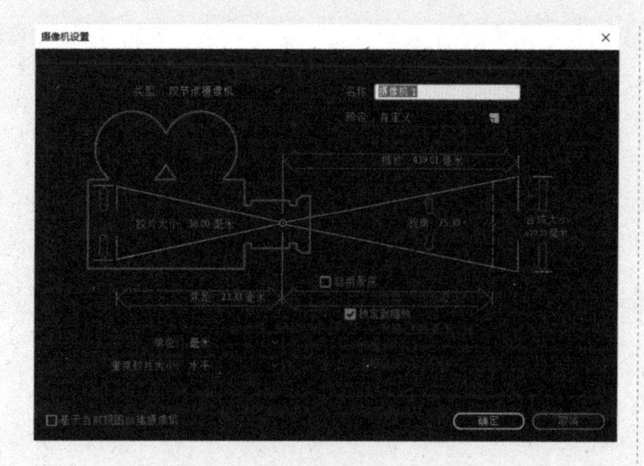

图3-26

※　15mm广角镜头：镜头可视范围极大，但镜头会使看到的物体拉伸，产生透视上的变形，用这种镜头可以使画面变得很有张力，视觉冲击力很强。

※　200mm长焦镜头：镜头可视范围较小，不会使看到的物体发生变形。

※　50mm标准镜头：这是常用的标准镜头，和人们正常看到的视角是一致的。

其他镜头类型都在15~200mm，选中某一种镜头时，相应的参数也会改变。“视角”控制可视范围的大小；“胶片大小”指定胶片用于合成图像的尺寸；“焦距”则指定焦距的长度。当在项目中建立一台摄像机后，用户可以在“合成”面板中调整摄像机的位置等参数，如图3-27所示。

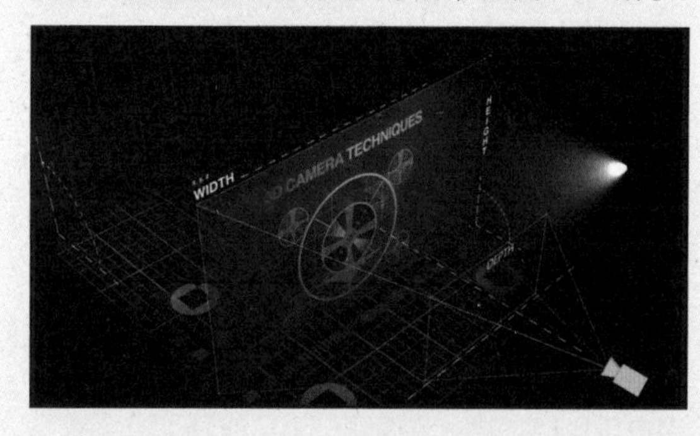

图3-27

用户要调节这些参数，必须在另一台摄像机的视图中进行，不能在摄像机视图中选择当前摄像机。工具箱中的摄像机工具可以帮助用户调整视图的角度。这些工具都是针对摄像机而设计的，所以在项目中必须有3D图层存在，这样这些工具才能起作用，如图3-28所示。

图3-28

※　统一摄像机工具：使用该工具，可以综合调整摄像机的位置、角度等状态。

※　轨道摄像机工具：使用该工具，可以向任意方向旋转摄像机视图。

※　跟踪XY摄像机工具：使用该工具，可以水平或垂直移动摄像机视图。

※　跟踪Z摄像机工具：使用该工具，可以缩放摄像机视图。

下面具体介绍摄像机图层下的摄像机属性，如图3-29所示。

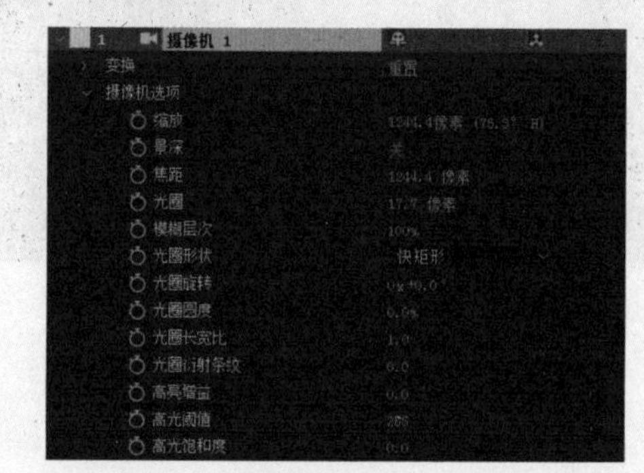

图3-29

※　缩放：控制摄像机镜头到镜头视线框之间的距离。

※　景深：控制是否开启摄像机的景深效果。

※　焦距：控制镜头的焦点位置。该属性模拟了镜头焦点处的模糊效果，位于焦点的物体在画面中清晰，周围的物体会根据焦点所在位置为半径，进行模糊处理，如图3-30和图3-31所示。

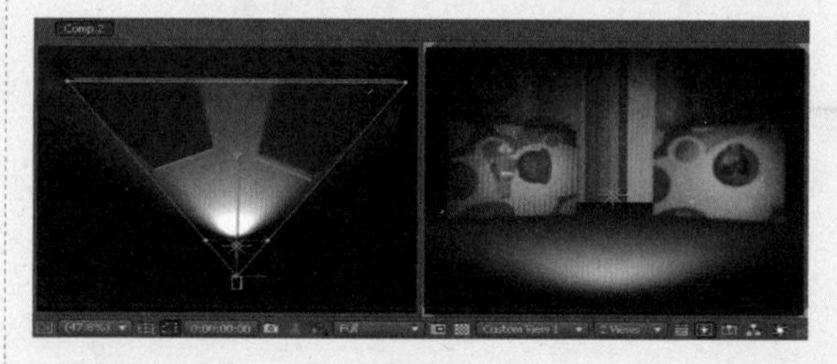

图3-30

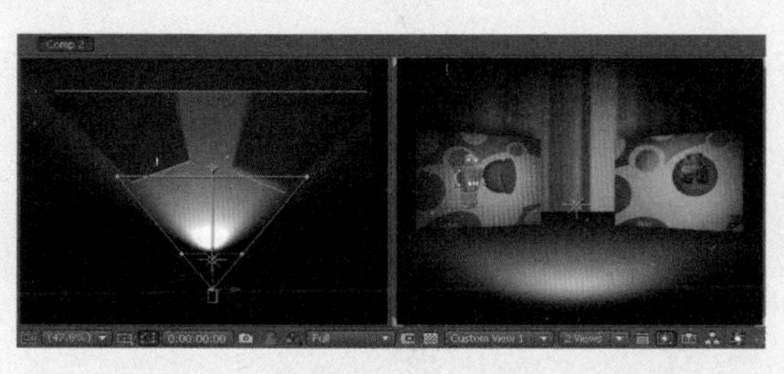

图3-31

※ 光圈：控制快门的尺寸。镜头快门越大，受焦距影响的像素就越多，模糊范围就越大。

※ 模糊层次：控制聚焦效果的模糊程度。

※ 光圈形状：控制模拟光圈叶片的形状，以多边形组成从三边形到十边形。

※ 光圈旋转：控制光圈的旋转角度。

※ 光圈圆度：控制光圈形成的圆滑程度。

※ 光圈长宽比：控制光圈的长宽比。

“光圈衍射条纹”“高亮增益”“高亮阈值”“高光饱和度”属性，只有在“经典 3D”模式下才会显示，主要用于控制“经典 3D”渲染器中高光部分的细节。

提示

After Effects中的3D效果在实际制作过程中，都是用来辅助三维软件的，也就是大部分的三维效果都是用三维软件生成的，After Effects中的3D效果多用来完成一些简单的3D效果，以提高工作的效率，同时模拟真实的光线效果，丰富画面的元素，使影片效果显得更加生动。

3.4 跟踪

3.4.1 点跟踪

通过运动跟踪，我们可以跟踪画面的运动，然后将该运动的跟踪数据应用于另一个对象（例如，另一个图层或效果控制点），来创建图像和效果在其中跟随运动的合成。执行“窗口”→“跟踪器”命令，打开“跟踪器”面板，如图3-32所示。

图3-32

打开跟踪实例的工程文件，可以看到项目中有两个图层，上面一个图层是制作好的动态文字，下面这个图层就是需要跟踪的素材画面，双击该素材，可以看到在“时间线”面板中素材被显示出来，如图3-33所示。

图3-33

单击“跟踪器”面板中的“跟踪运动”按钮，在“图层”面板的素材中央会建立一个跟踪点，在“时间线”面板中可以展开“动态跟踪器”属性，可以看到“跟踪点 1”，如图3-34所示。

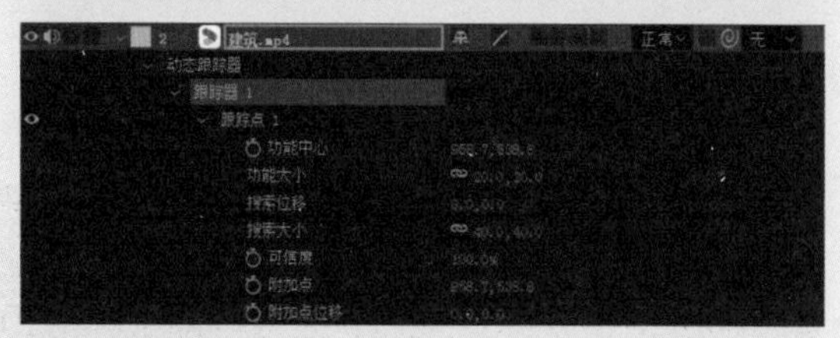

图3-34

在使用了运动跟踪或稳定器后，在素材上会出现一个跟踪范围框，如图3-35所示。

图3-35

跟踪范围框外面的方框为搜索区域，里面的方框为特征区域，一共有 8 个控制点，用鼠标拖动可以改变整个区域的大小和形状。搜索区域的作用是定义下一帧的跟踪范围，搜索区域的大小与跟踪物体的运动速度有关，通常被跟踪物体的运动速度越快，两帧之间的位移就越大，此时搜索区域也要相应增大。特征区域的作用是定义跟踪目标的范围，系统会记录当前跟踪区域中图像的亮度以及物体特征，然后在后续帧中以该特征为依据进行跟踪，跟踪范围框的使用方法如图3-36所示。

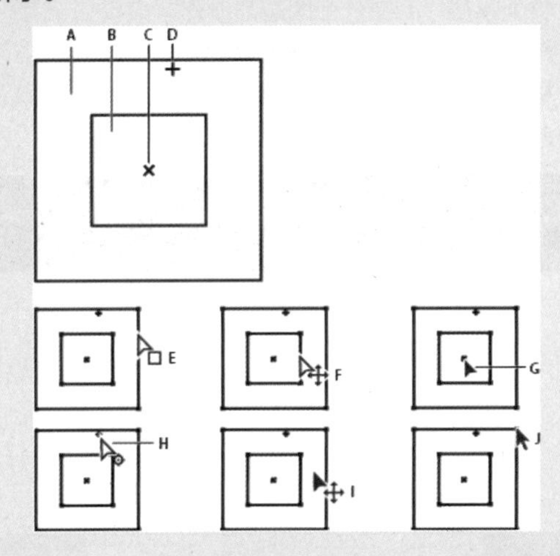

A. 搜索区域；B. 特性区域；C. 关键帧标记；
D. 附加点；E. 移动搜索区域；
F. 同时移动两个区域；G. 移动整个跟踪点；
H. 移动附加点；I. 移动整个跟踪点；
J. 调整区域的大小

图3-36

当设置运动跟踪时，经常需要通过调整特性区域、搜索区域和附加点来调整跟踪点。可以使用“选择”工具分别或成组地调整这些区域的大小或者移动位置。为了定义要跟踪的区域，在移动特性区域时，特性区域中的图像区域会被放大到 400%。

提示

在设置跟踪时，要确保跟踪区域具有较强的颜色和亮度特征，与周围有较强的对比度。如果有可能，要在前期拍摄时就设置好跟踪物体。

将“跟踪点”移至需要跟踪的图像位置，需要保持该图像一直显示，并且该图像区别于周围的画面，此处选择建筑上的黑色方块作为跟踪对象，如图3-37所示。

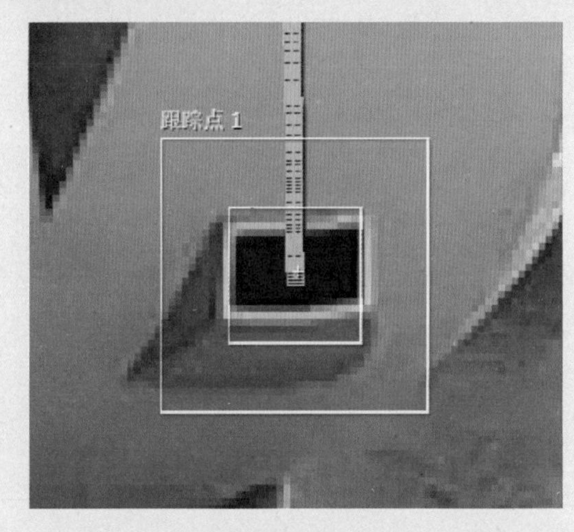

图3-37

在“时间线”面板中，将时间指示器移至跟踪起始的位置，在“跟踪器”面板中单击“分析”选项右侧的▶按钮，对画面进行跟踪分析。在“时间线”面板中，可以看到跟踪点被逐帧地记录下来，如图3-38所示。

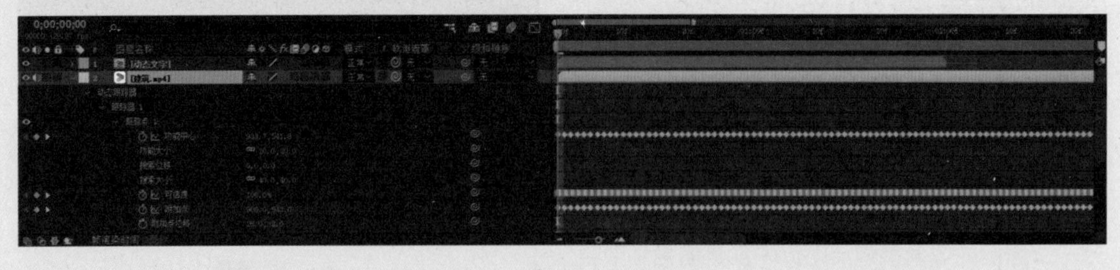

图3-38

执行“图层”→“新建”→“空对象”命令，建立一个空对象，在“时间线”面板中可以看到一个“空 1”图层被建立出来，如图3-39所示。

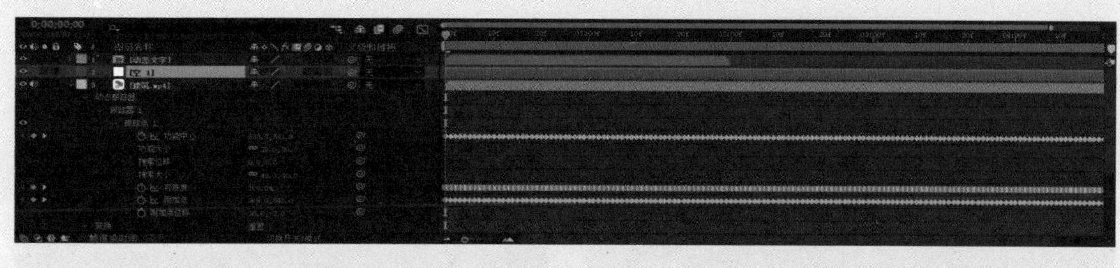

图3-39

空对象主要用作被依附的父级物体，空对象的画面不显示任何图像。在“跟踪器”面板中，单击“编辑目标”按钮，在弹出的“运动目标”对话框中选择空对象的图层，如图3-40所示，这样空对象所在的图层就会跟随生成的跟踪轨迹。

图3-40

单击“跟踪器”面板上的“应用”按钮，弹出“动态跟踪器应用选项”对话框，在“应用维度”选项中选择X和Y，单击“确定”按钮。在“时间线”面板的“源名称”文本框中右击，在弹出的快捷菜单中选择“列数”→“父级和链接”选项，在“时间线”面板中会多出一个“父级和链接”选项。单击并按住动态文字图层的螺旋图标，如图3-41所示，拖至“空对象”所在的图层。这样动态文字图层就会跟随空对象图层运动。

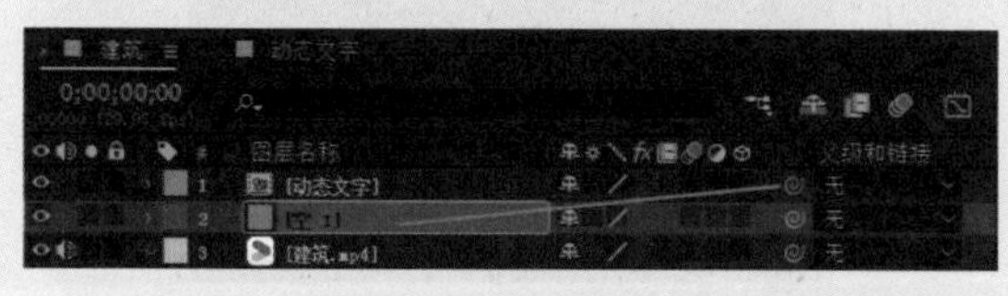

图3-41

在“合成”面板中，将动态文字移至跟踪点的位置，按空格键进行预览，可以看到动态文字一直跟随窗户移动，如图3-42所示。

除了“单点跟踪”，After Effects还提供了多种选择，具体使用方法如下。

※ 单点跟踪：跟踪影片剪辑中的单个参考样式（小面积像素）来记录位置数据。

※ 两点跟踪：跟踪影片剪辑中的两个参考样式，并使用两个跟踪点之间的关系来记录位置、缩放和旋转的数据。

图3-42

※ 四点跟踪或边角定位跟踪：跟踪影片剪辑中的4个参考样式来记录位置、缩放和旋转数据。这4个跟踪器会分析4个参考样式（例如，图片的各个角点或电视监视器）之间的关系。此数据应用于图像或剪辑的每个角点，以固定剪辑。

※ 多点跟踪：在剪辑中随意跟踪多个参考样式。可以在“分析运动”和“稳定”行为中手动添加跟踪器。当将一个“跟踪点”行为从“形状”行为子类别应用到一个形状或蒙版时，会为每个形状控制点自动分配一个跟踪器。

3.4.2 人脸跟踪器

我们可以使用简单的蒙版跟踪，快速应用于人脸。通过人脸跟踪，可以跟踪人脸上的特定点，如瞳孔、嘴和鼻子等，从而更精细地隔离和处理这些面部特征。例如，更改眼睛的颜色或夸大嘴的移动，而不必逐帧调整。

首先，打开人脸素材，或者使用自己拍摄的面部素材。在“时间线”面板中选中素材，使用“椭圆”工具绘制一个蒙版，不需要十分精确，如图3-43所示。

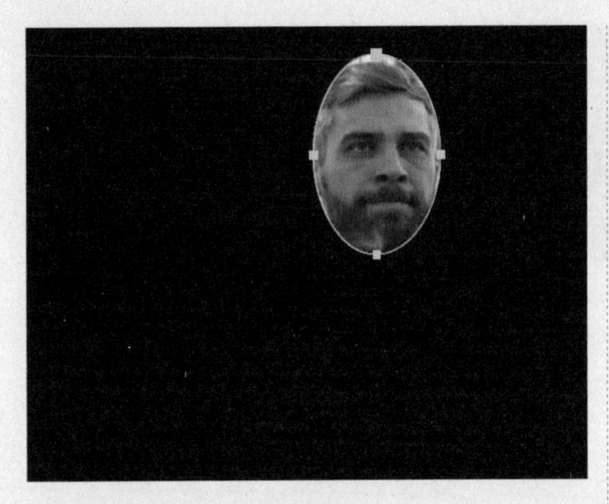

图3-43

执行“窗口”→“跟踪器”命令，打开“跟踪器”面板。可以看到“跟踪器”面板和点跟踪时有所不同，展开“方法”菜单，选中“脸部跟踪（详细五官）”选项。单击“分析”选项右侧的▶按钮，对画面进行跟踪分析，如图3-44所示。

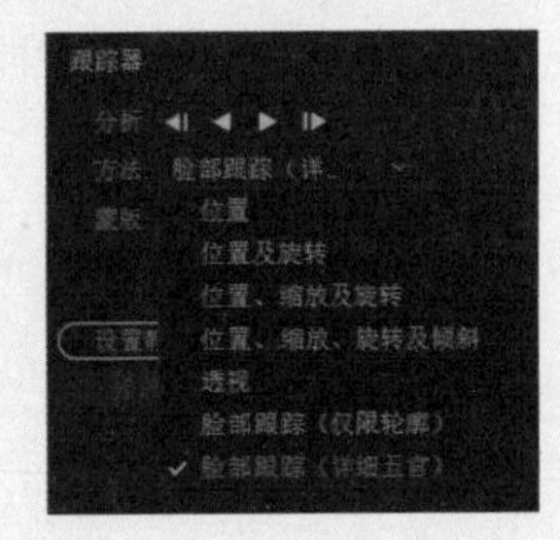

图3-44

可以在“合成”面板中看到，系统自动设置了跟踪点，对五官进行详细的跟踪，如图3-45所示。

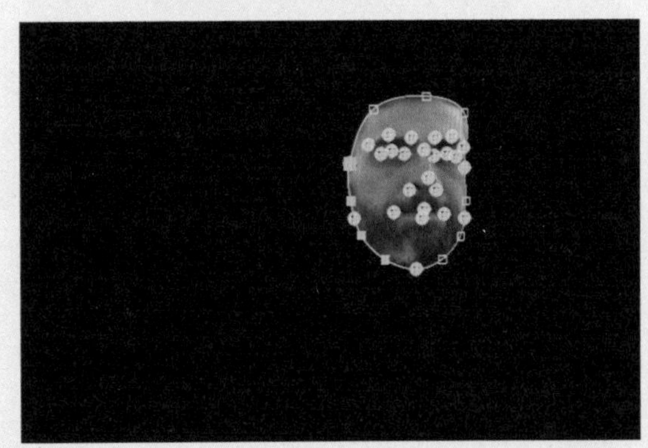

图3-45

在“时间线”面板中展开“脸部跟踪点”属性，可以看到系统自动对五官进行细分，逐一进行跟踪，如图3-46所示。

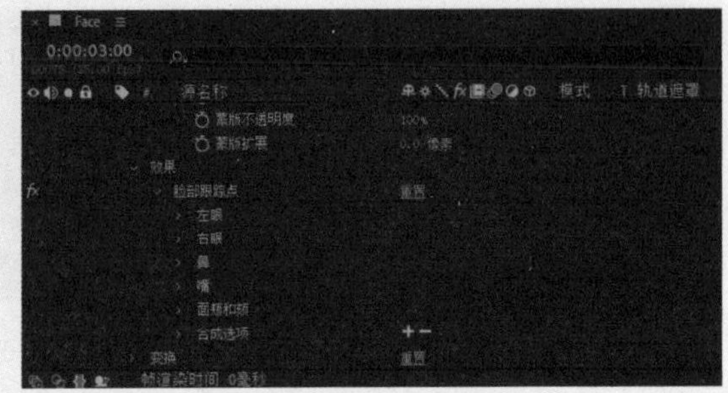

图3-46

如果再展开五官的属性，可以看到更为详细的参数，如图3-47所示。

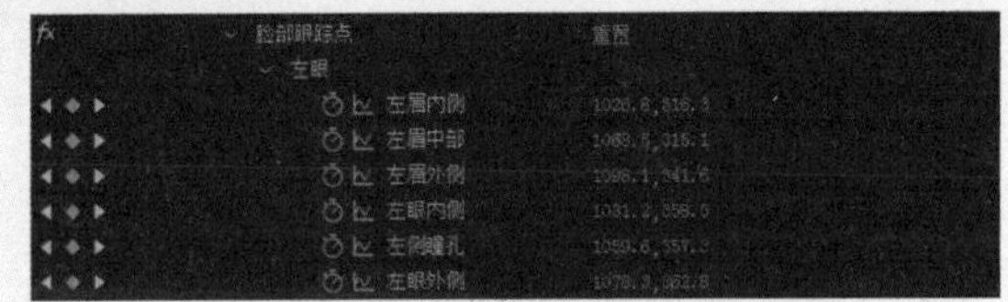

图3-47

在“效果控件”面板中，展开所有参数，也可以看到详细的参数，如图3-48所示。

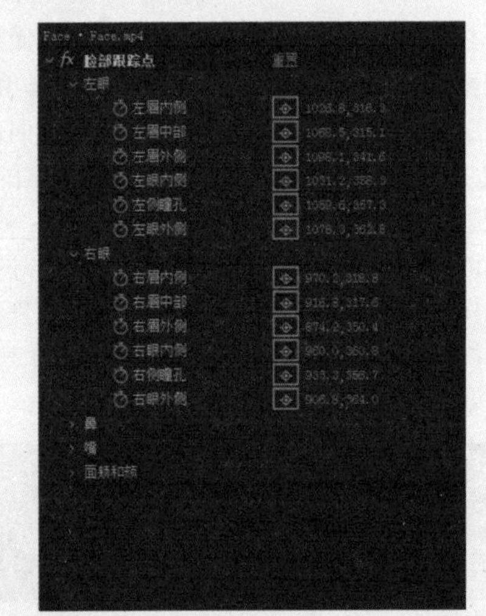

图3-48

调入“眼镜.png”图像文件，为跟踪好的脸部素材添加一副眼镜，并且让眼镜跟随脸部的运动，调整眼镜的位置和大小，如图3-49所示。

在“时间线”面板中展开眼镜图层的属性，找到并选中“位置”属性，执行“动画”→“添加表达式”命令，可以看到“位置”属性下方出现了“表达式：位置”属性，如图3-50所示。

图3-49

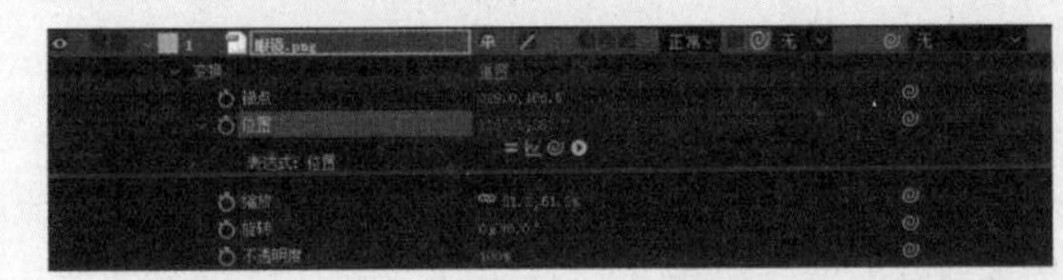

图3-50

单击并按住“表达式：位置”属性右侧的螺旋图标，并拖至“效果控件”面板上的“鼻梁”参数，如图3-51所示。

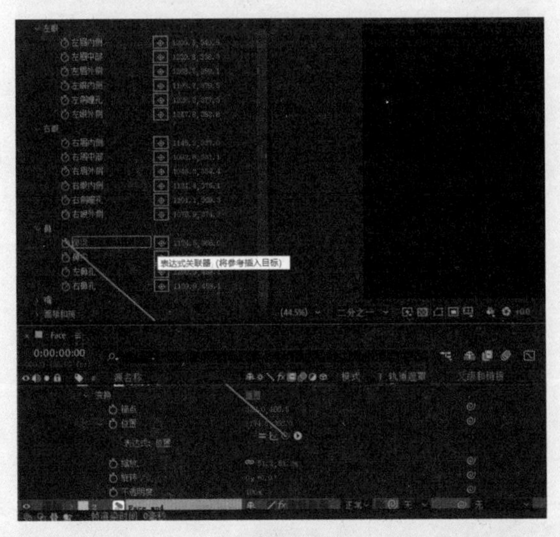

图3-51

可以看到“表达式：位置”右侧自动添加了“thisComp.layer("Face.mov").effect("脸部跟踪点")("鼻梁")”的表达式内容。按空格键进行预览，可以看到眼镜一直跟随鼻梁进行移动，如图3-52所示。

图3-52

3.4.3 三维跟踪

三维跟踪可以通过分析素材，计算出摄像机所在的位置，在After Effects中建立三维图像时，可以匹配摄像机镜头，分析的过程就是提取摄像机运动和3D场景数据。3D摄像机运动允许基于2D素材正确合成3D元素。

我们打开3D跟踪素材，在“时间线”面板中选中素材图层，通过如下两种方式都可以激活3D摄像机跟踪器，如图3-53所示。

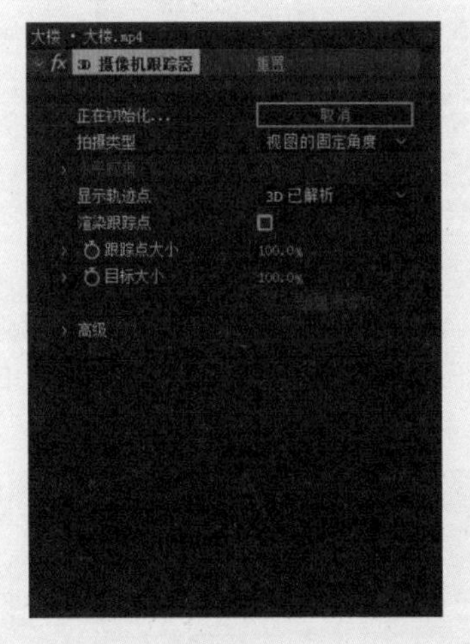

图3-53

※ 执行“动画”→“跟踪摄像机”命令，或者从图层菜单中选择“跟踪摄像机”选项。

※ 执行“效果”→“透视”→“3D摄像机跟踪器”命令。

当激活3D摄像机跟踪器时，系统开始对画面进行分析，如图3-54所示。需要注意的是，拍摄的视频需要一定幅度地移动，如果变化不大或者完全不动，分析会出现失败的情况。

图3-54

后台分析完成以后，可以看到画面中有很多渲染好的跟踪点。在画面上移动鼠标，可以看到一个圆形的图标用于显示可以模拟出的面，每个面都至少由3个渲染跟踪点构成，用于形成跟踪的面，如图3-55所示。

图3-55

如果看不太清跟踪点和目标，可以调整“效果控件”面板中“3D 摄像机跟踪器”上的“跟踪点大小”和“目标大小”值，效果如图3-56所示。

图3-56

选中一个需要跟踪的面，在画面中右击，在弹出的快捷菜单中可以选择需要建立的图层类型，如图3-57所示。

图3-57

选择“创建文本和摄像机”选项，可以看到画面中会直接出现文本图层，同时会建立一个 3D 摄像机跟踪器，如图3-58所示。

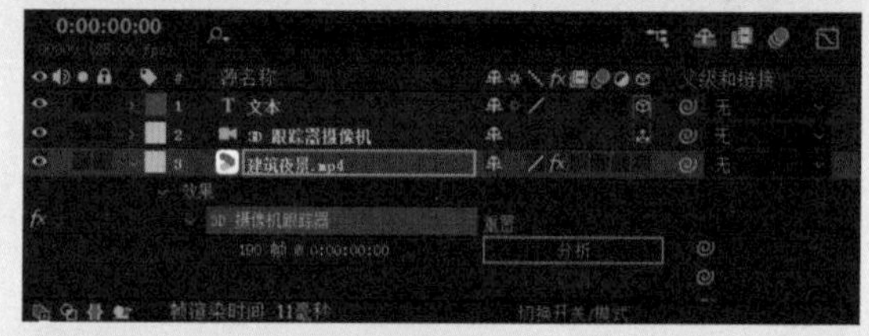

图3-58

选择“创建实底和摄像机”选项，系统会自动创建一个纯色图层并命名为“跟踪实底”。画面中会出现一个方形的色块，如图3-59所示。

图3-59

可以随意调整纯色图层的大小，调整纯色图层在三维空间中的位置，并不会影响跟踪的结果，如图3-60所示。

图3-60

我们也可以使用图层蒙版为跟踪区域添加效果，例如在画面某个区域进行模糊处理。首先在“时间线”面板中选中“3D 跟踪”素材图层，按快捷键 Ctrl+D 复制一个新的素材层，将素材层的“3D 摄像机跟踪器”属性删除，也就是在“时间线”面板中，将复制的“3D 跟踪”素材图层的“效果”属性删除（选中该属性直接按 Delete 键即可），如图3-61所示。

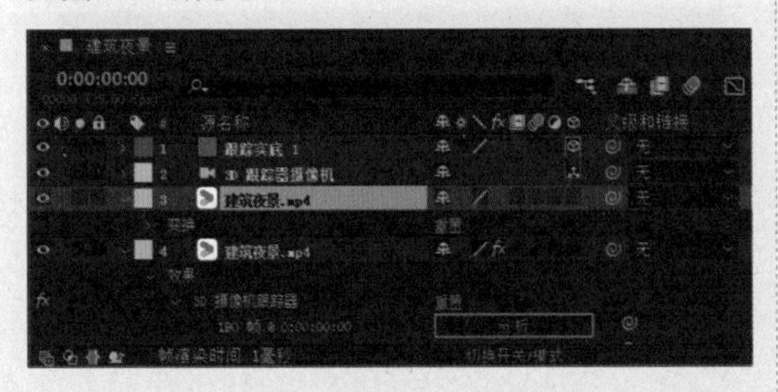

图3-61

选中“3D 跟踪”素材图层并拖至“跟踪实底”的下方，按 F4 键，调出模式栏，在复制素材图层的 TrkMat 菜单中选中“跟踪实底 1”选项，如图3-62所示。

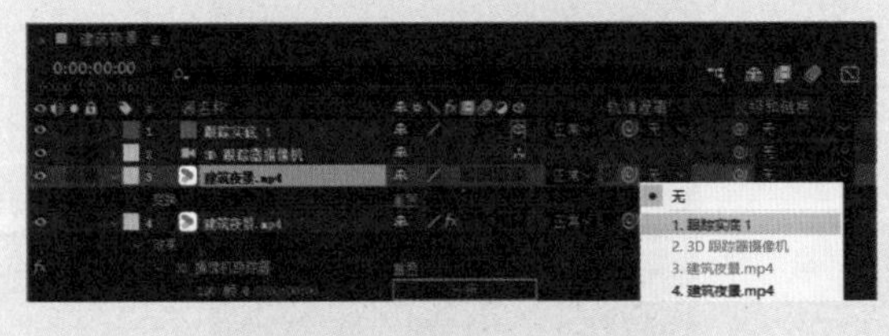

图3-62

从画面中可以看到跟踪实底不见了，其实它已经被转化为“Alpha 蒙版”。选中复制出的素材图层，执行“效果”→“模糊和锐化”→“高斯模糊”命令，在“时间线”面板中将“模糊度”值调整为 40.0，如图3-63所示。

图3-63

观察画面效果，在原有的跟踪实底所在的位置，形成了一块模糊的区域，如图3-64所示，采用这种方法为动态图像区域添加效果。例如，对一块车牌进行模糊处理，或者提亮某一块标识牌的亮度。

图3-64

如果不满意系统提供的跟踪点所形成的面，可以自定义形成跟踪面的点，在“时间线”面板中选中 3D 跟踪图层，在画面中看到出现了红色的目标圆盘，按住 Shift 键，选中多个跟踪点会形成一个面，画面中颜色一样的点是在一个基本面上的，如图3-65所示。

图3-65

也可以单击并拖曳鼠标选择多个点，但这样很容易误操作，如图3-66所示。其实在拍摄跟踪画面时，在需要跟踪的面上贴一些对比较为明显的跟踪点会有助于后期的跟踪操作，这些前期贴上的跟踪点都可以通过后期处理去掉。

图3-66

3.5 构造VR环境

现在，拍摄VR视频已经不是什么复杂的工作，一些民用级别的VR相机已经推出，例如，Insta360相机（如图3-67所示）以及小米的VR相机，其具有两个鱼眼镜头，系统可以将VR内容完整地拍摄下来并自动合成，拍摄出来的素材一般为3840×1920@30fps或2560×1280@60fps的长方形视频，也可以使用专业的设备拍摄分辨率更高的视频素材。

图3-67

我们导入VR360视频，在“项目”面板中，选中该视频素材并拖至下方的“新建合成”图标上，创建一个以视频素材为基础的合成，如图3-68所示。在“合成”面板中，可以看到视频是变形的，因为边缘的部分被扭曲了，如图3-69所示。

图3-68

图3-69

执行“窗口”→VR Comp Editor.jsx命令，打开VR Comp Editor面板，如图3-70所示。

图3-70

在“时间线”面板中选中素材，单击“添加3D编辑”按钮，调出“添加3D编辑”面板，如图3-71所示。

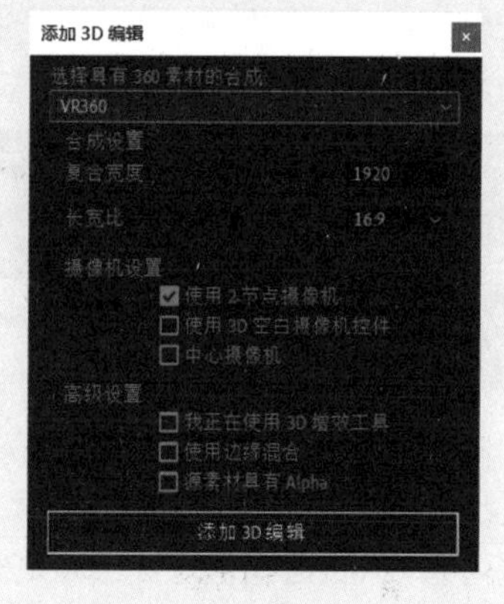

图3-71

在“选择具有 360 素材的合成”下拉列表中选中 VR360 选项。单击“添加 3D 编辑”按钮。在“时间线”面板看到系统自动添加了“VR 母带摄像机”，如图3-72所示，画面也变成了正常效果，如图3-73所示。

图3-72

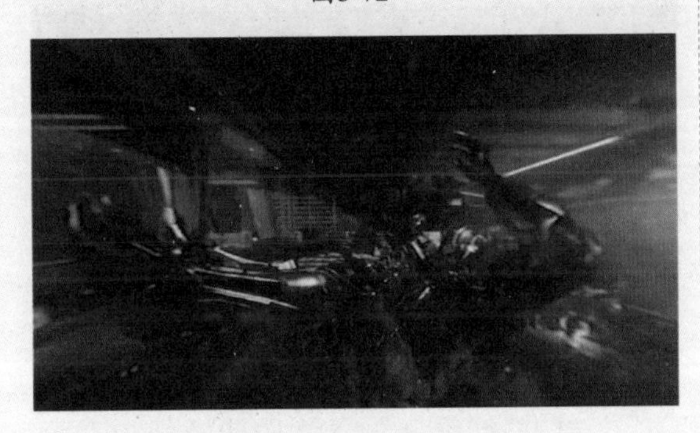

图3-73

在“时间线”面板中选中“VR 母带摄像机”，使用“轨道摄像机”工具，可以在画面中调整镜头角度，如图3-74所示。

图3-74

如果想对素材进行编辑，单击 VR Comp Editor 面板中的“打开输出 / 渲染”按钮，即可回到编辑模式，单击“编辑 1（3D）”按钮可以回到视角模式，如图3-75所示。单击 VR Comp Editor 面板中的“属性”按钮，会打开“编辑属性”对话框，如图3-76所示。

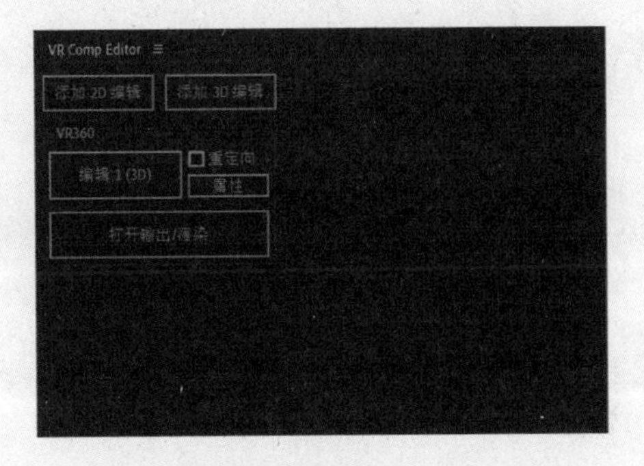

图3-75

图3-76

在“编辑属性”对话框中，可以对 VR 场景进行 3D 跟踪，使用方法和普通的三维跟踪没有太大区别，同样是先进行素材分析，然后添加文字等内容。也可以为 VR 内容添加效果和预设，在“效果和预设”面板的“沉浸式视频”中提供的效果都是针对 VR 类型的视频效果，如图3-77所示，因为普通的“效果和预设”在作用于 VR 视频时，不会计算镜头扭曲部分的内容。

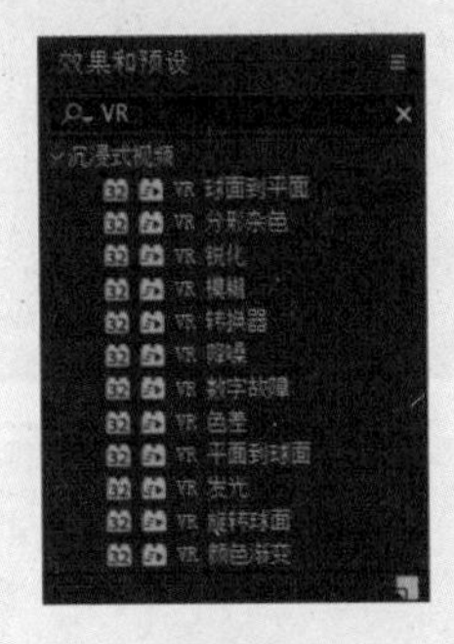

图3-77

在“时间线”面板中选中 VR 素材，执行“效果”→“沉浸式视频”→“VR 分型杂色”命令，为 VR 视频添加效果，如图3-78所示。

添加的效果也是带有镜头扭曲的，再转换为 VR 视角后，素材不会产生畸变，如图3-79所示。

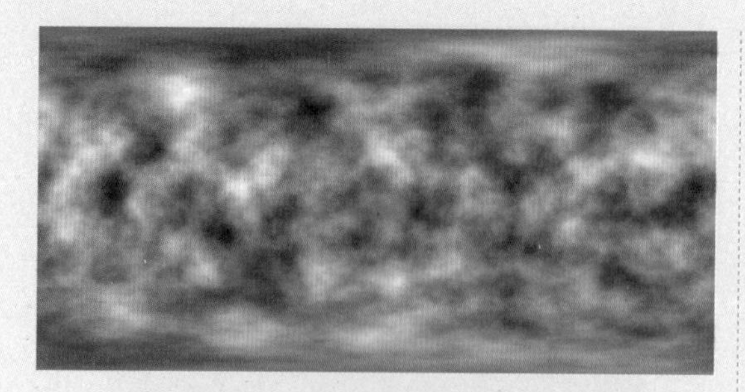

图3-78

图3-79

如果拍摄的 VR 素材球面或者镜头位置有问题，可以通过执行“效果”→“沉浸式视频”→“VR 旋转球面”命令进行调整，如图3-80所示。

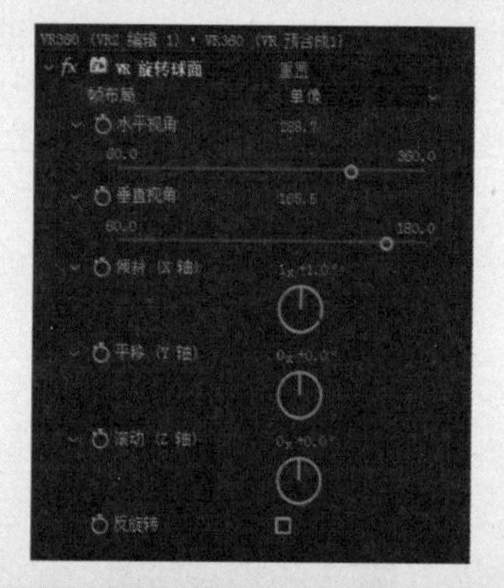

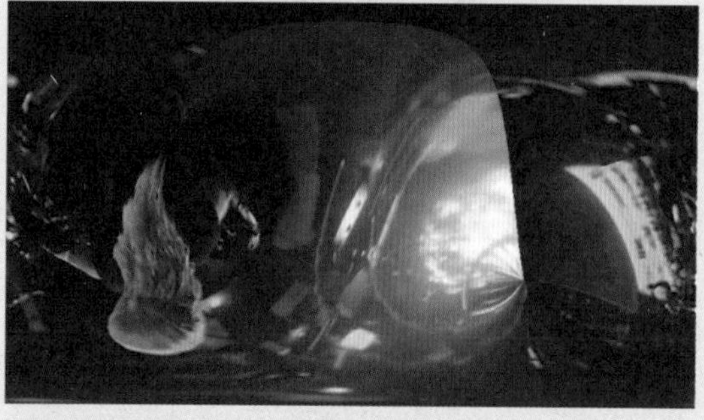

图3-80

如果需要为 VR 视频添加字幕，可以直接新建一个文字图层，执行“效果”→“沉浸式视频”→“VR 平面到球面”命令。通过调整“缩放”“旋转投影”等属性值，调整文字的位置，转换到 VR 视角，文字显示会恢复正常，如图3-81所示。

图3-81

也可以直接创建 VR 场景，执行“合成”→“VR”→“创建 VR 环境”命令。在弹出的“创建 VR 环境”对话框中，如果希望从头创建 VR 全图，可以选择全图的大小（1024x1024 适用于大多数 VR 合成）。设置 VR 全图的“帧速率”和“持续时间”值，然后单击“创建 VR 母带”按钮，如图3-82所示。“创建 VR 环境”对话框的其他选项设置方法如下。

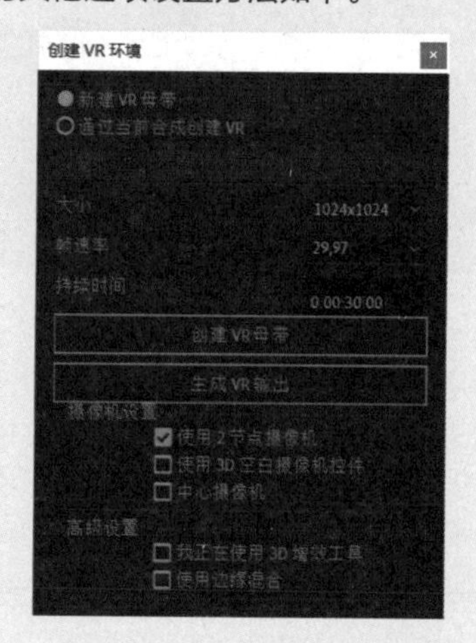

图3-82

※ 使用双节点摄像机：如果要使用双节点摄像机，选中该复选框。

※ 使用 3D 空白摄像机控件：如果要通过 3D 空图层控制 SkyBox 摄像机，选中该复选框。

※ 居中摄像机：如果希望摄像机居中对齐，选中该复选框。

※ 我正在使用 3D 增效工具：如果正在使用 3D 增效工具，选中该复选框。

※ 使用边缘混合：如果使用的增效工具不是真正的 3D 增效工具，选中该复选框。

如果要从 VR 素材中移除球面投影扭曲，并提取 6 个单独的摄像机视图，6 个摄像机视图位于一个立方体结构中，可以对合成进行运动跟踪、对象删除、添加动态图形等。执行“合成”→VR→“提取立方图”命令，在弹出的“VR 提取立方图”对话框中选择合成，再设置“转换分辨率”，然后单击“提取立方图”按钮，如图3-83所示。

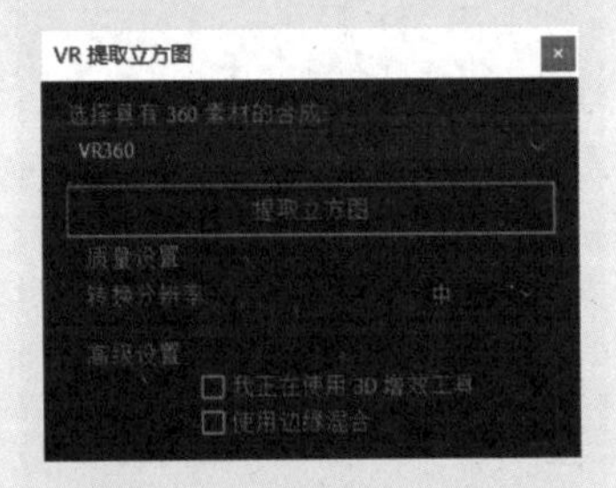

图3-83

此时添加了一个“VR 主摄像机”，以及附加到主摄像机的 6 个摄像机视图，还生成了 6 个摄像机镜头，它们策略性地形成了一个立方体，如图3-84所示。

图3-84

3.6 三维文字

下面通过一个实例，利用学习的三维基础知识学习创建三维文字效果的方法，这样建立出来的文字可以自由调整字体和大小，具体的操作步骤如下。

01 启动After Effects，执行“合成”→“新建合成”命令，弹出“合成设置”对话框。创建一个新的合成，命名为“三维文字”，“预设”选择HDTV 1080 25，如图3-85所示。

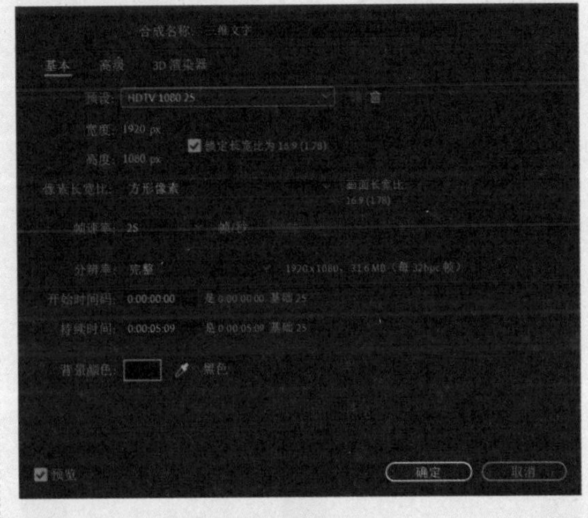

图3-85

02 使用“文字”工具，创建一段文字，可以使用任何字体，但要注意文字不能太小，并选择线条较粗的字体，这样方便观察三维效果，Impact字体很适合制作本三维效果，如图3-86和图3-87所示。

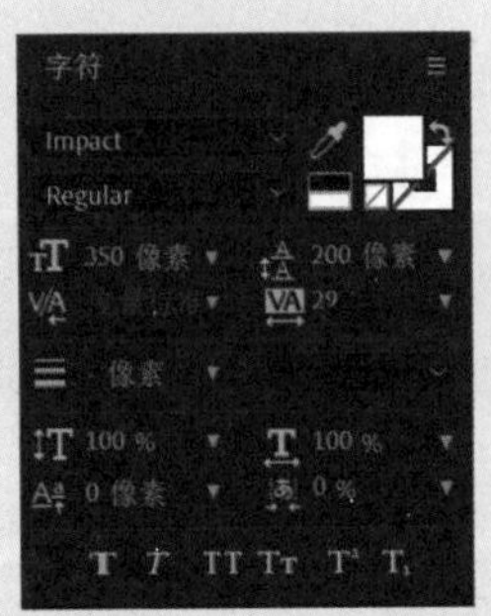

图3-86

03 按快捷键Ctrl+K，打开“合成设置”对话框。当建立一个合成后，可以通过该对话框调整已经创建好的合成，调整包括时间与尺寸等多项参数。但需要注意的是，调整尺寸后，项目中的素材并不会按比例调整，需要手动调整。在“合成设置”对话框中，切换到“3D渲染器”选项卡，在“渲染器”类型中将其切换为CINEMA 4D模式，我们将使用该模式进行三维制作，如图3-88所示。

图3-87

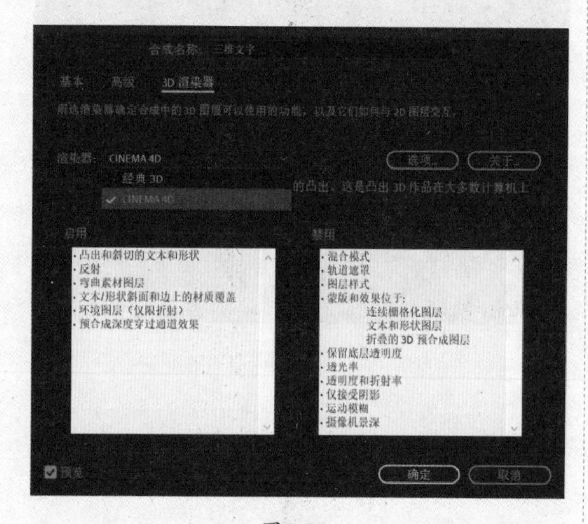

图3-88

04 在“时间线”面板中选中文字图层，单击激活“3D图层”图标，这样就激活了文字图层的三维属性，如图3-89所示。

图3-89

05 在“时间线”面板中展开文字图层的“几何选项”属性，调整“斜面深度”值为4.4，“凸出深度”值为200.0，调整“Y轴旋转”值，发现此时文字已经形成了一定厚度，但因为没有灯光，无法观察到厚度的变化，如图3-90所示。

图3-90

06 还原“Y轴旋转”值，选择“图层”→“新建”→“灯光”命令，创建一盏聚光灯，在“灯光设置”对话框中将“灯光类型”切换为“聚光”，“强度”值为100%，选中“投影”复选框，单击“确定”按钮，如图3-91所示。调整文字的大小，撑满画面即可，如图3-92所示。

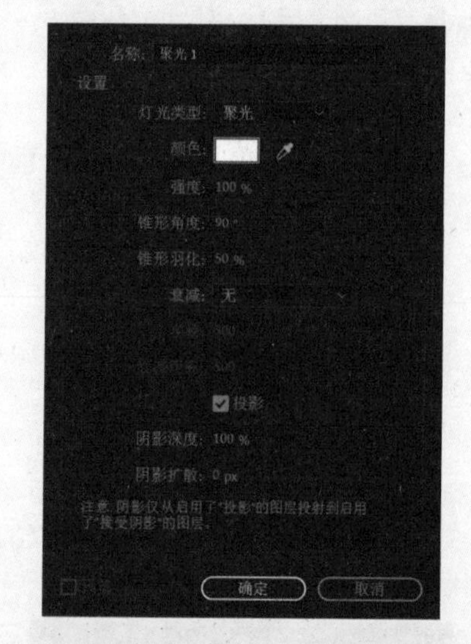

图3-91

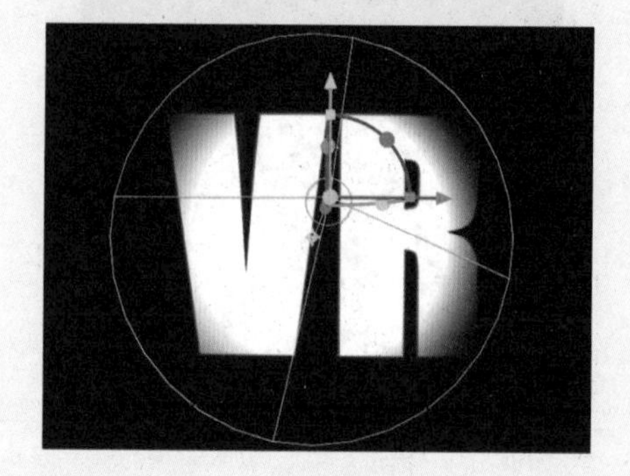

图3-92

07 执行“图层”→“新建”→“摄像机”命令，创建一台新的摄像机，并将“焦距”值调整为30.00毫米，如图3-93所示。

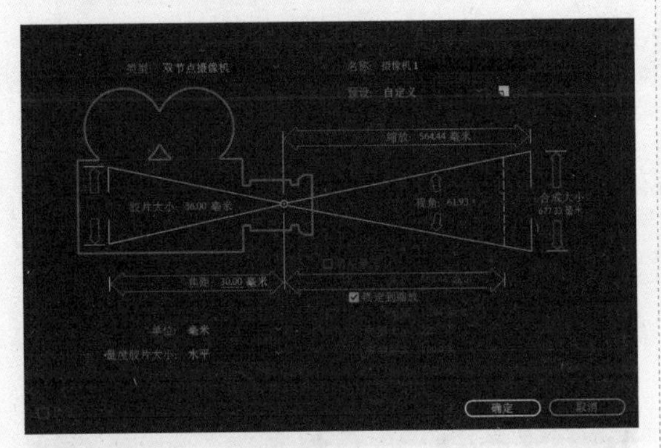

图3-93

08 按C键，可以直接切换到摄像机调整模式，调整镜头的角度。也可以使用“统一摄像机”工具调整摄像机的角度。在文字图层的“几何选项”中，将“斜面样式”切换为“凸面”，适当调整“凸出深度”值增加文字厚度，如图3-94所示。

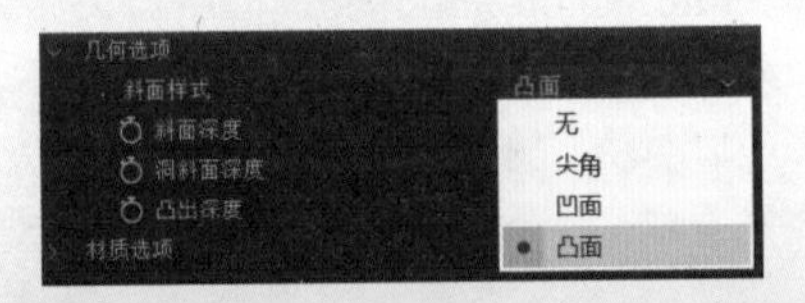

图3-94

09 选中灯光图层，按快捷键Ctrl+D，复制灯光。调整“灯光选项”的“颜色”，可以直接影响文字的颜色。多复制几盏灯光，并通过调整不同的角度和不同的颜色，将三维文字塑造得更立体，如图3-95所示。

10 执行“图层”→“新建”→“灯光”命令，创建一盏环境光。因为“环境光”没有方向，但需要将“强度”值调小，如图3-96所示。

图3-95

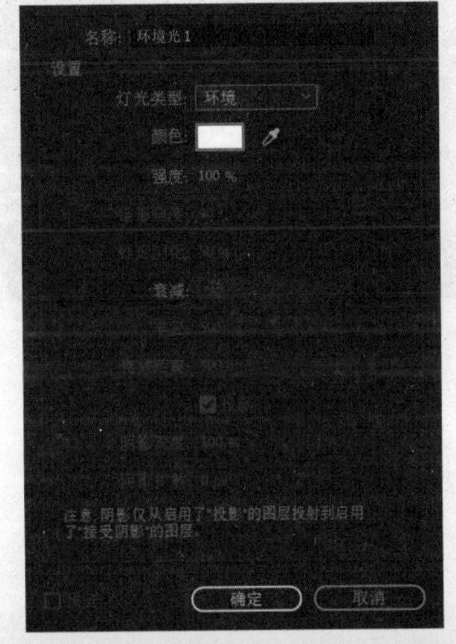

图3-96

11 在“时间线”面板中选中文字，展开“材质选项”属性，选中“投影”复选框，调整“镜面强度”值为100%，“镜面反光度”值为10%。也可以设置摄像机的位移动画，制作一段动画效果，如图3-97所示。

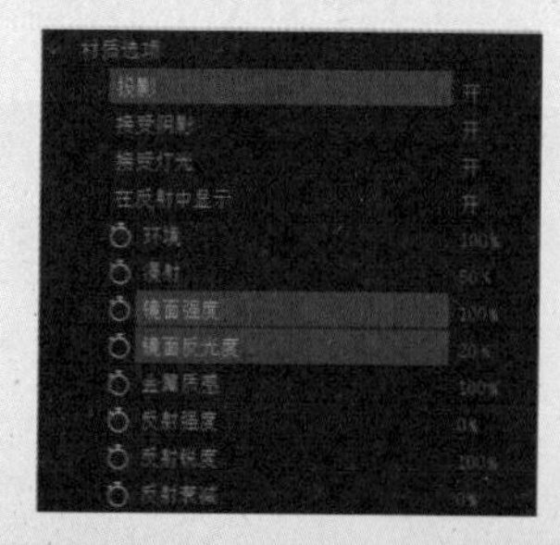

图3-97

3.7 表达式三维文字效果

除了建立各种三维物体和摄像机，我们还可以通过表达式建立三维物体。其原理很简单，就是通过不断复制一个图层，再沿 Z 轴轻微平移即可。但是如果使用手动的方式操作会非常麻烦，使用表达式可以事半功倍，具体的操作步骤如下。

01 在Photoshop中，创建一个文字效果，在文字的表面做出一个样式效果，不要添加阴影效果，使其带有一定的金属质感，如图3-98所示，也可以直接调取本书提供的素材文件。

图3-98

02 启动After Effects，执行"合成"→"新建合成"命令，在弹出的"合成设置"对话框中创建一个新的合成，命名为"表达式三维文字"，"预设"选择HDTV 1080 25，如图3-99所示。

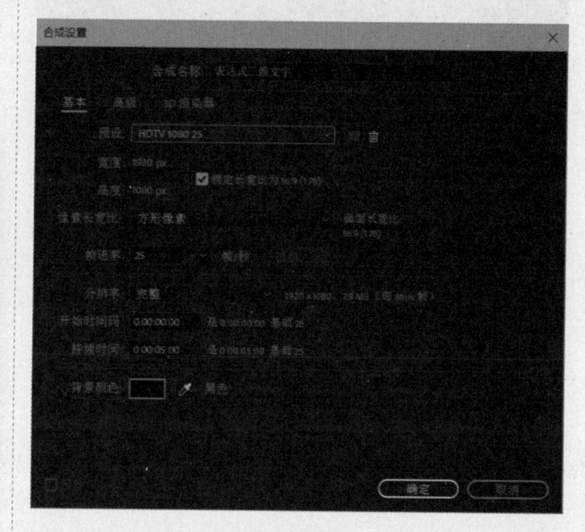

图3-99

03 将在Photoshop中制作完成的平面文字文件导入After Effects，需要注意的是，当导入PSD文件时，在"表达式三维文字.psd"对话框中需要以"合成"方式导入，这样PSD文件中的每个图层都会被单独导入，如图3-100所示。

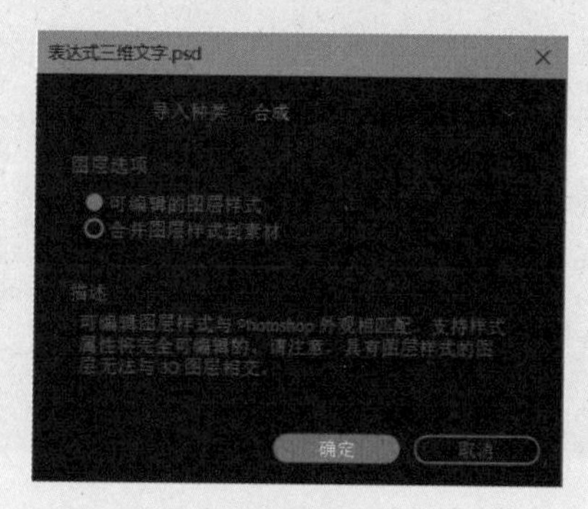

图3-100

04 将导入文件中的PSD图层拖入"时间线"面板，再找一张背景图片作为衬底，选择什么样的背景并不影响实例的制作，如图3-101所示。

05 将文字图层转化为3D图层，单击激活该图层的3D图标，这样该图层就转换为3D图层了。使用"旋转"工具等操作该图层在三维空间中的位置，如图3-102所示。

图3-101

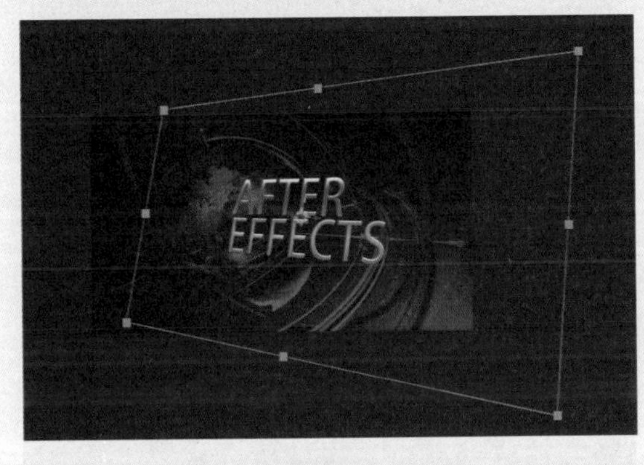

图3-102

06 在“时间线”面板中选中文字图层，按快捷键Ctrl+D复制该图层，如图3-103所示，展开复制图层的属性，修改“位置”值，可以试一下只要文字在Z轴方向上移动即可。

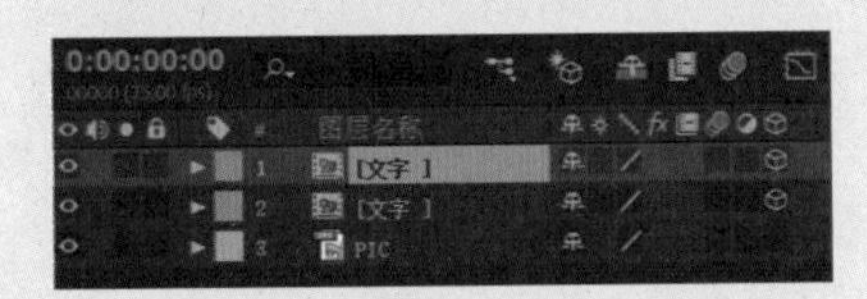

图3-103

07 在“时间线”面板中右击，在弹出的快捷菜单中选择“新建”→“摄像机”选项（或者执行“图层”→“新建”→“摄像机”命令）。在弹出的“摄像机设置”对话框中调整参数，创建一个摄像机，如图3-104所示。

08 与其他图层不同，摄像机图层是通过独立的工具来控制的，可以在工具箱中找到相应的工具进行操作，如图3-105所示。

09 在“时间线”面板中选中文字图层，展开复制图层的属性，选中“位置”属性，执行“动画”→“添加表达式”命令，为这个参数添加表达式，如图3-106所示。

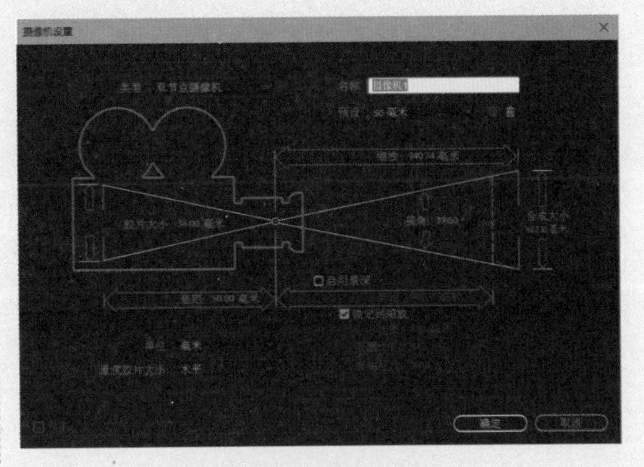

图3-104

图3-105

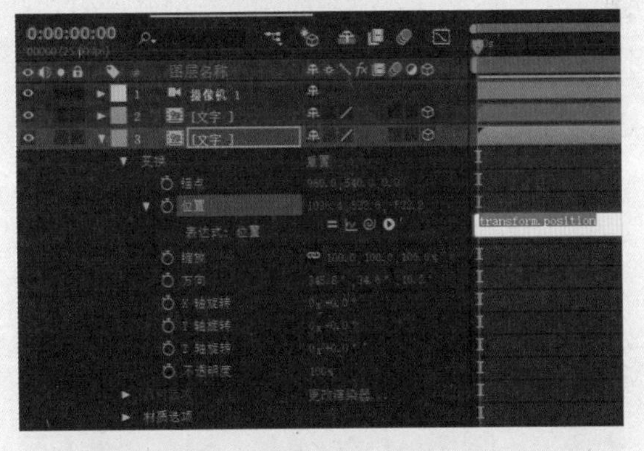

图3-106

10 可以看到软件自动为参数设定了起始的表达式语句，此时在后面输入transform.position+[0,0,(index-1)*1]表达式，右击，在弹出的快捷菜单中选中“父级和链接”选项，如图3-107所示，显示“父级和链接”栏。

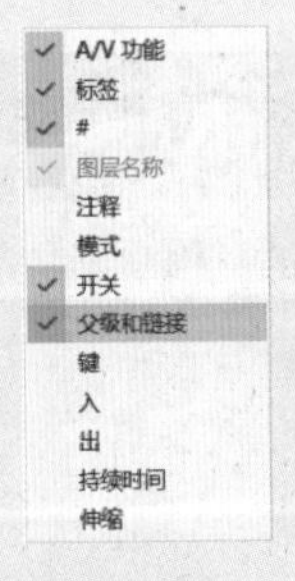

图3-107

11 选中文字图层，按快捷键Ctrl+D复制该图层，选中下面的一个图层，单击并按住“父级”面板上的螺旋图标，拖至上一个文字图层，如图3-108所示。可以看见，下面的文字图层的“父级”面板中有了上一个图层的名称，这代表两个图层之间建立了父子关系，如图3-109所示。

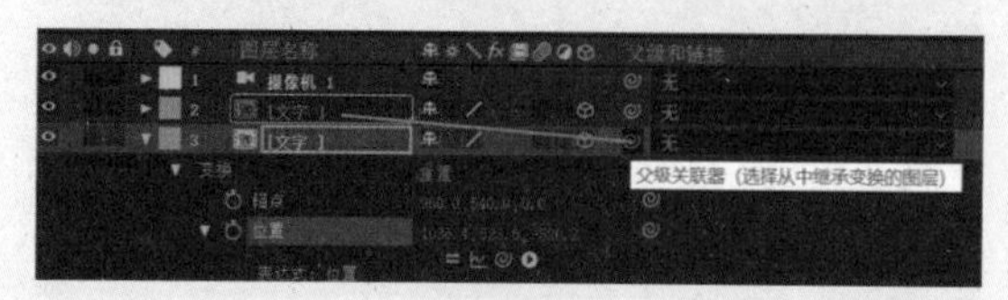

图3-108

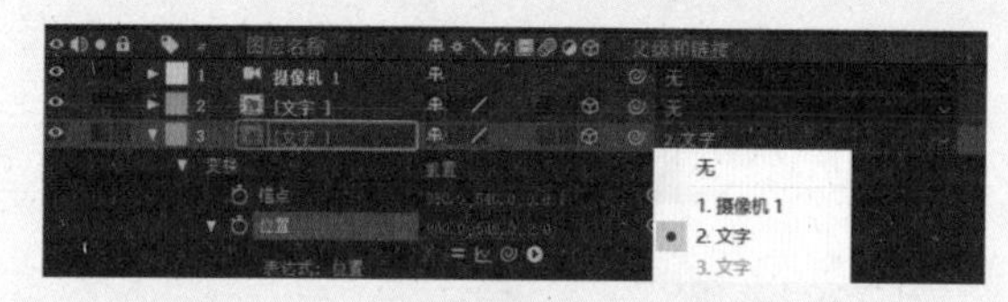

图3-109

12 选中下面的文字图层，重复按快捷键Ctrl+D复制多个该图层，如图3-110所示。

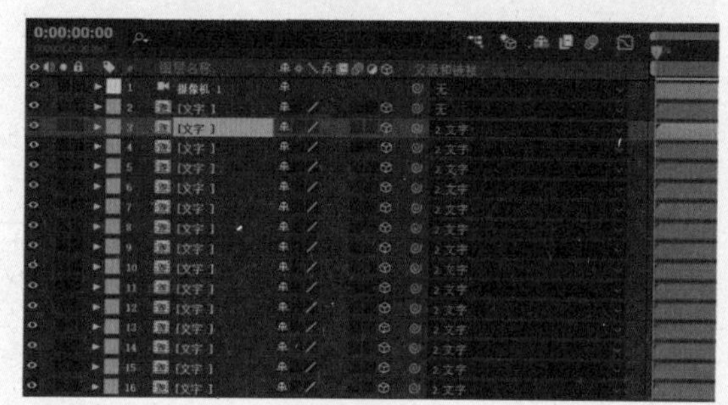

图3-110

13 观察“合成”面板，可以看到立体的文字效果，并且立体面是光滑过渡的。可以使用摄像机移动视角，观察3D文字效果，如图3-111和图3-112所示，至此，本例制作完毕。

图3-111

图3-112

3.8 实战——腐蚀文字效果

本节将制作一个“腐蚀文字”效果，具体的操作步骤如下。

01 创建一个新的合成，在弹出的“合成设置”对话框中，输入“合成名称”为“腐蚀字体”，设置“预设”为HDTV 1080 29.97，“持续时间”为0:00:10:00，如图3-113所示。

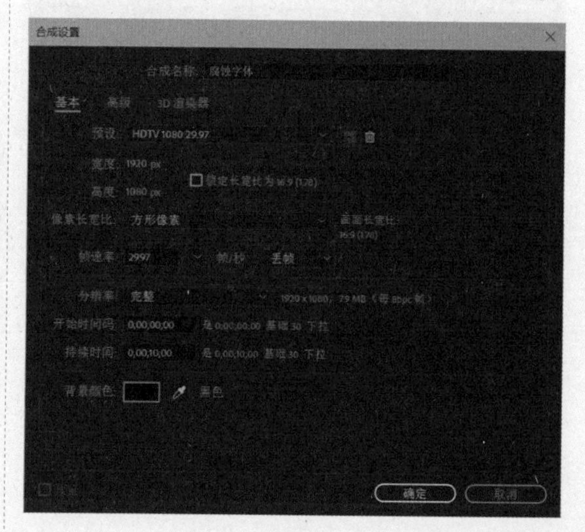

图3-113

02 创建一段文字，可以是单词也可以是一段话，这些文字在后期还能修改，可以使用Impact字体，该字体的笔画较粗，适于本特效，如图3-114所示。

图3-114

03 在“时间线”面板中右击该文字图层，在弹出的快捷菜单中选择“预合成”选项，在弹出的“预合成”对话框中输入“新合成名称”为“文字Alpha”，如图3-115所示。这一步主要为了方便后面编辑文字，同时对文字应用效果。

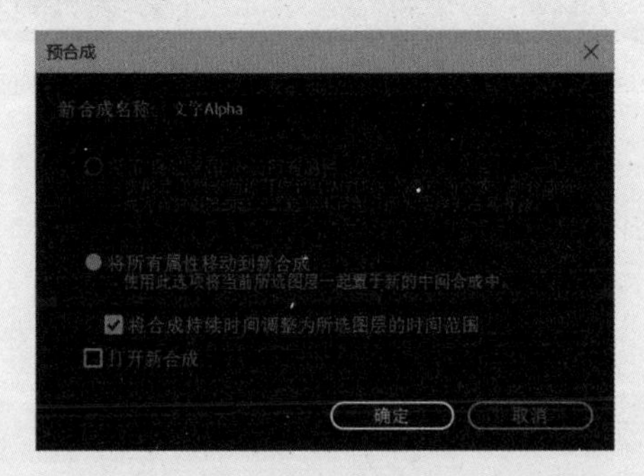

图3-115

04 选中“文字Alpha”图层，按快捷键Ctrl+D，复制一个图层并放置在文字图层的上方。选中该图层，右击并在弹出的快捷菜单中选择“预合成”选项，并命名为“文字Bevel”，如图3-116所示。

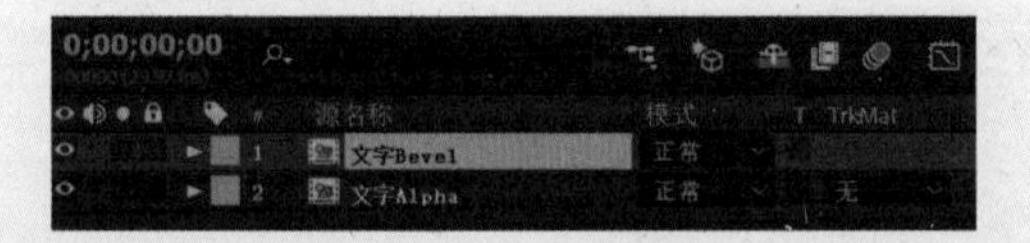

图3-116

05 在“时间线”面板，双击“文字Bevel”图层，展开“文字Bevel”合成，将“文字Alpha”图层显示出来，如图3-117所示。

图3-117

06 选中“文字Alpha”图层，执行“图层”→“图层样式”→“内发光”命令，在“时间线”面板中展开“内发光”属性，修改“混合模式”为“正常”，“不透明度”值为100%，“颜色”为黑色，“技术”为“精细”，“大小”值为18.0（该参数需要参考字体进行调整），如图3-118所示，形成一个倒角效果，如图3-119所示。

图3-118

图3-119

07 在“合成”面板中单击“切换透明网格”按钮，可以看到文字向内产生黑色阴影，如图3-120所示，再次单击“切换透明网格”按钮。

图3-120

08 执行“图层”→“新建”→“调整图层”命令，创建一个调整图层，并放置在“文字Alpha”图层的上方，如图3-121所示。

图3-121

09 选择“调整图层1”图层，执行“效果”→“通道”→“固态层合成”命令，在“效果控件”面板中将“颜色”调整为黑色，如图3-122所示，为画面建立一个黑色背景，如图3-123所示。

图3-122

图3-123

10 选中“调整图层1”图层，执行“效果”→“模糊和锐化”→“快速方框模糊”命令，设置“模糊半径”值为1.0，“迭代”值为1，并选中“重复边缘像素”复选框，如图3-124所示。

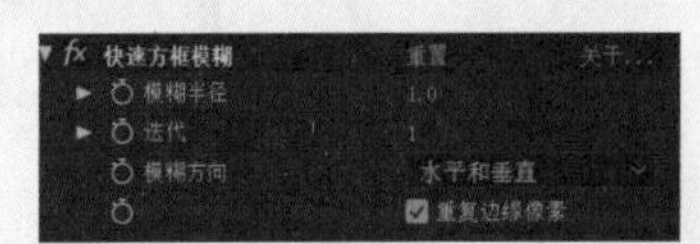

图3-124

11 在“项目”面板中，导入本书附赠的“石头背景”素材。切换到“腐蚀字体”合成，将“石头背景”素材导入，如图3-125所示，效果如图3-126所示。

12 在“时间线”面板中选中“石头背景”图层，右击，在弹出的快捷菜单中选择“预合成”选项，将新建的预合成命名为“石头”，如图3-127所示。

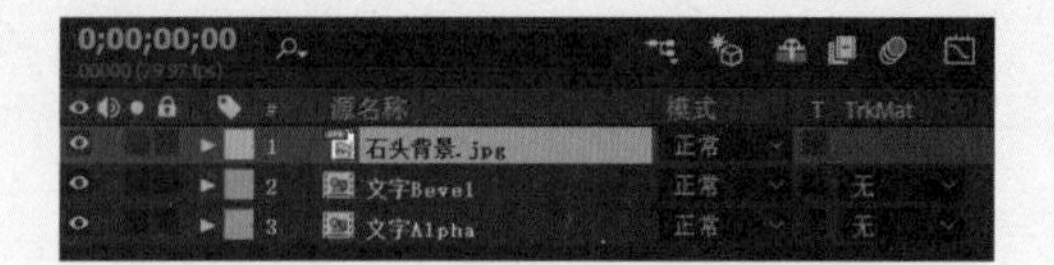

图3-125

图3-126

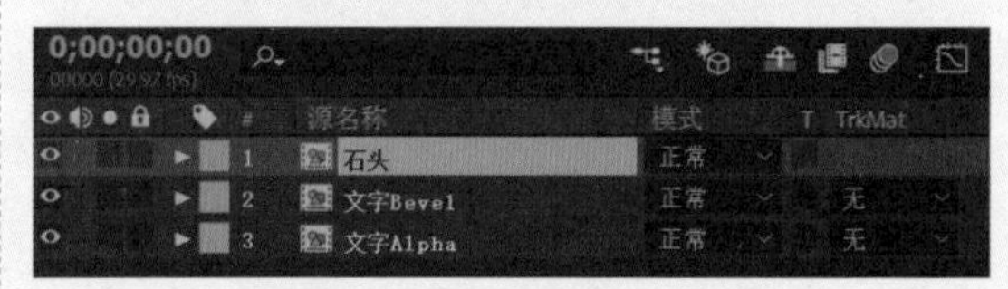

图3-127

13 选中“石头”合成，执行“效果”→“风格化”→CC Glass命令，展开Surface属性，将Bump Map切换为“2.文字Bevel”，设置Softness值为0.0，Displacement值为0.0，如图3-128所示。可以看到利用通道制作出了带有锐利倒角的文字效果，下面将文字以外的图案去掉，如图3-129所示。

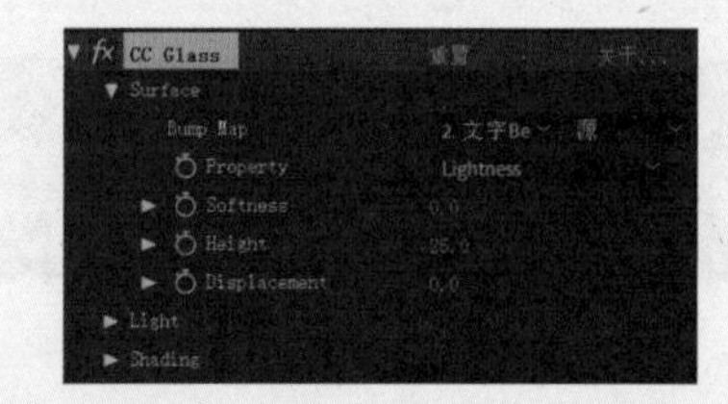

图3-128

图3-129

14 选中“石头”合成，执行“效果”→“通道”→“设置蒙版”命令，将“从图层获取蒙版”切换为“3.文字Alpha”，如图3-130所示，可以看到背景被遮掉了，效果如图3-131所示。

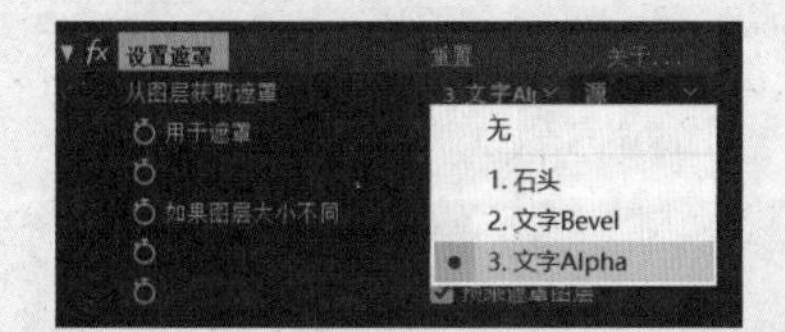

图3-130

图3-131

15 在“时间线”面板中隐藏“文字Bevel”和“文字Alpha”图层。选中“石头”图层，展开CC Glass效果的Light属性，将Using切换为AE Light，使用After Effects的系统灯光照明，如图3-132所示。

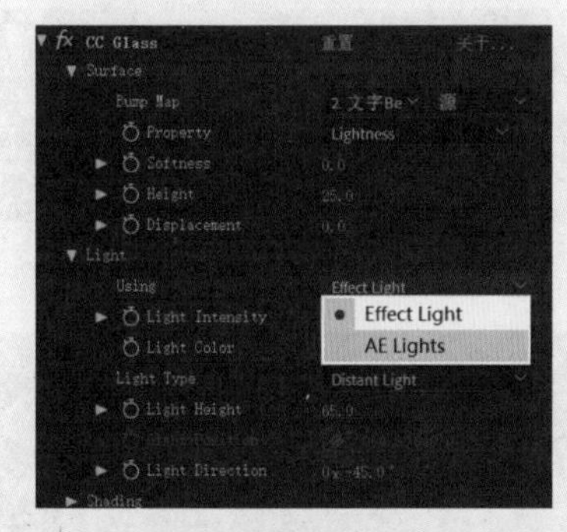

图3-132

16 执行“图层”→“新建”→“灯光”命令，创建一盏平行光，如图3-133所示。

图3-133

17 在“时间线”面板中展开灯光属性，将“强度”值调整为300%，如图3-134所示。在“合成”面板中移动灯光的位置，也可以修改“位置”值，精确调整灯光的位置，如图3-135所示。

图3-134

图3-135

18 执行“图层”→“新建”→“灯光”命令，创建一个环境光，在弹出的“灯光设置”对话框中，将“强度”值设置为50%，如图3-136所示。

图3-136

19 执行“图层”→“新建”→“灯光”命令，创建一个点光。在弹出的“灯光设置”对话框中，将“强度”值设置为50%，“颜色”为亮蓝色，如图3-137所示。将点光源的位置调整到文字的左侧，使其被蓝色的环境光影响，如图3-138所示。

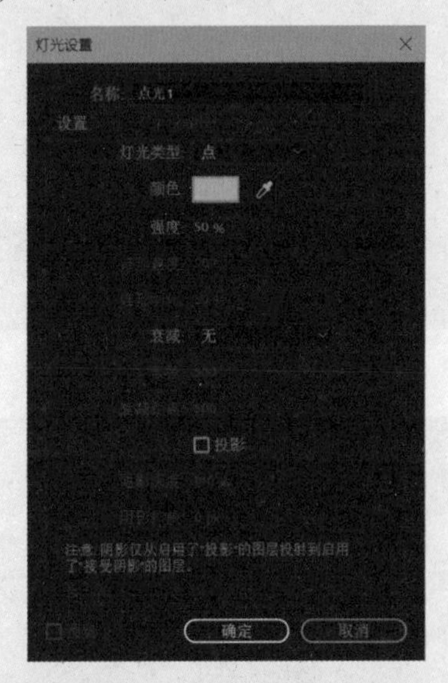

图3-137

图3-138

20 在“时间线”面板中双击“文字Bevel”合成，切换到该合成的“时间线”面板，执行“图层”→“新建”→“纯色”命令，创建一个纯色图层，并命名为“腐蚀”，如图3-139所示。

图3-139

21 选中“腐蚀”图层，执行“效果”→“杂色和颗粒”→“分形杂色”命令，将两个合成同时显示，可以看到对于“分形杂色”效果的调整对文字的最终影响，如图3-140所示。

图3-140

22 在“时间线”面板中，将“腐蚀”图层的混合模式切换为“相加”，如图3-141所示。如果找不到该栏，按F4键调出。可以看到文字的边缘产生粗糙的倒角效果，如图3-142所示。

图3-141

图3-142

23 在“效果控件”面板中调整“分形杂色”属性，将“分形类型”调整为“最大值”，选中“反转”复选框，“对比度”值为88.0，“亮度”值为-20.0，如图3-143所示。可以看到文字的边缘变得更锐利了，如图3-144所示。

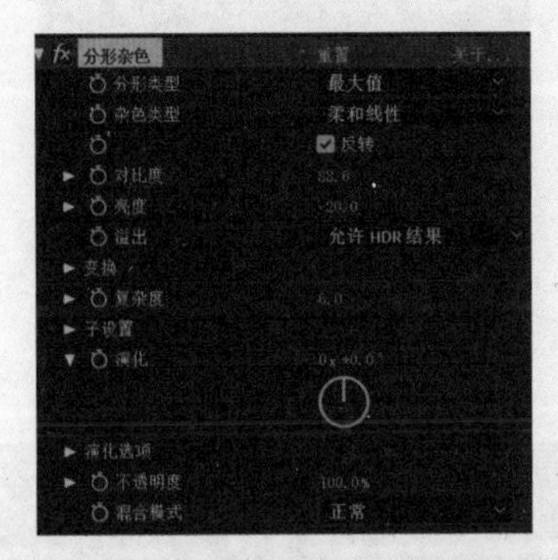

图3-143

图3-144

24 在“时间线”面板中选中“文字Alpha”图层，按快捷键Ctrl+D，复制一个“文字Alpha”图层并放在顶层，如图3-145所示。

图3-145

25 选中复制的“文字Alpha”图层，执行“效果”→“通道”→“反转”命令，再执行菜单“效果”→“模糊和锐化”→“快速方框模糊”命令。调整“模糊半径”值为12，在“时间线”面板中展开“文字Alpha”属性，将“不透明度”值调整为27%，可以看到文字的边缘更加锐利且富于变化，如图3-146所示。

图3-146

26 执行“图层”→“新建”→“纯色”命令，创建一个新的纯色图层并命名为“痕迹”，如图3-147所示。

图3-147

27 选择“痕迹”图层，执行“效果”→“杂色和颗粒”→“分形杂色”命令。在“时间线”面板中，将“痕迹”图层的混合模式切换为“相乘”，如图3-148所示，将“分形杂色”的“亮度”值调整为47，“对比度”值调整为80，可以看到石头的粗糙感更加明显了，如图3-149所示。

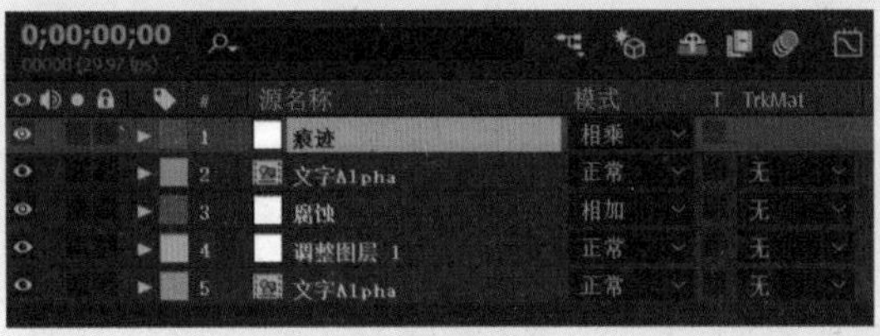

图3-148

图3-149

28 选中“痕迹”图层，执行“效果”→“模糊与锐化”→“钝化蒙版”命令，调整参数如图3-150所示。将“痕迹”图层的“不透明度”调整为70%，减弱对比。

图3-150

29 切换到“腐蚀字体”合成，再次将“石头背景”素材导入合成，并放在底层，如图3-151所示。

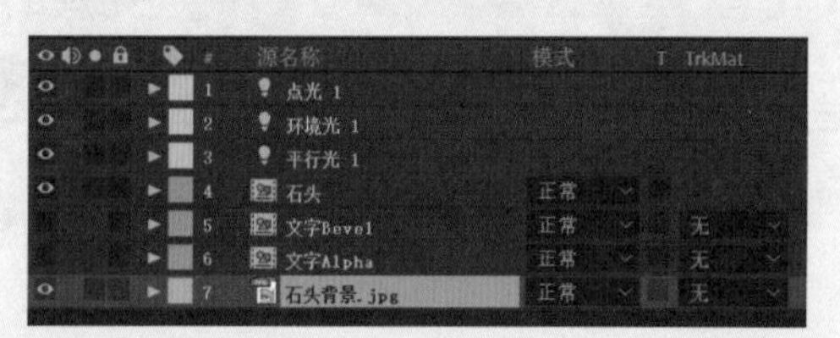

图3-151

30 选中“石头背景”图层，执行“效果”→“颜色校正”→“曲线”命令，在“效果控件”面板中调整曲线，如图3-152所示，将背景颜色调暗，效果如图3-153所示。

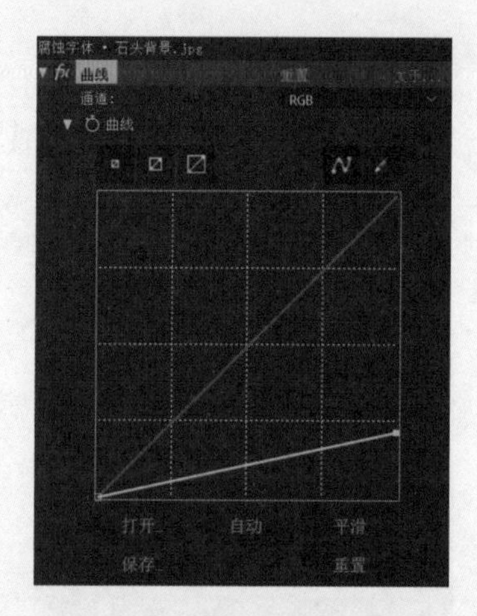

图3-152

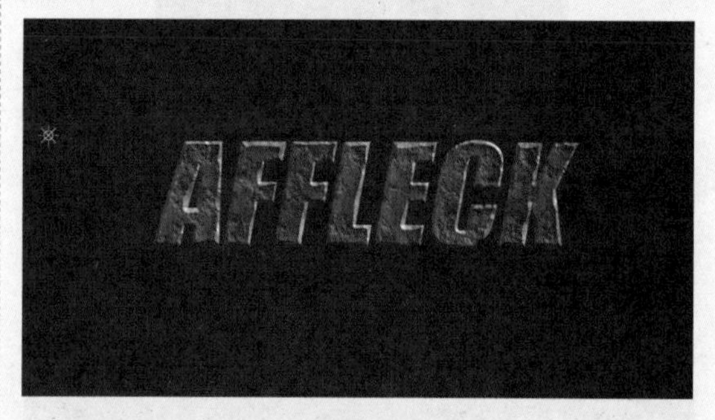

图3-153

31 在“时间线”面板中选中“文字Alpha”图层，按快捷键Ctrl+D，复制一个“文字Alpha”图层，并放在“文字Bevel”图层的上方，并重命名为“阴影”，如图3-154所示。

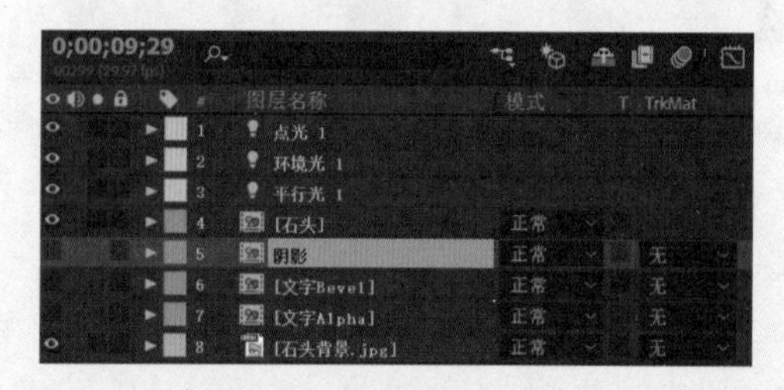

图3-154

32 选中“阴影”图层，执行“效果”→“颜色校正”→“色调”命令，将“将白色映射到”改为黑色，如图3-155所示。

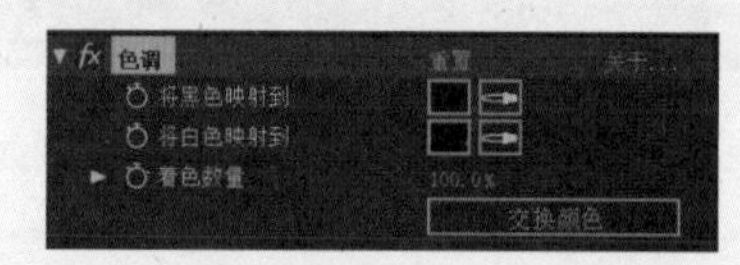

图3-155

33 执行“效果”→“模糊与锐化”→CC Radial Blur命令，将Type切换到Fading Zoom，将Center的位置调整到画面的上方，再调整Amount值为39.0，如图3-156所示，产生阴影效果，如图3-157所示。

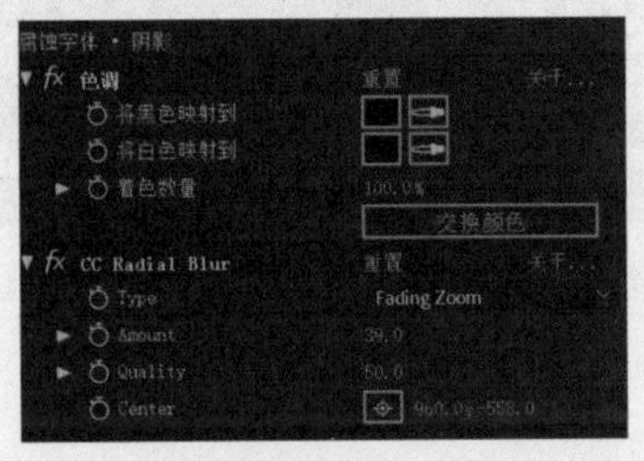

图3-156

图3-157

34 下面增加文字的立体效果。选中“石头”图层，按快捷键Ctrl+D，复制一个“石头”图层，放在原图层下方，并重命名为“厚度”，如图3-158所示。

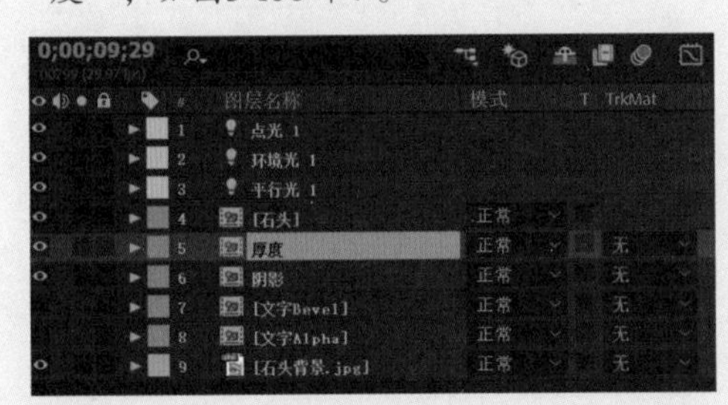

图3-158

35 选择“厚度”图层，执行“效果”→“模糊与锐化”→CC Radial Blur命令，将Type切换到Fading Zoom，调整Amount值为-8.0，如图3-159所示，得到的效果如图3-160所示。

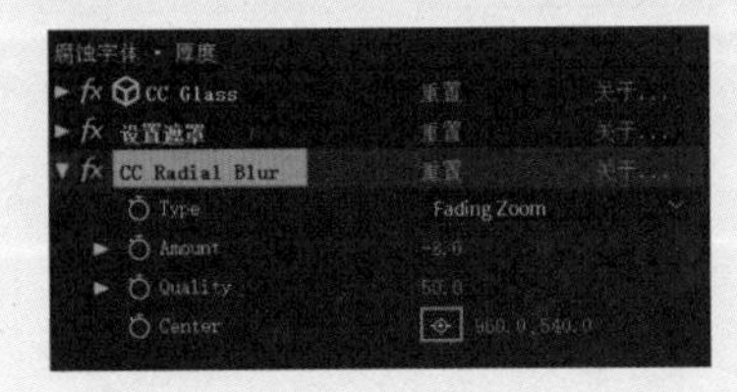

图3-159

图3-160

36 选中“厚度”图层，执行“效果”→“颜色校正”→“曲线”命令，在“效果控件”面板中将“通道”切换为Alpha，向上调整曲线。将“通道”切换为RGB，向下调整曲线，形成暗色的厚度，如图3-161所示，效果如图3-162所示。

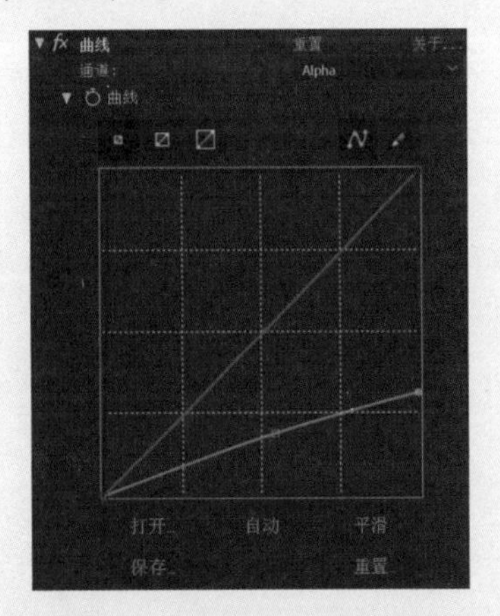

图3-161

图3-162

提示

注意Alpha的调整一定要把边缘调整得非常硬朗，模糊的边缘不会形成立体效果。

37 如果觉得立体感不够，可以复制一层阴影加强对比度，设置“腐蚀”图层的分形动画产生变化的文字效果，如图3-163所示。至此，本例制作完毕。

图3-163

第4章 常用内置效果

作为一款专业的视频制作软件，After Effects 2023 提供了众多强大的内置效果，这些效果可以帮助用户实现各种特效和动画效果。熟悉 Photoshop 的用户对滤镜的概念不会陌生，类似滤镜的“效果”功能是 After Effects 的核心内容。通过设置效果的参数，能使影片达到理想的效果。

After Effects 2023 继承了所有之前版本中的效果，并针对部分效果进行了优化，并新增了一些全新的效果。作为 After Effects 最具特色的功能之一，Adobe 公司一直致力于开发和改进效果功能。熟练掌握各种效果的使用方法是学习 After Effects 操作的关键，也是提高视频质量最有效的方法。使用 After Effects 提供的效果，能够大幅提高制作者对作品的修改空间，从而降低制作周期和成本。

在默认情况下，After Effects 自带的效果保存在软件安装文件夹的根目录下的 Plug-ins 文件夹内。启动 After Effects 后，软件会自动加载这些效果，并显示在“效果”菜单和“效果和预设”面板中。After Effects 的内置效果具有一定的扩展性，同样提供了可以自行安装第三方插件来丰富效果功能，如图4-1所示。

图4-1

在 After Effects 2023 中，所有效果都以增效工具的形式存在，包括附带的效果。增效工具是一些小的软件模块，用来为软件增添功能。由于效果是以增效工具形式实现的，所以，用户可以安装和使用非 Adobe 官方提供的其他效果，包括自己创建的效果。用户可以将单个效果或效果的整个文件夹添加到“增效工具”文件夹，以便在 After Effects 中使用。默认情况下，文件位于以下文件夹之一中。

※ Windows 系统：Program Files\Adobe\Adobe After Effects CC\Support Files。

※ mac OS 系统：Applications/Adobe After Effects CC。

After Effects 软件的所有效果都列在“效果”菜单中，也可以使用“效果和预设”面板来快速选择所需的效果。当对素材中的一个图层添加效果后，“效果控件”面板将自动打开，同时该图层的效果属性中也会出现一个已添加效果的图标。可以单击fx图标，打开或关闭该图层效果。可以通过“时间线”面板中的效果控制或“效果控件”面板，对所添加的效果的各项参数进行调整。通过学习本节内容，我们将了解效果的基本操作方法。

4.1 效果操作

After Effects 包含多种效果，可以应用到图层中，添加或修改静止图像、视频和音频的特性。例如，某个效果可以改变图像的曝光度或颜色、添加新的视觉元素、调整声音、扭曲图像、删除颗粒、增强照明或创建过渡效果。

效果有时被误称为“滤镜”。滤镜和效果之间的主要区别是，滤镜可以永久修改图像或图层的其他特性，而效果及其属性可随时被更改或删除。换句话说，滤镜有破坏性，而效果没有破坏性。

After Effects 使用效果，因此更改没有破坏性。更改效果属性的直接结果是，可以随时间改变，或者进行动画处理。

4.1.1 应用效果

在 After Effects 2023 中，可以通过两种方式为素材图层添加效果。首先，选中要添加效果的素材图层。单击“时间线”面板中已经建立的项目中图层的名称，或者在“合成”面板中直接选取所在图层的素材来选择素材图层。接着，可以通过以下两种方式为该图层添加效果。

※ 在“效果”菜单中选择一种需要添加的效果类型，再选择所需类型中的具体效果。

※ 在“效果和预设”面板中单击所需效果类型名称前的三角图标，出现相应效果列表，如图4-2所示，再将所选效果拖至目标素材图层上或直接双击效果名称。

图4-2

需要注意的是，我们可以为同一图层添加多种效果，而且如果要为多个图层添加同一种效果，只需要先选中需要添加效果的多个素材图层，然后按照上述步骤添加即可。此外，当对素材中的一个图层添加效果后，“效果控件”面板将自动打开，同时在“时间线”面板中该图层的效果属性中也会出现一个已添加效果的图标。我们可以单击该图标任意打开或关闭该图层的效果，并通过“时间线”面板中的效果属性或“效果控件”面板对所添加的效果的各项属性进行调整。

4.1.2 复制效果

After Effect 中允许用户在不同图层之间复制和粘贴效果。在复制的过程中原图层的调整效果，也将被复制到其他图层中。

我们可以通过以下步骤复制效果。首先在“时间线”面板中选择一个需要复制效果所在的素材图层。然后在“效果控件”面板中选取复制图层的一个或多个效果，执行“编辑”→“复制”命令。

复制完成后，在“时间线”面板中选中所需粘贴的一个或多个图层，然后执行“编辑”→“粘贴”命令。这样就完成了一个图层对一个图层，或者一个图层对多个图层的效果的复制和粘贴操作。如果设置好的效果需要多次使用，并在不同计算机上应用，可以将设置好的效果数值保存为一个文件，当需要再次使用时，调入该文件即可，具体的操作方法将在后文介绍。

4.1.3 关闭与删除效果

当为图层添加一种或多种效果后，计算机在计算效果时将使用大量时间，特别是只需要预览一个素材上部分效果，或者对比多个素材上的效果时，可能需要关闭或删除其中一个或多个效果。但关闭效果或删除效果带来的结果是不一样的。

关闭效果只是在“合成”面板中暂时不显示该效果，此时进行预览或渲染都不会添加关闭的效果。如果需要显示关闭的效果，可以通过“时间线”面板或“效果控件”面板打开，或者在“渲染队列”面板中选取渲染图层的效果。该方法常用于对素材添加效果的前后对比，或者对多个素材添加效果后，对单独素材关闭效果的对比。

如果想逐个关闭图层包含的效果，可以通过单击“时间线”面板中素材图层前的三角图标，展开“效果”属性，然后单击需要关闭效果前的黑色图标，图标消失表示不显示该效果，如果想恢复效果，只需再在原位置单击一次即可，如图4-3所示。当我们关闭一个素材上的一个效果后，将会加快该素材的预览时间，但打开之前关闭效果时，计算机将重新计算该效果对素材的影响，因此，对于一些需要占用较长处理时间的效果，要慎重选择效果显示状态。

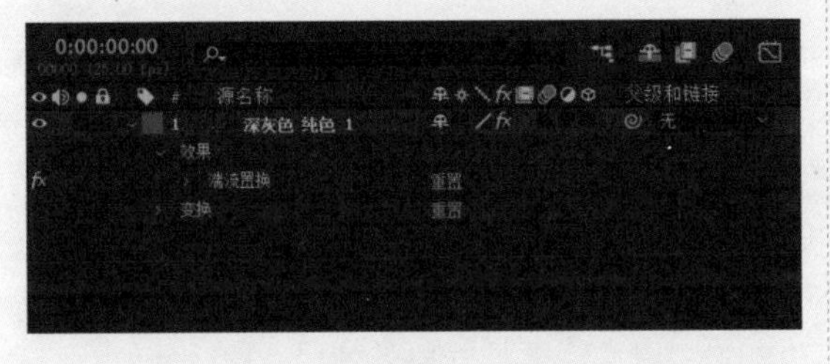

图4-3

如果想一次关闭图层的所有效果，则单击该图层的“效果”图标。当要再次打开全部效果时，将重新计算所有效果对素材的影响，特别是效果和效果之间出现穿插，会互相影响时，将使用更多的时间，如图4-4所示。

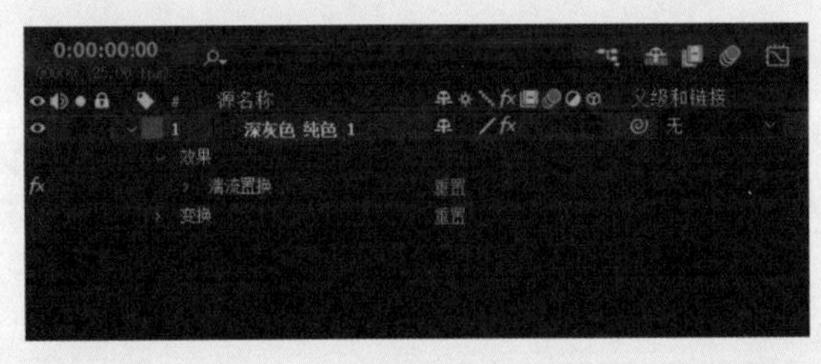

图4-4

删除效果将使所在图层永久失去该效果，如果以后需要再次使用，就必须重新添加并调整效果。

我们可以通过以下方式删除效果。首先在“效果控件”面板中选择需要删除的效果。然后按Delete键或执行“编辑”→“清除”命令。

如果需要一次删除层中的全部效果，只需要在“时间线”面板或“合成”面板中选择图层包括的全部效果，然后执行“效果”→“全部移除”命令。需要特别注意的是，执行“全部移除”命令后，会同时删除包含效果的关键帧。如果错误删除了图层的所有效果，可以执行“编辑”→“撤销”命令恢复效果和关键帧。

4.1.4 效果参数设置

当为一个图层添加效果后，效果就开始对图像产生影响。默认的情况是，效果随着图层的持续时间产生效果，而我们也可以设置效果的开始和结束时间和具体参数。

当为图层添加一个效果后，在“时间线”面板中的“效果”列表和“效果控件”面板中就会列出该效果的所有属性控制选项，如图4-5所示。下面介绍主要效果的调整方法。

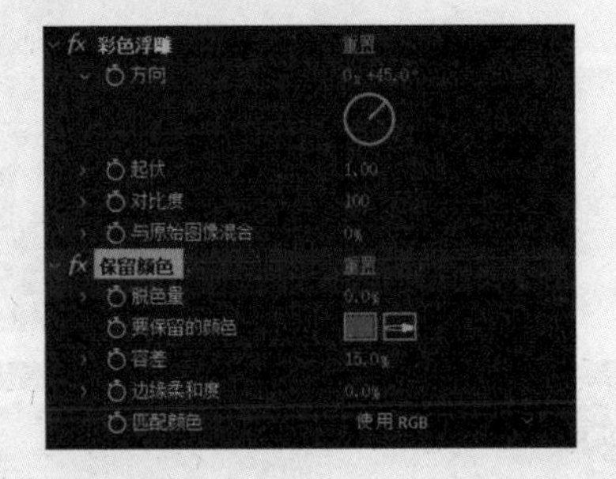

图4-5

4.2 风格化

4.2.1 毛边

执行“效果”→“风格化”→“毛边”命令，添加“毛边”效果，该效果通过计算图层的边缘的 Alpha 通道数值来使其产生粗糙的效果，如果 Alpha 通道带有动画效果，则可以根据 Alpha 通道数值，模拟被腐蚀过的纹理或融解的效果。“毛边”效果的控制参数如图4-6所示，主要的参数使用方法如下。添加效果前后的对比效果如图4-7所示。

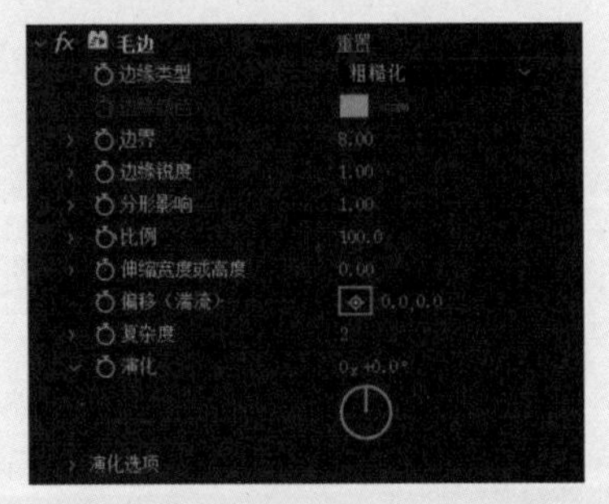

图4-6

※ 边缘类型：选择粗糙化的类型。

※ 边缘颜色：当“边缘类型”为“生锈颜色”或“颜色粗糙化”时，指定应用到边缘的颜色；当“边缘类型”为“影印颜色”

时，指定填充的颜色。

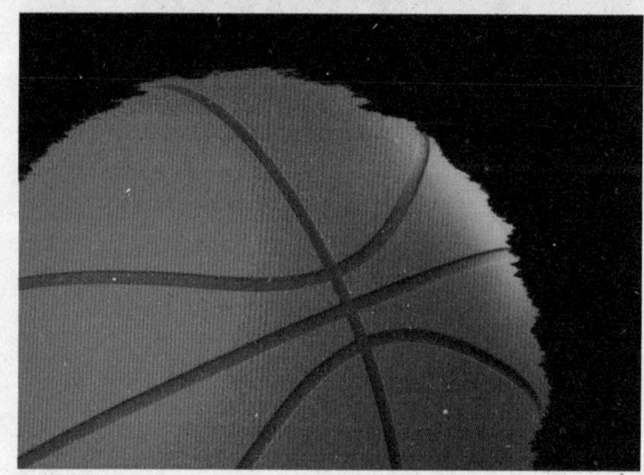

图4-7

※ 边界：设置从 Alpha 通道的边缘开始，向内部扩展的范围 x，以像素为单位。

※ 边缘锐度：小值可创建更柔和的边缘；大值可创建更清晰的边缘。

※ 分形影响：设置粗糙化的数量。

※ 比例：用于计算粗糙度的分形比例。

※ 伸缩宽度或高度：设置计算粗糙度的分形的宽度或高度。

※ 偏移（湍流）：设置用于创建粗糙度的部分分形形状。

※ 复杂度：设置粗糙度的详细程度。

注意：

增大“复杂度”值会增加渲染时间。减小“比例”值，而不增加“复杂度”值，会获得相似的结果。

※ 演化：设置参数，使粗糙度随时间变化。

注意：

虽然“演化”值为旋转次数，但要意识到这些旋转次数是渐进的很重要。“演化”状态会在每个新值位置继续无限发展。使用“循环选项”选项，可使“演化”参数在每次旋转时返回其原始状态。

※ 演化选项：用于提供控件，以便在一次短循环中渲染效果，然后在图层的持续时间内循环它。使用这些控件可预渲染循环中的粗糙化元素，因此，可以缩短渲染时间。调整以下参数，可创建平滑渐进的非重复循环。

※ 循环演化：设置使“演化”状态返回其起点的循环。

※ 循环：设置分形在重复之前循环所使用的“演化”的旋转次数。“演化”关键帧之间的时间，可确定“演化”循环的时间安排。

注意：

“循环”参数仅影响分形状态，不影响几何图形或其他控件，因此，可使用不同的“大小”或“位移”值获得不同的结果。

※ 随机植入：设置生成粗糙度纹理使用的值。为此参数设置动画，会导致从一组分形形状闪光到同一分形类型中的另一组分形形状。

注意：

通过重复使用以前创建的“演化”循环，并仅更改“随机植入”值，可以创建新的粗糙度动画。使用新的“随机植入”值可改变杂色图，而不扰乱“演化”动画。

4.2.2 卡通

执行“效果”→“风格化”→“卡通”命令，添加“卡通”效果，该效果主要通过使影像中对比度较低的区域进一步降低，或者使对比度较高的区域中的对比度进一步提高，从而形成色彩的阶段差，用于形成有趣的卡通效果。“卡通”效果的控制参数如图4-8所示，主要的参数使用方法如下。添加效果前后的对比效果如图4-9所示。

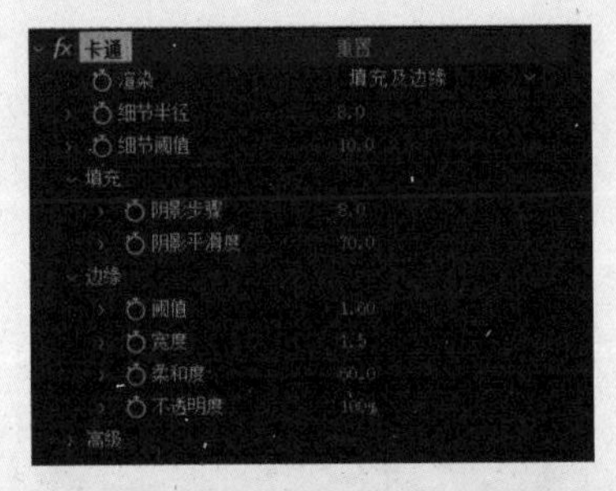

图4-8

图4-9

※ 渲染：设置渲染之后的显示方式，选中“填充及边缘”选项会显示填充和边缘；选中“填充”选项只显示填充；选中“边缘”选项只显示边缘。

※ 细节半径：设置画面的模糊程度，数值越大，画面越模糊。

※ 细节阈值：该数值可以更加细微地调整画面，缩小该数值可以保留更多的细节，相反，则可以使画面更具卡通效果。

※ 填充：调整图像高光填充部分的过渡值和亮度值。图像的明亮度值根据“阴影步骤”和“阴影平滑度”值进行量化。如果“阴影平滑度”值为0，则结果与简单的色调分离效果非常相似，会出现不同值之间的过度突变。较大的“阴影平滑度”值可使各种颜色更自然地混合在一起，色调分离值之间的过渡更缓和，并保持渐变。平滑阶段需要考虑原始图像中存在的细节量，以使已平滑的区域（如渐变的天空）不进行量化，除非“阴影平滑度”值较小。

※ 边缘：设置画面中边缘的各种数值。

» 阈值：设置边缘的可识别性。

» 宽度：设置边缘的宽度。

» 柔和度：设置边缘的柔软度。

» 不透明度：设置边缘的不透明度。

※ 高级：设置边缘和画面的进阶部分。

» 边缘增强：设置参数，使边缘更锋利或者更柔和。

» 边缘黑色阶：设置边缘的黑度。

» 边缘对比度：设置边缘的对比度。

4.2.3 马赛克

执行“效果”→“风格化”→“马赛克”命令，添加“马赛克”效果，可以使用纯色矩形填充图层，以使原始图像像素化。此效果可用于模拟低分辨率显示的效果，或者用于遮挡敏感部分。也可以为实现过渡为其设置动画。“马赛克”效果的控制参数如图4-10所示，主要的参数使用方法如下。添加效果前后的对比效果如图4-11所示。

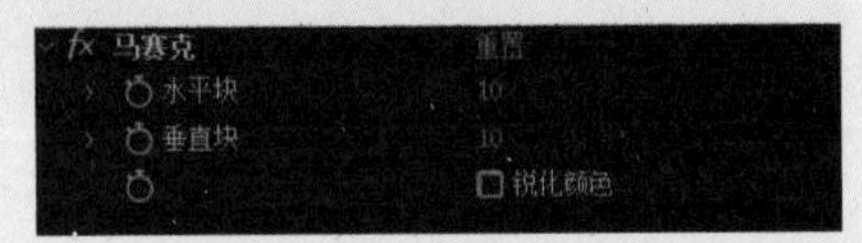

图4-10

※ 水平/垂直块：设置每行和每列中的块数。

※ 锐化颜色：选中该复选框，为每个拼贴提供原始图像相应区域中心的像素颜色。否则，为每个拼贴提供原始图像相应区域的平均颜色。

图4-11

4.2.4 动态拼贴

执行“效果”→“风格化”→“动态拼贴”命令，添加“动态拼贴”效果，可以跨越输出图像复制源图像。如果已启用“运动模糊”，则在更改拼贴的位置时，使用运动模糊来使移动更明显。主要的参数使用方法如下。

※ 拼贴中心：设置拼贴的中心。

※ 拼贴宽度 / 拼贴高度：设置拼贴的尺寸，显示为输入图层尺寸的百分比。

※ 输出宽度 / 输出高度：设置输出图像的尺寸，显示为输入图层尺寸的百分比。

※ 镜像边缘：选中该复选框，翻转邻近拼贴，以形成镜像效果。如果“相位”值设置为 0，则使用周围的拼贴对图层边缘使用镜像效果。

※ 相位：设置拼贴的水平或垂直位移。

※ 水平位移：设置拼贴水平（而非垂直）位移。

4.2.5 发光

执行“效果”→“风格化”→“发光”命令，添加“发光”选项，使图像中的文字和带有Alpha通道的图像产生发光效果。“发光”效果的控制参数如图4-12所示，主要的参数使用方法如下。添加效果前后的对比效果如图4-13所示。

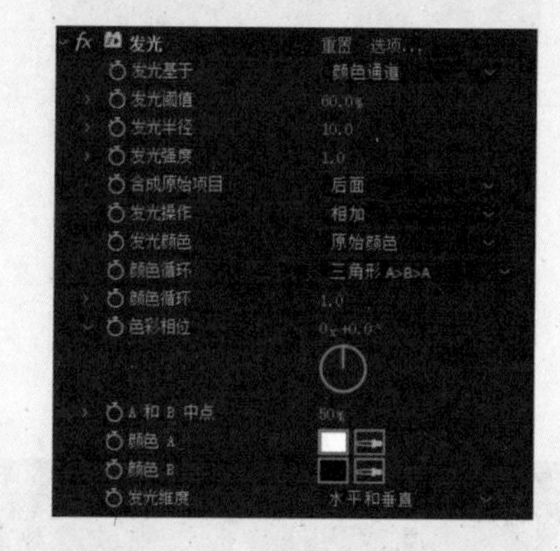

图4-12

图4-13

“发光”效果可以找到图像的较亮部分，然后使那些像素和周围的像素变亮，以创建漫射的发光光环效果。“发光”效果也可以模拟明亮的光照对象的过度曝光。用户可以使发光基于图像的原始颜色，或者基于其 Alpha 通道。基于 Alpha 通道的发光，仅在不透明和透明区域之间的图像边缘产生漫射亮度。也可以使用“发光”效果创建两种颜色之间的渐变发光效果，以及创建循环的多色效果。

在“最佳”品质下渲染“发光”效果，可更改图层的外观。如果使用 Photoshop 任意映射为发光着色，则此更改特别真实。务必在渲染效果之前以“最佳”品质预览。

※ 发光基于：选择发光作用的通道。共两种，

分别是“Alpha 通道”和“颜色通道”。

※ 发光阈值：调整发光的程度。

※ 发光半径：调整发光的半径。

※ 发光强度：调整发光的强度。

※ 合成原始项目：设置原画面合成的方式。

※ 发光操作：选择发光模式，类似图层混合模式。

※ 发光颜色：选择发光的颜色。

※ 颜色循环：选择颜色的循环方式。

※ 颜色循环：设置颜色循环的次数。

※ 色彩相位：调整颜色相位。

※ A和B中点：设置颜色A和颜色B的中点百分比位置。

※ 颜色A：选择颜色A。

※ 颜色B：选择颜色B。

※ 发光维度：选择发光作用的方向，共3种，分别是“水平”“垂直”“水平和垂直”。

4.2.6 CC Glass

执行“效果”→“风格化”→CC Glass命令，添加CC Glass效果，可以制作出真实的玻璃外观效果，通过使用指定的凹凸贴图、位移、光线和阴影的源图层来创建有光泽、立体的外观效果。CC Glass效果的控制参数如图4-14所示，主要的参数使用方法如下。添加效果前后的对比效果如图4-15所示。

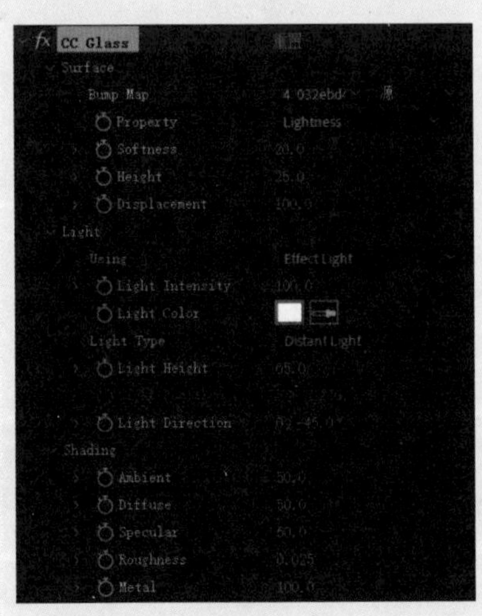

图4-14

图4-15

※ Surface：表面设置。

※ Bump Map：基于所选图层的属性值，高度图将被定义为亮区和暗区的高度。在默认设置中，凹凸贴图是当前图层。

※ Property：在该下拉列表中选择要作为依据的通道信息来对凹凸进行映射。

※ Softness：该参数控制选定的凹凸贴图的柔软度（或模糊度）。更大的柔软度值将弱化小细节，且减少深度，给人一种流畅的感觉。

※ Height：用来控制凹凸贴图的相对高度，从而影响位移和表面阴影。

※ Displacement：确定位移量，能够相对于凹凸高度产生更大的扭曲。

※ Using：在该下拉列表中选择是否使用Effects Light效果灯源或AE Light灯源。

※ Light Intensity：设置灯光的强度。值越大，产生越明亮的效果。

※ Light Color：选择任意一种光的颜色。

※ Light Type：在该下拉列表中，选择要使用的灯光类型。

» Distant Light：选中该选项，模拟阳光类型的照射效果，在源层图中，可以定义光的距离和角度。所有的光线是从相同的角度照射到图层的。

» Point Light：选中该选项，模拟一个灯泡挂在前面的灯光效果，可以定义图层的距离和位置。光线照射到其定义光的位置图层。

※ Light Height：设置基于Z轴，源图层到光源的距离。当数值为负值时，移动光源背后的源图层，能够使光线对背后或下面的图层进行照射。

※ Light Position：设置基于X、Y轴源图层的坐标，以定位点光源的位置。

※ Light Direction：设置光源照射的方向，控制光源高度和光源方向，而且可以确定照射图层的光线来源和角度。

※ Shading：控制玻璃效果材质相关参数。

» Ambient：设置有多少环境光被反射。环境光无处不在，即使是不直接照射的光，也能影响到所有的可见表面。

» Diffuse：设置有多少漫反射（全向）光被反射，所有可见的散射光直接影响光的照射效果。

» Specular：设置反射光的强度以确定其高光度，例如，铬就有强烈的高光；磨砂的材料（橡胶），高光较弱或无。如果增大高光值，便能看到一个突出的高光区域出现在漫反射区域。

» Roughness：设置粗糙材质，表面粗糙度将影响镜面高光的传播，表面粗糙度的值越大，则有越高的光泽和较小的亮点。

» Metal：设置镜面高光的颜色。将数值设置为100，即为类似金属的颜色；将值设置为0，类似塑料的颜色。

4.3 过渡

4.3.1 渐变擦除

执行“效果”→“过渡”→“渐变擦除”命令，添加“渐变擦除”效果，可以让画面柔和过渡，使画面转场不显得过于生硬。“渐变擦除”效果的控制参数如图4-16所示，主要的参数使用方法如下。添加效果前后的对比效果如图4-17所示。

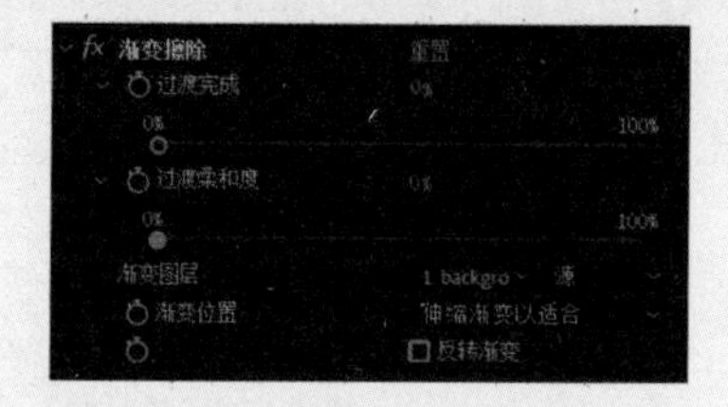

图4-16

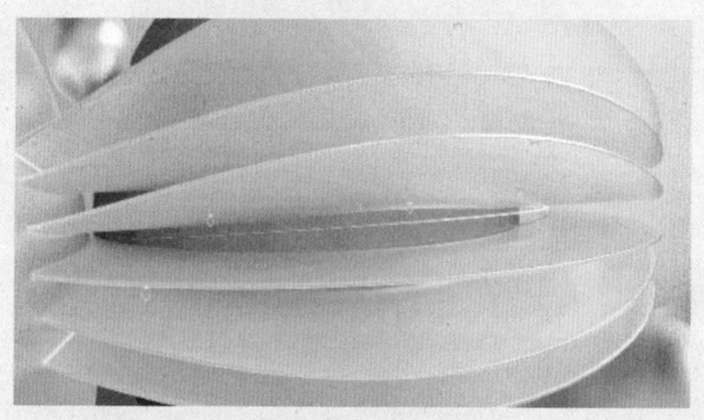

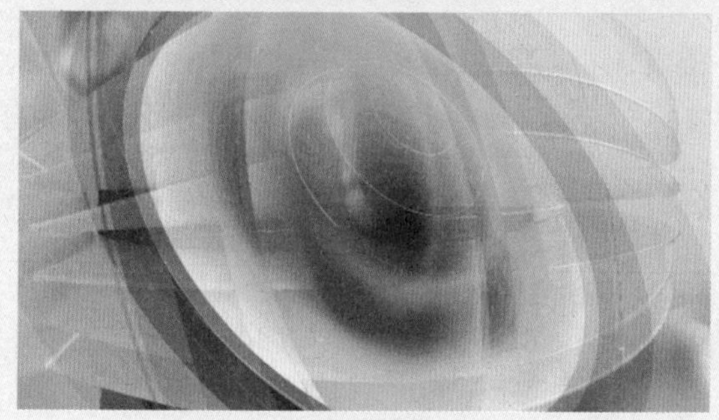

图4-17

※ 过渡完成：设置渐变的完成度。

※ 过渡柔和度：设置渐变过渡的柔和度。

※ 渐变图层：在该下拉列表中，选择需要渐变的图层。

※ 渐变位置：在该下拉列表中，选择渐变的位置，其中包括“拼贴渐变”“中心渐变”“伸缩渐变以适合”。

※ 反转渐变：选中该复选框，反转渐变顺序。

4.3.2 卡片擦除

执行“效果”→“过渡”→“卡片擦除”命令，添加“卡片擦除”效果，可以模拟一种由众多卡片组成一张图像，然后通过翻转每张小卡片来变换到另一张卡片的过渡效果。“卡片擦除”效果是可以产生的过渡效果中动感最强的，但设置起来也是最复杂的，包含了灯光、摄影机等的设置。通过设置参数能模拟出百叶窗和纸灯笼的折叠变化的效果。“卡片擦除”效果的控制参数如图4-18所示，主要的参数使用方法如下。添加效果前后的对比效果如图4-19所示。

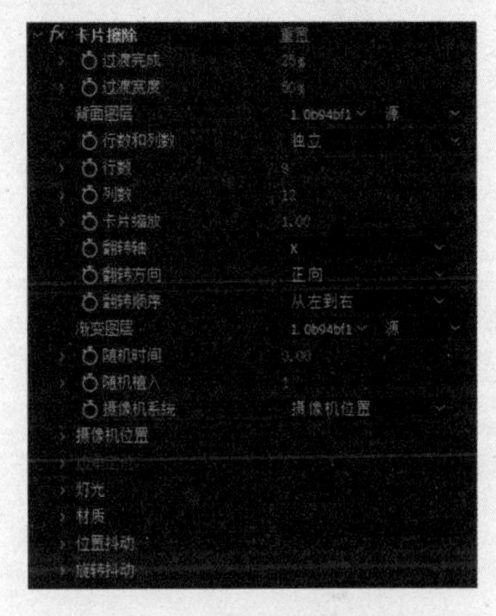

图4-18

图4-19

※ 过渡完成：设置过渡效果的完成程度。

※ 过渡宽度：设置原图像和底图之间动态转换区域的宽度。

※ 背面图层：在下拉列表中，选择过渡效果后显示的背景层。如果背景图层是另一张图像，并且被施加了其他效果，那最终只显示原图像，其施加效果不显示。过渡区域显示图像是原图像图层下一层的图像。如果原图像图层的下一层图像和过渡图层的图像是同一个被施加效果的图像，那么，过渡区域显示施加效果的图像，最终显示的还是原图像。希望最终效果图像保留原来施加的效果，背景图层选择“无”选项。

※ 行数和列数：设置横、竖两列卡片数量的交互方式。选中“独立”选项，允许单独调整行数和列数。

※ 行数：设置小卡片的行数。

※ 列数：设置小卡片的列数。

※ 卡片缩放：设置卡片的缩放比例。数值小于1.0，卡片与卡片之间出现空隙；数值大于1.0，卡片与卡片之间出现重叠。通过与其他属性配合，可以模拟出其他过渡效果。

※ 翻转轴：在该下拉列表中选择翻转变换的轴。选中X选项在X轴方向变换；选中Y选项在Y轴方向变换；选中“随机”选项，为每个卡片指定随机翻转方向，这样的效果更真实、自然。

※ 翻转方向：在该下拉列表中设置翻转变换的方向。当翻转轴为X轴时，选中“正向”选项，是从上往下翻转卡片；选中“反向”选项，是从下往上翻转卡片；当翻转轴为Y时，选中“正向”选项是从左往右翻转卡片；选中“反向”选项是从右往左翻转卡片；选中“随机”选项是随机设置翻转方向。

※ 翻转顺序：在该下拉列表中设置卡片翻转的先后顺序。其中包括9种选择，从左到右、从右到左、自上而下、自下而上、左上到右下、右上到左下、左下到右上、右下到左上、渐变（按照原图像的像素亮度值决定变换次序，黑的部分先变，白的部分后变）。

※ 渐变图层：在该下拉列表中选择渐变图

层，默认为原图像。可以自行制作带有渐变效果的图像来设置渐变图层，这样就能实现无数种变换效果。

※ 随机时间：设置一个偏差值来影响卡片开始转换的时间，按原精度转换，数值越大，时间的随机性越大。

※ 随机植入：该参数用来改变随机变换时的效果，通过在随机计算中插入随机值来产生新的结果。“卡片擦除”效果模拟的随机变换与通常的随机变换有区别，通常我们说的随机变换，往往是不可逆的，但在“卡片擦除”效果中却可以随时查看随机变换的过程。“卡片擦除”效果的随机变换其实是在变换前就确定一个非规则变换的数值，但确定后就不再改变了，每个卡片就按照各自的初始值变换，过程中不再产生新的变换值。而且两个以上的随机变换属性叠加使用的效果并不明显，通过设置随机值，能得到更理想的随机效果。在不使用随机变换的情况下，随机植入对变换过程没有影响。

※ 摄像机位置：设置摄影机的位置，其下的子选项如图4-20所示。

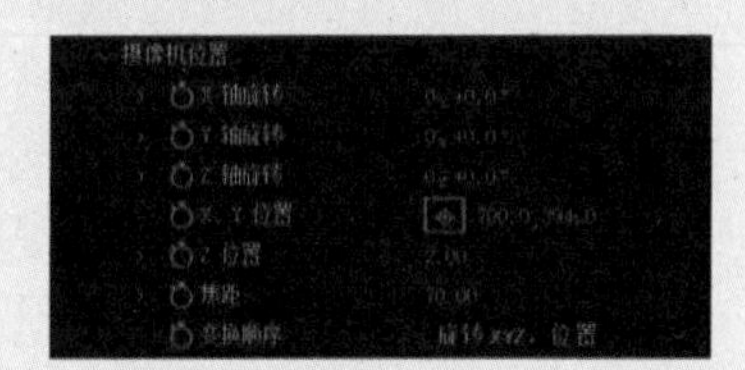

图4-20

» X轴旋转：设置围绕X轴旋转的圈数和角度。

» Y轴旋转：设置围绕Y轴旋转的圈数和角度。

» Z轴旋转：设置围绕Z轴旋转的圈数和角度。

» X、Y位置：设置X、Y的交点位置。

» Z位置：设置摄影机在Z轴的位置。数值越小，摄影机离图层的距离越近；数值越大，离图层的距离越远。

» 焦距：设置焦距的效果。数值越大焦距越近，数值越小焦距越远。

» 变换顺序：设置摄影机的旋转坐标轴，在施加其他摄影机控制效果的情况下，摄影机位置和角度的优先权。选中“旋转X，位置”选项是先旋转再位移；选中“位置，旋转X”选项是先位移再旋转。

※ 边角定位：自定义图像4个角的位置。

※ 合成摄像机：设置追踪相机轨迹和光线的位置，并在层上渲染出3D图像。

※ 灯光：设置灯光的效果，其下的子选项如图4-21所示。

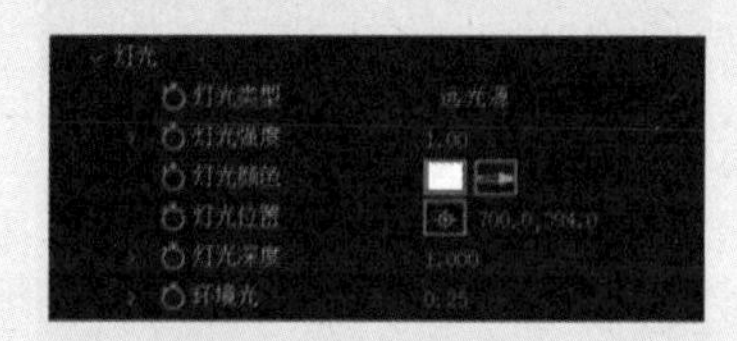

图4-21

» 灯光类型：设置灯光类型，共3种，分别是“点光源”“远光源”“合成光源”。

» 灯光强度：设置光的强度，数值越大，图层越亮。

» 灯光颜色：设置光线的颜色。

» 灯光位置：在X、Y轴的平面上设置光线的位置。可以单击灯光位置的靶心标志，然后按住Alt键，在“合成”面板中移动鼠标，光线随鼠标指针移动，可以动态对比哪个位置效果更好，但比较消耗计算机资源。

» 灯光深度：设置光线在Z轴的位置，负值时，光线移到图层背后。

» 环境光：设置环境光的效果，将光线分布在整个图层上。

» 材质：设置卡片的光线反馈值。

※ 位置抖动：设置在整个转换过程中，在X、Y和Z轴上的附加抖动量和抖动速度。

※ 旋转抖动：设置在整个转换过程中，在X、Y和Z轴上的附加旋转抖动量和旋转抖动速度。

4.3.3 块溶解

执行“效果”→“过渡”→“块溶解”命令，添加“块溶解”效果，能够随机产生板块来溶解图像，达到图像转换目的。“块溶解”效果的控制参数如图4-22所示，主要的参数使用方法如下。添加效果前后的对比效果如图4-23所示。

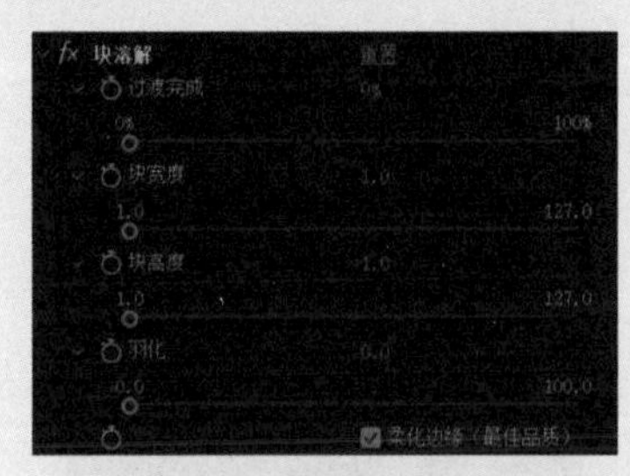

图4-22

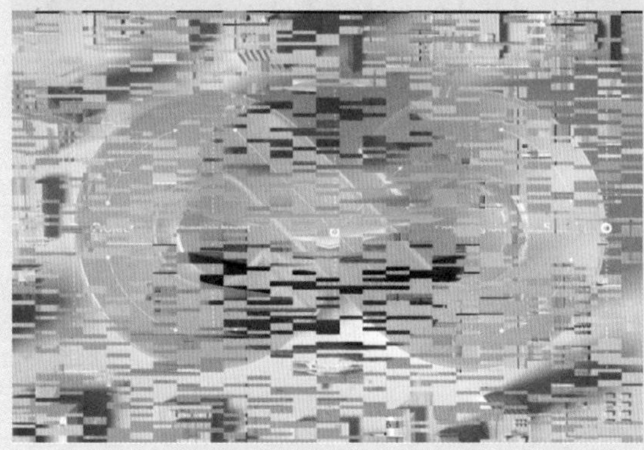

图4-23

※ 过渡完成：设置转场完成的百分比。

※ 块宽度：调整块的宽度。

※ 块高度：调整块的高度。

※ 羽化：调整板块边缘的羽化程度。

※ 柔化边缘：选中该复选框，使边缘柔化。

4.3.4 CC Glass Wipe

执行“效果”→“过渡”→CC Glass Wipe命令，添加CC Glass Wipe效果，可以基于其他图层创建一个玻璃查找转换效果。最终的结果是一个玻璃查找图层融化后显示另外一个图层。CC Glass Wipe效果的控制参数如图4-24所示，主要的参数使用方法如下。添加效果前后的对比效果如图4-25所示。

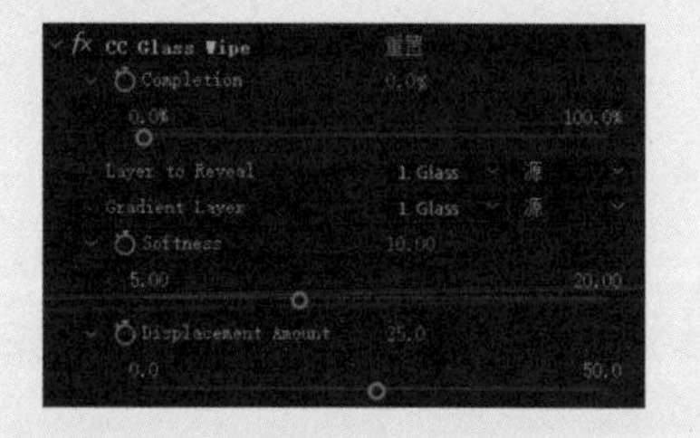

图4-24

图4-25

※ Completion：设置过渡的完成百分比，可以使用关键帧控制动画的进度。

※ Layer to Reveal：在该下拉列表中，选择要显示的图层。

※ Gradient Layer：在该下拉列表中，选择一个图层作为位移和显示图使用，选中的图层的亮度值将被使用。

※ Softness：设置所选渐变图层的柔和度（或模糊程度）。更大的值将移除小细节，以及减少外观的深度，给人一种流畅的效果，默认值为10。

※ Displacement Amount：设置过渡的位移量，较大的值产生较大的扭曲效果。

4.4 模糊

4.4.1 高斯模糊

执行“效果”→“模糊和锐化”→“高斯模糊”命令，添加“高斯模糊”效果。该效果即Photoshop等软件中常用的“高斯模糊”滤镜，用于模糊和柔化图像，可以去除杂点，图层的质量对“高斯模糊”效果没有影响，该效果还能产生比其他效果更细腻的模糊效果。“高斯模糊”效果的控制参数如图4-26所示，添加效果前后的对比效果如图4-27所示。

图4-26

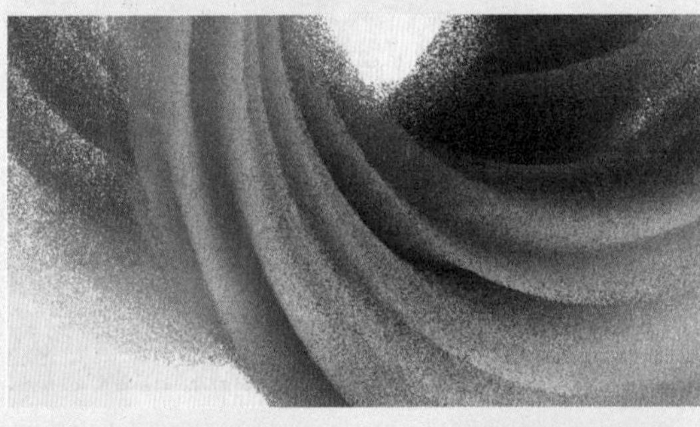

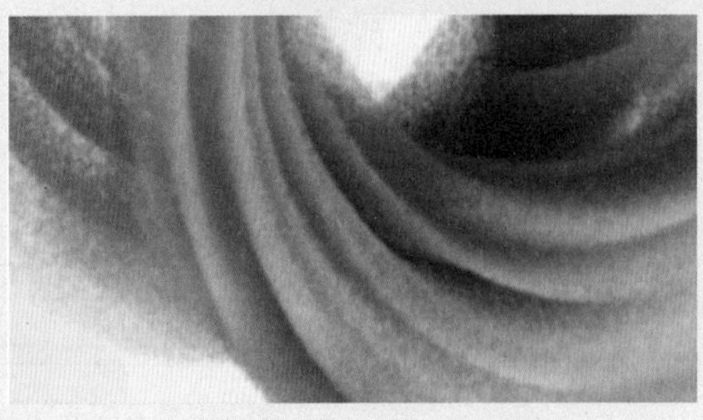

图4-27

4.4.2 径向模糊

执行“效果”→“模糊和锐化”→“径向模糊”命令，添加“径向模糊”效果，能产生围绕一个点的模糊效果，可以模拟摄像机推拉和旋转的效果。“径向模糊”效果的控制参数如图4-28所示，主要的参数使用方法如下。添加效果前后的对比效果如图4-29所示。

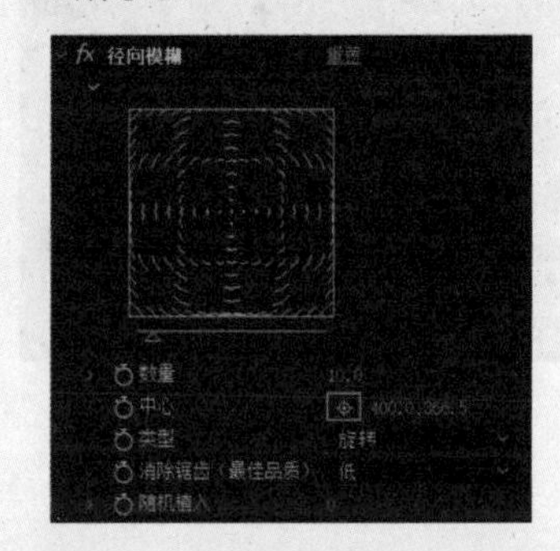

图4-28

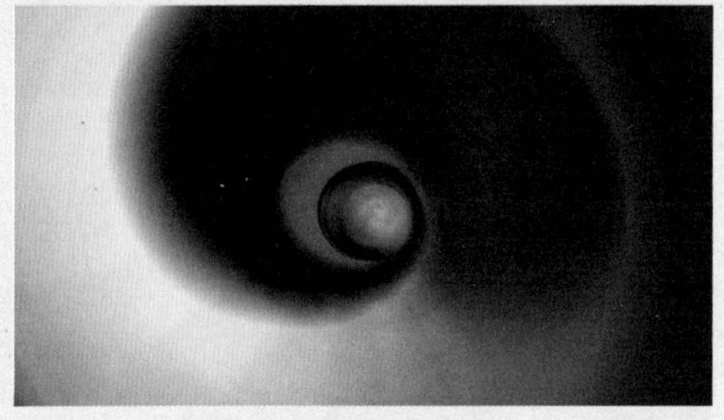

图4-29

※ 数量：设置画面模糊的程度。

※ 中心：设置模糊中心在画面中的位置。

※ 类型：设置模糊类型，共两种，分别是“旋转”“缩放”。

※ 消除锯齿（最佳品质）：设置抗锯齿的品质，共两种，分别是“高”和“低”。

4.4.3 定向模糊

执行“效果”→“模糊和锐化”→“定向模糊”命令，添加“定向模糊”效果，该效果由最初的“动态模糊”效果发展而来，比“动态模糊”效果更强调不同方位的动态模糊效果，使画面带有强烈的动感。“定向模糊”效果的控制参数如图4-30所示，主要的参数使用方法如下。添加效果前后的对比效果如图4-31所示。

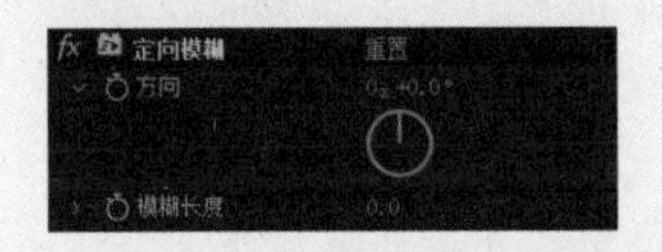

图4-30

图4-31

※ 方向：设置模糊的方向。控制器非常直观，指针方向就是运动方向，即模糊方向。当设置为0°或180°时，效果相同。如果是负值，模糊的方向将为逆时针方向。

※ 模糊长度：调整模糊的强度。

4.4.4 通道模糊

执行“效果”→“模糊和锐化”→“通道模糊”命令，添加“通道模糊”效果，可以根据画面的颜色分布，分别进行模糊，而不是对整个画面进行模糊，提供了更大的模糊灵活性。该效果可以产生模糊发光的效果，或者对Alpha通道的画面进行调整，得到不透明的软边效果。“定向模糊”效果的控制参数如图4-32所示，主要的参数使用方法如下。添加效果前后的对比效果如图4-33所示。

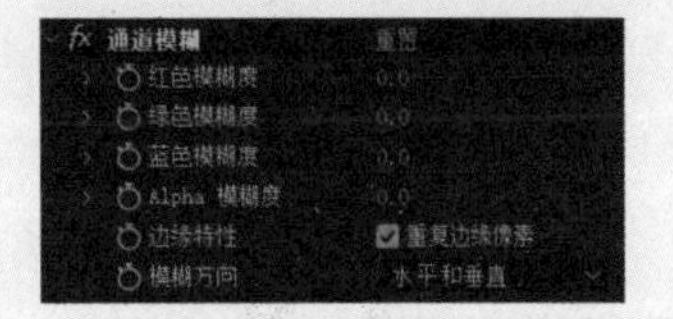

图4-32

图4-33

※ 红色模糊度：设置红色通道的模糊程度。

※ 绿色模糊度：设置绿色通道的模糊程度。

※ 蓝色模糊度：设置蓝色通道的模糊程度。

※ Alpha模糊度：设置Alpha通道的模糊程度。

※ 边缘特性：选中“重复边缘像素”复选框，表示图像外边的像素是透明的；取消选中“重复边缘像素”复选框，表示图像外边的像素是半透明的，可以防止图像边缘变黑或变为透明。

※ 模糊方向：设置模糊的方向，共两种，分别是“水平方向”和“垂直方向”。

4.5 扭曲

4.5.1 光学补偿

执行“效果”→“扭曲”→“光学补偿”命令，添加“光学补偿”效果，可以添加或移除摄像机镜头的扭曲问题。使用不匹配的镜头扭曲合成的元素会导致画面中出现异常。例如，扭曲场景中的跟踪对象不能匹配场景区域。“光学补偿”效果的控制参数如图4-34所示，主要的参数使用方法如下。添加效果前后的对比效果如图4-35所示。

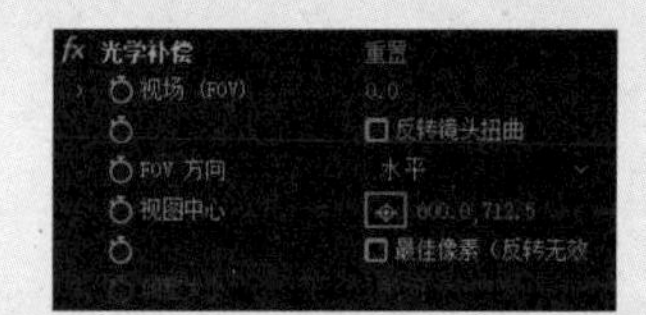

图4-34

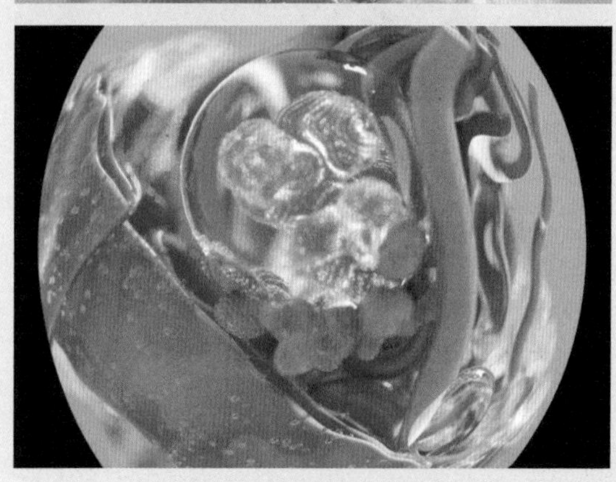

图4-35

※ 视场（FOV）：设置扭曲素材的视场（FOV）程度。FOV与源图层的大小和所选FOV的方向有关。没有任何方法可以定义对不同镜头应用的FOV值。放大时需要减小FOV值；缩小时需要增大该值。因此，如果素材包括不同的缩放值，则需要为FOV值设置动画。

※ 反转镜头扭曲：选中该复选框，反转镜头扭曲。例如，要移除广角镜头的扭曲问题，将“视场（FOV）”设置为40.0，并选中“反转镜头扭曲”复选框。

※ FOV方向：在该下拉列表中选择“视场（FOV）”值基于的轴。在使计算机生成的元素和渲染视角匹配时，此选项很有用。

※ 视图中心：指定视图的备用中心点。在使用不居中的特殊镜头时，此控件很有用。不过，在通常情况下，此控件应保持默认。

※ 最佳像素：通过扭曲，保持尽可能多的像素信息。选中该复选框后，“视场（FOV）”值不再可逆。

※ 调整大小：在应用“光学补偿”效果，使图层伸展至其边界之外时，调整图层的大小。要调整此选项，先选中“反转镜头扭曲”复选框，该选项才可用。选中“关闭”选项时，不能调整图层的大小；选中“最大2X”选项时，最多可以将图层的大小调整到原始尺寸的两倍；选中“最大4X”选项时，最多可以将图层的大小调整到原始尺寸的4倍；选中“无限”选项时，可以将图层的大小调整到其可伸展到的最大距离。

4.5.2 湍流置换

执行“效果”→“扭曲”→“湍流置换”命令，添加“湍流置换”效果，可以使用分形杂色在图像中创建湍流扭曲的效果。例如，使用此效果创建流水、哈哈镜和摆动的旗帜效果。“湍流置换”效果的控制参数如图4-36所示，主要的参数使用方法如下。添加效果前后的对比效果如图4-37所示。

※ 置换：设置湍流的类型。在该下拉列表中，除了“更平滑”选项可创建更平滑的变形且需要更长时间进行渲染，“湍流较平滑”“凸出较平滑”和“扭转较平滑”选项各自可执行的操作与“湍流”“凸出”

和“扭转”相同。“垂直置换”选项仅使图像垂直变形；“水平置换”选项仅使图像水平变形；“交叉置换”选项使图像垂直、水平变形。

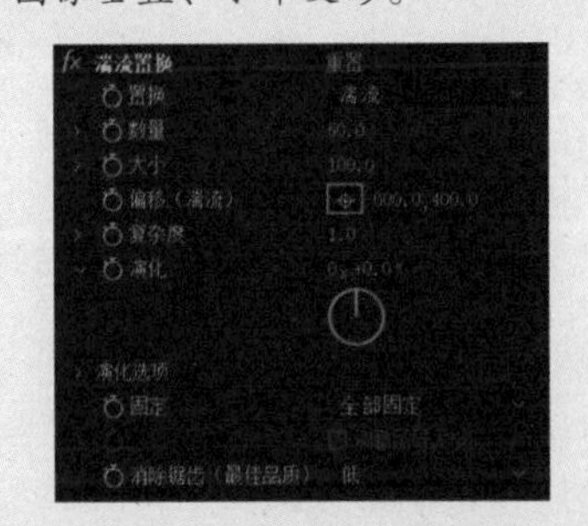

图4-36

图4-37

※ 数量：值越大，扭曲量越大。

※ 大小：值越大，扭曲区域越大。

※ 偏移（湍流）：设置用于创建扭曲的部分的分形形状。

※ 复杂度：设置湍流的详细程度。值越小，扭曲越平滑。

※ 演化：设置动画使湍流随时间变化的程度。

※ 演化选项：设置在一次短循环中的渲染效果，然后在图层持续时间内循环它。使用其下面的选项，如图4-38所示，可预渲染循环中的湍流元素，因此可以缩短渲染时间。

图4-38

» 循环演化：选中该复选框，创建使“演化”状态返回其起点的循环。

» 循环：设置分形在重复之前循环所使用的“演化”设置的旋转次数。“演化”关键帧之间的时间，可确定“演化”循环的时间安排。

» 随机植入：设置生成分形杂色使用的值。为此属性设置关键字动画会导致以下结果：从一组分形形状闪光到另一组分形形状（在同一分形类型内），此结果通常不是我们需要的结果。为使分形杂色平滑过渡，可以为“演化”属性设置动画。

※ 固定：设置要固定的边缘，以使沿这些边缘的像素不进行置换。

※ 调整图层大小：选中该复选框，使扭曲图像扩展到图层的原始边界之外。

4.5.3 边角定位

执行“效果”→“扭曲”→“边角定位”命令，添加“边角定位”效果，可通过重新定位其4个边角来扭曲图像。此效果可用于伸展、收缩、倾斜或扭转图像，或者模拟从图层边缘开始转动的透视或运动效果，如开门。也可以通过此效果将图层附加到动态跟踪器跟踪的移动的矩形区域。可以在“合成”面板、“时间线”面板或“效果控件”面板中移动边角。“边角定位”效果的控制参数如图4-39所示，添加效果前后的对比效果如图4-40所示。

图4-39

图4-40

4.6 实战——流体动画

本节以实例的形式，学习使用效果的方法，具体的操作步骤如下。

01 创建一个新的合成，命名为“流体动画”，“预设”为HDTV 1080 25，“持续时间”为0:00:10:00，如图4-41所示。

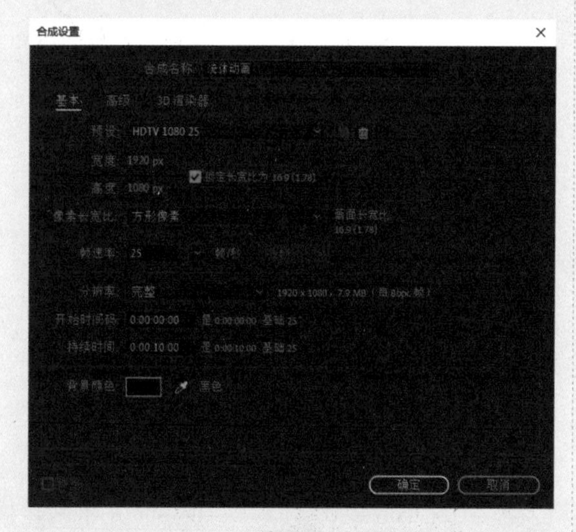

图4-41

02 按快捷键Ctrl+Y新建纯色图层，将名称改为“背景”，颜色设置为黑色，如图4-42所示。

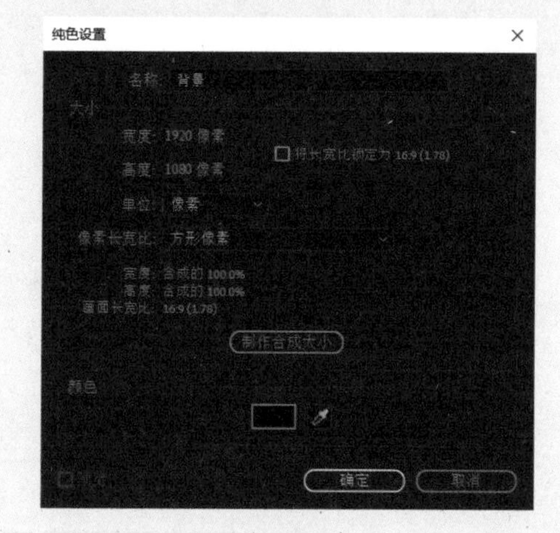

图4-42

03 执行“效果”→“生成”→“四色渐变”命令，创建一个四色渐变效果，如图4-43所示。

图4-43

04 在“效果控制”面板中设置四色渐变色彩参数，单击“颜色1”旁的黄色色块■并调整颜色。采用同样的方法，调整“颜色2”“颜色3”“颜色4”的颜色，做出渐变色效果，如图4-44所示。

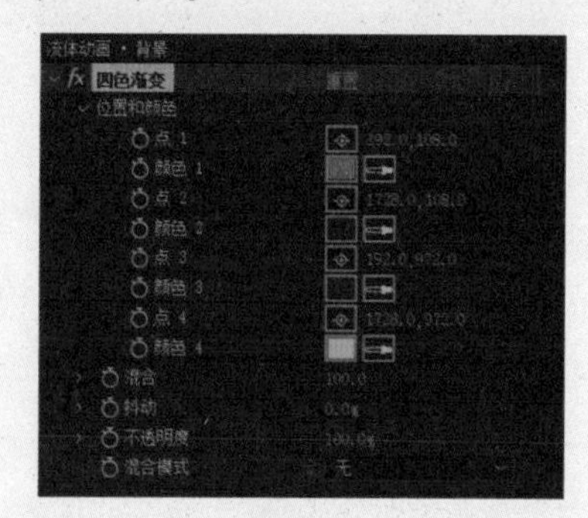

图4-44

05 展开“位置和颜色”属性，调整渐变点的位置后，单击“点1”“点2”“点3”“点4”前的秒表图标，添加关键帧，如图4-45所示。调整后的效果如图4-46所示。

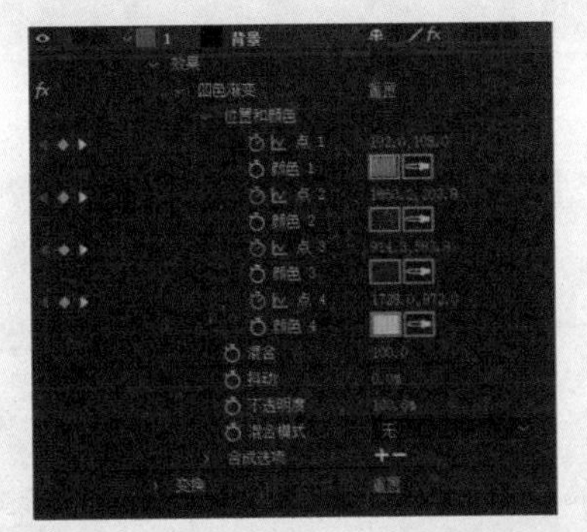

图4-45

图4-46

06 将当前时间指示器拖到时间线的末端，如图4-47所示，修改渐变点坐标位置，使画面中的渐变色产生动态效果，如图4-48所示。

图4-47

图4-48

07 执行“图层”→“新建”→“调整图层”命令，创建调整图层并命名为“活动层”。在“活动层”中增加动态效果，使画面最终呈现流体动画的效果。选中“活动层”，执行菜单“效果”→“扭曲”→CC smear命令，并对效果参数进行调整，如图4-49所示。CC smear效果是软件自带的涂抹工具，主要通过调整两个涂抹点的位置，以及涂抹的范围和涂抹的半径来调整图像，如图4-50所示。

图4-49

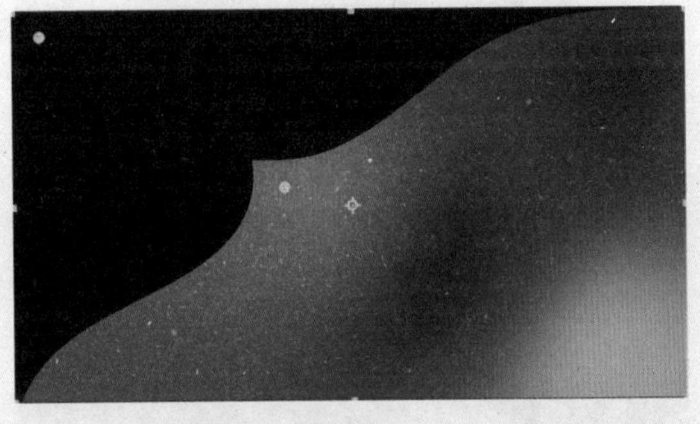

图4-50

08 选中“活动层”，展开CC smear属性，单击From和To前的秒表图标，添加关键帧，如图4-51所示。

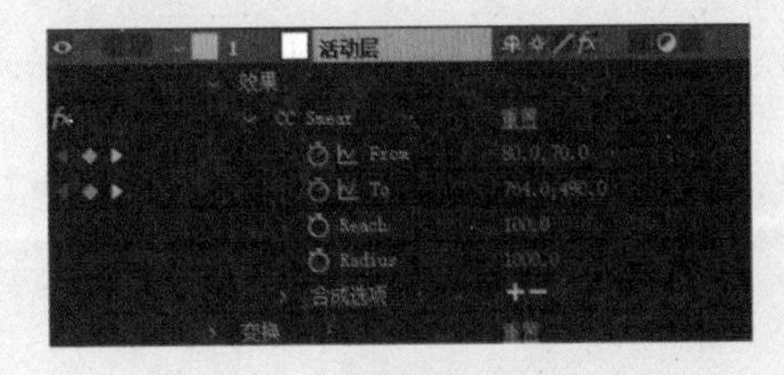

图4-51

09 将当前时间指示器拖到时间线末端，修改渐变点的坐标位置，如图4-52和图4-53所示。

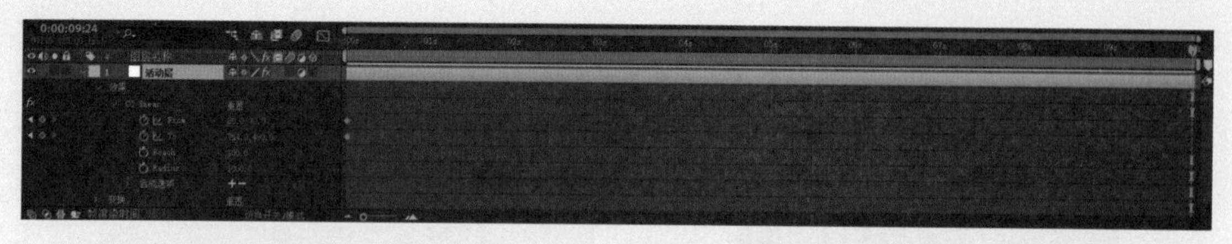

图4-52

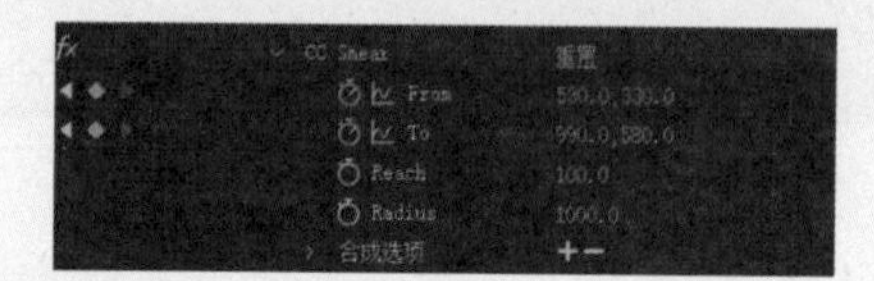

图4-53

10 将当前时间指示器拖回时间线的起点后，选中“活动层”，选中CC smear效果属性，按快捷键Ctrl+D复制，并对复制的效果参数进行修改，如图4-54所示，修改的效果如图4-55所示。

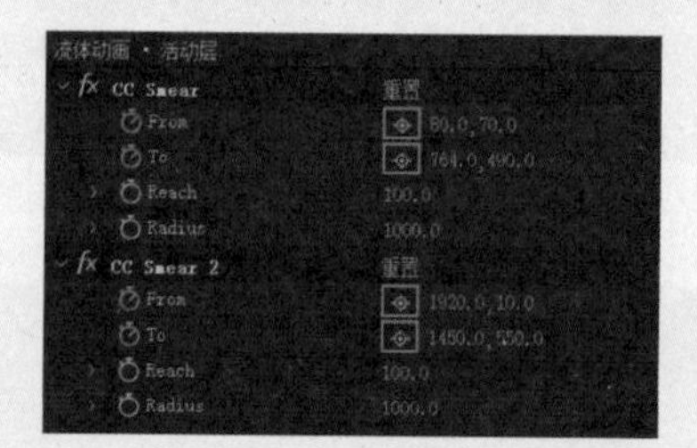

图4-54

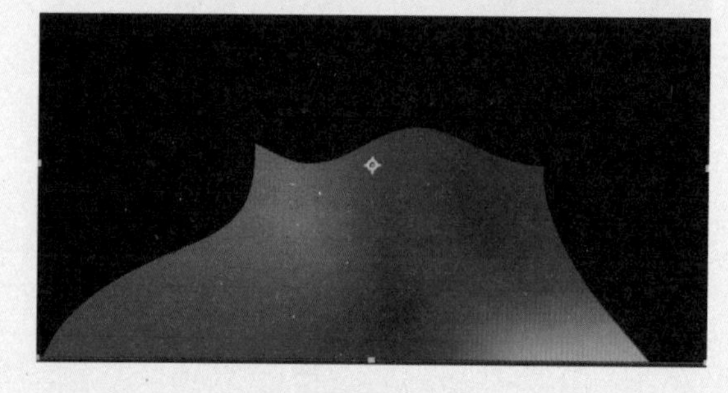

图4-55

11 展开CC smear 2效果，单击From和To属性前的秒表图标，添加关键帧。将当前时间指示器拖到时间线末端，并修改渐变点坐标位置，如图4-56所示，这样会使渐变色彩呈现生动的动画效果，如图4-57所示。

图4-56

图4-57

12 为了使渐变均匀地平铺画面，可以添加“动态拼贴”效果。选中“活动层”，执行“效果”→“风格化”→“动态拼贴”命令。选中“动态拼贴”效果，将其拖至其他效果的顶层，如图4-58所示。

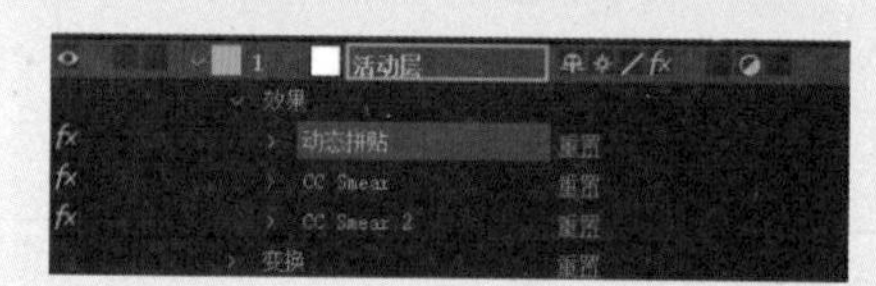

图4-58

13 选中“动态拼贴”效果属性，调整“输出宽度”与“输出高度”值，并选中“镜像边缘”复选框，如图4-59所示，得到的效果如图4-60所示。

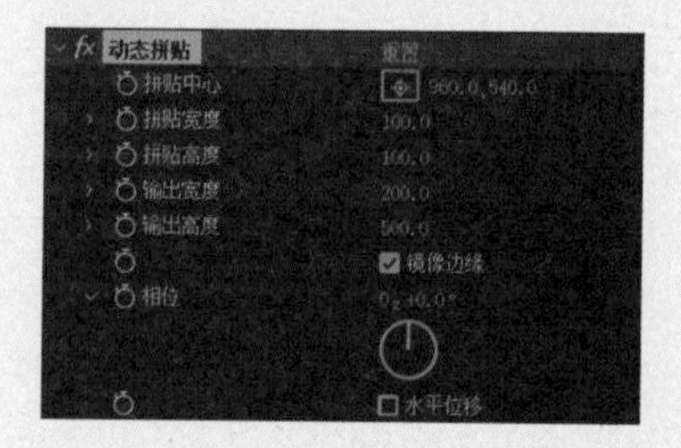

图4-59

14 做好动态的渐变效果后，需要为画面增加流体动画的效果。选中“活动层”，执行“效果”→“扭曲”→“湍流置换”命令。选中“湍流置换”效果，将其拖至CC smear效果上方，如图4-61所示。

图4-60

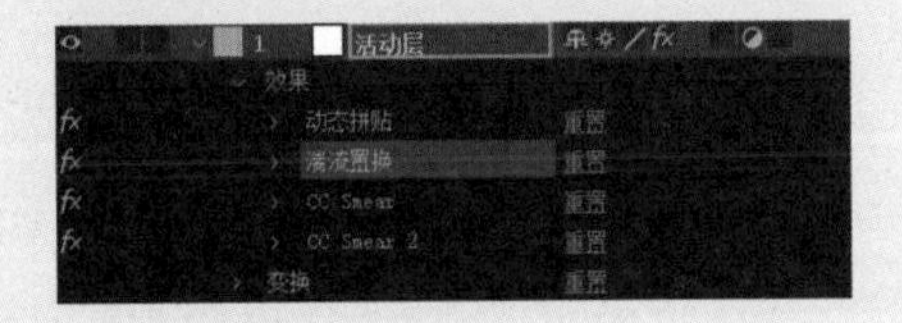

图4-61

15 调整“湍流置换”属性，将“置换”调整为“垂直置换”，调整“数量”“大小”与“复杂度”值，并将“演化”调整至适合角度，如图4-62所示，调整后的效果如图4-63所示。

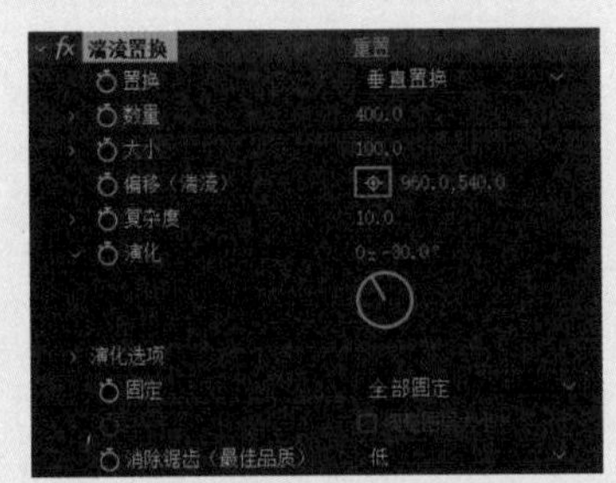

图4-62

图4-63

16 调整好“湍流置换”参数后，效果已初具雏形。可以通过添加表达式的方法，使画面流动性更自然。选中“演化”属性并右击，在弹出的快捷菜单中选择“编辑表达式”选项，如图4-64所示。时间线轨道会变成表达式输入栏，并自动填充默认效果的表达式。选中编辑栏对表达式进行编辑，添加time表达式，表达式数值为time*50，如图4-65所示。

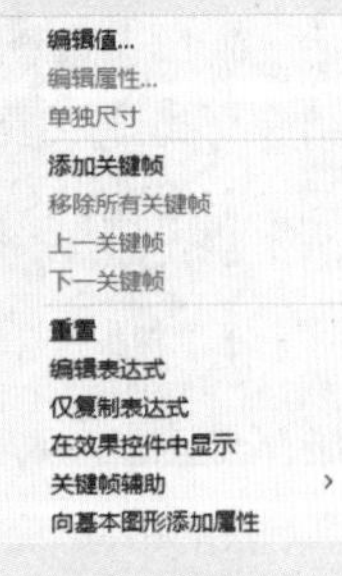

图4-64

图4-65

17 为了使流体画面更生动，可以添加“发光效果”。选中“活动层”，执行“效果”→“风格化”→“发光”命令。调整“发光阈值”“发光半径”和“发光强度”值，使效果更加自然、生动，如图4-66所示，调整后的效果如图4-67所示。

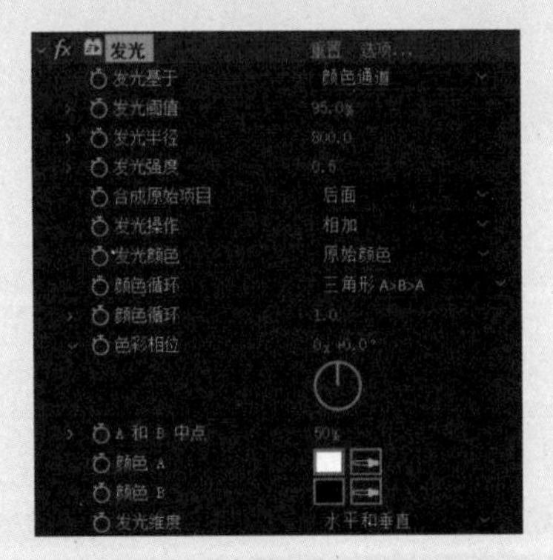

图4-66

18 流体动画制作完成之后，可以添加主题文字，以丰富画面。使用“文字”工具创建一段文字，可以是单词也可以是一段话，这些文字在后期还能修改。单击工具栏右侧的“切换字符和段落面板”图标，在调出的“字符”面板中调整文字的字体、大小和颜色等，如图4-68所示，调整后的效果如图4-69所示。至此，本例制作完毕。

图4-67

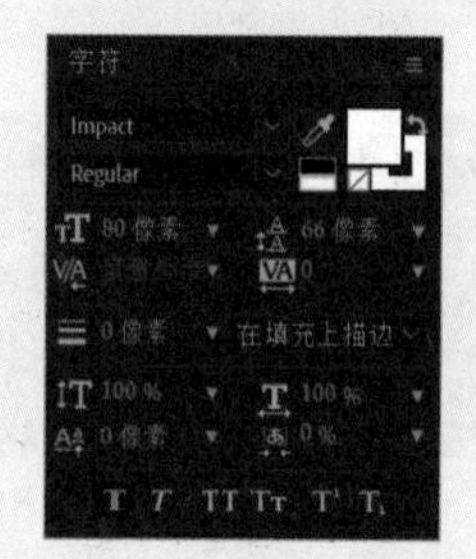

图4-68

图4-69

4.7 生成

4.7.1 梯度渐变

执行“效果”→“生成”→“梯度渐变”命令，添加“梯度渐变”效果。该效果是较实用的 After Effects 内置插件之一，多用于制作双色的渐变颜色贴图，功能类似 Photoshop 中的“渐变”工具。需要注意的是，无论素材是什么颜色或样式的，素材将被渐变色覆盖。“梯度渐变”效果的控制参数如图4-70所示，主要的参数使用方法如下。

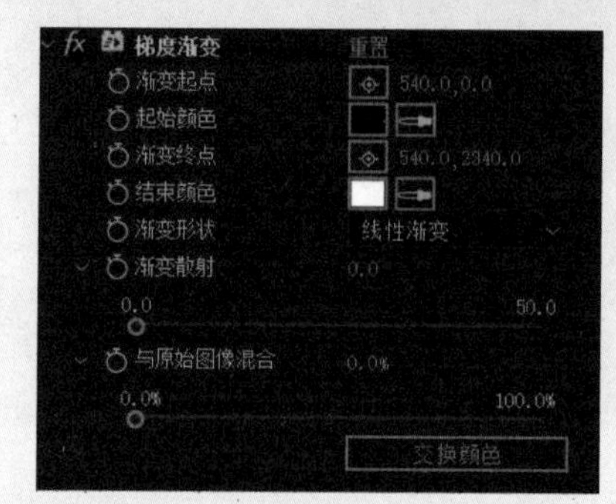

图4-70

※ 渐变起点：设置渐变在画面中的起始位置。

※ 起始颜色：设置渐变的起始颜色。

※ 渐变终点：设置渐变在画面中的结束位置。

※ 结束颜色：设置渐变的结束颜色。

※ 渐变形状：在该下拉列表中选择渐变模式，包括线性渐变和径向渐变。

※ 渐变散射：调整渐变区域的分散情况，较大值会使渐变区域的像素散开，产生类似毛玻璃的感觉。

※ 与原始图像混合：调整渐变效果和原始图像的混合程度。

※ 交换颜色：单击该按钮，将起始的颜色和结束的颜色对调交换。

4.7.2 四色渐变

执行“效果”→“生成”→“梯度渐变”命令，添加“梯度渐变”效果。该效果多用于制作多色的渐变颜色贴图，能够快速制作出有多种颜色的渐变图，可以模拟霓虹灯、流光溢彩等绚丽的效果。该效果制作的颜色过渡相对平滑，但是不如单独的固态图层自由。“梯度渐变”效果的控制参数如图4-71所示，添加效果前后的对比效果如图4-72所示。

※ 位置和颜色：用来设置4种颜色的中心点位置和各自的颜色，并且可以设置位置动画和色彩动画，组合设置可以制作更复杂的变化。

※ 混合：调整颜色过渡的层次，数值越大

颜色之间过渡得越平滑。

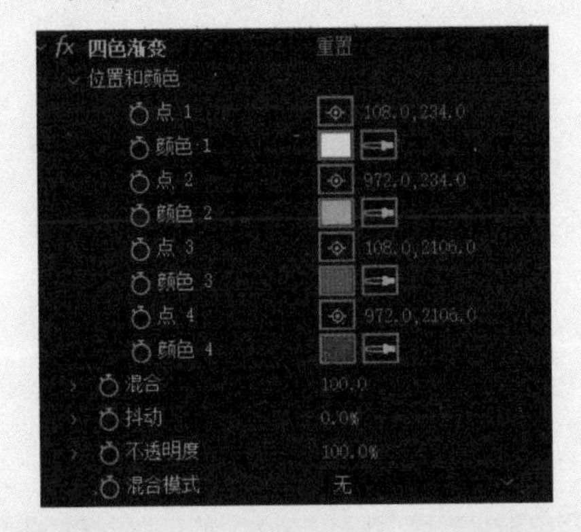

图4-71

图4-72

※ 抖动：调整颜色的过渡区域的抖动（杂色）程度。

※ 不透明度：调整颜色的不透明度。

※ 混合模式：控制4种颜色之间的混合模式，共18种，包括无、正常、相加、相乘、滤色、叠加、柔光、强度、颜色减淡、颜色加深、变暗、变亮、差值、排除、色相、饱和度、颜色、发光度。

4.7.3 高级闪电

执行“效果”→“生成”→“高级闪电”命令，添加“高级闪电”效果。“高级闪电”效果的控制参数如图4-73所示，添加效果前后的对比效果如图4-74所示。

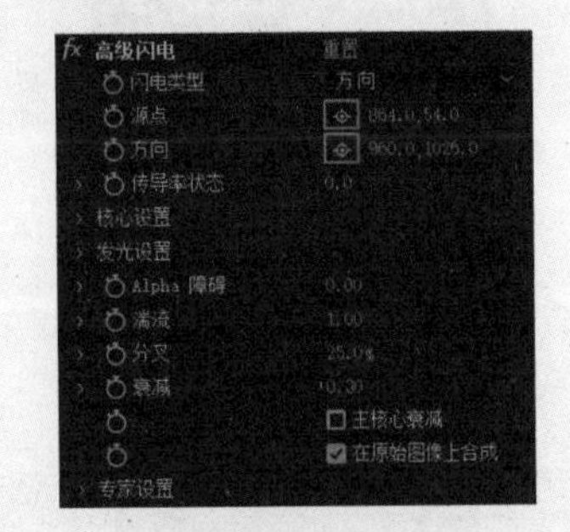

图4-73

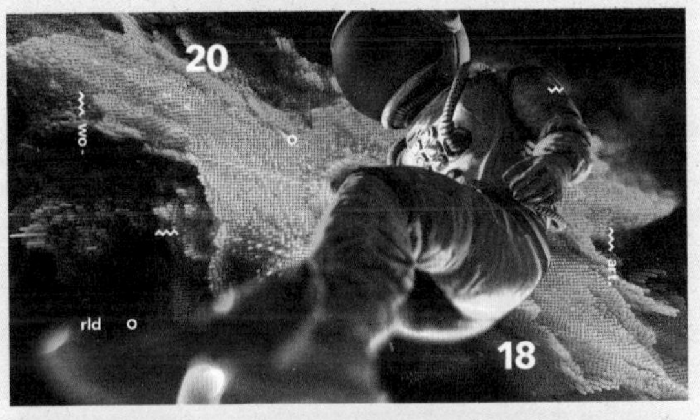

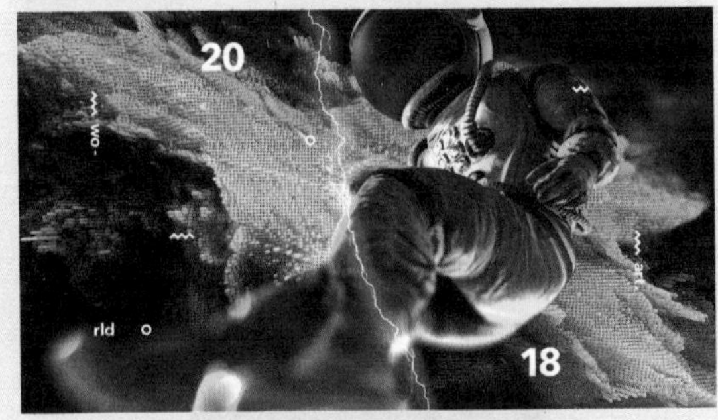

图4-74

※ 闪电的类型：在该下拉列表中选择闪电的类型，共8种，包括方向、打击、阻断、回弹、全方位、随机、垂直、双向打击。

※ 源点：设置闪电源点在画面中的位置。

※ 方向：调整闪电源点在画面中的方向。

※ 传导率状态：调整闪电的传导状态。

※ 核心设置：用来设置闪电核心的颜色、半径和透明度，其下的子选项如图4-75所示。

» 核心半径：调整闪电核心的半径。

» 核心不透明度：调整闪电核心的不

透明度。

» 核心颜色：调整闪电核心的颜色。

图4-75

※ “发光设置”：用来设置闪电外围辐射的颜色、半径和透明度，其下的子选项如图4-76所示。

图4-76

» 发光半径：调整闪电外围辐射的半径。

» 发光不透明度：调整闪电外围辐射的不透明度。

» 发光颜色：调整闪电外围辐射的颜色。

※ Alpha障碍：闪电会受到当前图层Alpha通道的影响。值小于0会进入Alpha内；值大于0会远离Alpha。

※ 湍流：调整闪电的混乱程度，值越大，闪电击打效果越复杂。

※ 分叉：调整闪电的分支数量。

※ 衰减：设置闪电的衰减程度。

※ 专家设置：对闪电进行高级设置，其下的子选项如图4-77所示。

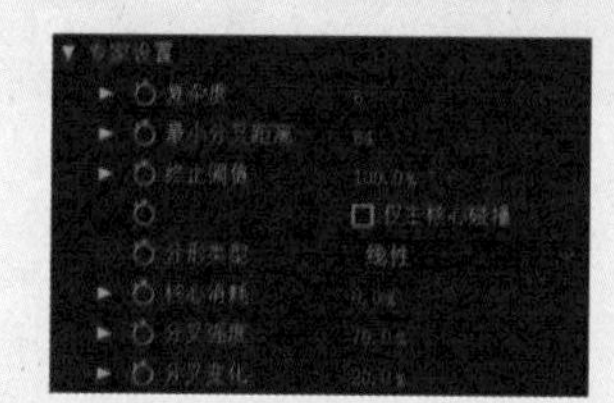

图4-77

※ 复杂度：调整闪电的复杂程度。

※ 最小分叉距离：调整闪电分叉之间的距离。

※ 终止阈值：该值越小，闪电越容易终止。

※ 核心消耗：设置创建分支从核心消耗的能量多少。

※ 分叉强度：调整分叉从主干汲取能量的力度。

※ 分叉变化：调整闪电的分叉变化。

4.8 实战——方形闪电

本节以实例的形式，学习使用效果的方法，具体的操作步骤如下。

01 创建一个新的合成，命名为“方形闪电”，预设为HDV/HDTV 720 25，“持续时间”为0:00:10:00，如图4-78所示。

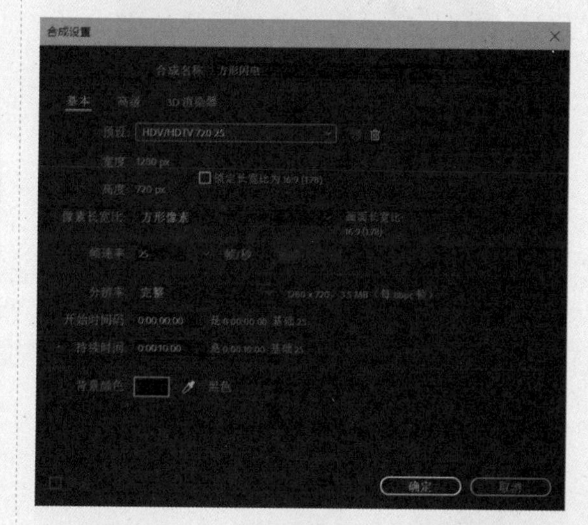

图4-78

02 执行“图层”→“新建”→“纯色”命令，创建一个纯色图层，并命名为“闪电”。执行“效果”→“生成”→“高级闪电”命令，添加“高级闪电”效果，创建了一道默认的闪电，如图4-79所示。

图4-79

03 在“效果控件”面板中调整“高级闪电”效

果的参数。首先将“闪电类型”切换为“回弹”，展开“发光设置”属性，调整“发光半径”值为1，“发光不透明度”值为0%，“湍流”值为10。展开“专家模式”属性，将“复杂度”值调整为2，观察画面效果，闪电变成了直线效果，如图4-80所示。

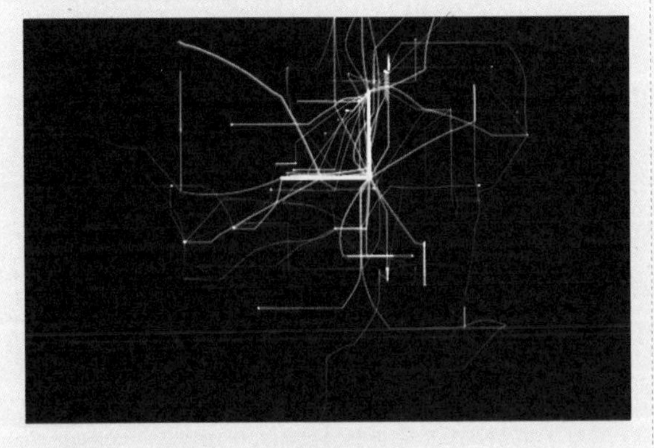

图4-80

04 展开“衰减”属性，将“衰减”值调整为0.07，选中“主核心衰减”复选框，“最小分叉距离”值为8，闪电的造型基本达到要求，如图4-81所示。

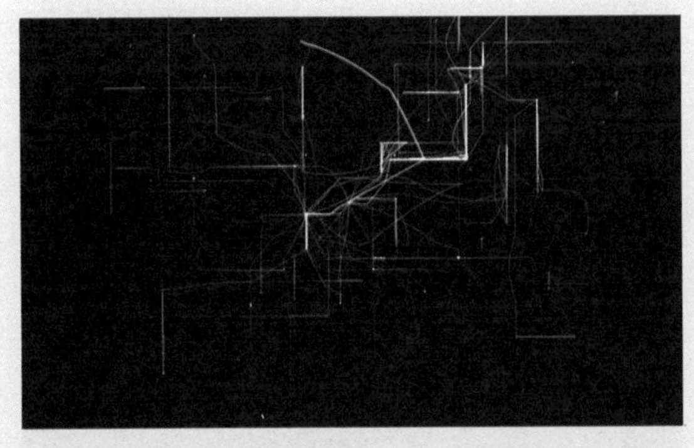

图4-81

05 设置闪电的动画，为“衰减”值设置关键帧从3至0.05的动画，即闪电从无到有的一个过程，如图4-82所示。

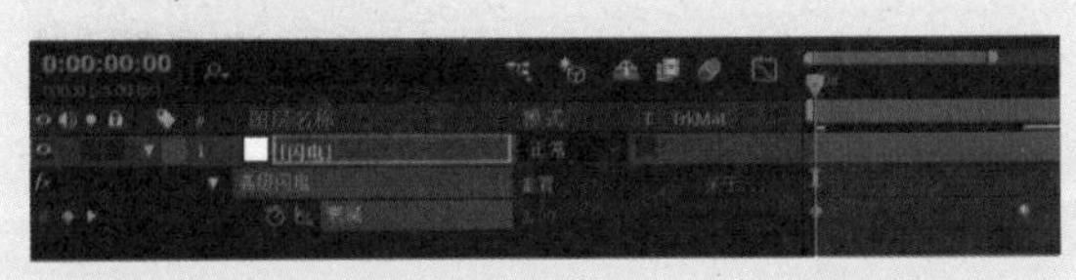

图4-82

06 可以看到闪电的动画太快了，单击“时间线”面板上的“图表编辑器”按钮，将“衰减”的关键帧从直线调整为曲线，选中黄色的点，单击“缓动”按钮，即可转换为曲线编辑，如图4-83所示。

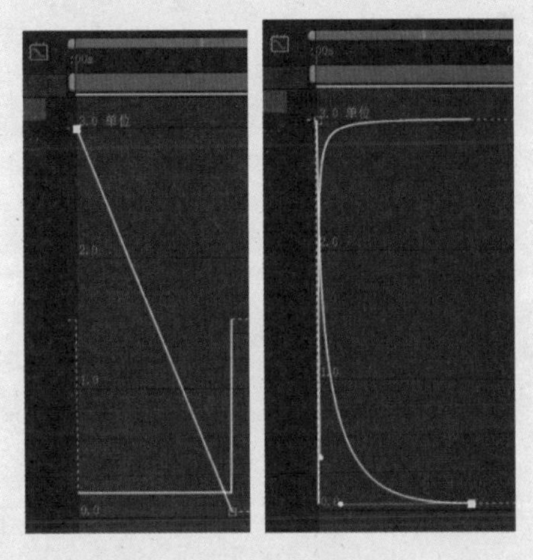

图4-83

07 选中“闪电”图层并右击，在弹出的快捷菜单上选择“预合成”选项，在弹出的“预合成”对话框中，将其命名为“闪电”，如图4-84所示。

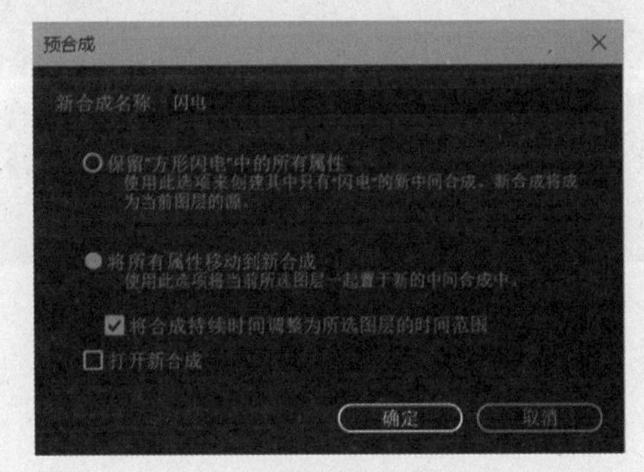

图4-84

08 双击“闪电”图层，进入该预合成。将“闪电”图层的融合模式调整为“屏幕”，并复制3个“闪电”图层，通过改变复制图层的“传导率状态”值和“源点”位置，将时间线向后推移，如图4-85所示，制作闪电从左至右逐渐出现的动画，效果如图4-86所示。

图4-85

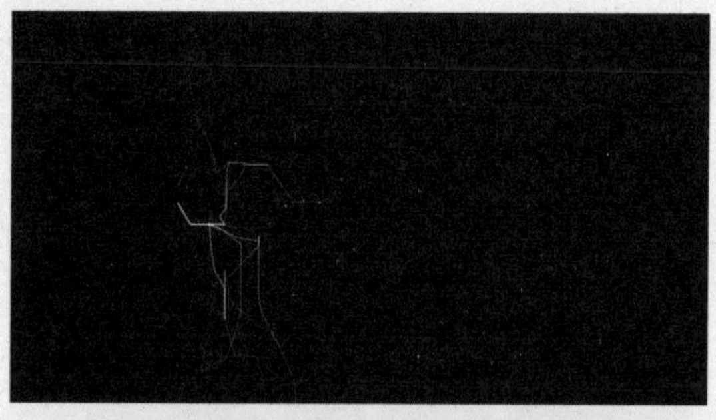

图4-86

09 执行“图层”→“新建”→“纯色”命令，创建一个新的纯色图层，命名为“背景”，并放在底层。执行“图层”→“新建”→“调整图层”命令，创建调整图层，并放置在顶层，将调整图层的图层模式调整为“屏幕”，如图4-87所示。

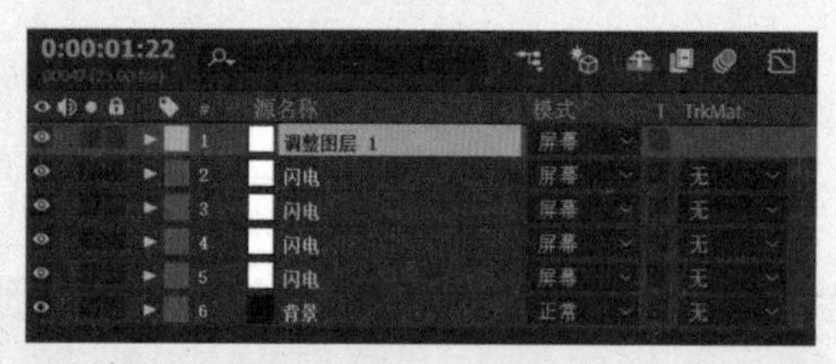

图4-87

10 选中调整图层，执行“效果”→“模拟”→CC Star Burst命令，添加CC Star Burst效果。将Scatter和Speed值分别调整为0.0和0.00，如图4-88所示，闪电上附着了很多圆，如图4-89所示。

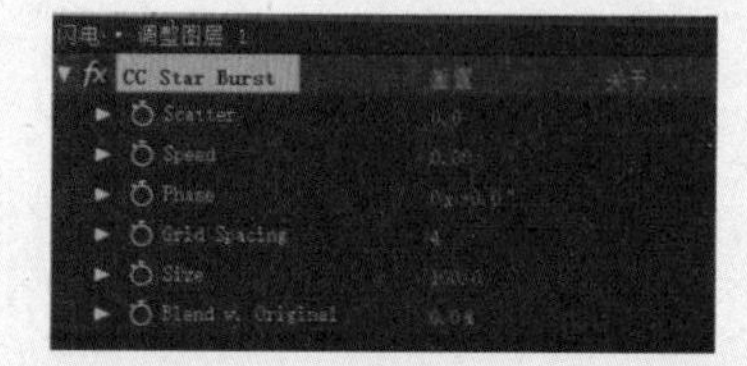

图4-88

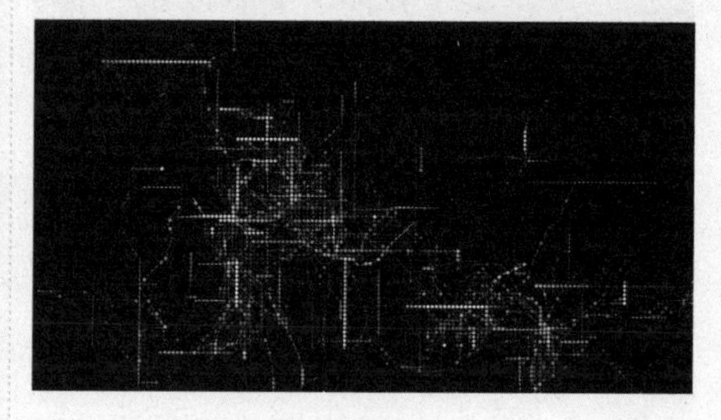

图4-89

11 选中调整图层，执行“效果”→“通道”→“固态层合成”命令，添加“固态层合成”效果，并将“颜色”调整为黑色。同时，调整CC Star Burst的Grid Spacing和Size值，可以看到圆点被单独显示出来，如图4-90所示。

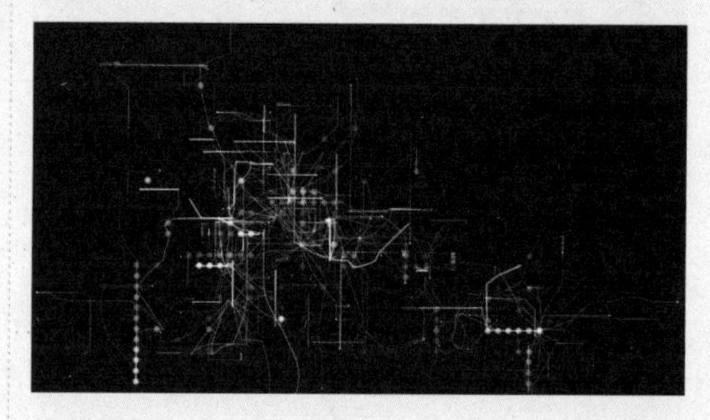

图4-90

12 再建立一个调整图层，执行“效果”→“风格化”→“发光”命令，为闪电添加发光效果，并将“发光半径”值调大。执行“效果”→“色彩校正”→“曲线”命令，添加“曲线”效果，单独修改RGB通道的曲线，用于调整颜色，如图4-91所示。

13 回到“方形闪电”合成，创建一段文字，如图4-92所示。选中“文字”图层并右击，在弹出的快捷菜单中选择“预合成”选项，命名为LOGO。

图4-91

图4-92

14 在“时间线”面板中选中文字图层，右击，在弹出快捷菜单中选择“创建”→“从文字创建形状”选项，可以看到参照文字的外形创建了一个形状图层，也可以使用这种方法创建LOGO的外形，如图4-93所示。

图4-93

15 在工具栏右侧调整“填充”和“描边”颜色，并把“描边宽度”调整为6像素，如图4-94所示，可以看到创建了镂空的文字，如图4-95所示。

图4-94

图4-95

16 选中一个闪电效果，在“效果控件”面板中复制该效果。选中LOGO图层，粘贴该效果。需要注意的是，将关键帧动画删除。选中“主核心衰减”和“在原始图像上合成”两个复选框，调整“高级闪电”的“Alpha障碍”值，如图4-96所示，可以看到闪电避开了LOGO的外形，如图4-97所示。

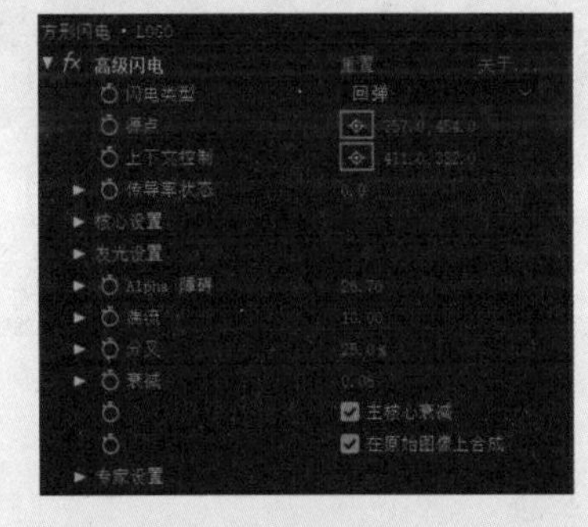

图4-96

图4-97

17 复制两个“高级闪电”效果，并粘贴到LOGO图层上，移动源点的位置，将LOGO图形包围，如图4-98所示。

图4-98

18 选中文字图层，并复制该图层，切换回“闪电”合成，将“文字”图层粘贴进去，并将其隐藏。创建“调整图层3”，如图4-99所示。

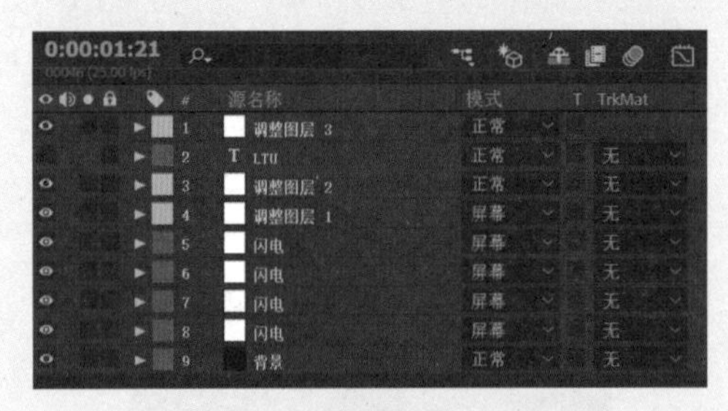
图4-99

19 选中“调整图层3”，执行“效果”→“通道”→“设置蒙版”命令，将“从图层获取蒙版”切换为2.LTU（也就是粘贴进来的文字图层），如图4-100所示。可以看到文字蒙版的画面了，如图4-101所示。

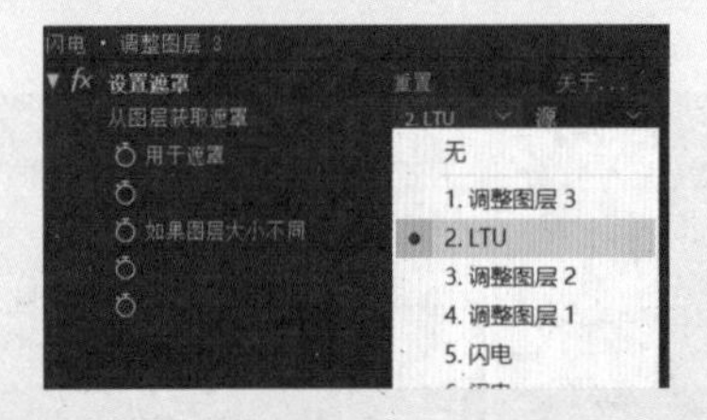
图4-100

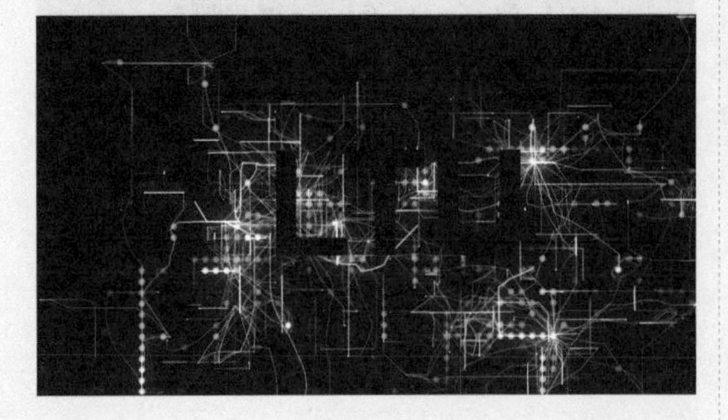
图4-101

20 切换回“方形闪电”合成，可以看到最终的效果，如图4-102所示。

图4-102

21 创建一个摄像机，调整摄像机的位置。复制LOGO图层，单击“3D图层”图标，并调整其“不透明度”值为13，再调整“位置”的Z轴位置，如图4-103所示。调整后的效果如图4-104所示。

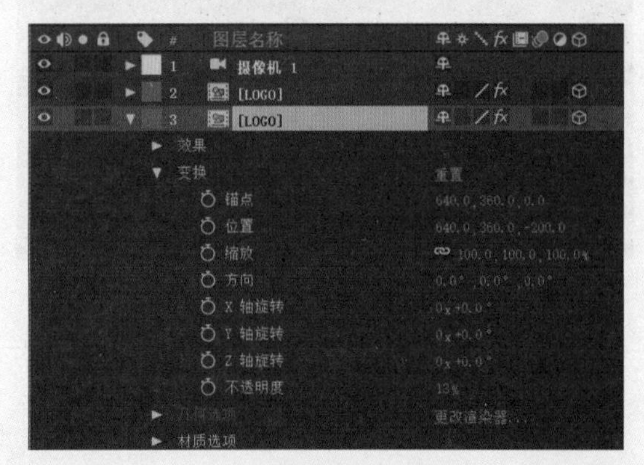
图4-103

图4-104

22 采用同样的方法复制几个LOGO图层，可以为每个LOGO图层单独制作闪电动画，如图4-105所示。调整后的效果如图4-106所示。

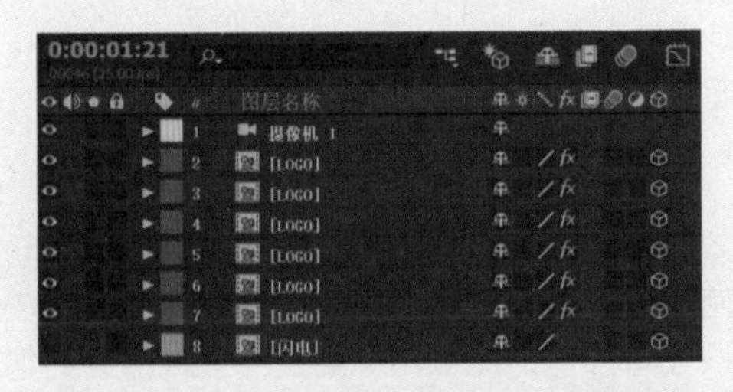

图4-105

图4-106

23 创建一个调整图层，执行“效果”→Video Copilot→VC Color Vibrance命令，添加VC Color Vibrance效果，并调整画面颜色。设置摄像机动画后，可以看到最终变化的闪电效果围绕着文字出现，如图4-107和图4-108所示，至此，本例制作完毕。

图4-107

图4-108

4.9 颜色校正

经常使用Photoshop的人，对颜色校正不会陌生，因为这几种色彩调整方式，在Photoshop中也会经常被用到。在后期影视编辑中，专业调色插件和软件层出不穷，但基本的工作模式大致相同。本节讲述的这几个颜色校正效果，可以简单地完成对于色彩的调整，如果需要更为优秀的调色效果，可以求助于更为强大的插件和工具，但掌握这些基础工具是入门的基础。

4.9.1 色阶

执行“效果”→“颜色校正”→“色阶”命令，添加“色阶”效果，该效果用于将输入的颜色范围重新映射到输出的颜色范围，还可以改变灰度系数正曲线，是所有用来调图像通道的效果中最精确的工具。“色阶”效果调节灰度，可以在不改变阴影区和高光区的情况下，改变灰度中间范围的亮度值。“色阶”效果的控制参数如图4-109所示，添加效果前后的对比效果如图4-110所示。

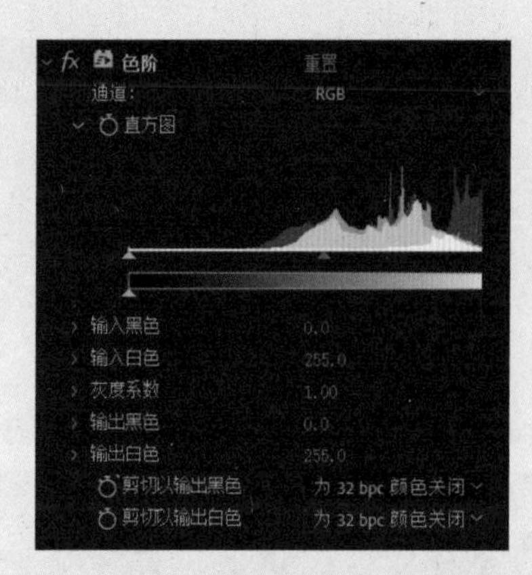

图4-109

图4-110

※ 通道：选择需要修改的通道，包括RGB、红色、绿色、蓝色、Alpha。

※ 直方图：显示图像中像素的分布状态。水平方向表示亮度值；垂直方向表示该亮度值的像素数量；输出黑色值是图像像素最暗的底线值；输出白色值是图像像素最亮的最高值。

※ 输入黑色：用于设置输入图像黑色值的极限值。

※ 输入白色：用于设置输入图像白色值的极限值。

※ 灰度系数：设置灰度的值。

※ 输出黑色：设置输出图像黑色的极限值。

※ 输出白色：设置输出图像白色的极限值。

调整画面的色阶是在实际工作中经常使用到的效果，当画面对比度不够时，可以通过拖动左右两侧的三角形图标调整画面的对比度，使灰度区域或者那些对比度不够强烈的区域的画面得到加强。

4.9.2 色相 / 饱和度

执行“效果”→“颜色校正”→“色相 / 饱和度”命令，添加“色相 / 饱和度”效果，该效果主要用于细致地调整图像的色彩。“色相 / 饱和度”效果也是 After Effects 中最常用的效果，可以针对图像的色调、饱和度、亮度等做细微的调整。“色相 / 饱和度”效果的控制参数如图4-111所示，添加效果前后的对比效果如图4-112所示。

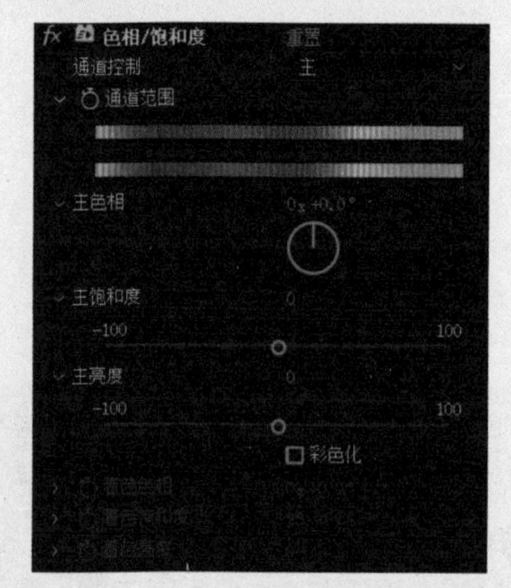

图4-111

※ 通道控制：选择不同的图像通道，分7种，包括主、红色、黄色、绿色、青色、蓝色、洋红。在这里可以控制改变颜色的范围，例如选中红色通道，调整参数将只改变画面中红色区域的颜色，其他颜色将不受影响。

※ 通道范围：设置色彩范围，色带显示颜色映射的谱线。上面的色带表示调节前的颜色；下面的色带表示在全饱和度下调整后所对应的颜色。

※ 主色相：设置色调的值，也就是改变某个颜色的色相，调整该参数可以使单一颜色的图像变换颜色。

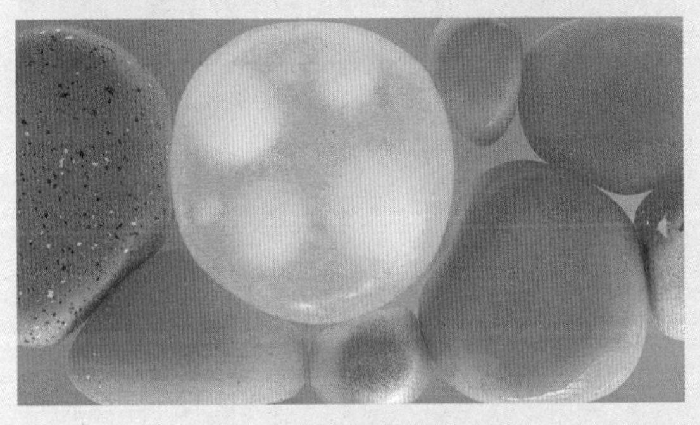

图4-112

※ 主饱和度：设置饱和度值。值为-100时，图像转为灰度图；值为+100时，将呈现像素化效果。

※ 主亮度：设置亮度值。值为-100时，画面全黑；值为+100时，画面全白。

※ 彩色化：选中该复选框后，画面将呈现单色效果。选中该复选框后，下面3个选项会被激活。

※ 着色色相：设置前景的颜色，也就是单色的色相。

※ 着色饱和度：设置前景的饱和度。

※ 着色亮度：设置前景的亮度。

4.9.3 曲线

执行“效果”→“颜色校正”→“曲线”命令，添加“曲线”效果，该效果通过改变曲线来改变图像的色调，从而调节图像的暗部和亮部的平衡，能在小范围内调整RGB数值。曲线的控制能力较强，利用“高亮”“阴影”和“中间色调”3个变量，可以控制画面的不同色调。“曲线”效果的控制参数如图4-113所示，添加效果前后的对比效果如图4-114所示。

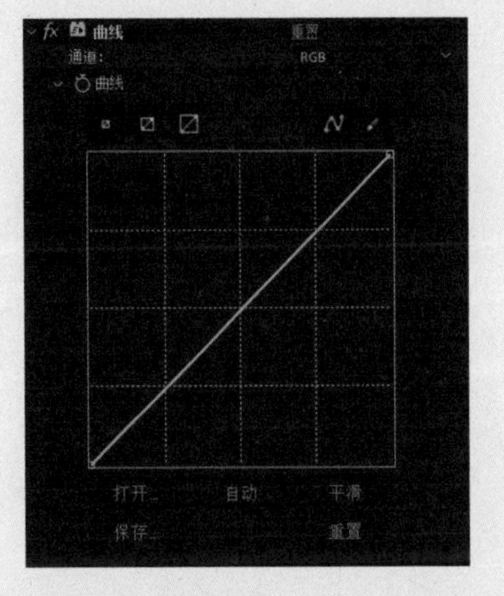

图4-113

图4-114

※ 通道：在该下拉列表中选择色彩通道。共5种，包括RGB、红色、绿色、蓝色、Alpha5。

※ ：单击不同的按钮，调整曲线面板的大小。

※ ：选中该工具，单击并拖动曲线上的点，可以改变曲线的形状，图像色彩也会跟随改变。

※ ：选中该工具，可以绘制任意形状的曲线。

※ 打开：单击该按钮将打开文件夹，可以

导入之前设置好的曲线。

※ 自动：单击该按钮，自动建立一条曲线，对画面进行自动处理。

※ 平滑：单击该按钮，平滑处理曲线。如用“铅笔”工具绘制一条曲线，再单击“平滑”按钮让曲线形状更平衡。多次平滑的结果是将曲线成为一条斜线。

4.9.4 三色调

执行“效果”→“颜色校正”→“三色调”命令，添加“三色调”效果，该效果通过对原图中亮部、暗部和中间色的像素做映射，改变不同色彩层的颜色信息。“三色调”效果与“色调”效果相似，但多出了对中间色的控制。“三色调”效果的控制参数如图4-115所示，添加效果前后的对比效果如图4-116所示。

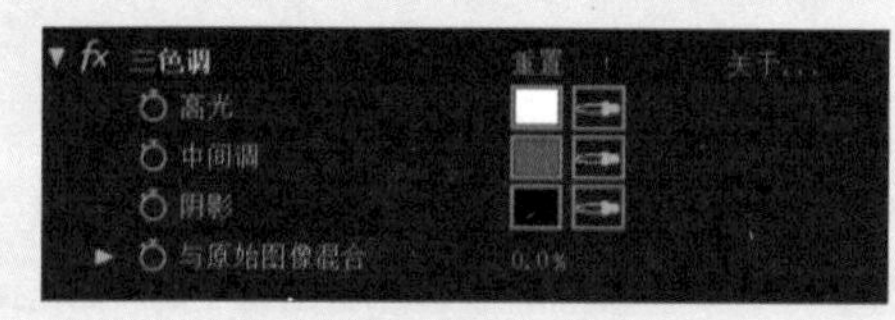

图4-115

图4-116

※ 高光：设置高光部分被替换的颜色。

※ 中间调：设置中间色部分被替换的颜色。

※ 阴影：设置阴影部分被替换的颜色。

※ 与原始图像混合：调整与原图的融合程度。

4.10 实战——调色实例

在 After Effects 中有许多常用的效果都是针对色彩调整的，但单一使用一个效果调整画面的颜色，并不能对画面效果带来质的改变，需要综合应用软件提供的效果进行色彩的调整。本节将综合使用调色效果制作一个实例，具体的操作步骤如下。

01 执行“合成”→“新建合成”命令，在弹出的“合成设置”对话框中调整“合成名称”为“调色实例”，并设置其他参数，如图4-117所示。

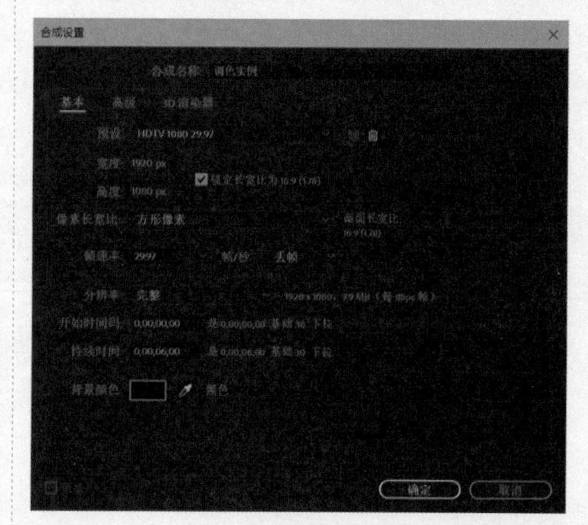

图4-117

02 执行“文件”→“导入”→“文件…”命令，导入本书赠送的“调色”素材。在“项目”面板中选中导入的素材，将其拖入“时间线”面板，图像将被添加到合成中，并在“合成”面板中显示图像，如图4-118所示。

03 按快捷键Ctrl+Y，在“时间线”面板中创建一个纯色图层，弹出“纯色层设置”对话框，设置参数后，创建一个蓝色纯色图层，颜色尽量饱和一些。在“时间线”面板中将蓝色纯色图层放在顶层，如图4-119所示。

图4-118

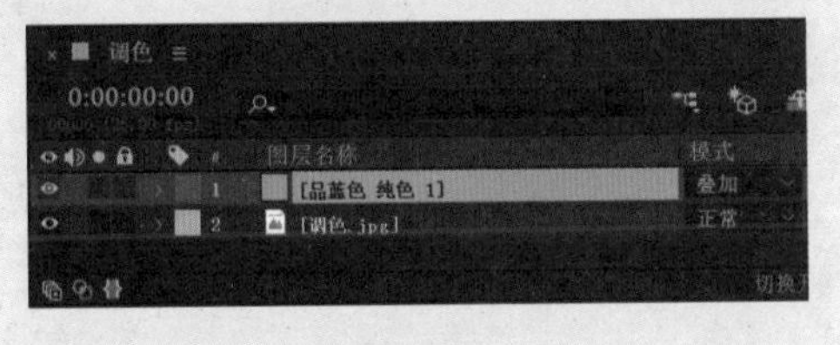

图4-119

04 将蓝色纯色图层的融合模式改为“叠加”，注意观察素材的金属光泽已经变成蓝色，这是为了下一步更好地叠加调色所做的准备，如图4-120所示。

图4-120

05 选中建立的纯色图层，执行“效果”→“颜色校正”→“色相/饱和度”命令，添加“色相/饱和度”效果修改纯色图层的色相，从而改变图像的颜色，如图4-121所示。

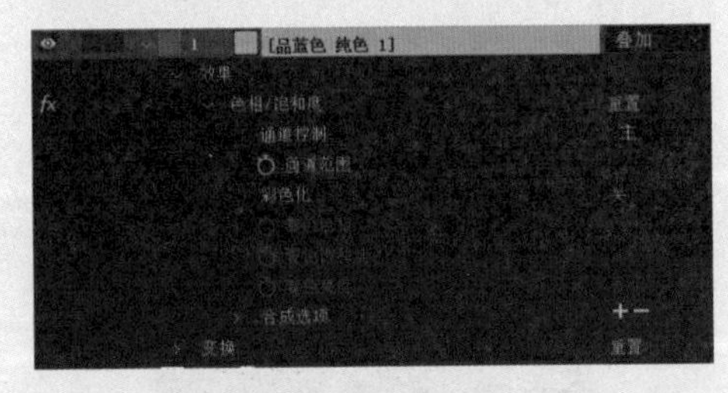

图4-121

06 在“效果控件”面板中，调整“色相/饱和度”效果下的“主色相”值，如图4-122所示，从而调整颜色，如图4-123所示。

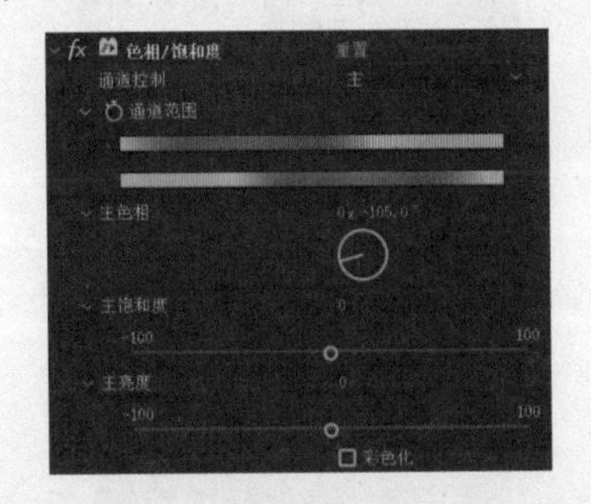

图4-122

图4-123

07 除了对黑白图像可以通过调整图层模式来改变色调，“色相/饱和度”效果还可以针对某一种颜色进行调整。采用相同的方法，将另一张调色素材调入，并为其添加“色相/饱和度”效果，如图4-124所示。

图4-124

08 在“效果控件”面板中，将“通道控制”调整为“红色”，如图4-125所示。我们需要做的是，将需要调整的颜色选出，如果是调整背景的绿色就选择“绿色”通道。

09 选中红色通道，此时选中的范围为正红色，可以通过拖曳三角形图标，调整通道范围，将玫红色部分选出来，如图4-126所示。

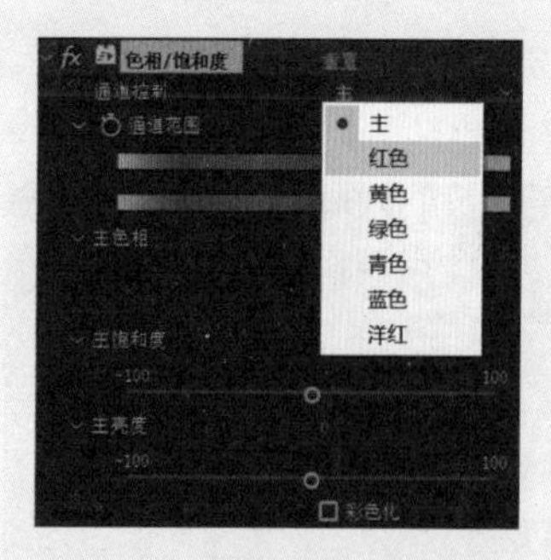

图4-125

图4-126

10 拖动左侧的三角形图标◢，将玫红色部分选进来，如图4-127所示。

图4-127

11 此时调整“主色调”的转轮，可以看到只有文字的颜色发生变化，背景中的绿色没有改变，如图4-128所示。至此，本例制作完毕。

图4-128

4.11 模拟

4.11.1 CC Drizzle

执行“效果”→“模拟”→CC Drizzle 命令，添加 CC Drizzle 效果，创建圆形波纹涟漪效果，看起来像一个池塘被雨滴扰乱了水面。CC Drizzle 效果是一个粒子发生器，随着时间的推移会出现环状的传播。CC Drizzle 效果的控制参数，如图4-129所示，添加效果前后的对比效果，如图4-130所示。

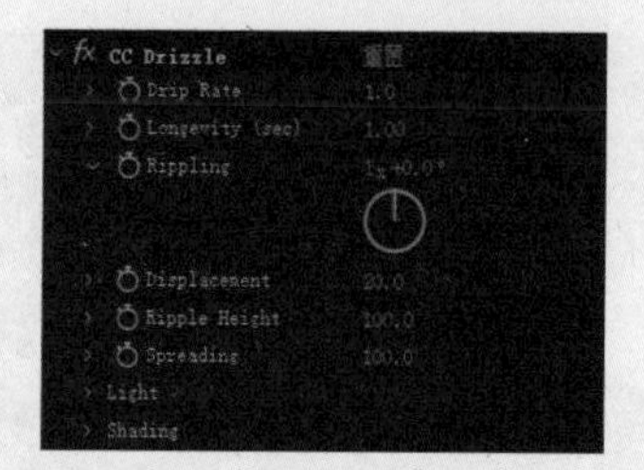

图4-129

图4-130

※ Drip Rate：设置雨滴的下落速度。

※ Longevity（sec）：设置雨滴的寿命。

※ Rippling：设置涟漪的圈数。

※ Displacement：设置涟漪的排量大小。

※ Ripple Height：设置波纹的高度。

※ Spreading：设置涟漪的传播速度。

※ Light：设置灯光的强度、颜色、类型及角度等属性。

※ Shading：设置涟漪的阴影属性。

4.11.2 CC Rainfall

执行“效果”→“模拟”→CC Rainfall 命令，添加 CC Rainfall 效果，该效果可以产生类似液体的粒子来模拟降雨效果。CC Drizzle 效果的控制参数，如图4-131所示，添加效果前后的对比效果，如图4-132所示。

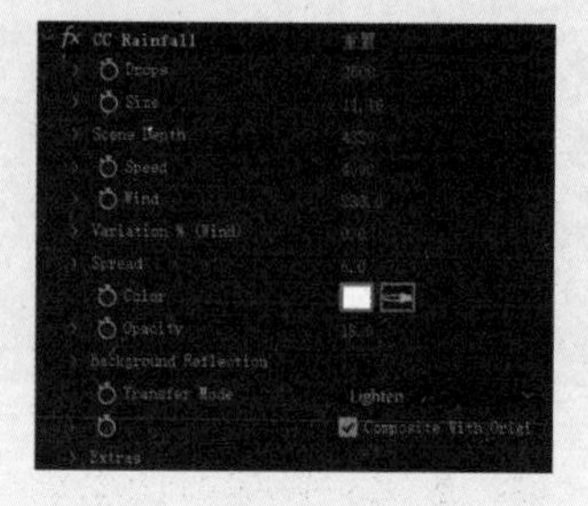

图4-131

图4-132

※ Drops：设置降落的雨滴数量。

※ Size：设置雨滴的尺寸。

※ Scene Depth：设置雨滴的景深效果。

※ Speed：调节雨滴的降落速度。

※ Wind：调节吹动雨的风向。

※ Variation%：设置风向变化的百分比。

※ Spread：设置雨的散布程度。

※ Color：设置雨滴的颜色。

※ Opacity：设置雨滴的不透明度。

※ Background Reflection：设置背景对雨的反射属性，如背景反射的影响、散布宽度和散布高度。

※ Transfer Mode：从右侧的下拉列表中可以选择传输的模式。

※ Composite With Original：选中该选项，显示背景图像，否则只在画面中显示雨滴。

※ Extras：设置附加的显示、偏移、随机种子等属性。

4.12 杂色与颗粒

4.12.1 杂色 Alpha

执行“效果”→“杂色和颗粒”→“杂色Alpha”命令，添加“杂色 Alpha”效果，该效果能够在画面中产生黑色的杂点图像，配合降低饱和度，可以产生老旧黑白照片的效果。“杂色Alpha”效果的控制参数，如图4-133所示，添加效果前后的对比效果，如图4-134所示。

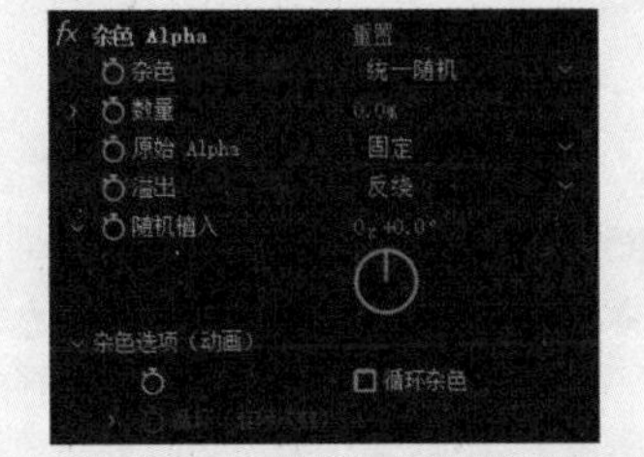

图4-133

图4-134

※ 杂色：在该下拉列表中选择杂色和颗粒模式，共4种，分别为统一随机、方形随机、统一动画、方形动画。

※ 数量：调整杂色和颗粒的数量。

※ 原始 Alpha：在该下拉列表中选择原书Alpha的模式，共4种，分别为相加、固定、缩放、边缘。

※ 溢出：在该下拉列表中选择杂色和颗粒图像色彩值的溢出方式，共3种，分别为剪切、反绕、回绕。

※ 随机植入：设置杂色和颗粒的方向。

※ 杂色选项（动画）：选中“循环杂色”复选框后，调整杂色和颗粒的旋转次数。

4.12.2 分形杂色

执行“效果”→“杂色和颗粒”→“分形杂色”命令，添加“分形杂色”效果，用于模拟如气流、云层、岩浆、水流等效果。“分形杂色”效果的控制参数，如图4-135所示，添加效果前后的对比效果，如图4-136所示。

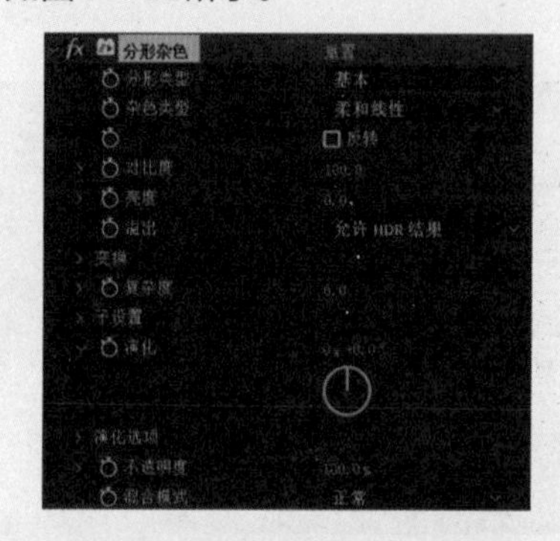

图4-135

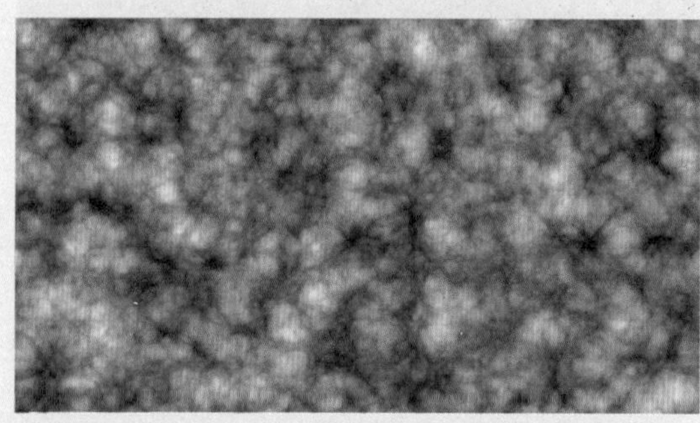

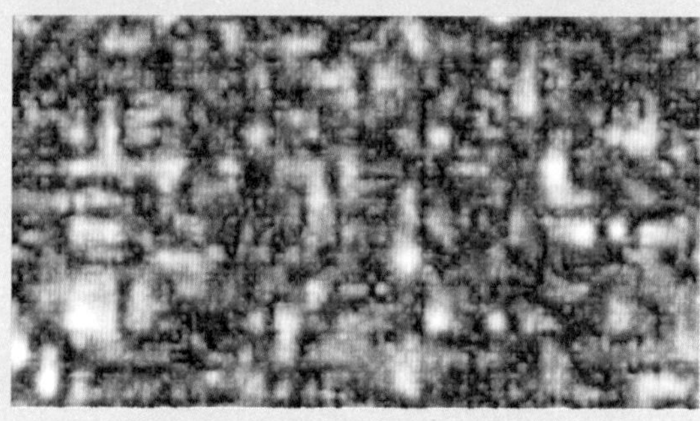

图4-136

※ 分形类型：从右侧的下拉列表中可以指定分形的类型。

※ 杂色类型：选择杂色的类型，包括“块”“线性”“柔和线性”和“样条”4种类型。

※ 反转：选中该选项对图像的颜色、黑白进行反转。

※ 对比度：设置添加杂色的图像对比度。

※ 亮度：调节杂色的亮度。

※ 溢出：从右侧的下拉列表中选择溢出方式，包括“剪切”“柔和固定”“反绕”和“允许 HDR 结果”4种溢出方式。

※ 变换：设置杂色的旋转、缩放和偏移等属性。

※ 复杂度：设置杂色图案的复杂程度。

※ 子设置：设置杂色的子属性，如“子影响”“子缩放”和“子旋转”等。

※ 演化：设置杂色的演化角度。

※ 演化选项：对杂色变化的“循环演化”和“随机植入”等属性进行设置。

※ 不透明度：设置杂色图像的不透明度。

※ 混合模式：指定杂色图像与原始图像的混合模式。

4.13 实战——画面颗粒

本节以实例的形式，学习使用效果的方法，具体的操作步骤如下。

01 执行“合成”→“新建合成”命令，弹出“合成设置”对话框，设置“合成名称”为“画面颗粒”，设置其他参数，如图4-137所示。

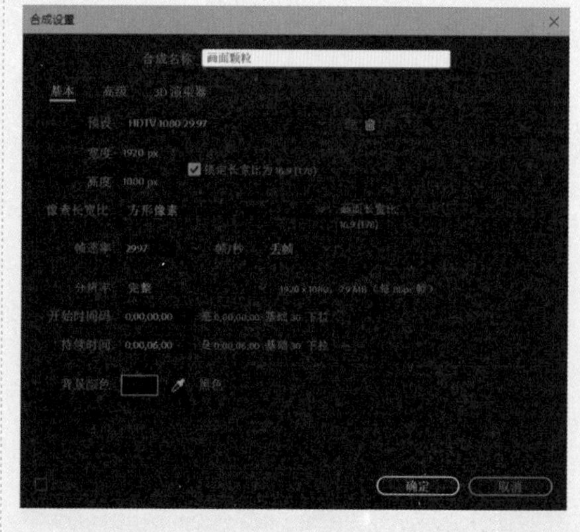

图4-137

02 执行“文件”→“导入”→“文件”命令，导入本书附赠文件中的“画面颗粒”素材，在“项目”面板选中导入的素材，将其拖入“时间线”面板，图像将被添加到合成中，在“合成”对话框中将显示图像，如图4-138所示。

图4-138

03 这是一段电影的素材，而老电影应被当时的技术水平所限制，拍摄的画面都是黑白的，并且很粗糙，下面就来模拟这种效果。在“时间线”面板中，选中素材，执行“效果”→“杂色与颗粒”→“添加颗粒”命令，添加“添加颗粒”效果，调整“查看模式”为“最终输出”，修改“强度”值为3.000，“大小”值为0.500，如图4-139所示。观察画面可以看到明显的颗粒效果，如图4-140所示。After Effects还提供了很多预设模式，用于模拟某些胶片的效果。

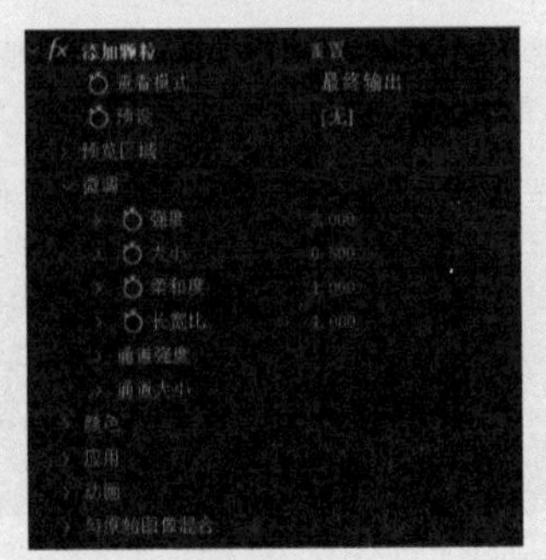

图4-139

04 在“时间线”面板中选中素材，执行“效果”→“颜色校正”→“色相/饱和度”命令，选中“彩色化”复选框，将画面变成单色，调整“着色色相”值为0★+35.0，调整后的效果，如图4-141所示。至此，本例制作完毕。

图4-140

图4-141

4.14 实战——云层模拟

本节以实例的形式，学习使用效果的方法，具体的操作步骤如下。

01 执行“合成”→“新建合成”命令，弹出“合成设置”对话框，设置“合成名称”为“匀称”，设置其他参数，如图4-142所示。

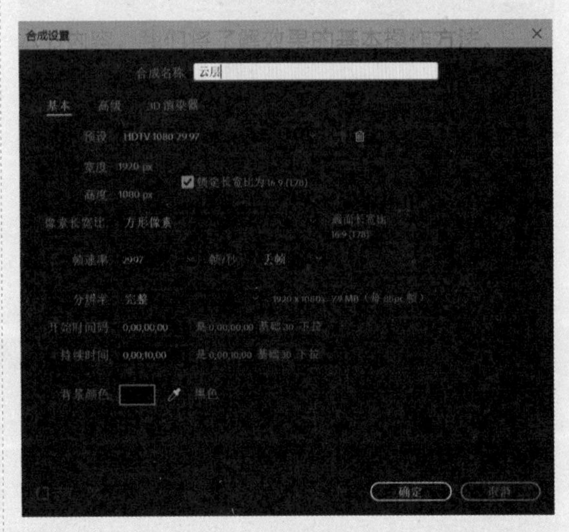

图4-142

02 按快捷键Ctrl+Y，在“时间线”面板中创建一个纯色图层，颜色可以为任何颜色，如图4-143所示。

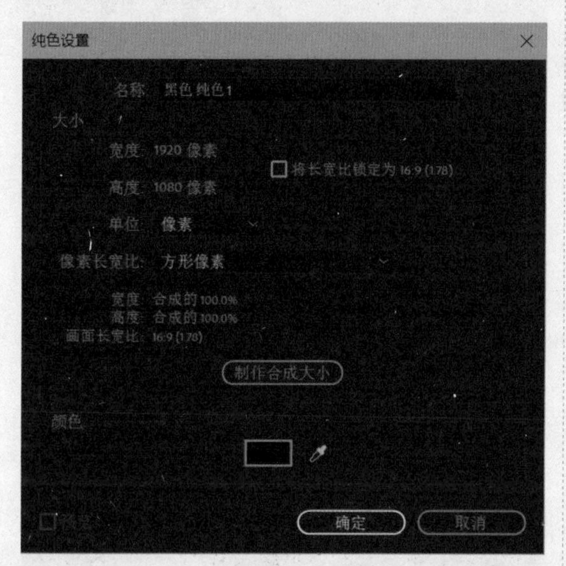

图4-143

03 在“时间线”面板选中纯色图层，执行“效果”→“杂色和颗粒”→“分形杂色”命令，添加“分形杂色”效果。可以看到纯色图层变为黑白的杂色效果，如图4-144所示。

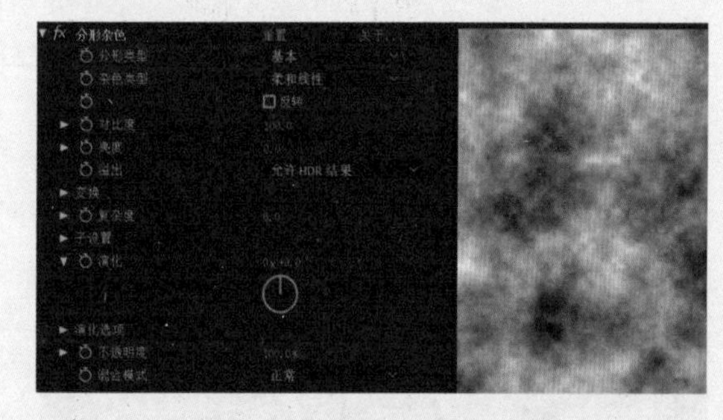

图4-144

04 修改“分形杂色”效果的参数，将“分形类型”设置为“动态”，“杂色类型”为“柔和线性”模式，“对比度”值为200.0，“亮度”值为-25.0，如图4-145所示。

05 在“时间线”面板中，展开“分形杂色”下的“变换”属性，为云层制作动画。开启“透视位移”，分别在时间起始处和结束处，设置“偏移（湍流）”值的关键帧，使云层横向运动，值越大运动速度越快。同时设置“演化”属性，分别在时间起始处和结束处，设置关键帧，其值为5*+0.0，如图4-146所示。按空格键播放动画并观察效果，可以看到云层在不断滚动。

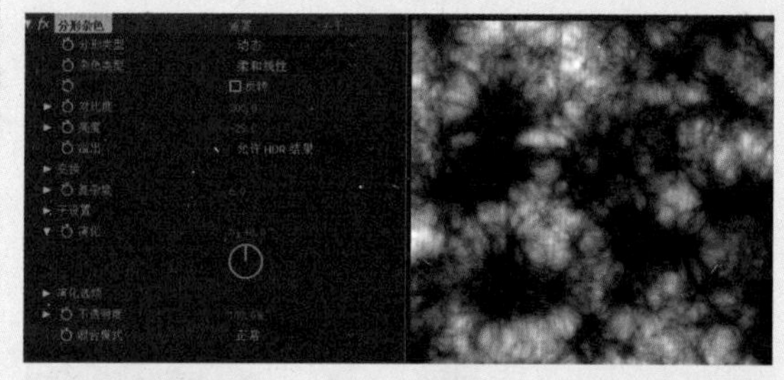

图4-145

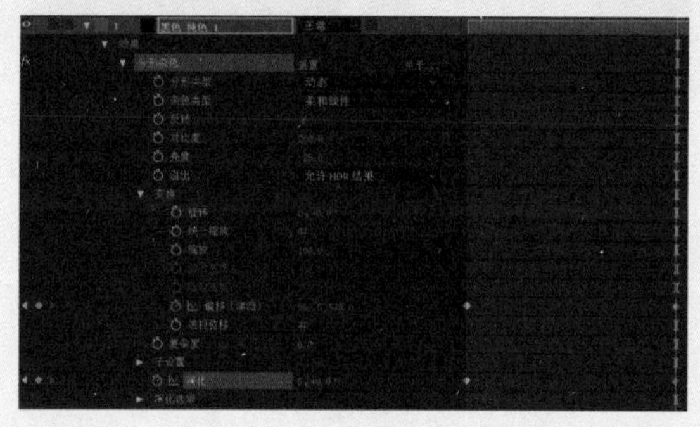

图4-146

06 选中“矩形”工具，在“时间线”面板中选中云层，在“合成”面板中创建一个矩形蒙版，并调整“蒙版羽化”值，选中“反转”复选框，使云层的下半部分消失，如图4-147所示。

图4-147

07 执行“效果”→“扭曲”→“边角定位”命令，添加“边角定位”效果，使平面变为带有透视的效果。在“合成”面板中调整云层四角的位置，使云层渐隐的部分缩小，产生空间透视效果，如图4-148所示。

08 执行“效果”→“色彩调整”→“色相/饱和度”命令，为云层添加颜色。在“效果控件”面板的“色相/饱和度”效果下，选中“彩色化”复选框，使画面产生单色效果，修改“着色色相”值，调整云层为淡蓝色，如图4-149所示。

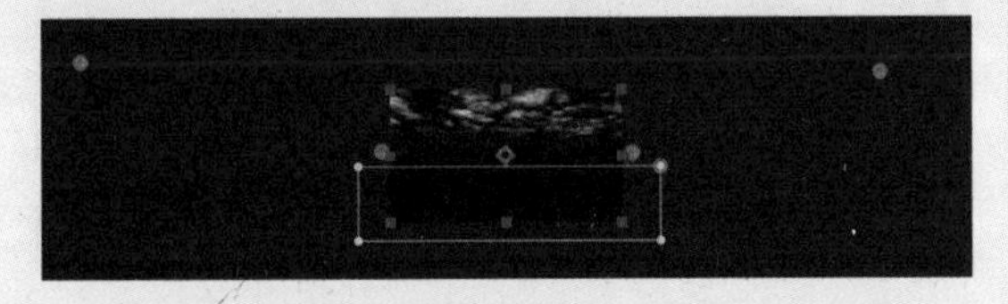

图4-148

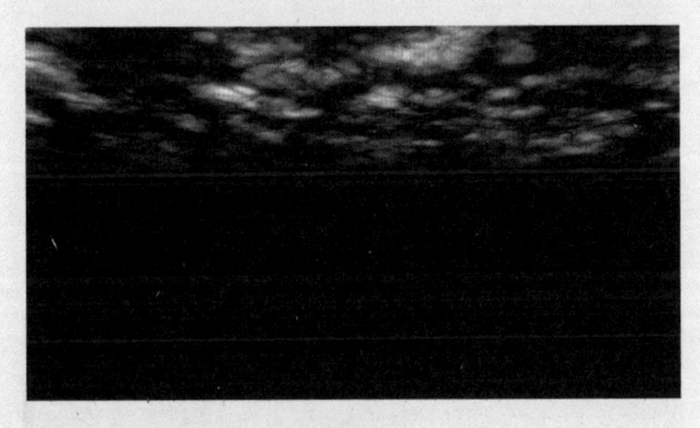

图4-149

09 执行“效果”→“色彩校正”→“色阶”命令，为云层添加闪动效果。“色阶”效果主要用来调整画面的亮度，从而模拟云层中电子碰撞的效果，可以通过提高画面亮度模拟这一效果。设置“色阶”效果的“直方图”值（拖动最右侧的白色三角图标）。为了得到闪动的效果，画面加亮后要再调回原始画面，回到原始画面的关键帧的间隔要小一些，才能模拟出闪动的效果，如图4-150所示。

图4-150

10 创建一个新的黑色纯色图层，执行“效果”→“模拟”→CC Rainfall命令，添加CC Rainfall效果，将黑色的纯色图层的融合模式改为“相加”模式，可以看到雨已经添加到画面中，如图4-151所示。至此，本例制作完毕。

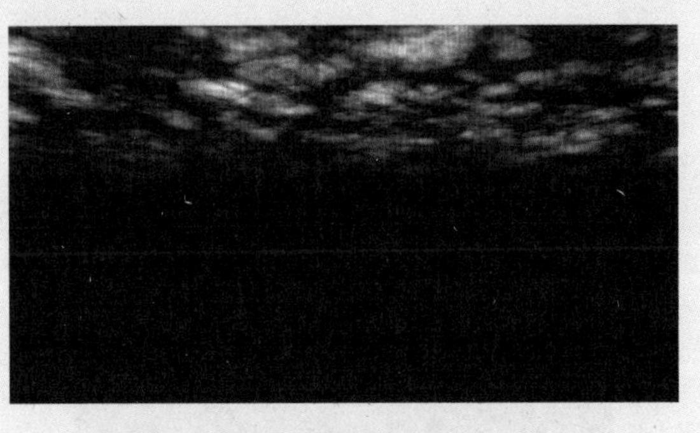

图4-151

4.15 实战——发光背景

01 执行“合成”→“新建合成”命令，弹出“合成设置”对话框，设置“合成名称”为“背景”，设置其他参数，如图4-152所示。

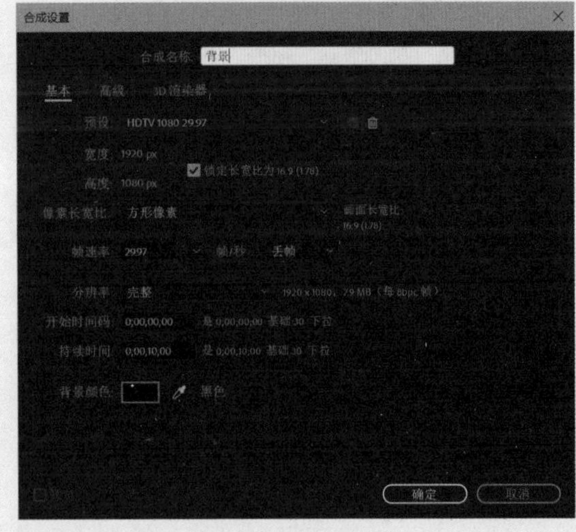

图4-152

02 按快捷键Ctrl+Y，在“时间线”面板中创建一个纯色图层，在弹出的“纯色设置”对话框中，将“名称”设置为“光效”，如图4-153所示。

03 在“时间线”面板中选中“光效”图层，执行“效果”→“杂色和颗粒”→“湍流杂色”命令，设置“湍流杂色”效果参数，如图4-154所示，效果如图4-155所示。

图4-153

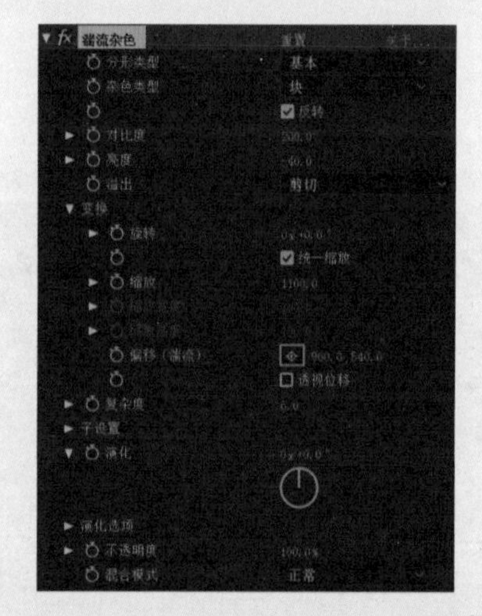

图4-154

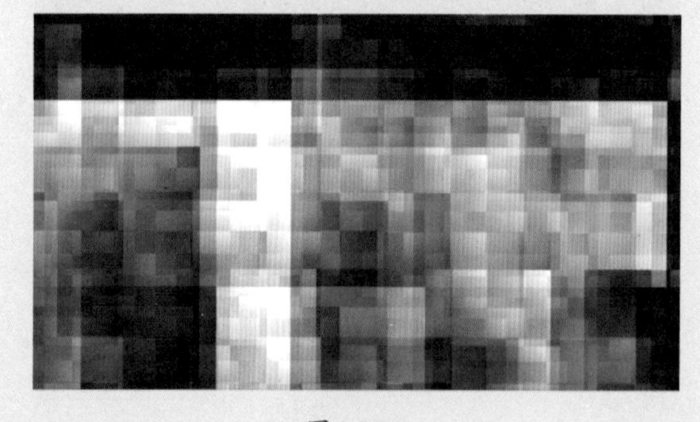

图4-155

04 执行“效果”→“模糊和锐化”→“方向模糊”命令，添加“方向模糊”效果。将“模糊长度”值调整为100，对画面实施方向性模糊，使画面产生线型的光效，如图4-156所示。

图4-156

05 下面调整画面的颜色，执行“效果”→“颜色校正”→“色相/饱和度”命令，添加“色相/饱和度”效果，此处需要的画面是单色的，所以要选中“彩色化”复选框，调整“着色色相”值为260，画面呈现蓝紫色，如图4-157所示。

图4-157

06 执行“效果”→“风格化”→“发光”命令，为画面添加发光效果。为了得到丰富的高光变化，设置“发光颜色”为“A和B颜色”，并调整其他值，如图4-158所示，效果如图4-159所示。

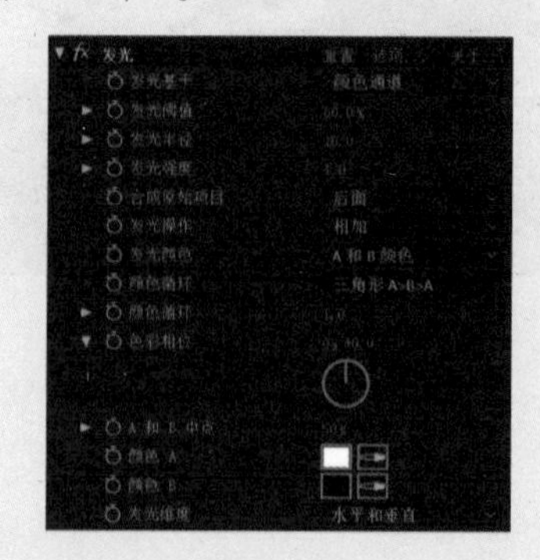

图4-158

07 执行“效果”→“扭曲”→“极坐标”命令，使画面产生极坐标变形，设置“插值”

值为100.0%，“转换类型”为“矩形到极线”，如图4-160所示，效果如图4-161所示。

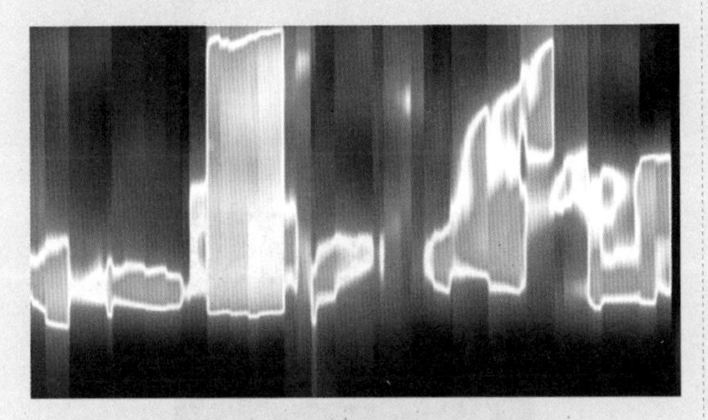

图4-159

图4-160

图4-161

08 下面为光效设置动画，找到“湍流急色”效果的“演化”属性，单击该属性的码表图标，在时间起始处和结束处分别设置关键帧，如图4-162所示，然后按空格键，播放动画并观察效果。

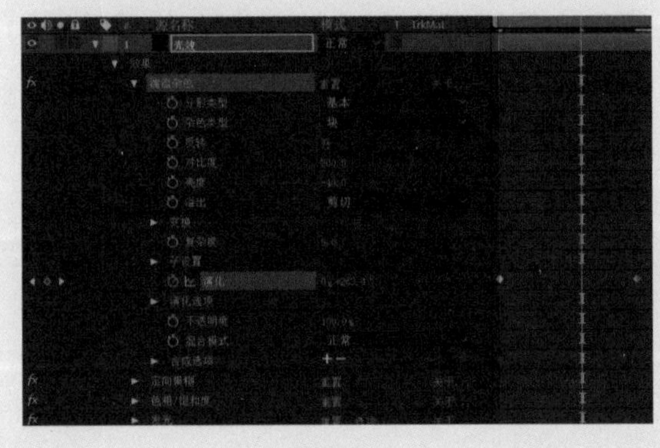

图4-162

本例共使用了5种效果，根据不同的画面要求，可以使用不同的效果，最终呈现的效果是不一样的。还可以通过“色相/饱和度”效果的“着色色相”属性，设置光效颜色变化的动画。

4.16 实战——网版效果

通过本例，学习FFX的动画预设效果，具体的操作步骤如下。

01 首先在X:\Program Files\Adobe\Adobe After Effects 2020\Support Files\Presets\下建立一个Halftone文件夹，将本书附赠的Halftone.ffx文件复制到Halftone文件夹中，如图4-163所示。

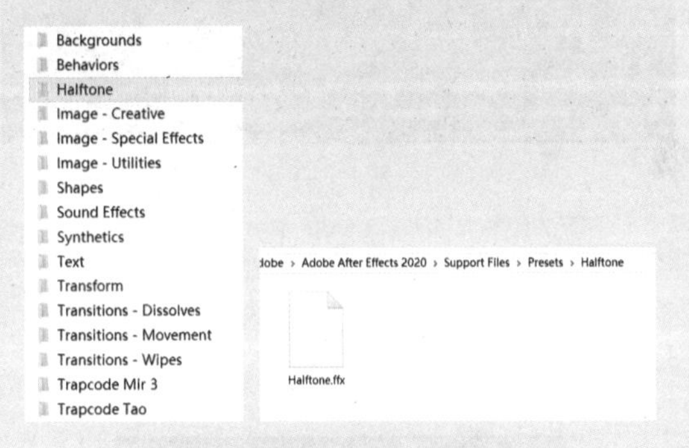

图4-163

02 启动After Effects，在“效果和预设”面板中找到“动画预设”→Halftone选项，如图4-164所示。

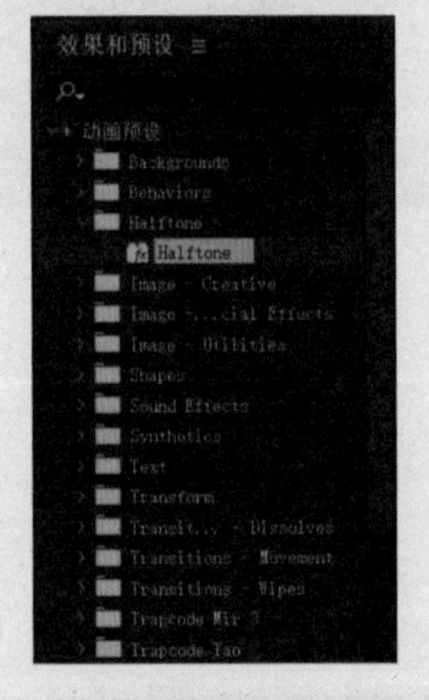

图4-164

03 在“项目”面板的空白处双击，导入本书附赠的“人物”视频素材。因为视频素材是一个竖版视频素材，所以需要建立一个以素材尺寸为基础的合成。只需要将素材从“项目”面板拖至“时间线”面板即可。按快捷键Ctrl+K，观察合成属性，可以看到合成名称和时间长度都和拖进来的素材一致，如图4-165所示。

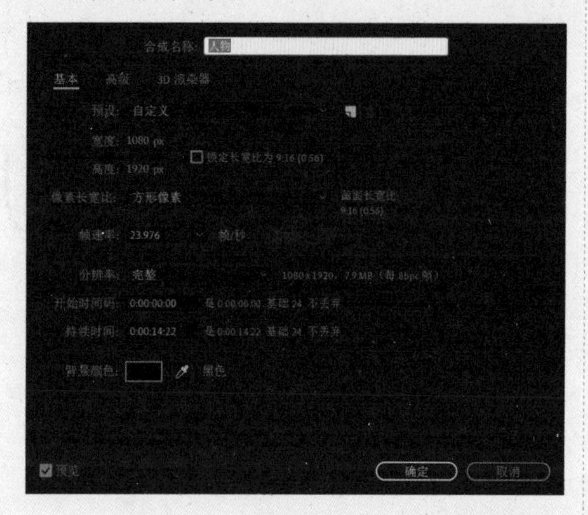

图4-165

04 在“时间线”面板中选中素材，双击“效果和预设”面板中的“动画预设”→Halftone选项，在“效果控件”中可以看到，已经为其添加了一系列“效果”，如图4-166所示。

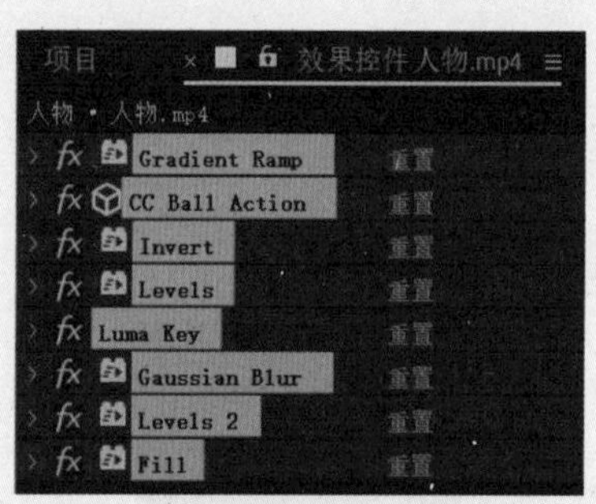

图4-166

05 此时画面是黑色的，这是因为背景显示的是黑色，所以要先建立一个背景。执行“图层”→“新建”→“纯色”命令，创建一个黑色的纯色图层，并命名为“背景”，将其放置在人物素材的下面，如图4-167所示。

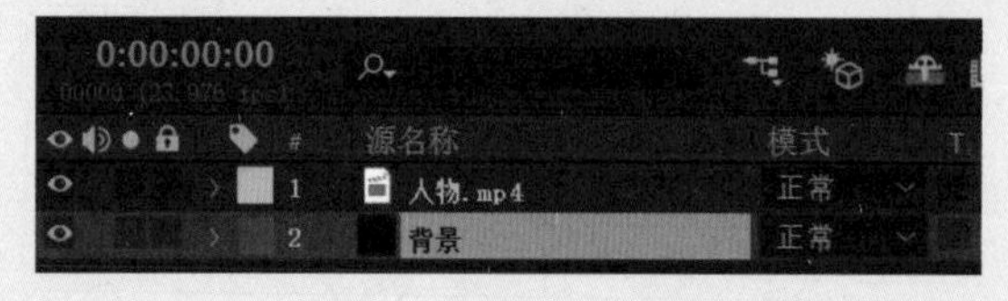

图4-167

06 选中人物图层，在“效果控件”面板中，展开Fill效果，将“颜色”改为亮色，同时关闭Gradient Ramp左侧的FX图标，关闭该效果，如图4-168所示。可以看到画面中的人物素材变成由圆点覆盖的网版印刷效果，如图4-169所示。

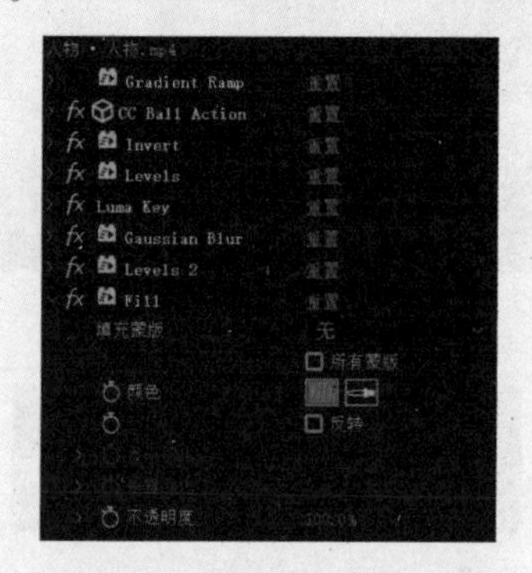

图4-168

图4-169

07 下面观察这些“效果”参数对于画面的影响，展开Luma Key效果，调整“阈值”值为100，可以看到画面中所有的明暗关系都被反映成点阵圆，如图4-170所示。

08 将Luma Key效果的“阈值”调整为0，并制作一段动画。展开CC Ball Action属性，设置Scatter属性的关键帧动画。将时间指示器移至第1帧，单击Scatter属性左侧的秒表图标。当关键帧菱形图标显示出来时，将这个关键帧移至右侧合适的时间处，如图4-171所示。

图4-170

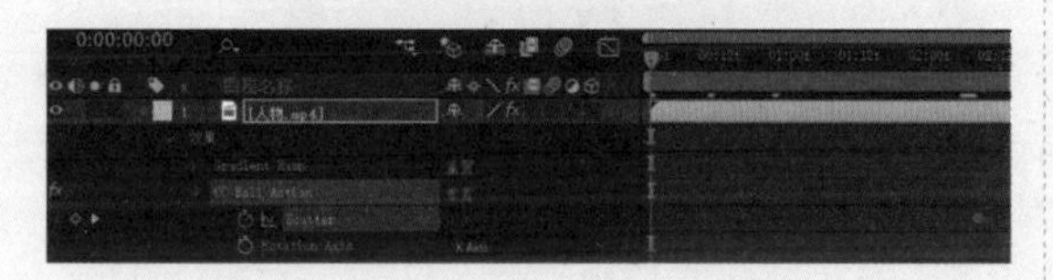

图4-171

09 调整Scatter值为500，可以看到又创建了一个关键帧。因为需要做一个散乱的粒子聚集形成图像的效果，所以需要先设定画面完整效果的关键帧，再设定粒子散落效果的关键帧，这样的操作顺序比拖动时间指示器创建关键帧少了一步，不要小看这一步的操作，养成习惯后可以大幅加快操作速度。类似这样的操作还有在“时间线”面板按下相应属性的快捷键，如选中图层按S键，可以直接显示该图层的“缩放”属性，并且不展开其他属性，这样大幅节省了操作空间，选择多个图层，也可以同时激活“缩放”属性，如图4-172所示。

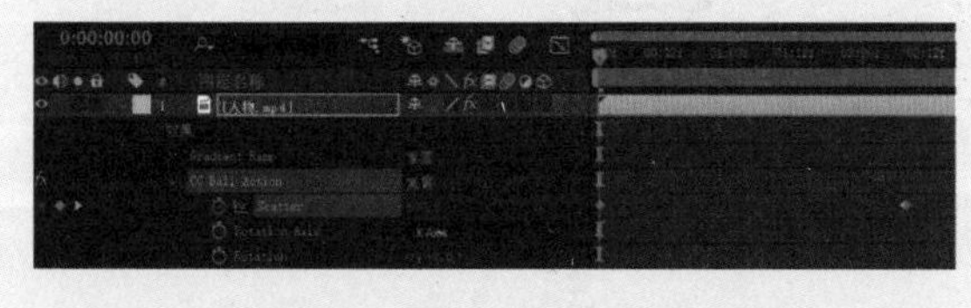

图4-172

10 按空格键可以看到，散乱的粒子，逐渐形成了画面，也可以尝试制作Rotation属性的动画，可以得到生动的粒子动画效果，如图4-173所示。

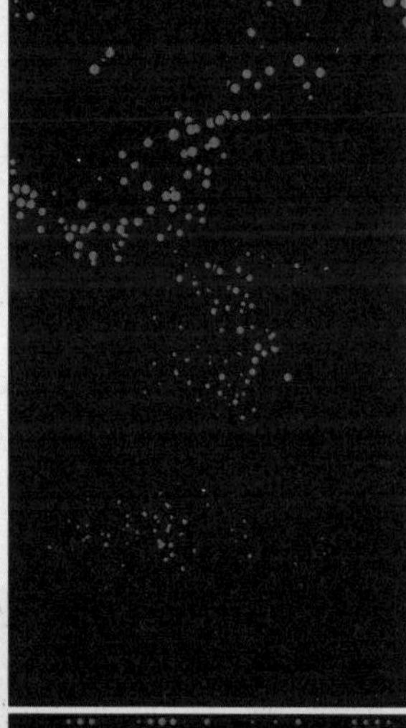

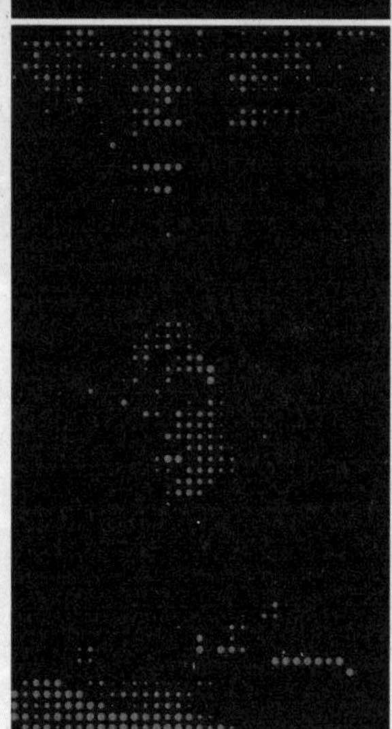

图4-173

第5章

RED GIANT Trapcode 效果插件

RG Trapcode 公司是 After Effects 优秀的插件供应商之一，其推出的插件功能强大且易于使用，可以帮助用户创建许多出色的视觉特效和动态图形。在本章中会详细介绍RG Trapcode插件，其中将 Particular 18.0 和 Form 18.0 两款插件的每个参数进行了详细讲解，这也是实际工作中最常用的两个插件，同时也使用实例讲解了 Mir 3 与 Tao 两款插件的使用方法。由于参数基本设置模式相同，在深入学习 Particular18.0 与 Form 18.0 两款插件后，我们对于 RG Trapcode 的其他插件基本也可以熟练应用。熟练掌握这些插件不仅可以提高工作效率，还可以让作品更具创意和视觉冲击力，如图5-1所示。

图5-1

插件的英文名称为Plug-in，是一种扩展程序，可以为主程序添加新的功能或增强现有的功能，以满足用户的需求。插件通常是根据特定的接口规范编写的，以便与主程序集成。通过使用插件，可以轻松地添加新的功能或效果，而无须修改主程序的代码或重新编译发布。插件在许多软件中都有广泛的应用，如视频编辑软件、图像处理软件、网页浏览器等。插件可以极大地扩展软件的功能，提高用户的工作效率和创作灵活性，如图5-2所示。

图5-2

After Effects 的插件扩展名为 AEX。Photoshop 和 Premiere Pro 的有些插件也可以在 After Effects 里使用。After Effects 的第三方插件有两种常见的安装方式：一些插件自带安装程序，用户可以自行安装；另一些插件的扩展名为 AEX，可以直接把这些文件复制到 After Effects 安装目录下的 \Adobe\Adobe After Effects 2023\Support Files\Plug-ins\Effects 文件夹中，重启 After Effects 即可使用。一般效果插件都位于“效果”菜单下，可以轻松找到，如图5-3所示。

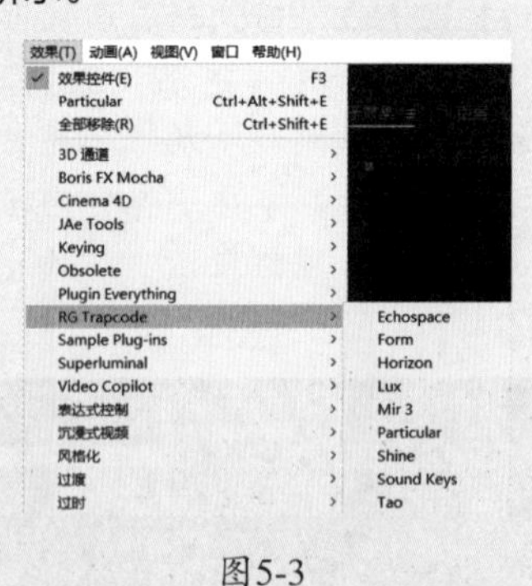

图5-3

5.1 Particular 18.0 效果插件

Particular 插件是 Red Giant 公司针对

After Effects 软件开发的 3D 粒子生成插件，主要用来制作粒子效果。使用该粒子发射器创建火、水、烟、雪和其他视觉效果，或者使用不朽的粒子网格和 3D 形式创建技术奇迹和用户界面，如图5-4所示。

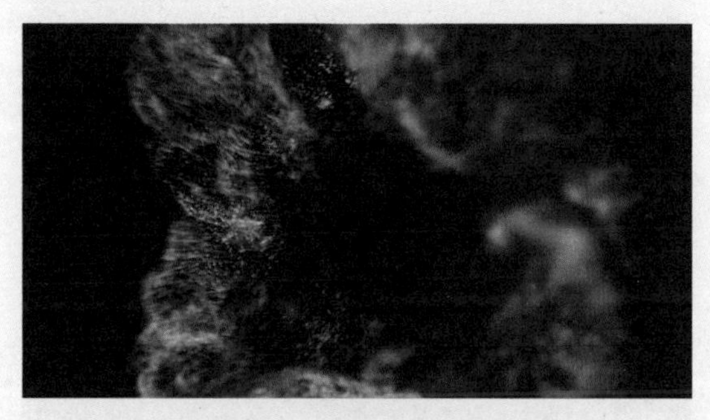

图5-4

Particular 可以分为以下几个系统，如图5-5所示。

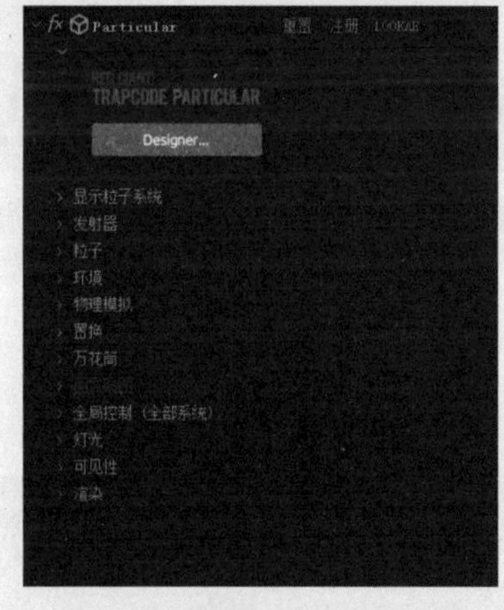

图5-5

※ 显示粒子系统：主要负责显示已经设定或保存的粒子系统属性。

※ 发射器：主要负责管理粒子发射器的形状、位置以及发射粒子的密度和方向等。

※ 粒子：主要负责管理粒子的外观、形状、颜色、大小、寿命（粒子存在时间）等。

※ 环境：主要负责管理粒子的重力、风力、空气湍流等。

※ 物理模拟：用来控制粒子产生后的物理运动属性。

※ 置换：其中包含漂移、旋转、运动路径、湍流场 TF、球形场等设置。

※ 万花筒：主要负责制作粒子的镜像路径X、Y、Z 轴的镜像效果。

※ 图层贴图：主要负责管理图层贴图的相关参数。

※ 全局控制（全部系统）：对设置的粒子效果进行预运行、模拟采样、世界变换等操作。

※ 灯光：对粒子层添加灯光效果，并进行相应的灯光参数修改。

※ 可见性：对粒子属性的远处衰减与远处消失等参数进行修改。

※ 渲染：主要负责管理“渲染模式”和“运动模糊”等参数设置。

总体来说，在 Particular 插件中，粒子有多种类型。首先，粒子可以是 Particular 系统生成的一幅图像，如球形、发光球体、星状、云状、烟状等；其次，使用 Custom Particular（定制粒子）功能，可以使用任何图像作为粒子，这为 Particular 插件带来了无限的可能性。Particular 粒子实际上就是图像，可以是在 Particular 中生成或者我们自己制作的用来作为粒子的图像。

5.1.1 Designer

Particular 效果将“动画预设”做成了单独的面板，单击 Designer（设计者）蓝色按钮就会打开 Designer（设计者）面板。该面板中有近百种效果预设，合理使用这些预设能够有效地提高制作效率。Designer（设计者）面板共分 4 个区域，分别是：PRESETS 预设区域、PREVIEW 预览区域、BLOCKS/CONTROLS 模块与控制区域、EFFECTS CHAIN 效果链区域，如图5-6所示。

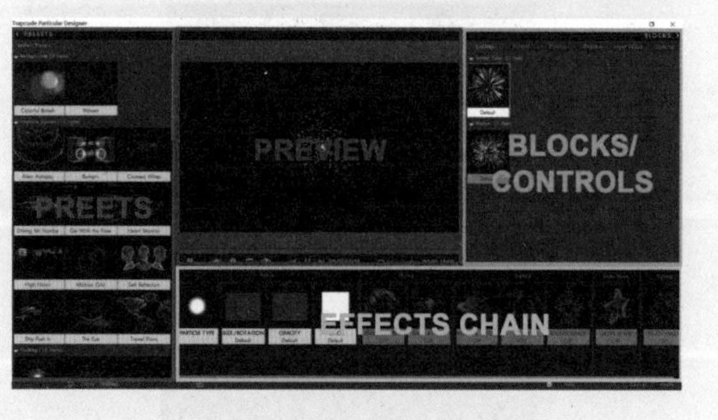

图5-6

1.Designer（设计者）工作流程

首先在PRESETS（预设）区域选择合适的粒子类型，单击相应类型就会显示在EFFECTS CHAIN（效果链）区域，在BLOCKS/CONTROLS（模块与控制）区域调整该粒子的发射类型与运动渲染方式，EFFECTS CHAIN(效果链）将所有的效果组合在一起。最终单击Apply按钮，即可在项目中看到该粒子效果。

2. 预设区域

预设区域有系统自带的粒子效果，共有两种类型，分别是Single System Presets（单一系统预设）和Multiple System Presets（多重系统预设）。用户也可以将自己做好的粒子效果存为预设，在EFFECTS CHAIN效果链区域设置好粒子后，单击Save Single System按钮，即可将粒子保存成预设，如图5-7和图5-8所示。

图5-7

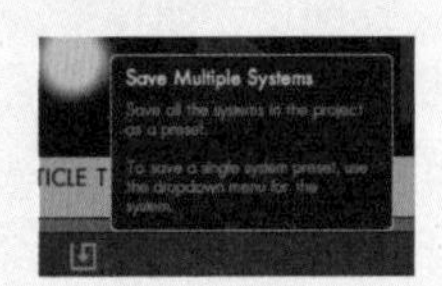

图5-8

展开预设区域的粒子类型，可以直接预览粒子的最终效果，如图5-9所示，单击该粒子类型就可以将其添加到合成中。

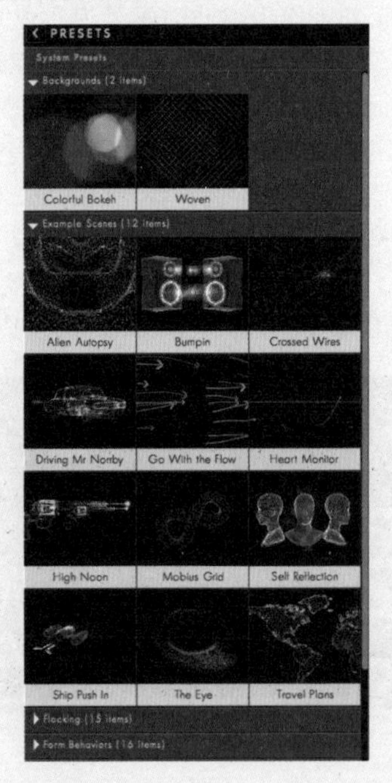

图5-9

3. 模块与控制

单击BLOCKS按钮右侧的蓝色三角形按钮，会弹出相关的预设模块选项，共6个，分别是Emitter（发射器）模块、Particle（粒子）模块、Physics（物理）模块、Displace（置换）模块、Layer Maps（图层映射）模块和Lighting（灯光）模块，如图5-10所示。

图5-10

Emitter（发射器）模块包含Emitter Type发射器类型和Motion运动方式，如图5-11所示。

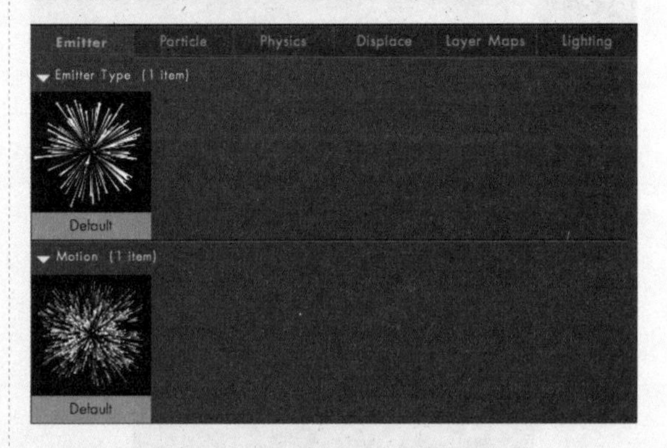

图5-11

Particle（粒子）模块，如图5-12所示，各选项的具体含义如下。

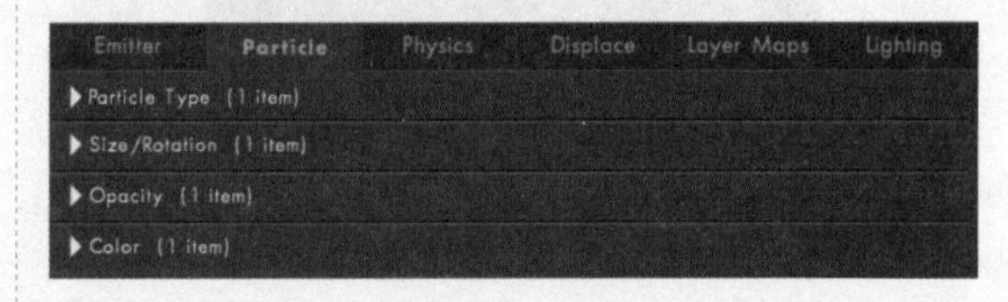

图5-12

※ Particle Type：粒子类型。

※ Size/Rotation：尺寸与旋转。

※ Opacity：不透明度。

※ Color：颜色。

Physics（物理）模块，如图5-13所示，各选项的具体含义如下。

※ Environment：环境。

※ Simulations：包含flocking群集、fluid流体。

图5-13

Displace（置换）模块，如图5-14所示，各选项的具体含义如下。

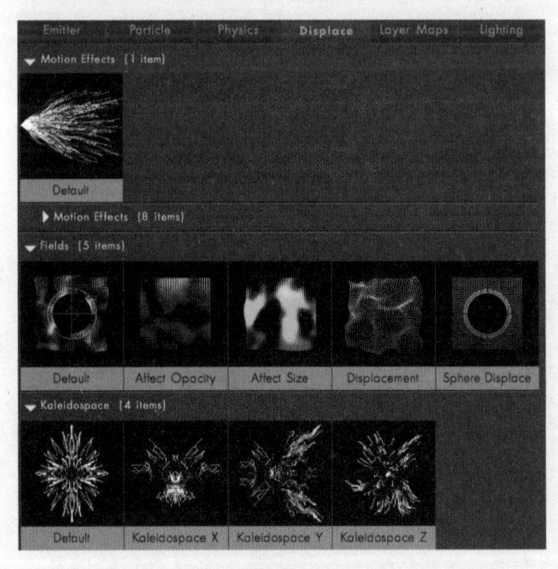

图5-14

※ Motion Effects：运动效果。

※ fields：运动场。

※ Kaleidospace：卡莱多空间。

Layer Maps（图层贴图）模块，如图5-15所示。

Lighting（光照）模块，如图5-16所示。

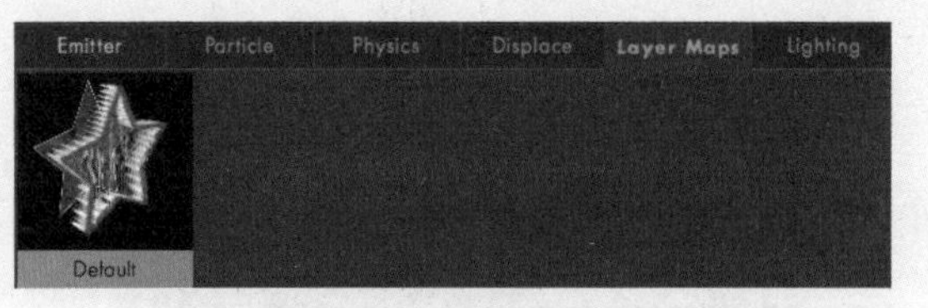

图5-15

图5-16

5.1.2 显示粒子系统

显示粒子系统主要用于显示不同的粒子系统，以方便观察单一粒子系统所展现的效果。可以将多种粒子系统叠加在一起，方便管理从Designer（设计者）区域所应用的效果，如图5-17所示。

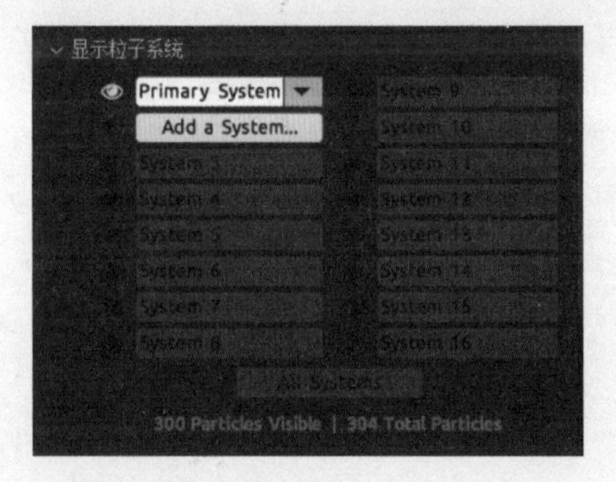

图5-17

5.1.3 发射器

1. 通用发射器

“发射器”属性下的参数，主要用于控制粒子发射器的属性，其设置涉及发射器生成粒子的密度、发射器形状和位置，以及发射粒子的初始方向等，如图5-18所示。主要参数的使用方法如下。

※ 发射器类型：决定粒子以什么形式发射，默认设置是Point（点）发射，如图5-19所示。

» 点：粒子从空间中单一的点发射出来。

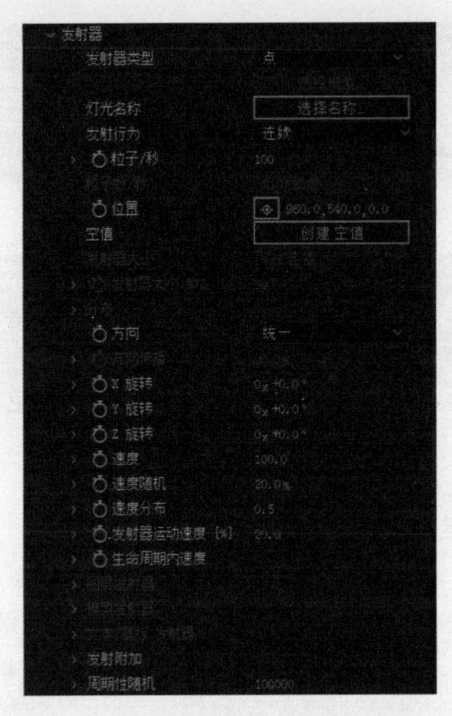

图5-18

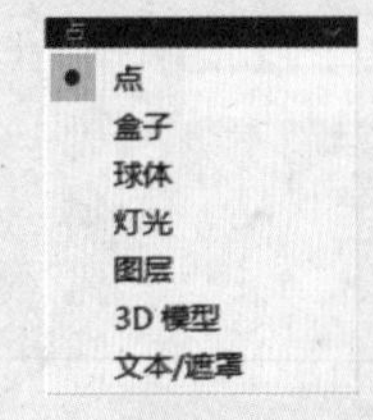

图5-19

» 盒子：粒子从立体的盒子中发射。

» 球体：粒子从球形区域中发射。

» 灯光：使用灯光粒子发射器，首先要新建一个灯光（调节灯光的位置相当于调节发射器的位置），粒子从灯光中向外发射。在灯光自身的选项中，灯光的颜色会影响粒子的颜色，灯光强度也会对粒子产生影响（如果调小灯光强度，相当于降低每秒从灯光中发射的粒子数量）。在一个 Particular 效果中可以有多个灯光发射器，每个灯光发射器可以是不一样的设置。比如，只用一个 Particular 效果，有两个不同的灯光在两个不同的地方生成粒子，粒子的强度与颜色都可以调节。

» 图层：将图片的图层作为发射器发射粒子（需要将图层转换为 3D 图层），使用图层作为发射器，可以更好地控制从哪里发射粒子。

» 文本 / 蒙版：使用文本或蒙版作为发射源。

※ 灯光名称：单击“选择名称”按钮，在弹出的“灯光名称”对话框中设置灯光名称，如图5-20所示。

灯光名称

Light Emitter Name Starts With:

发射器

阴影灯光名称:

阴影

帮助... 取消 确定

图5-20

※ 粒子数 / 秒：控制每秒发射粒子的数量。

※ 位置：设置发射器在三维空间中的位置，可以创建位置关键帧，以移动发射器。

※ 空值：单击“创建空值”按钮，为粒子层创建空对象图层。空对象控制发射器的位置、大小和旋转。当不想使用灯光图层时，可以使用它来创建运动路径。

※ 方向：在该下拉列表中，设置粒子发射的初始方向，如图5-21所示。

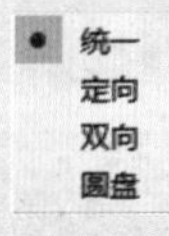

图5-21

» 统一：当粒子从 Point（点）或者其他的发射器类型发射出来时，会向各个方向移动。

» 定向：从某一端口向特定的方向发射粒子。可以使用下方的“方向传播”参数来改变方向。

» 双向：从某一端口向两个完全相反的方向同时发射粒子。通常两个端口的夹角为 180°。

» 圆盘：在两个维度上向外发射粒子，形成一个盘形。

※ 方向传播：值越大，向四周扩散的粒子越多；值越小，向四周扩散的粒子越少。

※ X/Y/Z 轴旋转：控制粒子发射器在 3D 空间中的旋转角度。如果对其设置关键帧，生成的粒子会随着时间的变化，向不同的方向运动。

※ 速度：设置粒子发射的初始速度。当值为 0 时，粒子静止不动；当值为负值时，控制反向发射的速度。

※ 速度随机：控制粒子初速度的随机变化。较小的值，多数粒子低于平均速度；较大的值，多数粒子高于平均速度。

※ “发射器运动速度 %”：控制粒子的初速度受到发射器本身运动的惯性影响。当数值为 0 时，表示粒子初速度不受发射器运动的影响；当数值为正值时，表示拥有与发射器运动相同方向的初速度；当数值为负值时，表示拥有与发射器运动方向相反的初速度。

※ 生命期内速度：设置在粒子的生命周期内，速度的变化曲线。如粒子静止一段时间后开始运动，或者在途中改变粒子的速度等。

※ 周期性随机：设置发射器每秒发射粒子数的频率。值为 0 时，表示固定的周期，每隔相同时间发射粒子；值越大，发射周期越随机，每次发射粒子的间隔时间不同。

2. 图层发射器

设置图层发射器的控制参数。（“发射器类型”选择“图层”选项时，“图层发射器”选项被激活），如图5-22所示。

图5-22

※ 图层：定义作为粒子发射器的图层。

※ 图层采样：定义图层是否读取仅在诞生时的粒子，或者持续更新的每一帧，如图5-23所示。

• 粒子出生时间
当前帧

图5-23

※ 图层 RGB 使用：定义如何使用 RGB 控制粒子大小、速度、旋转和颜色等，如图5-24所示。

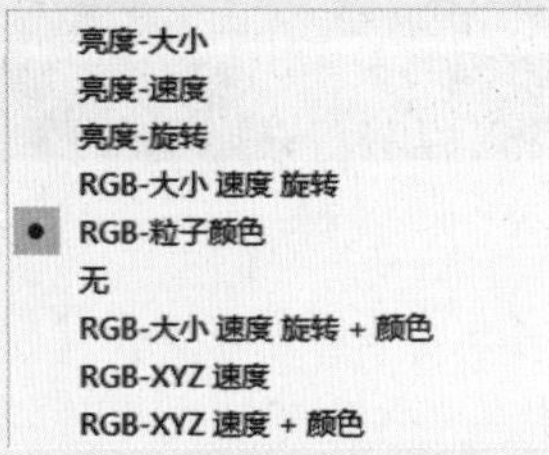

亮度-大小
亮度-速度
亮度-旋转
RGB-大小 速度 旋转
• RGB-粒子颜色
无
RGB-大小 速度 旋转 + 颜色
RGB-XYZ 速度
RGB-XYZ 速度 + 颜色

图5-24

» 亮度 - 大小：粒子的大小受图层发射体亮度的影响。黑色时粒子不可见，白色时完全可见。

» 亮度 - 速度：粒子速度受亮度值影响。如果亮度小于 50%，粒子就会反向发射；如果亮度正好是 50%，那么速度就是 0；超过 50%，粒子将向前发射。

» 亮度 - 旋转：粒子旋转受亮度值影响。

» RGB- 大小 速度 旋转：该选项是对前面选项的组合。使用 R（红色通道）值来定义粒子的尺寸；使用 G（绿色通道）值来控制粒子的速度；使用 B（蓝色通道）值来控制粒子的旋转。

» RGB- 粒子颜色：仅使用每个像素的 RGB 信息确定粒子的颜色。

» 无：只设置粒子发射区。

» RGB - 大小 速度 旋转 + 颜色：粒子的大小、速度、旋转和颜色都受到图层发射体的红、绿、蓝通道影响。

» RGB - XYZ 速度：粒子的速度是通过发射图层的红色、绿色和蓝色通道控制的。

» RGB - XYZ 速度 + 颜色：粒子的速度和颜色受发射图层的红、绿、蓝三色通道控制。

3. 模型发射器

选择发射器类型（Emitter Type）中的3D模式（3D Model）选项，激活此参数组，如图5-25所示。

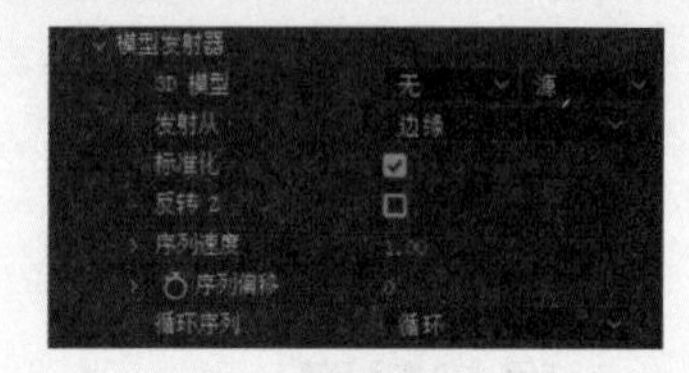

图5-25

※ 3D模型：选择OBJ模型对象图层。

※ 发射从：在该下拉列表中，选择粒子从模型对象的什么部位发送，如图5-26所示。

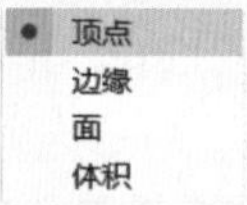

顶点
边缘
面
体积

图5-26

» 顶点：使用模型上的点作为发射源。

» 边缘：使用模型上的边作为发射源。

» 面：使用模型上的面作为发射源。

» 体积：使用模型整体作为发射源。

※ 标准化：确定发射器的缩放与移动的标准（以第一帧为准），定义其边界框。

※ 反转Z：以Z轴方向反转模型。

※ 序列速度：设置OBJ序列帧的速度。

※ 序列偏移：设置OBJ序列帧的偏移值。

※ 循环序列：控制OBJ序列帧为“循环”还是“一次”播放。

4. 文本 / 遮罩发射器

当设置发射器类型为“文本 / 遮罩”时，此参数组用于控制如何从文本 / 蒙版层发射粒子，如图5-27所示。

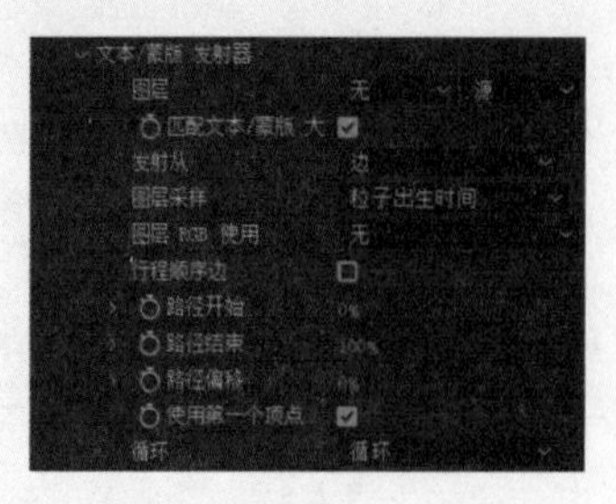

图5-27

※ 图层：选择合成中的一个图层作为文本或蒙版来发射粒子。

※ 匹配文本 / 蒙版：切换是否匹配映射到的文本 / 蒙版的尺寸，而不是使用发射器的尺寸。

※ 发射从：定义粒子发射的位置，通过边缘或表面发射。

※ 图层采样：定义所采样的图层，如何影响发射的粒子，粒子出生时间或当前帧。

※ 图层RGB使用：定义图层中采样的值，如图5-28所示。

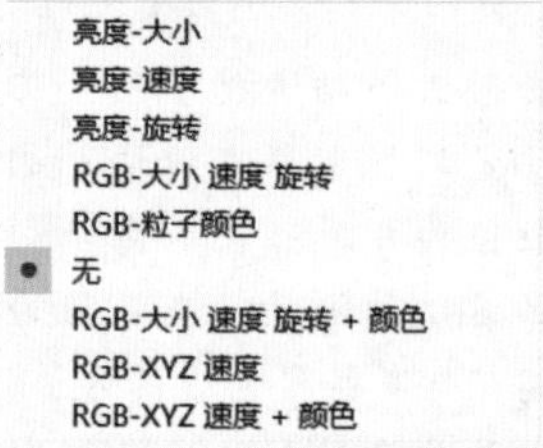

亮度-大小
亮度-速度
亮度-旋转
RGB-大小 速度 旋转
RGB-粒子颜色
无
RGB-大小 速度 旋转 + 颜色
RGB-XYZ 速度
RGB-XYZ 速度 + 颜色

图5-28

» 亮度 - 大小：粒子的大小受图层发射体亮度的影响。黑色时粒子不可见，白色时完全可见。

» 亮度 - 速度：粒子速度受亮度值影响。如果亮度小于50%，粒子就会反向发射；如果亮度正好是50%，那么速度就是0；超过50%，粒子将向前发射。

» 亮度 - 旋转：粒子旋转受亮度值影响。

» RGB- 大小 速度 旋转：该选项是对前面选项的组合。使用R（红色通道）值来定义粒子的尺寸；使用G（绿色通道）值来控制粒子的速度；使用B（蓝色通道）值来控制粒子的旋转。

» RGB- 粒子颜色：仅使用每个像素的RGB信息确定粒子的颜色。

» 无：只设置粒子发射区。

» RGB - 大小 速度 旋转 + 颜色：粒子的大小、速度、旋转和颜色都受到图层发射体的红、绿、蓝通道影响。

» RGB - XYZ 速度：粒子的速度是通

过发射图层的红色、绿色和蓝色通道控制的。

» RGB - XYZ 速度＋颜色：粒子的速度和颜色受发射图层的红、绿、蓝三色通道控制。

下面的参数需要在“发射从”下拉列表中选择“边缘”选项才可用。

※ 路径开始：切换文字描边开始，是以字母，还是以单词为基础。

※ 路径结束：切换文字描边结束，是以字母，还是以单词为基础。

※ 路径偏移：设置路径的偏移量。

※ 使用第一个点：选中该复选框，使用起始顶点。

※ 循环：定义在路径开始、路径结束和路径偏移参数中生成的路径动画，是只出现“一次”还是在“循环”中出现。

5.1.4 粒子

“粒子”中的参数，主要负责控制粒子的外观、形状、颜色、大小、生命持续时间等。在粒子中创建的粒子可以分为 3 个阶段：出生、生命周期、死亡，如图5-29所示。

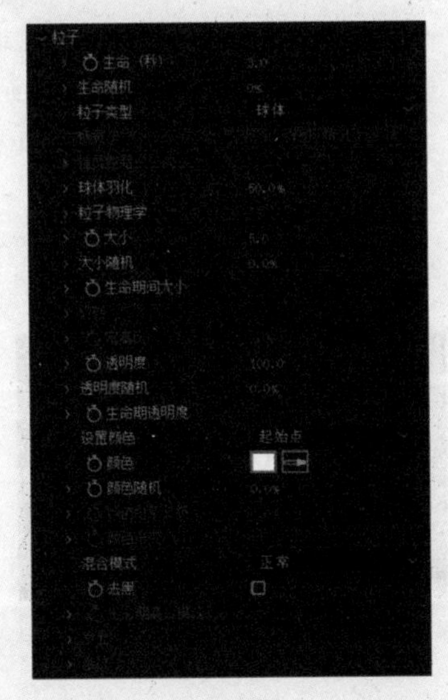

图5-29

※ 生命（秒）：控制粒子从出现到消失的时间，默认为3.0（单位是秒）。

※ 生命随机：随机增长或者缩短粒子的生命时间。该值越大，每个粒子的生命周期将会具有很大的随机性，变大或者变小，但不会导致生命值为0。

※ 粒子类型：设置粒子类型，如图5-30所示。

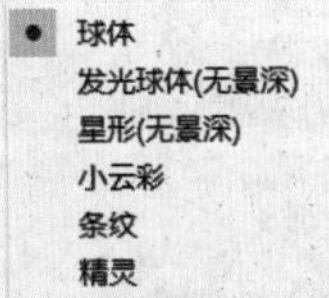

• 球体
发光球体(无景深)
星形(无景深)
小云彩
条纹
精灵

图5-30

» 球体：定义为球形粒子，一种基本粒子图形，也是默认值，可以设置粒子的羽化值。

» 发光球体（无景深）：定义为发光球形粒子，除了可以设置粒子的羽化值，还可以设置辉光度。

» 星形（无景深）：定义为星形粒子，可以设置旋转值和辉光度。

» 小云彩：定义为云层形粒子，可以设置羽化值。

» 条纹：定义为长时间曝光，大点被小点包围的光绘效果，可以创建一些真正有趣的动画。

» 精灵：精灵粒子是一种加载到网格中的自定义层，需要为其选择一个自定义图层或贴图。图层可以是静止的图片，也可以是一段动画。精灵粒子总是沿着摄像机定位，在某些情况下这是非常有用的。在其他情况下，不需要图层定位摄像机，只需要其运动方式像普通的3D图层。此时可以在Textured、Polygon类型中进行选择。

※ 精灵：粒子模式切换到“精灵”时，可以单击“选择精灵”按钮打开Sprite对话框，在该对话框中，单击Add New Sprite... 按钮，添加自定义图片作为粒子，如图5-31所示。

※ 球体羽化：控制粒子的羽化程度和透明度的变化，默认值为50。

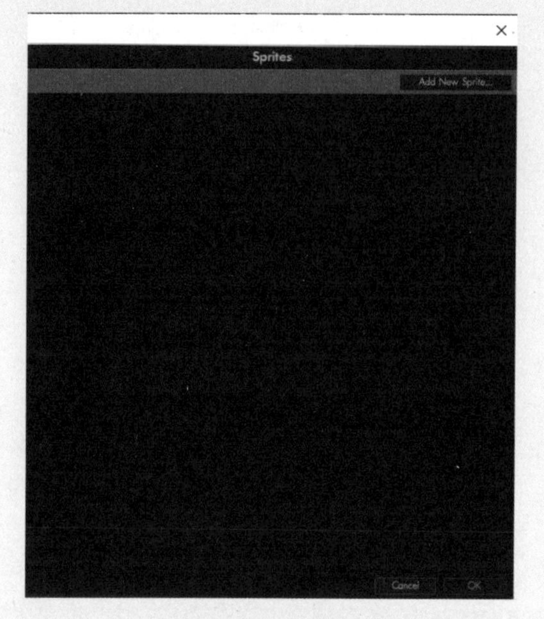

图5-31

※ 粒子物理学：控制粒子如何与环境属性组中的内容进行交互，如图5-32所示。

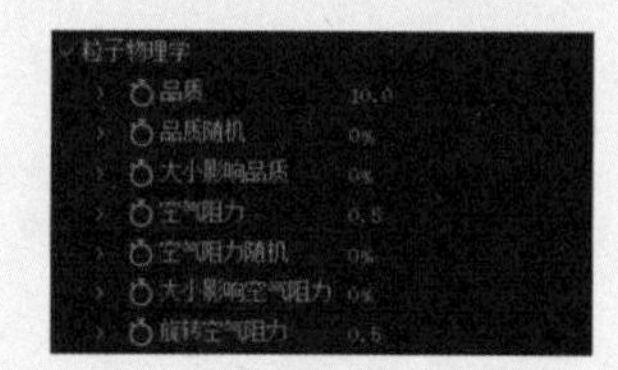

图5-32

» 品质：为粒子分配质量。如质量较大的粒子受风力的影响小，而质量较小的粒子受风力的影响大。

» 品质随机：设置粒子质量在多大范围内随机。较大的值使粒子之间的质量差异较大。

» 大小影响品质：控制粒子大小影响到质量的百分比。默认为0%，表示大小不影响质量。

» 空气阻力：粒子的下落速度与空气阻力有关，与粒子质量无关。默认值为0.5。太大的值可能造成粒子无法移动。

» 空气阻力随机：设置空气阻力值的随机范围。

» 大小影响空气阻力：该值为100%时，越大的粒子受到的空气阻力越大。

» 旋转空气阻力：当该值大于0时，空气阻力对粒子的旋转也施加阻力。

※ 大小：设置粒子出生时的大小。

※ 大小随机：设置粒子大小的随机性。

※ 生命期间大小：控制每个粒子的大小随时间的变化程度。Y轴表示粒子的大小，X轴表示粒子从出生到死亡的时间。X轴顶部表示上面设定的粒子大小加上Size Random值。可以自行设置曲线，常用曲线在图形右边，如图5-33所示。

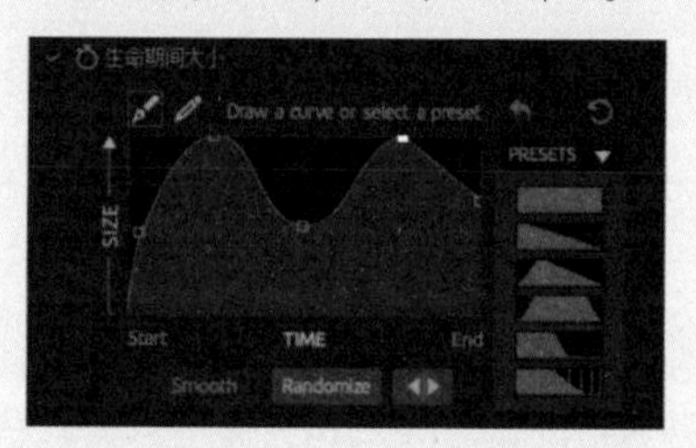

图5-33

» Smooth：单击该按钮，让曲线变得光滑。

» Randomize：单击该按钮，使曲线随机化。

» Flip：单击该按钮，使曲线水平翻转。

※ 透明度：设置粒子出生时的透明度。

※ 透明度随机：设置粒子之间透明度变化的随机性。

※ 生命期透明度：该参数的作用类似“生命期间大小”值，用于控制透明度的周期，如图5-34所示。

图5-34

※ 设置颜色：设置颜色拾取模式，如图5-35所示。

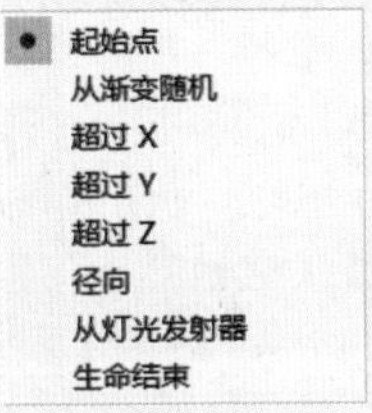

- 起始点
- 从渐变随机
- 超过 X
- 超过 Y
- 超过 Z
- 径向
- 从灯光发射器
- 生命结束

图5-35

» 起始点：设置粒子出生时的颜色，并在其生命周期中保持不变。

» 从渐变随机：设置从“颜色渐变”中随机选择颜色。

» 从灯光发射器：设置灯光颜色来控制粒子颜色。

» 生命结束：在整个生命周期中，粒子的颜色可以发生变化，其具体的变化方式通过“颜色渐变”参数来设定。

※ 颜色：设置粒子出生时的颜色。

※ 随机颜色：设置现有颜色的随机性，这样每个粒子就会随机改变色相。

※ 颜色渐变：表示粒子随时间变化颜色。如从粒子出生到死亡，颜色会从红色变成黄色然后再变成绿色，最后变成蓝色。其中图表的右侧有常用的颜色变化方案，还可以任意添加颜色，只需要单击图形下面区域即可；删除颜色只需要选中颜色，然后向外拖曳即可；双击方块颜色即可改变颜色，如图5-36所示。

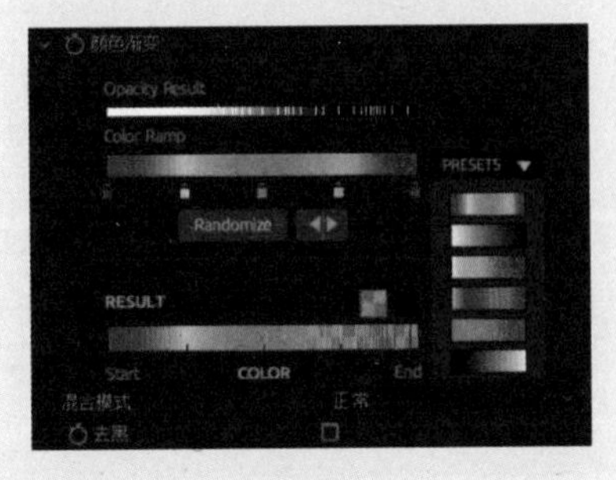

图5-36

※ 混合模式：控制粒子融合在一起的方式。类似After Effects中的混合模式，如图5-37所示。

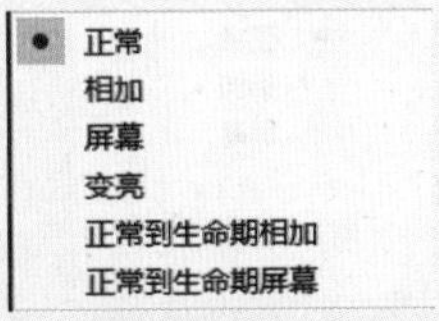

- 正常
- 相加
- 屏幕
- 变亮
- 正常到生命期相加
- 正常到生命期屏幕

图5-37

» 正常：正常的融合模式。

» 相加：与After Effects中的“叠加”模式相同，增加色彩，使粒子更突出并且无视深度信息。

» 屏幕：显示结果结果往往比正常的模式下要明亮，并且无视深度信息。

» 变亮：与“相加”和“屏幕”不同，选中“变亮”模式，意味着按顺序沿着Z轴被融合。

» 正常到生命期相加：超越了After Effects的内置模式，随时间改变叠加的效果。

» 正常到生命期屏幕：超越了After Effects的内置模式，随时间改变屏幕叠加的效果。

※ 发光：增加了粒子光晕效果，但不能设置关键帧。当“粒子类型”为“发光球体（无景深）”时，该参数处于激活状态，如图5-38所示。

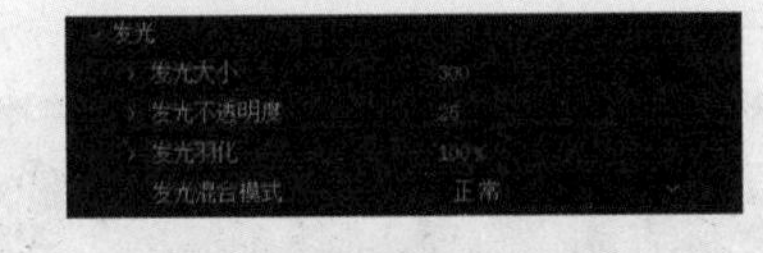

图5-38

» 发光大小：设置发光的大小。较小的值提供微弱的辉光；较大的值将明亮的辉光赋予粒子。

» 发光不透明度：设置发光的不透明度。较小的值提供透明的辉光；较大的值导致粒子的辉光更实在。

» 发光羽化：设置发光的柔和度。较小的值提供一个坚实的边缘；较大的值为粒子提供柔和的边缘。

» 发光混合模式：转换模式控制粒子以何种方式融合在一起，如图5-39所示。

图5-39

※ 条纹：设置一种被称为“条纹”的新粒子的属性。当“粒子类型”为“条纹”时，处于激活状态，如图5-40所示。

图5-40

» 条纹数量：设置条纹的数量。较大的值可以创建一个更密集的渲染线；较小的值将使条纹在三维空间中作为点的集合。

» 条纹大小：设置条纹总体的大小。较小的值使条纹显得更薄；较大的值使条纹显得更厚、更明亮；值为0时将关闭条纹。

» 条纹随机种子：随机定位小粒子点的位置。调整该值，可以迅速改变条纹粒子的形态。

5.1.5 环境

用于控制作用在粒子上的外力，比如重力、风力和空气湍流等，如图5-41和图5-42所示。

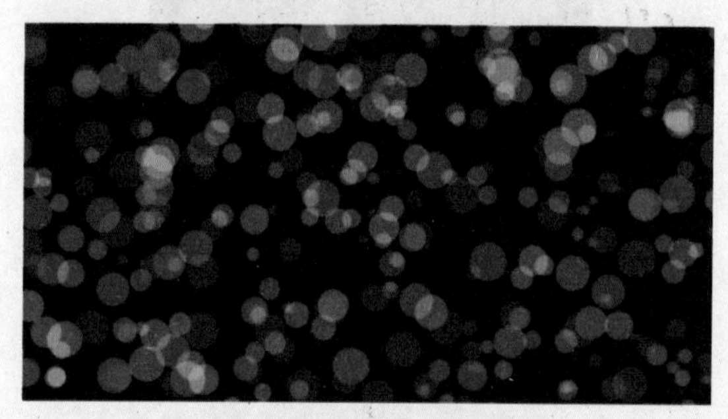

图5-41

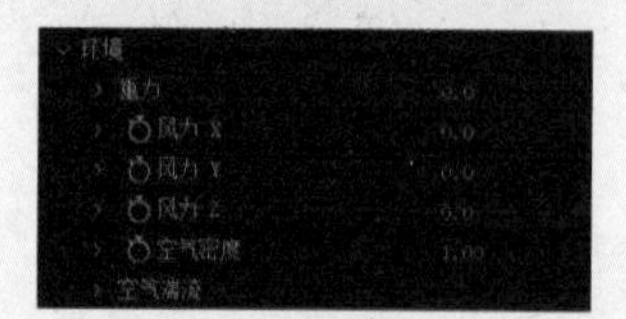

图5-42

※ 重力：控制粒子的重力，正值时粒子会向下降，负值时粒子会上升。

※ 风力X/Y/Z：控制X、Y、Z轴风力的大小，使所有的粒子均匀地在风中移动，并且可以设置关键帧。

※ 空气密度：空气密度配合空气阻力一起使用，影响粒子在空气中的运动方式。较小的值，粒子移动会比较顺畅。较大的值时，粒子移动会比较缓慢。

※ 空气湍流：用于定义粒子周围的空气湍流场，从而影响粒子的位置、方向及旋转等。经常在制造火焰、烟雾等效果时进行设置，如图5-43所示。

图5-43

» 影响位置：增大该数值，可以使空间中粒子受空气的扰动呈现部分粒子向一个位置移动、部分粒子向另一个位置移动的效果。

» 影响方向/旋转：设置空气湍流场影响粒子的方向及自旋的程度。对于不规则的自定义粒子更为明显。

» 随风移动：设置空气湍流场，受风力影响的程度。

» 湍流控制：控制空气湍流场的形状。湍流场是基于柏林分形噪声理论生成的伪随机场，通常是由多个分形叠加而成，如图5-44所示。

图5-44

» 缩放：设置分形的整体比例。值越大，分形之间的相似性更高，从而导致粒子之间的相似度更高。

» 复杂性：叠加的分形数量。可以叠加多层分形，从而产生更精细的变化。

» 力场倍增：设置叠加的分形之间的影响差异程度。

» 演变速度：设置湍流场随时间推移自动演化的速度。值为0时，空气湍流场不随时间而变化；值较大时，空气湍流场随时间演化的速度越快。

» 演变偏移：等同于空气湍流场随时间演化的随机种子。

» 偏移X/Y/Z：设置紊流场3个轴向上的偏移量，可以设置关键帧动画。

5.1.6 物理模拟

“物理模拟”可以对粒子的物理属性以及物理运动进行设置。物理组控制一次发射的粒子如何移动，其中还提供了使用物理学方法模拟更逼真的动画效果的方法，如图5-45和图5-46所示。

图5-45

图5-46

※ 反弹：设置粒子在合成中的特定层中反弹。当物理模拟选择“反弹”时，该参数可用，如图5-47所示。

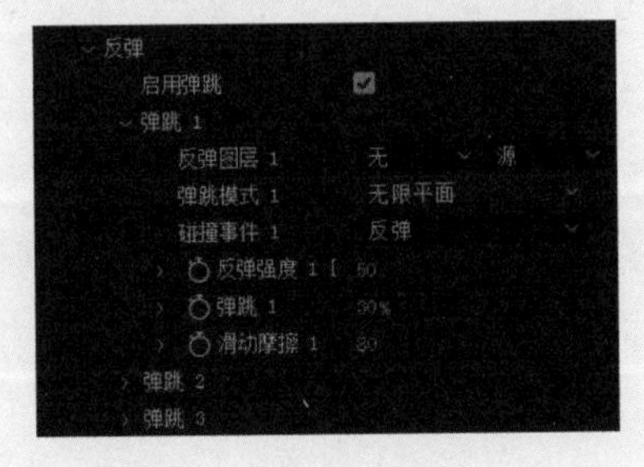

图5-47

» 弹跳1/2/3：最多可以设置3个碰撞/反弹图层。

» 反弹图层：所选图层必须是静帧3D图层，并关闭“塌陷”开关，且不能包含任何关键帧动画。若是文本，需要事先转换为预合成。

» 弹跳模式：设置发生碰撞的区域。

» 碰撞事件：设置碰撞后发生的事件。

» 反弹强度：较大的值使粒子反弹到更高（远）的位置。

» 弹跳：控制粒子反弹的程度。

» 滑动摩擦：控制粒子在面上的滑动摩擦力。较大的值模拟粗糙的表面，表示粒子将很快停止运动；较小的值模拟平滑的表面（如冰面等），表示粒子碰撞后会缓动较长的距离。

※ 曲流：让粒子在运动方向上产生随机变化，类似人群中各自有独立的行走方向。曲流受粒子质量的影响。当物理模拟启用“曲流”时该参数可用，如图5-48所示。

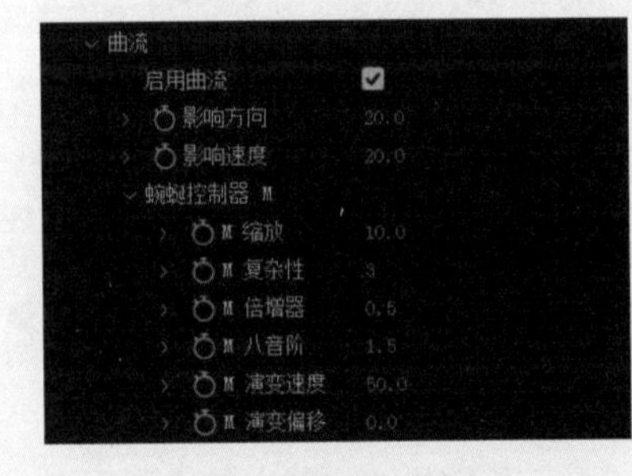

图5-48

» 影响方向：设置粒子运动方向的可变范围。

» 影响速度：设置粒子速度的变化范围，让粒子运动有快有慢。

» 蜿蜒控制器M：蜿蜒的默认引导是通过柏林分形噪波来实现的。所以，控制上类似分形噪波的调整方法。

※ 植绒花纹：模拟粒子之间彼此感知的运动，产生相互吸引或排斥等效果，类似蜂拥而至或溃散而逃等描述的状态。当物理模拟选择启用“植绒花纹”时该参数可用，如图5-49所示。

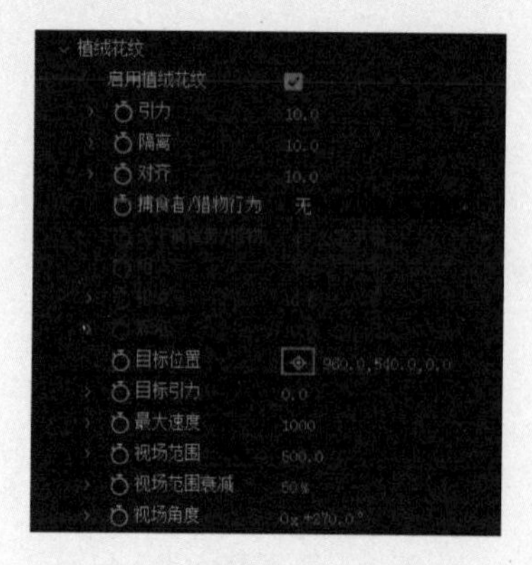

图5-49

» 引力：设置粒子向系统中心移动的趋势。

» 隔离：当粒子靠近时，会产生排斥力推开彼此。值越大，排斥力越大。

» 对齐：让粒子的运动趋势统一，模拟鱼群、鸟群的运动。值越大，粒子运动越统一。

» 捕食者 / 猎物行为：设置“猎人”追赶“猎物”的欲望程度。

» 关于捕食者 / 猎物：设置“猎物”可采取的行为。

» 组：选择组群。

» 继续：设置“猎人”继续追赶“猎物”的欲望程度。

» 躲避：设置“猎物”逃避“猎人”的欲望程度。

» 目标位置：所有粒子都可以被目标点吸引，包括“猎人”和“猎物”。

» 目标引力：值为 0 时，目标点不具备吸引力；值为 100 时，所有粒子都将被吸引过来。

» 最大速度：限制粒子的移动速度。

» 视场范围：设置离目标多远的粒子可被发现或吸引，单位为像素。

» 视场范围衰减：设置视野范围边界处的过渡范围。

» 视场角度：改变发现粒子的角度。

※ 流体：流体模型用于使粒子模拟液体的运动，可以增加“浮力”“漩涡”等动效。当物理模拟选择“流体”时，该参数可用，如图5-50所示。

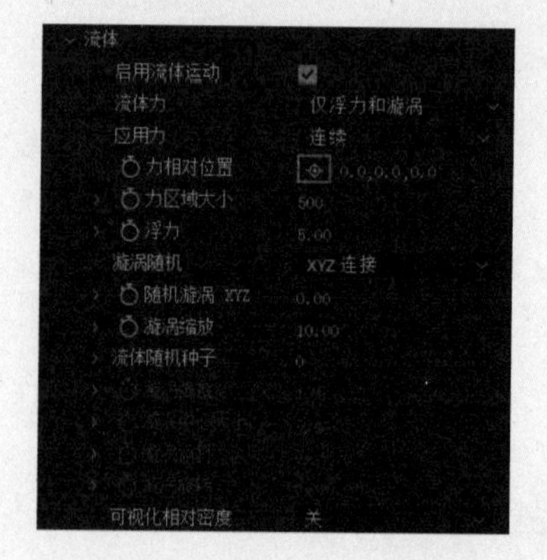

图5-50

» 流体力：切换流体动效的模式，可增加“仅浮力和漩涡”“涡流环”和“涡流管”等动效类型。

» 应用力：设置驱动力完成模式，可选择“连续”选项连续施加力，也可以选择“在开始”选项，仅在开始时施加一次力。

» 力相对位置：设置驱动力的位置。

» 力区域大小：设置驱动力范围。

» 浮力：设置浮力的强度。

» 漩涡随机：设置旋涡动效的随机方位。

» 随机漩涡 X/Y/Z：设置旋涡动效的随机 X、Y、Z 轴方位。

» 漩涡缩放：设置旋涡动效的区域。

» 流体随机种子：设置流体力的随机种子，适用于多个流体粒子模拟时，使其模拟效果略有不同。

» 漩涡强度：设置流体力的强度。

» 漩涡中心大小：设置漩涡的直径，从而改变粒子绕旋的半径。

» 漩涡倾斜：设置漩涡沿浮力轴的倾斜度。

» 漩涡旋转：设置漩涡绕浮力轴的旋转角度。

» 可视化相对密度：设置可视范围内的粒子相对密度的叠加模式，分别为“不透明度”和“明度”。

5.1.7 置换

“置换”组提供了一种仿真的物理模拟方法，渲染速度快，其中的参数不受粒子质量和空气阻力的影响，如图5-51所示。

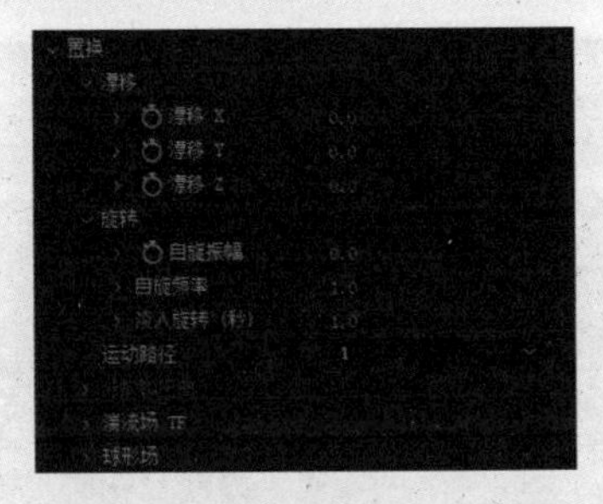

图5-51

※ 漂移：类似早期的风力，非常适合制作雪花飘落、树叶飘落等效果。

» 漂移 X/Y/Z：将粒子分别沿 X、Y、Z 轴推动。

※ 旋转：也称为“紊乱场”或“分形场”。湍流场是基于柏林分形噪波理论对粒子进行影响的，彼此靠近的粒子有相似但不相同的随机运动，常在制作火焰、烟雾、云朵等效果时使用。

» 自旋振幅：使粒子的运动轨迹更随机。值为 0 时，无自旋。值越大，自旋的随机程度可能越大。

» 自旋频率：值越大，自旋的随机次数越多。

» 淡入旋转（秒）：设定自旋动画渐入（入场）的时间。

※ 运动路径：设置粒子发射后的运动路径，默认是沿着发射器方向匀速直线运动的。创建一个灯光并在三维空间中设置灯光的运动路径，并设置粒子的运动路径参数为灯光图层前方的编号数字。可以让粒子发射后，沿着灯光的路径运动。该参数可以精确控制粒子发射后所经过的路径。

※ 分散和扭曲：粒子的分散和弯曲程度。

※ 湍流场 TF：设置湍流场属性。湍流场不是基于流体动力学的，它是基于 Perlin 噪声的一种 4D 位移。湍流场能够很好地实现火焰和烟雾效果，使粒子运动看起来更加自然，因为它可以模拟一些穿过空气或液体粒子的行为。当湍流场的巨型三维地图包含不同的数字，随时间而变化时，可以改变粒子的位置或大小，如图5-52所示。

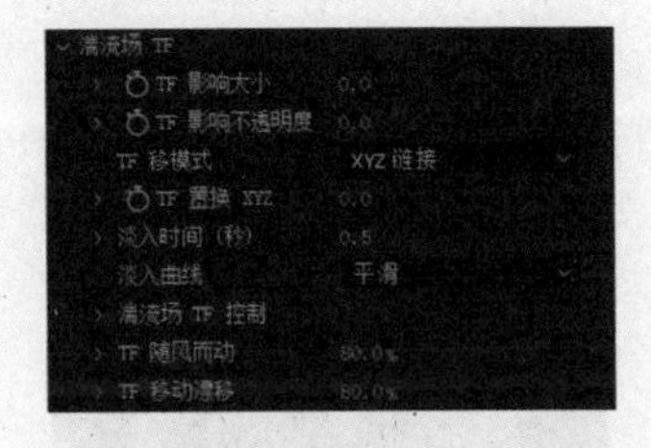

图5-52

» TF 影响大小：增大该数值，可以使空间中粒子受空气的扰动呈现一片大、一片小的效果。

» TF 影响不透明度：随数值变化，为粒子制作类似景深的效果，数值越大，效果越明显。

» TF 移模式：类似随机种子，控制湍流场的演变形式。

» TF 置换 XYZ：设置紊流场 3 个轴向上的偏移量，可设置关键帧动画。

» 淡入时间（秒）：设置的时间之前的粒子完全受紊流场影响，以秒为单位。较大的值，意味着大小或者位置的变化，需要一段时间才能出现，随着时间的推移逐渐淡出。

» 淡入曲线：控制淡入粒子随时间变化。此处预设了“线性”与“平滑”两种不同的淡入方式。默认情况下是“平滑”模式，湍流行为随着时间的推移，粒子过渡不会受到明显的阻碍。“线性”模式的效果显得有些生硬，有明显的阻碍。

» 湍流场 TF 控制：设置复杂湍流场的程度。较大的值，将在所有 4 个维度的场创建一个更密集、更多样化的分形场。

» TF 随风而动：设置用风来移动湍流场的百分比。默认值为 80 时，看起来是更逼真的烟雾效果。在现实生活中，紊流空气由风来移动和改变，此值确保粒子能够模拟类似的行为方式。

» TF移动漂移：设置湍流场受飘移影响的程度。

※ 球形场：定义一个粒子不能进入的区域。因为Particular是一个3D的粒子系统，所以有时候粒子会从区域后面通过，但是通常情况下粒子会避开这个区域而不是从中心通过，如图5-53所示。

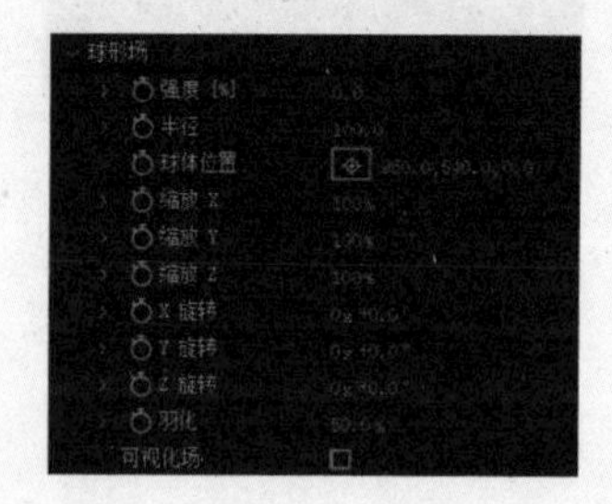

图5-53

» 强度：控制区域内对粒子排斥的强度。

» 半径：设置球形区域的半径。

» 球体位置：设置球形场沿X、Y、Z轴的偏移位置。

» 缩放X/Y/Z：定义球形区域在X、Y、Z轴的缩放程度。

» 旋转X/Y/Z：定义球形区域沿X、Y、Z轴的旋转度数。

» 羽化：设置球形区域边缘羽化值，默认值为50。

5.1.8 万花筒

“万花筒”选项组，通过“镜像”指令，复制原本的粒子效果，制作出万花筒效果，其下参数如图5-54所示，具体效果如图5-55所示。

※ 镜像X/Y/Z：对所做效果进行X、Y、Z轴的镜像。

※ 行为：可以选择“镜像全部”或“镜像和全部”选项，对粒子进行更改。

※ 中心位置：更改粒子的发射中心点。

图5-54

图5-55

5.1.9 全局控制（全部系统）

“全局控制（全部系统）”选项组用于控制流体物理模式下，粒子系统的特定效果，其下参数如图5-56所示。

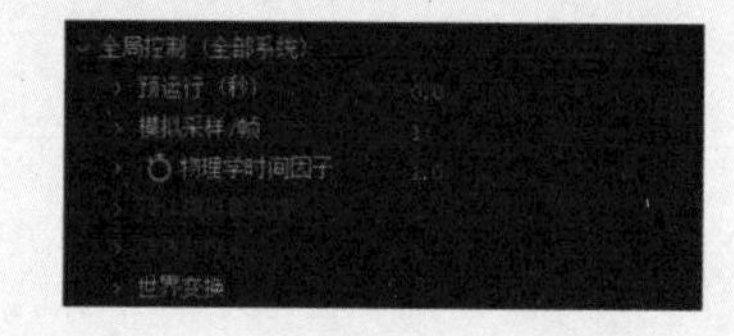

图5-56

※ 预运行（秒）：控制作用于流体粒子的力的时间范围。较小的数值表示施加的力较慢；而较大的数值表示施加的力较快。该数值是指数级增长的，因此，如果需要精确控制，将该值调整为0.1。

※ 模拟采样/帧：如果粒子发射器非常快速的运动，粒子的运动轨迹呈现锯齿状，则需要增加每帧使用的模拟采样数量。通常默认值为1，就可以获得很好的效果，最大值为11，较大的值可得到平滑的运动轨迹，但需要更长的渲染时间。

※ 物理学时间因子：又称“时间因子”，用于全局控制粒子的运动速度。默认值为1.0，表示正常速度；值为0时，粒子

发射或运动发生冻结；值大于1时为快进；值小于1且大于0时为慢放；值小于0时为倒放。结合关键帧，可得到粒子静止、慢放、快进或倒放的效果。

※ 流体模拟真实性：控制施加于流体粒子的力的范围。较大的数值可以得到更微观的力互动效果；而较小的数值则产生更广泛的、更宏观的力互动效果。

※ 流体粘（黏）度：定义粒子彼此之间的黏度，创造半流体的效果（类似沥青）。

※ 世界变换：相当于整个粒子系统的变换属性，用于调整所有粒子系统的位置及旋转角度，如图5-57所示。

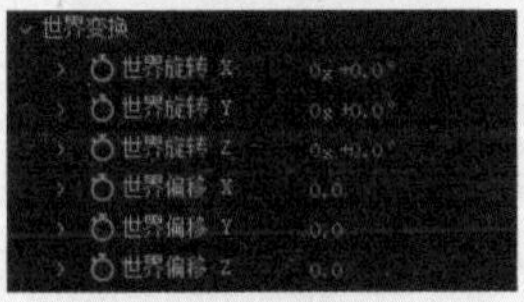

图5-57

※ 世界旋转X/Y/Z：旋转整个粒子系统。这些控件的操作方式与After Effects中3D图层的角度控制类似。X、Y、Z选项分别控制3个轴向上的旋转角度。

※ 世界偏移X/Y/Z：重新定位整个粒子系统。值的范围为-1000~1000，最大值为10000000。

5.1.10 灯光

“灯光”属性组用来控制合成中的光照，并可以从灯光中得到投影，选中“启用灯光”复选框之前，应先在合成中添加灯光图层，其下参数如图5-58所示。

图5-58

※ 灯光衰减：设置光线强度，使光线强度衰减远离光线的粒子不受投影影响。

» 无（AE）：所有的粒子有相同数量的投影，不考虑粒子与光的距离。

» 正常（Lux）：该选项为默认设置。让光的强度与距离的平方减弱，从而使粒子进一步远离光源，导致其显得更暗。这个自然的灯光变暗效果是符合物理世界规律的，同时也是Trapcode Lux插件提供的模拟现实世界光照的效果。

※ 标准距离：定义的距离，以像素为单位，光有其原有的强度和衰减属性。当选中“正常（Lux）”选项时该参数被激活。例如，如果将“光线强度”值设置为100%，“标准距离”值设置为250，这意味着在距离250像素时，光线强度将达到100%；距离更远处光线强度更弱，距离更近处光线强度更强。

※ 环境：用于调整环境光强度，但需要事先建立环境光图层。

※ 漫射：调整粒子漫反射的程度。值越大，粒子看上去越明亮。

※ 镜面反射量：为粒子添加镜面反射，模拟金属或塑料等的表面光泽感。值越大，光泽度越高。适当降低漫反射值，可使高光更明显。

※ 镜面锐度：定义镜面高光的范围，值越大，镜面高光的范围越窄。

※ 反射贴图：粒子反射出其所在的场景。即，环境场景图像映射在粒子上。选择图层作为环境场景图时，此图层可不必显示。

※ 反射拉伸：设置反射环境的强度，并混合场景中的阴影亮度。

※ 阴影：合成中的主光源，只会让投影的明暗程度发生变化，在默认情况下，设置中阴影控件组是关闭的。可以启用阴影，激活下面参数，如图5-59所示。

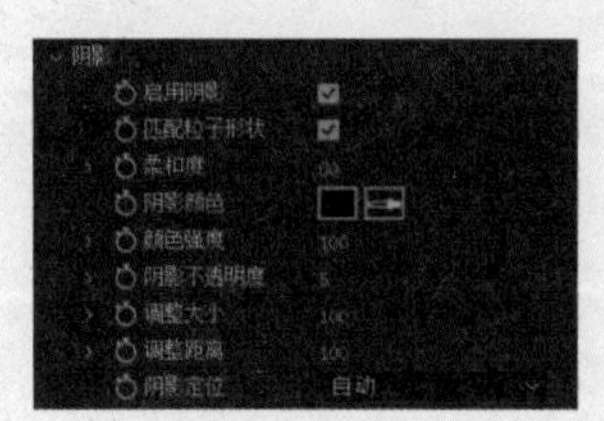

图5-59

» 匹配粒子形状：该复选框控制发射器内的阴影是否与粒子形状匹配。

» 柔和度：控制阴影边缘的羽化程度。

» 阴影颜色：控制阴影的颜色，可以选择一种颜色使阴影看上去更加真实。通常使用较深的颜色，如黑色或褐色，对应场景的暗部。如果有彩色的背景图层或者场景有明显的色调，默认的黑色阴影看上去就显得不真实，即可使用该选项进行调整。

» 颜色强度：控制RGB颜色强度，对粒子的颜色加权计算阴影。该参数设置颜色如何与原始粒子的颜色混合。默认值为100，较小的值使较少的颜色混合。

» 阴影不透明度：设置阴影的不透明度，从而控制阴影的强度。默认值为5。不透明度通常有较低的设置，介于1~10。在某些情况下设置较大的值是可行的，例如粒子分散程度很高。但是在大多数情况下，粒子和阴影将会显得相当密集，所以应该使用较小的值。

» 调整大小：调整阴影的大小，默认值为100，较高的值创建的阴影较大，较小的值创建一个较小的阴影。

» 调整距离：控制沿灯光的方向移动阴影的距离。默认值为100，较小的值使阴影更接近灯光，因此投下的阴影更强烈。较大的值使阴影远离灯光，因此投下的阴影较微弱。

» 阴影定位：调整阴影在3D空间中的位置。

5.1.11 可见性

“可见性”选项组中的参数，可以有效控制粒子的景深效果。“可见性”参数控制的范围内的粒子可见。定义粒子到相机的距离，可以用来设置淡出远处或近处的粒子。这些值的单位是由After Effects的相机设置所决定的，其下参数如图5-60所示。

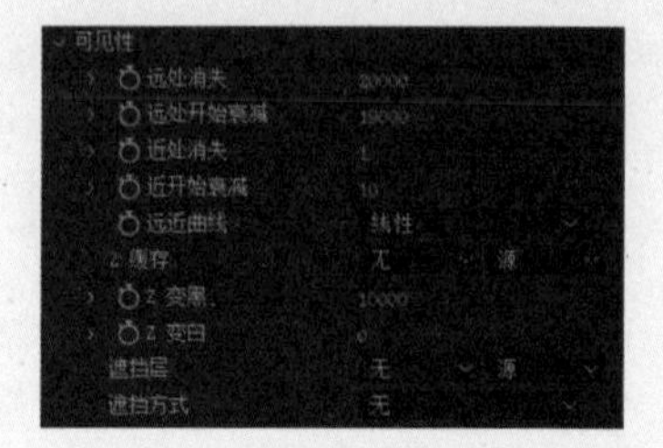

图5-60

※ 远处消失：设置远处粒子消失的距离。

※ 远处开始衰减：设置远处粒子淡出的距离。

※ 近处消失：设置近处粒子淡出的距离。

※ 近处开始衰减：设置近处粒子消失的距离。

※ 远近曲线：设置线性或者平滑型插值曲线，以控制粒子淡出。

※ Z缓存：设置Z缓冲区。一个Z缓冲区中包含每个像素的深度值，其中黑色像素是距摄像机的最远点；白色像素最接近摄像机，其间的灰度值代表中间距离。

※ Z变黑：粒子读取Z缓冲区的内容，使像素变黑，默认值是10000。

※ Z变白：粒子读取Z缓冲区的内容，使像素变白，默认值为0。

※ 遮挡层：Trapcode粒子适用于2D图层和粒子的3D世界，其他图层的合成不会自动模糊粒子。

※ 遮挡方式：控制图层发射器、壁层和地板图层设置昏暗的粒子，确保放置任意图层遮盖粒子图层之下的粒子。

5.1.12 渲染

“渲染”选项组控制渲染模式、景深以及粒子的合成输出，其下参数如图5-61所示。

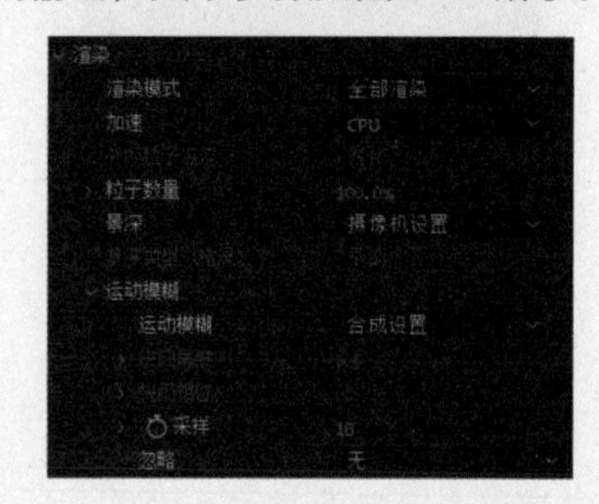

图5-61

※ 渲染模式：选中“运动预览”选项，快速显示粒子效果，一般用来预览；选中“完整渲染”选项，高质量渲染粒子，但没有景深效果。

※ 加速：切换使用CPU或GPU参与渲染。

※ 粒子数量：设置场景中渲染的粒子数量，默认值为100，最高值为200，单位是百分比。较大的值，增加场景中的粒子数量；较小的值，减少粒子数量。

※ 景深：用来模拟真实世界中摄像机的焦点效果，增强场景的现实感。

※ 景深类型（精灵）：设置景深类型，默认情况下为“平滑”，此设置只影响“精灵”和多边形纹理。

※ 运动模糊：当粒子高速运动时，可以提供一个平滑的外观，类似真正的摄像机捕捉快速移动的物体的效果，其下参数如图5-62所示。

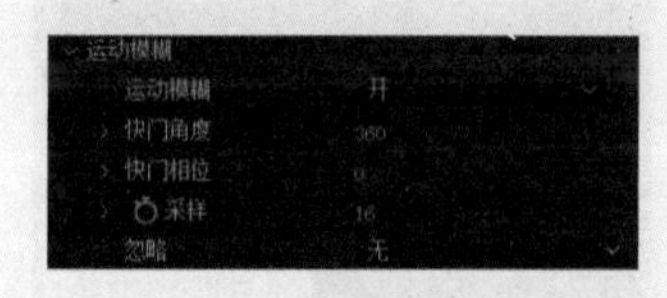

图5-62

» 运动模糊：可以打开或者关闭动态模糊效果。

» 快门角度：控制运动模糊的强度，该值越大，运动模糊的效果越强烈。

» 快门相位：设置相机快门打开的时间点。值为0时，表示快门同步到当前帧；负值会导致运动在当前帧之前发生；正值会导致运动在当前帧之后发生。

» 采样：增加样本数量，可以让模糊效果更加真实，但需要更长的渲染时间。

※ 忽略：有时候不是所有的合成都需要运动模糊。该下拉列表就可以让运动模糊效果忽略不计。

» 无：模拟中没有什么被忽略。

» 物理学时间因数（PTF）：忽略物理时间因素。选择此模式时，从爆炸的运动模糊不受时间的限制。

» 摄像机运动：在此模式下，相机的动作不参与运动模糊。

» 摄像机运动和PTF：无论是相机运动或PTF，都有助于呈现运动模糊效果。

5.2 Particular效果实例

5.2.1 OBJ序列粒子

改版的Particular插件添加了OBJ Sequences（OBJ序列）工具，使用三维软件制作的动画可以导出为一连串的模型文件，在After Effects中进行特效和镜头编辑。Element 3D等一些软件支持OBJ Sequences的导入，如果使用Maya或者C4D等三维软件必须借助插件或脚本，对制作好的模型动画导出OBJ序列。C4D使用的是Plexus OBJ Sequence Exporter插件，而Maya要使用脚本导出OBJ序列，可以在网上免费下载。以Maya为例，将脚本文件直接拷贝到X:\Users\USER\Documents\maya\2017\prefs文件夹中，如图5-63所示。

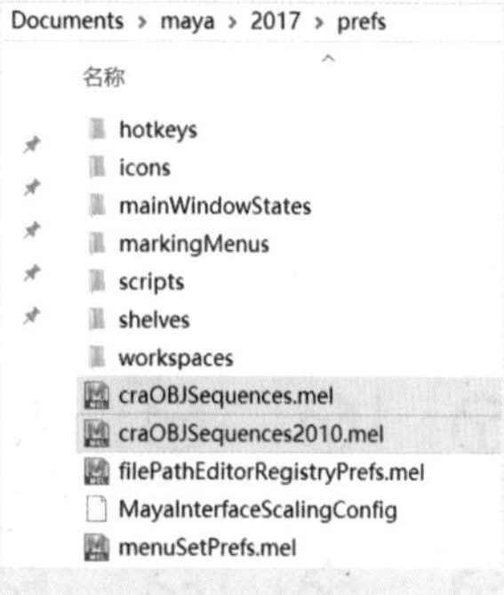

Documents › maya › 2017 › prefs
名称
hotkeys
icons
mainWindowStates
markingMenus
scripts
shelves
workspaces
craOBJSequences.mel
craOBJSequences2010.mel
filePathEditorRegistryPrefs.mel
MayaInterfaceScalingConfig
menuSetPrefs.mel

图5-63

启动Maya，在Script Editor面板中直接输入craOBJSequences，即可打开“脚本”面板。脚本也可以将在其他软件中输出的OBJ序列帧导入，经过Maya的调整再导出。使用方法也很简单，只需要制作好动画后，设置起始帧和结束帧，单击Export OBJ Sequence按钮即可，如图5-64所示。

图5-64

系统会自动建立一个文件夹，每一帧动画都会被分解为单独的 OBJ 文件，如图5-65所示。下面开始进入 After Effects 部分的制作，具体的操作步骤如下。

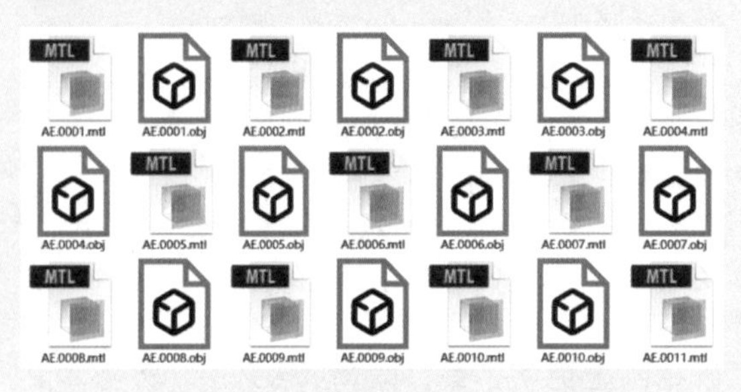

图5-65

01 启动After Effects，建立一个合成，在“项目”面板中将OBJ序列导入（为了方便学习，在本书附赠的素材中，同了一段输出好的OBJ序列），选中OBJ序列的第1帧文件，选中下方的“OBJ Files for RG Trapcode序列”复选框，单击“导入”按钮，如图5-66所示。

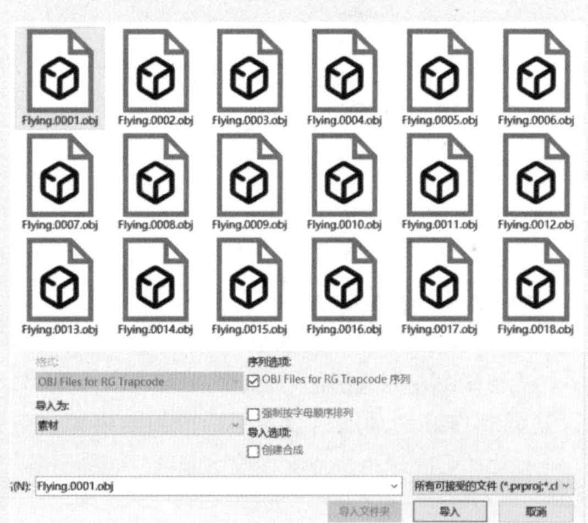

图5-66

02 此时无法直接预览OBJ序列，可以看到该文件有TRAPCODE提供的素材预览图。将OBJ序列拖入“时间线”面板，并关闭其左侧的眼睛图标，将其隐藏，如图5-67所示。

图5-67

03 建立一个新的纯色图层，执行“效果”→RG Trapcode→Particular命令，在“效果控制”面板中展开Emitter（Master）属性，将Emitter Type切换为OBJ Model模式，如图5-68所示。

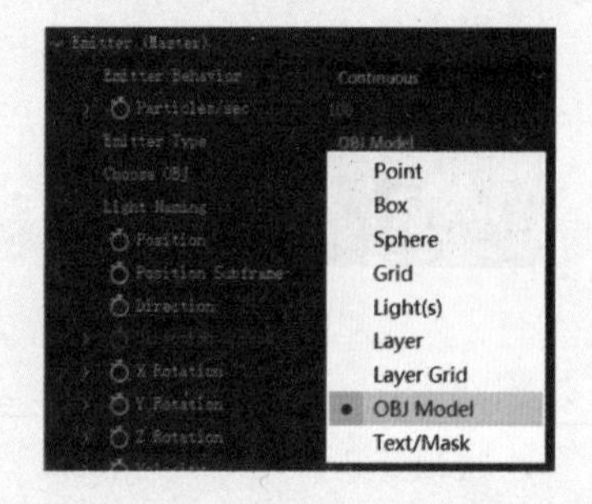

图5-68

04 此时下方的OBJ Emitter属性被激活，将3D Model切换为导入的OBJ序列帧，如图5-69所示。播放动画发现效果并不明显，但已经可以看到不是从一个点发射的粒子了。

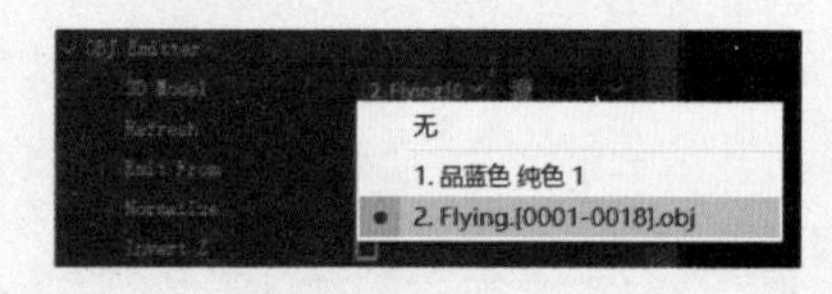

图5-69

05 将Emitter（Master）属性的Velocity值调为0，Velocity Random[%]、Velocity Distributio、Velocity form Motion[%]三个值也调整为0，如图5-70所示，让粒子直接出现而不是发射。此时已经可以看到一只鸟的外形了，如图5-71所示。

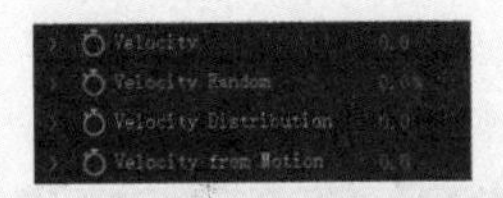

图5-70

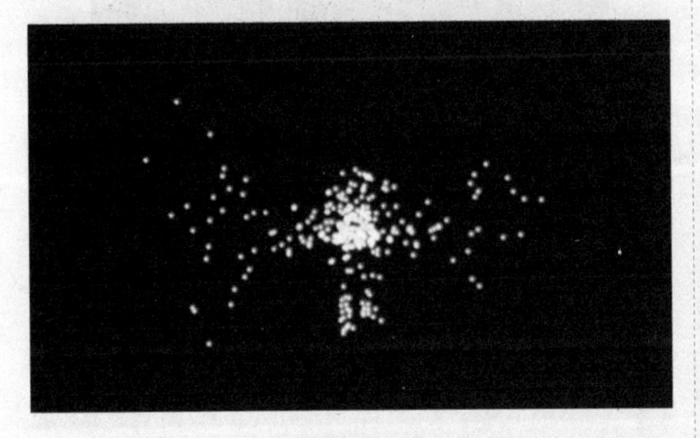

图5-71

06 将Particles/sec值调整为200000，添加更多的粒子，播放动画就可以清晰地看到OBJ序列展示的动画，如图5-72所示。

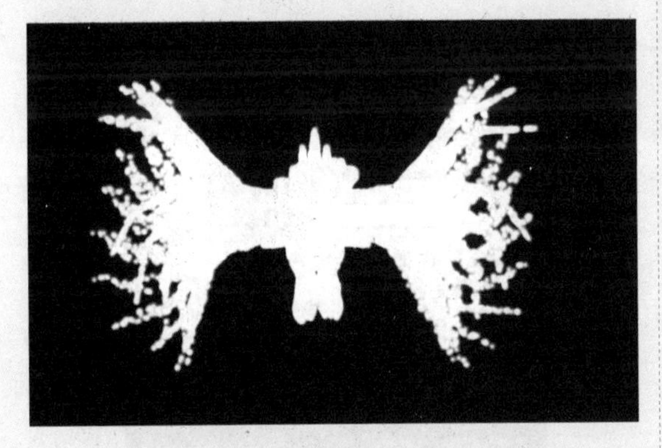

图5-72

07 此时画面还有些重影，展开Particle（Master）属性，修改Life[sec]值为0.08，让粒子短暂出现又马上消失。再次播放动画可以看到重影现象消失了，如图5-73所示。

图5-73

08 执行“图层”→“新建”→“摄像机”命令，新建一台摄像机，使用“摄像机”工具调整镜头的位置，让飞鸟的外形能完整地展现出来。调整Size值为1，将粒子的尺寸变小，如图5-74所示。

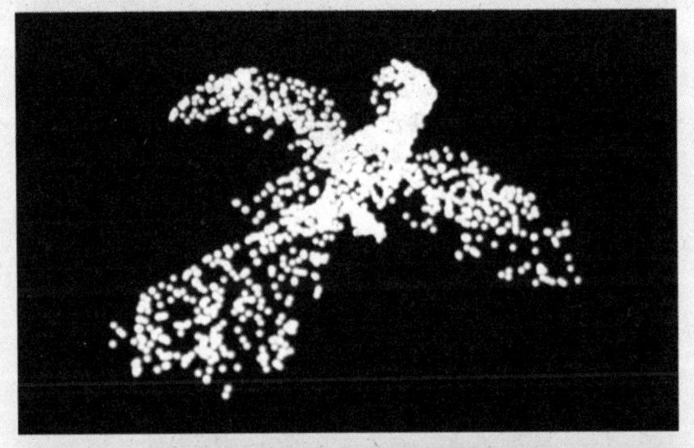

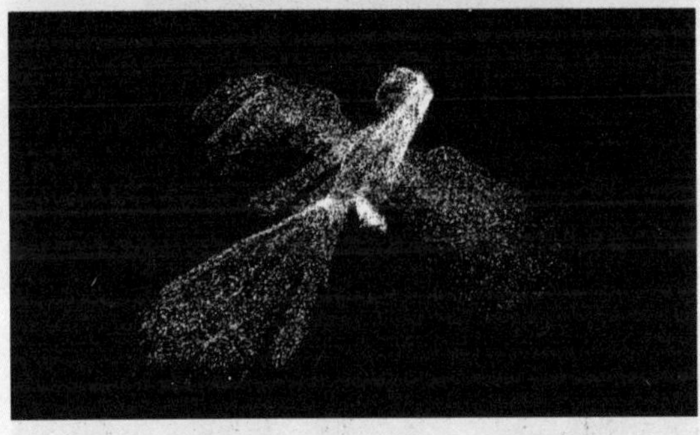

图5-74

09 将Opacity Over Life属性下的Set Color切换为Random From Gradient，也就是使用渐变色为粒子的颜色，再将Color over Life属性下的Color Ramp调整为白色到蓝色的渐变，如图5-75所示，效果如图5-76所示。

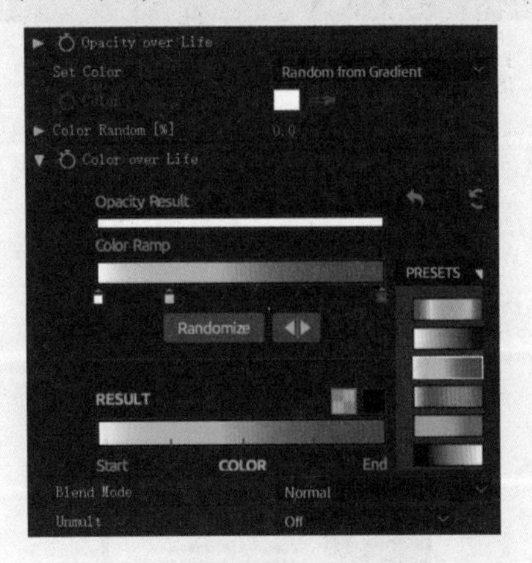

图5-75

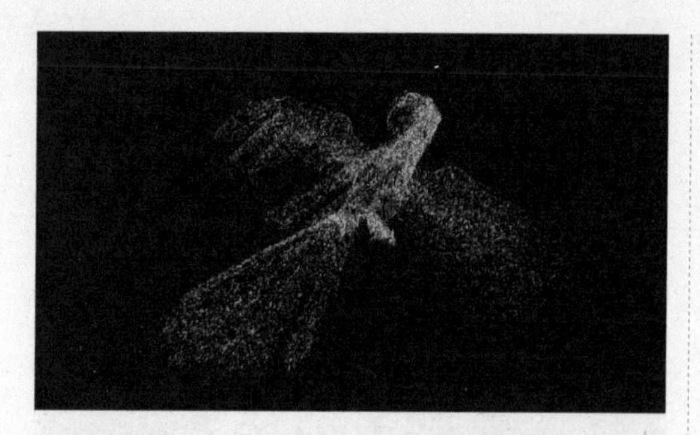

图5-76

10 删除“Color Ramp”属性中间的色彩图标，将渐变调整为白色到紫色再到蓝色的渐变，如图5-77所示，效果如图5-78所示。

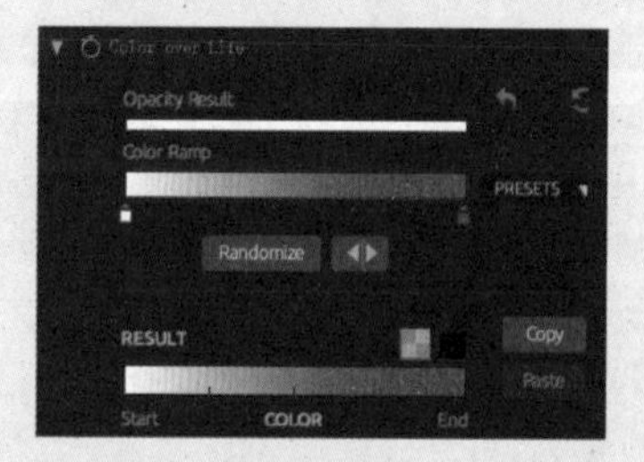

图5-77

图5-78

11 下面建立多重粒子系统，为鸟的外形上添加闪动的粒子。单击Designer按钮，在面板左下角单击Master System右侧的三角形按钮，在弹出菜单中选择Duplicate System选项，如图5-79所示。

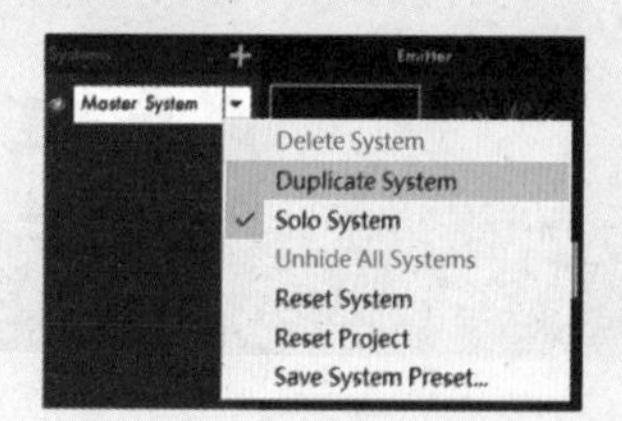

图5-79

12 此时系统会建立System 2，也就是和原有粒子一样的一套粒子，如图5-80所示。

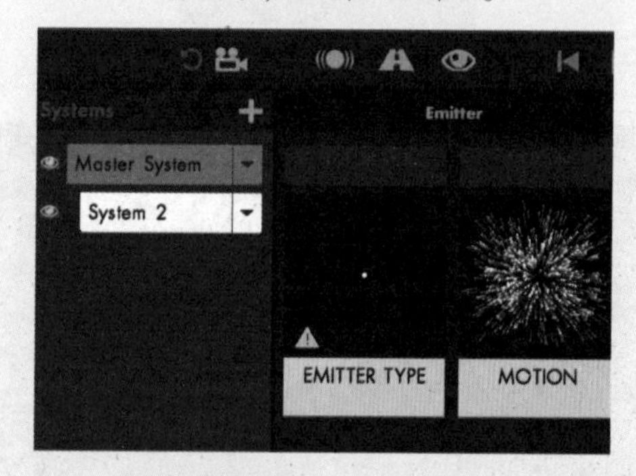

图5-80

13 单击Master System左侧的眼睛图标，隐藏Master System。单击Apply按钮，看到画面中没有任何图像，在“效果控件”面板中展开Show System属性，控制每一层系统的显示，如图5-81所示。

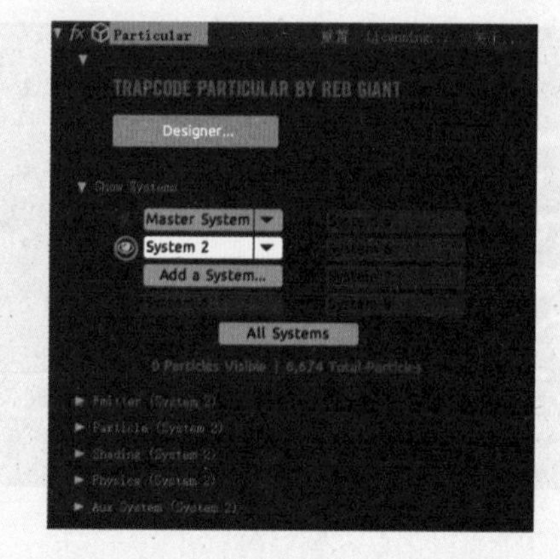

图5-81

14 将Particles/sec值调整为5000，展开OBJ Emitter S2属性，将3D Model S2切换为导入的OBJ序列帧，效果如图5-82所示。

图5-82

15 展开Particle（System）属性，调整Size值为3，将粒子的尺寸变大。在Show System属性下单击Master System左侧的眼睛图标，打开Master System。可以看到粒子效果变得更丰富，如图5-83所示。

图5-83

16 可以设置摄像机动画获得更好的视角，同时也可以得到更复杂的粒子效果，如图5-84所示。

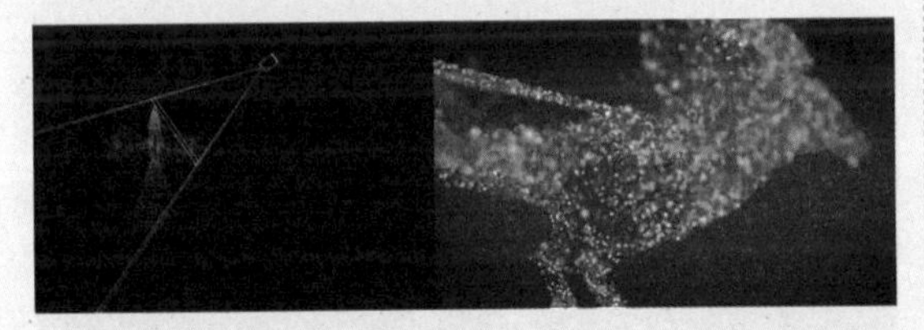

图5-84

5.2.2 粒子拖尾

下面制作粒子的拖尾效果，具体的操作步骤如下。

01 使用Aux System制作一个粒子拖尾的效果，创建一个新的合成，命名为“粒子拖尾”，“预设”为HDV/HDTV 720 25，“持续时间”为0:00:05:00，如图5-85所示。

02 建立一个新的纯色图层，在“时间线”面板中选中纯色图层，执行“效果”→RG Trapcode→Particular命令，展开Emitter（Master）属性，将Emitter Behavior切换为Explode模式。播放动画，可以看到粒子爆炸出来就不再发射了。此处使用默认的爆炸速度，如果觉得粒子的爆炸速度快或慢，可以调整Emitter（Master）属性的Velocity值，调整粒子的速度，如图5-86所示。

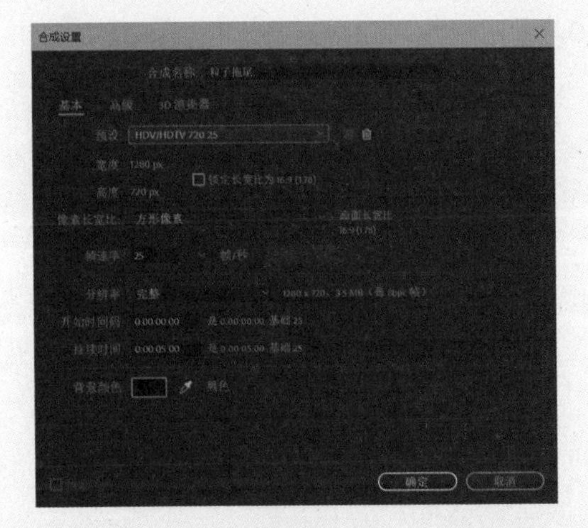

图5-85

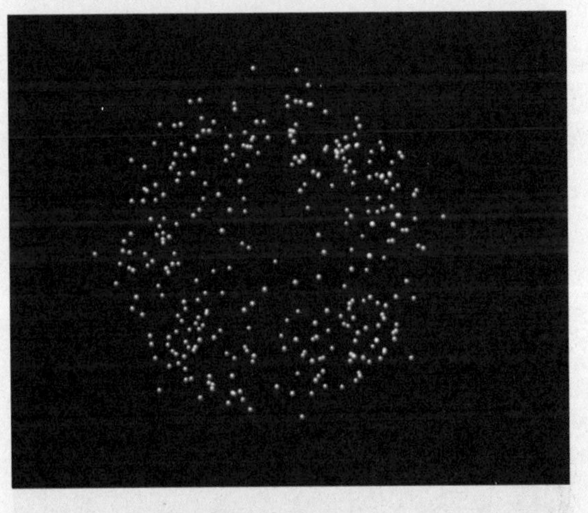

图5-86

03 展开Aux System属性，将Emit切换为Continuously模式，这样就可以不间断发射粒子，看到粒子添加了拖尾效果，如图5-87所示。

图5-87

04 继续调整Aux System属性，将Particles/sec值设置为50，展开Opacity over Life属性，在“效果空间”面板中，单击右侧的PRESETS按钮，在弹出的菜单中选择逐渐下降的曲线，如图5-88所示。可以看到粒子的尾部逐渐变得透明，直至消失，如图5-89所示。

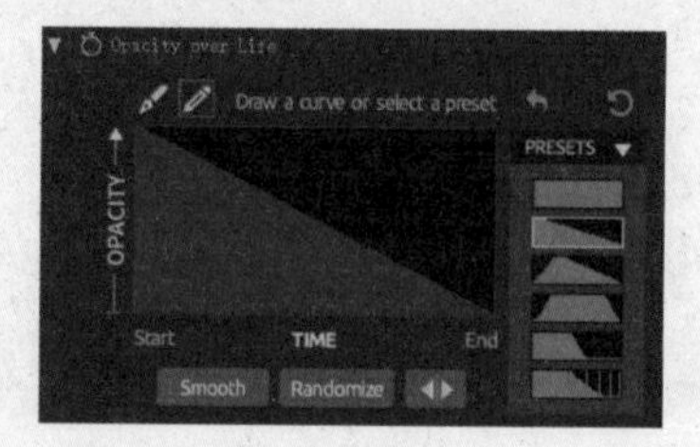

图5-88

图5-89

05 此时需要在尾部逐渐消失的同时也逐渐变小，展开Size over Life属性，在“效果控件”面板中单击右侧的PRESETS按钮，在弹出的菜单中选择逐渐下降的曲线，如图5-90所示。粒子的拖尾变得越来越小，如图5-91所示。

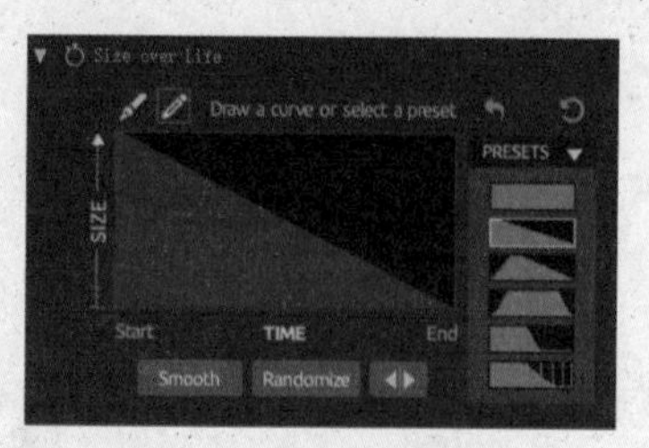

图5-90

图5-91

06 如果此时拖尾太短，可以通过调整Life[sec]值增加长度，也就是让粒子的寿命变长。将Life[sec]值调整为2.5，同时调整Size值为2，效果如图5-92所示。

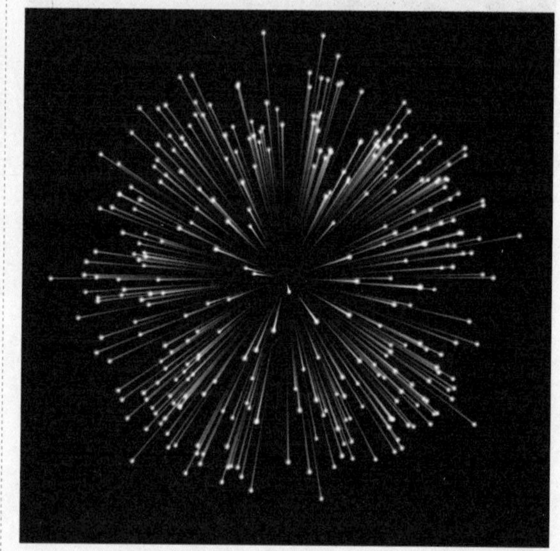

图5-92

07 下面调整Physics属性，展开Physics属性，调整Affect Position值为50，如图5-93所示，可以看到粒子的路径被扰动，如图5-94所示。

08 在三维空间中观察粒子动画，执行“图层”→“新建”→“摄像机”命令，新建一台摄像机，执行“图层”→“新建”→“空对象”命令，空对象可以用来控制摄像机，在“时间线”面板上方右击，在弹出的快捷菜单中选择“列数”→“父级和链接”选项，显示该操作栏，如图5-95所示。

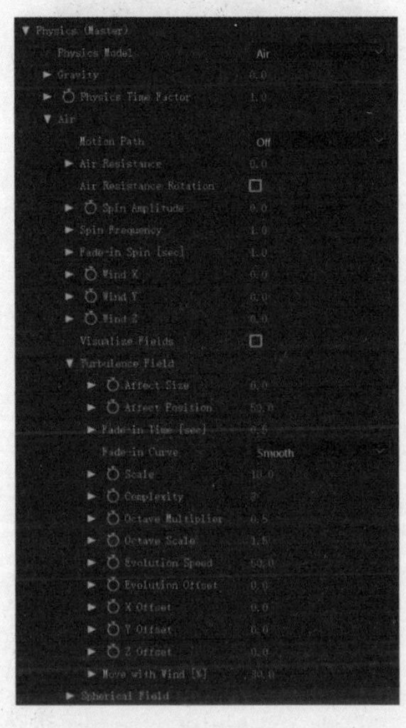

图5-93

图5-94

图5-95

09 单击摄像机层的“父级和链接”的螺旋线图标，拖至“空对象”层，建立父子关系，如图5-96所示。

图5-96

10 单击空对象图层的3D图标，设置“Y轴旋转”属性的关键帧动画，如图5-97所示，即可看到摄像机围绕粒子旋转的动画。

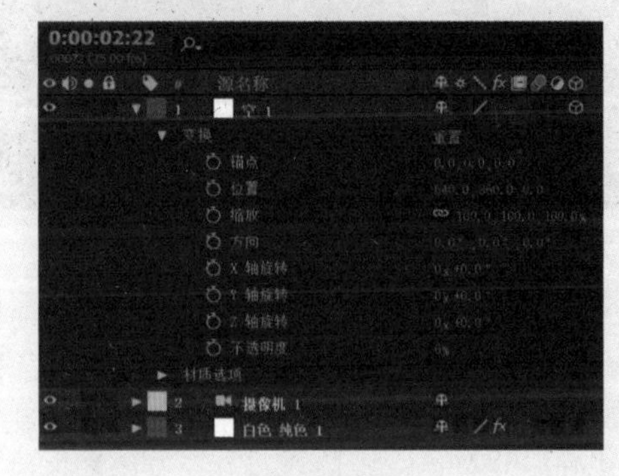

图5-97

11 下面调整粒子颜色，可以直接修改粒子和拖尾的颜色，也可以添加VC Color Vibrance效果，该插件为免费版，主要用来为带有灰度信息的画面添加色彩，如图5-98所示，至此，本例制作完毕。

图5-98

5.3 FORM插件

Trapcode FORM插件是基于网格的3D粒子旋转系统，用于创建流体、器官模型、复杂的几何图形等。将其他层作为贴图，使用不同参数，可以进行独特设计，如图5-99所示。

图5-99

FORM插件的Designer和“显示形状”控件与Particular插件并没有本质的区别，可以参考Particular的相关章节学习。不同于Particular插件，FORM插件在一开始就形成了一个体块用于用户塑造，所以FORM插件更偏重结构体块的塑造，其“效果控件”面板中的参数如图5-100所示。

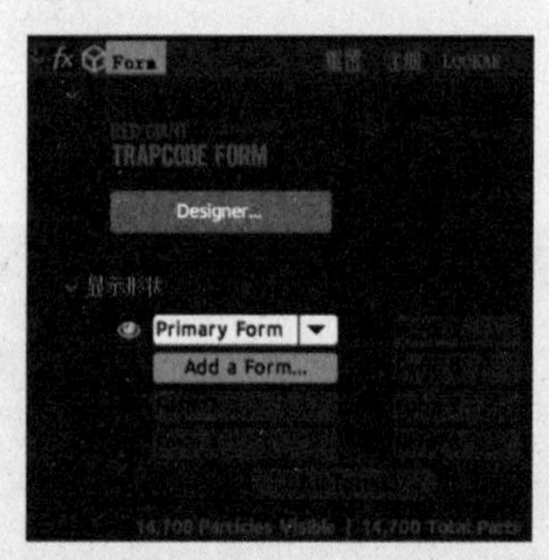

图5-100

5.3.1 基本形状

“基本形状”选项组可以定义原始粒子网格，其受到层映射、粒子控制、分形场和所有其他的控制的影响。可以控制基本形状在三维空间中的大小、粒子密度、位置和角度，如图5-101所示。

※ 基本形状：控制Form的初始状态。通过设置粒子在Z轴的参数大于1，所有的基本形态都可以有多个迭代。也就是说Form不仅是平面上的粒子系统，它的深度也可以调节，如图5-102所示。

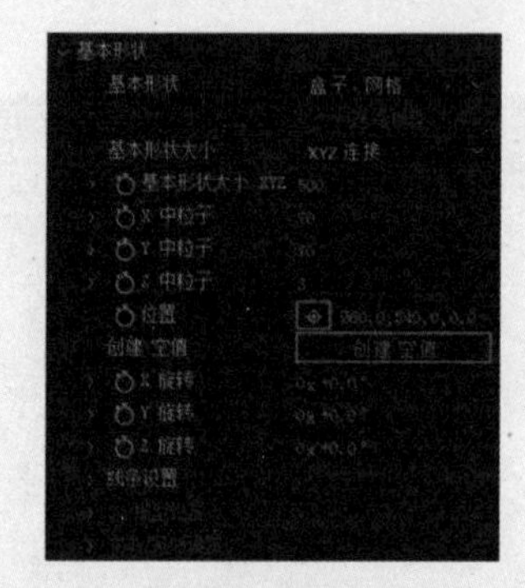

图5-101

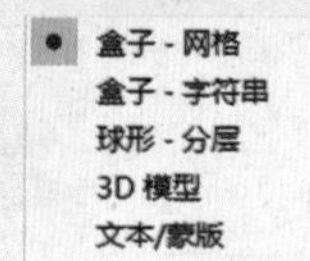

图5-102

» 盒子-网格：网状立方体，默认时为此状态。

» 盒子-字符串：串状立方体，横着的粒子串，类似DNA链的形态。

» 球体-分层：分层球体，圆形粒子。

» 3D模式：OBJ模式，使用指定的OBJ模型文件。

» 文字/蒙版：文本与蒙版模式。

※ 基本形状大小XYZ：设置粒子的大小，其中Size Z和下面的Particles in Z两个参数，将一起控制整个网格粒子的密度。

※ 位置：设置网格在图层中的位置。

※ X/Y/Z旋转：调整粒子图层的角度。

※ 线条设置：当基本形状设置为“盒子-字符串”时，该参数被激活，如图5-103所示。Form的线条也是由一个个粒子组成的，所以如果把“密度”值设置为低于10，线条就会变成一个个点。

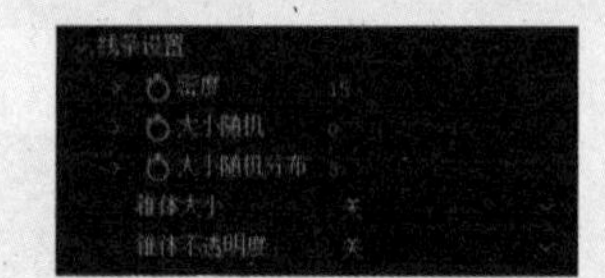

图5-103

» 密度：设置粒子的密度，一般保持默认值即可。值越大渲染时间越长，同时，如果一条线上的粒子数量太多，粒子之间的叠加方式为Add，那么线条就会变亮。

» 大小随机：设置大小随机值，可以让线条变得粗细不均。

» 大小随机分布：设置随机分布值，可以让线条粗细效果更为明显，默认值为3。

» 锥体大小：控制线条从中间向两边逐渐变细。选中“关”选项时，不应用任何锥形；选中“平滑”选项时，提供一个锥体的开始接近Form的中心，使衰减更渐进；选中“线性”选项时，生成一个线性衰减模型，使锥度只有靠近Form边缘时开始。

» 锥体不透明度：控制线条从中间向两边逐渐变透明的方式，分别有两种变化方式：平滑和线性。选中“关”选项时，不应用锥形的不透明度；选中“平滑”选项时，导致两端显得更短和更透明；选中“线性”选项时，只有锥形靠近Form的边缘时透明。

※ 3D模型设置：当导入OBJ模型时，3D模型设置被启用，这样有助于基本形状快速加载OBJ模型，其下的参数如图5-104所示。

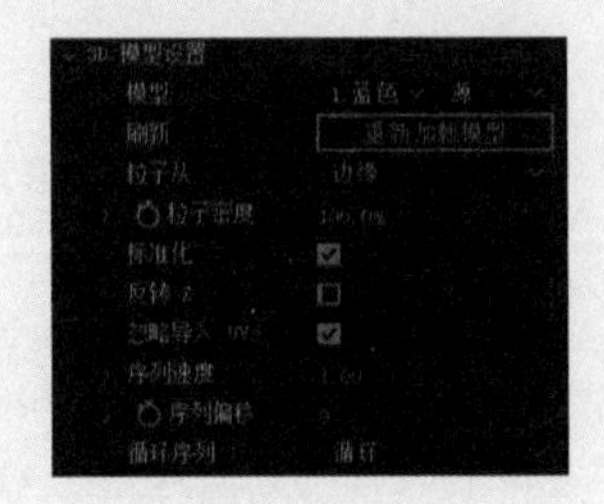

图5-104

» 模型：选择3D模型作为基础图形。

» 刷新：单击“重新加载模型”按钮。当第一次加载OBJ时缓存动画。一旦OBJ缓存完成，如果OBJ中有任何变化，都不会在动画中看到这些变化。如果你想重新缓存动画，单击“重新加载模型”按钮刷新OBJ模型。

» 粒子从：选择发射类型。选中“顶点”选项，使用模型上的点作为基础形；选中“边缘”选项，使用模型上的边作为基础形；选中“面”选项，使用模型上的面作为基础形；选中“体积”选项，使用模型体积作为基础图形。

» 粒子密度：设置粒子的密度。

» 标准化：确定发射器的缩放与移动的标准（以第一帧为主）定义其边界框。

» 反转z：在Z轴方向上反转模型。

» 忽略导入UVs：忽略导入模型UV设置（一般OBJ三维模型文件都带有原有的UV信息）。

» 序列速度：设置OBJ序列帧的速度。

» 序列偏移：设置OBJ序列帧的偏移值。

» 循环序列：控制OBJ序列帧为“循环”，还是“一次性播放”。

※ 文本/蒙版设置：设置文本与蒙版模式，其下的参数如图5-105所示。

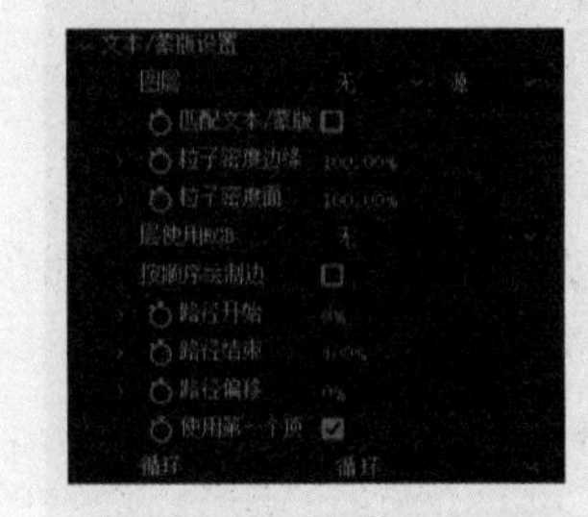

图5-105

» 图层：选择作为用于发射粒子的文字与蒙版图层。

» 匹配文本/蒙版：匹配文字与蒙版的尺寸。

» 粒子密度边缘/面：设置边与面的粒子密度。

» 层使用RGB：设置图层RGB的用法，图层定义了如何使用RGB控制粒子大小、速度、角度和颜色。

» 按顺序绘制边：控制是否按顺序描边。

» 路径开始 / 结束 / 偏移：设置路径起始位置与偏移。

» 使用第一个项：选中该复选框，使用初始顶点。

» 循环：设置序列是循环播放，还是一次性播放，如图5-106所示。

图5-106

5.3.2 粒子

“粒子”选项组包含了在3D空间中对粒子外观的所有基本设置，包括粒子的大小、不透明度、颜色以及这些属性如何随时间而变化，如图5-107所示。

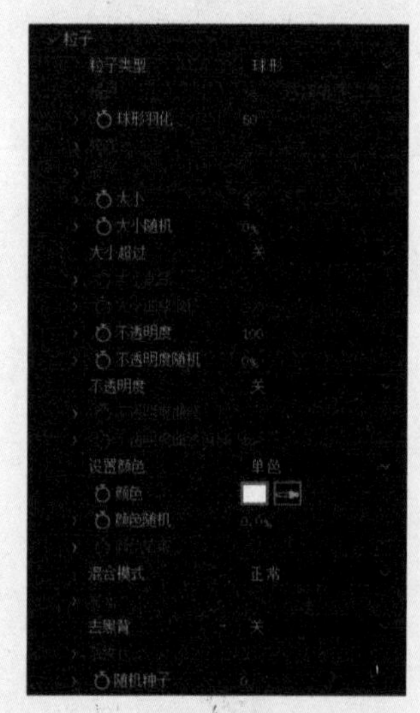

图5-107

※ 粒子类型：在该下拉列表中选择粒子的类型，如图5-108所示。

» 球形：球形粒子，一种基本的粒子图形，也是默认值，可以设置粒子的羽化值。

» 发光球形（无景深）：除了可以设置粒子的羽化值，还可以设置粒子的辉光度。

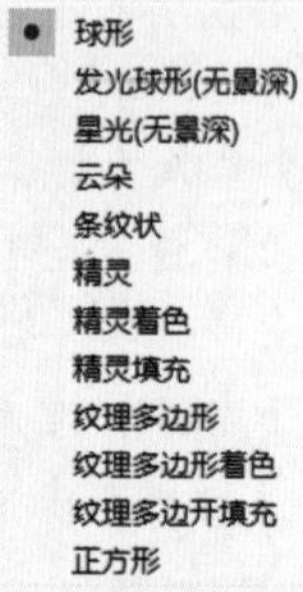

- 球形
- 发光球形(无景深)
- 星光(无景深)
- 云朵
- 条纹状
- 精灵
- 精灵着色
- 精灵填充
- 纹理多边形
- 纹理多边形着色
- 纹理多边开填充
- 正方形

图5-108

» 星光（无景深）：星形粒子，可以设置旋转值和辉光度。

» 云朵：云层形粒子，可以设置羽化值。

» 条纹状：类似长时间曝光，大点被小点包围的光绘效果。利用条纹状粒子，可以创建真正有趣的动画。

» 精灵 / 精灵着色 / 精灵填充：精灵粒子是一个加载到Form中的自定义图层，需要为精灵选择一个自定义图层或贴图。图层可以是静止的图片也可以是一段动画。精灵总是沿着摄像机定位，在某些情况下这是非常有用的。在其他情况下，不需要图层定位摄像机，只需要它的运动方式像普通的3D图层。此时可以在Textured、Polygon类型中进行选择。“精灵着色”是一种使用亮度值彩色粒子的着色模式；“精灵填充”是只填补Alpha粒子颜色的着色模式。

» 纹理多边形 / 纹理多边形着色 / 纹理多边形填充：纹理多边形粒子是一个加载到Form中的自定义图层。纹理多边形是有自己独立的3D旋转和空间的对象。纹理多边形不定位After Effects的3D摄像机，而是可以看到来自不同方向的粒子，能够观察到在旋转中的厚度变化；纹理多边形控制所有轴向上的旋转和旋转速度。“纹理多边形着色”是一种使用亮度值彩色粒子的着色模式；“纹理多边形填充”是只填补Alpha

粒子颜色的着色模式。

» 正方形：方形粒子。

※ 精灵：指定粒子图案。

※ 球形羽化：控制粒子的羽化程度和透明度的变化，默认值为50。

※ 纹理：控制自定义图案或者纹理的属性，如图5-109所示。

图5-109

» 图层：选择作为粒子的图层。

» 时间采样：设定Form将贴图图层的哪一帧作为粒子形态。当选中“当前时间”时，使用引用层中的当前帧，使用所有粒子；当选中“随机-静帧”时，从引用图层中随机选择一帧，应用所有粒子，并在粒子的整个生命周期中使用；选中“随机-循环”时，从引用图层中随机选择一帧开始播放，如果自定义图层播放结束，则重新循环播放；选中“分割剪辑-循环”时，随机选择一个分段循环播放，分段模式将引用图层分割为多个剪辑片段，由“分割数量”参数设置分段数。例如，引用图层长30帧，并且分割数为3，则意味着引用图层将被分为3个10帧的片段。

※ 旋转：决定产生粒子在出生时的角度，可以设置关键帧动画。

» 旋转X/Y/Z：粒子绕X、Y和Z轴旋转。

» 旋转随机：设置粒子旋转的随机性。

» 旋转速度X/Y/Z：设置X、Y和Z轴上粒子的旋转速度。

» 旋转速度随机：设置粒子旋转速度的随机度。有些粒子旋转得更快，有些粒子旋转得慢一些。

» 旋转速度随机分布：微调旋转速度的随机速度。默认值为0.5，是正常的分布。将参数设置为1时，是均匀分布。

※ 大小：设置标准粒子类型和自定义粒子类型的尺寸，以像素为单位。较大的值创建较大的粒子和更高密度的Form。

※ 大小随机：设置尺寸的随机性，以百分比衡量。较大的值意味着粒子的随机性较高，粒子的大小有更多的变化。

※ 大小超过：设置粒子控制的方式。

※ 大小曲线：使用曲线控制粒子的尺寸。

※ 大小曲线偏移：设置控制曲线的偏移值。

※ 不透明度：设置粒子的不透明度。较大的值给粒子更高的不透明度，值为100时，使粒子完全不透明；较小的值给粒子更低的不透明度，值为0时粒子完全透明。

※ 不透明度随机：设置粒子不透明度的随机性。

※ 不透明度：设置不透明度结束的方式。

※ 不透明度曲线：使用曲线控制不透明度。

※ 不透明度曲线偏移：设置控制曲线的偏移值。

※ 设置颜色：设置粒子的颜色，如图5-110所示。

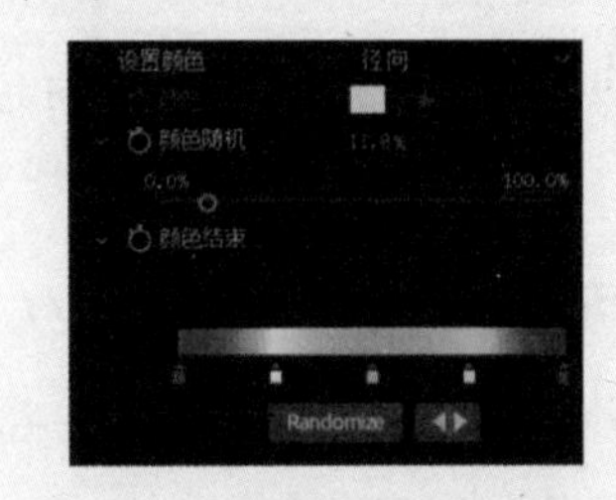

图5-110

※ “混合模式”：转换模式控制粒子融合在一起的方式，如图5-111所示。

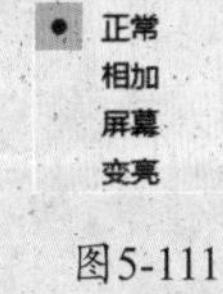

图5-111

» 正常：混合的正常模式。不透明的粒子会阻止身后的粒子沿Z轴移动。

» 相加：粒子叠加在一起。相加后粒

子看起来会比之前更亮并且叠加中无视深度值。

» 屏幕：粒子混合在一起。显示结果往往比正常模式要更亮，并且无视深度信息。

» 变亮：按顺序沿着Z轴融合粒子，但只比之前模式下更明亮。

※ 发光：可以增加粒子光晕，如图5-112所示。

图5-112

» 大小：设置辉光的大小。较小的值只有微弱的辉光，较大的值提供明亮的辉光。

» 不透明度：设置辉光的不透明度。较小的值提供透明的辉光，较大的值辉光更实在。

» 羽化：设置辉光的柔和度。较小的值粒子边缘更清晰，较大的值粒子边缘更柔和。

» 混合模式：控制粒子以何种方式融合在一起。

※ 随机种子：当动画模拟出现问题的时候，可以更改该参数值，以刷新动画解决问题。

5.3.3 明暗

“明暗”选项组可以在粒子场景中添加特殊的阴影效果，如图5-113所示。

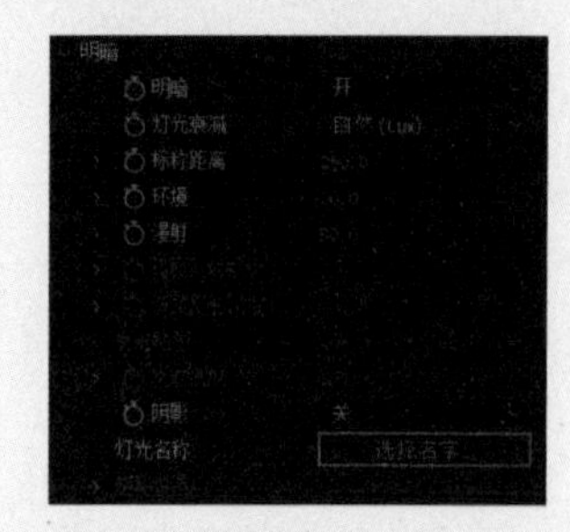

图5-113

※ 明暗：在默认情况下，下拉列表中选中的是“关闭”选项，选中“开”选项时，激活下面的参数。

※ 灯光衰减：设置光线强度，可以使光线强度衰减，远离光线的粒子不受明暗影响。

※ 标称距离：定义的标准距离，以像素为单位。

※ 环境：定义粒子将反射多少环境光，环境光是背景光，辐射到各个方向，且对被照射到的物体和物体阴影均有影响。

※ 漫射：定义粒子反射的传播方式。默认值为80，较大的值使灯光更亮，较小的值使灯光变暗。

※ 镜面反射数量：模拟金属质感或光泽外观的粒子效果，定义粒子在确定的方向上反射多少。

※ 镜面反射锐度：定义尖锐的镜面反射。较大的值使反射更敏感，较小的值使反射不太敏感。

※ 反射强度：设置镜像环境中的粒子体积。

※ 阴影：在主系统中启用投影作为粒子。

※ 灯光名称：单击“选择名字”按钮，选择灯光。

※ 阴影设置：该选项组控制粒子阴影的体积，如图5-114所示。

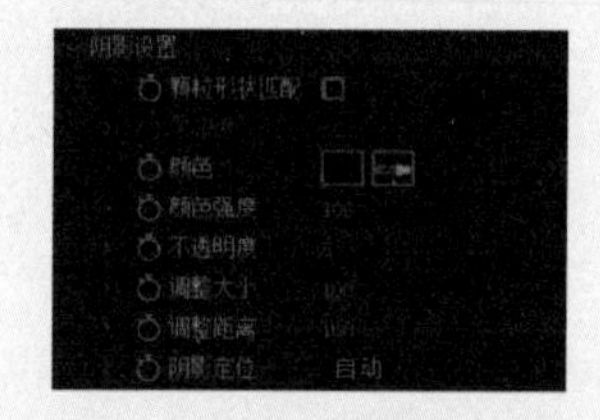

图5-114

» 颗粒形状匹配：选中该复选框，匹配粒子的形状。

» 柔和度：控制阴影边缘的羽化程度。

» 颜色：调整阴影的颜色，可以选择一种颜色使阴影看上去更真实，通常使用较深的颜色，如黑色或褐色。

» 颜色强度：控制颜色的强度，对粒子的颜色加权计算阴影。默认值为100，较小的值使用较少的颜色混合。

» 不透明度：设置阴影的不透明度，从而控制阴影的强度。默认值为5，不透明度通常使用较小的值，介于1~10。

» 调整大小：调整阴影的大小。默认值为100，较大的值创建的阴影较大，较小的值创建一个较小的阴影。

» 调整距离：从灯光的方向移动投影的位置。默认值为100，较小的值导致投影更接近灯光，因此投下的阴影更明显。较大的值使投影远离灯光，因此，投下的阴影较微弱。

» 阴影定位：控制投影在3D空间中的位置的方式。选中“自动”选项时，自动决定投影的定位；选中“投射”选项时，投影的位置取决于灯光在哪里；选中“总是在后”选项时，投影在粒子的后面；选中“总是在前”选项时，投影在粒子的前面。

5.3.4 图层映射

“图层映射”选项组，设置使用同一合成中的其他图层的像素来控制粒子，如图5-115所示。

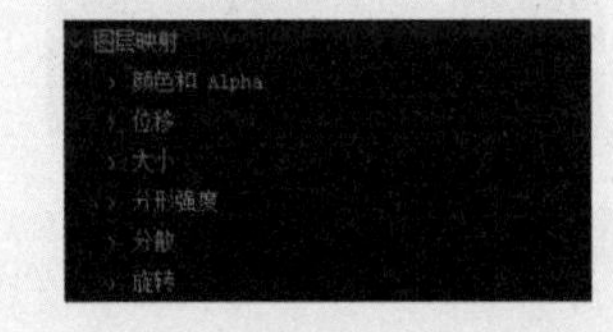

图5-115

※ 颜色和Alpha：用贴图影响粒子颜色以及Alpha通道，如图5-116所示。

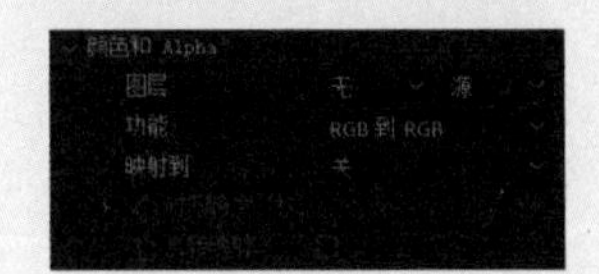

图5-116

» 图层：选择作为映射层的图层。

» 功能：功能共有四个选项。选中“RGB到RGB”时，仅替换粒子颜色；选中“RGBA到RGBA”时，用贴图颜色替换粒子颜色，而贴图的Alpha通道则控制粒子的不透明度；选中“A到A”时，仅替换粒子的不透明度；选中“亮度到A”时，用贴图的亮度替换粒子的不透明度。

» 映射到：选中映射到的方式，为了得到正确的映射结果，务必确保映射平面上有适当的粒子。选中“无”时，贴图不起作用；选中XY、XZ、YZ时，分别对应粒子的3个坐标平面；选中“XY，时间=Z”时，将贴图转化为粒子在XY平面内显示的图像，而贴图如果设置了动画，则把动画参数转化为粒子在Z轴方向的变化。选中“XY，时间=Z+time”时，与“XY，Time =Z”选项的结果类似，只不过最终粒子以动画方式显示。在使用图层贴图时，应注意粒子在空间中的数量，如果数量太少，有时效果不是很明显；选中“UV（仅3D模型）”时，使用三维模型的UV信息控制映射。

» 时间跨度[秒]：控制动画会影响Z轴空间的平面的点。

» 反转映射：选中该复选框，将映射层翻转。

※ 位移：设置置换贴图使用贴图的亮度信息影响粒子在X、Y、Z轴方向上的位置，如图5-117所示。

图5-117

» 功能：设置贴图置换X、Y、Z的三个轴或者单独设定每个轴。

» 强度：设置强度值，以渐变图层灰度值128为界，值大于128时，向正方向移动；值小于128时，向负方向移动。

» 反转映射：选中该复选框反转映射。

※ 大小：该选项组用于使用其他图层的亮度值影响粒子的大小，如图5-118所示。

图5-118

» 图层：选择图层作为映射层。

» 时间跨度[秒]：设置时间跨度。

» 反转映射：选中该复选框反转映射。

※ 分形强度：该选项组用于使用其他图层的亮度值控制粒子受噪波影响的范围，如图5-119所示。

图5-119

» 图层：选择图层作为映射层。

» 时间跨度[秒]：设置时间跨度。

» 反转映射：选中该复选框反转映射。

※ 分散：该选项组通常与其他参数配合调整，从而影响粒子的变化，如图5-120所示。

图5-120

» 图层：选择图层作为映射层。

» 时间跨度[秒]：设置时间跨度。

» 反转映射：选中该复选框反转映射。

※ 旋转：该选项组可以指定源图层亮度值定义的粒子将在何种程度上旋转，如图5-121所示。

图5-121

» 图层X/Y/Z：设置映射图层为确定的平面。

» 时间跨度[秒]：设置时间跨度。

» 反转映射：选中该复选框反转映射。

5.3.5 音频反应

"音频反应"选项组，可以实现音频的可视化，如图5-122所示。

图5-122

※ 音频图层：选择图层作为音频驱动图层。

※ 反应器1：在选项组用于设置反应器，如图5-123所示。

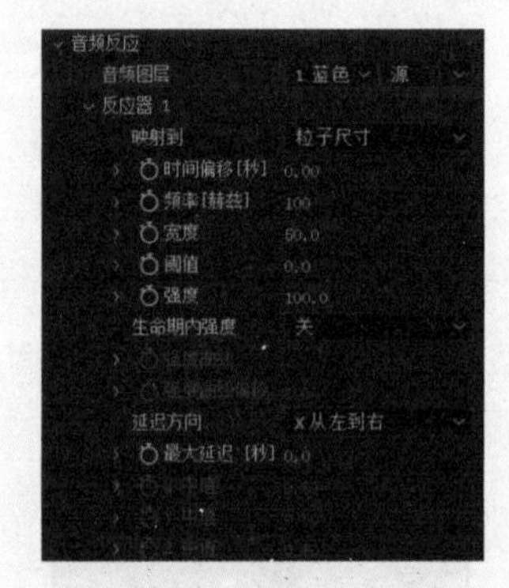

图5-123

» 映射到：设置映射到的网格类型。

» 时间偏移[秒]：设置在何处提取音频数据，默认为开始位置。

» 频率[赫兹]：设置提取（采样）音频频率，50~500Hz为低音，500~5000Hz为中间音，5000Hz以上为高音部分。

» 宽度：设置频率的宽度。

» 阈值：调整该参数值，可以有效去除声音中的噪声。

» 强度：设置音乐驱动其他参数的强度。

» 生命期内强度：设置强度控制的方式。

» 强度曲线：使用曲线控制强度。

» 强度曲线偏移：设置控制曲线的值。

» 延迟方向：控制音频可视化的效果，包括从左到右、从右到左、从上到下、从下到上等。

» 最大延迟 [秒]：控制音乐可视化效果的最长停留时间。

» X/Y/Z 中值：控制音乐可视化效果开始或者结束的位置。

※ 反应器 2/3/4/5：设置其他反应器。

5.3.6 分散和扭曲

“分散和扭曲”选项组，控制 Form 在三维空间的发散和扭曲，如图5-124所示。

图5-124

※ 分散：控制粒子分散位置的最大随机值。值越大，分散程度越高。

※ 生命期内分散强度：设置粒子分散强度的方式。

※ 分散强度曲线：设置粒子分散强度的曲线。

※ 分散的偏移：设置粒子分散强度的偏移。

※ 扭曲：控制粒子网格在X轴上的弯曲程度。

5.3.7 流体

“流体”选项组，可以使 Form 粒子模拟流体的动效，如图5-125所示。

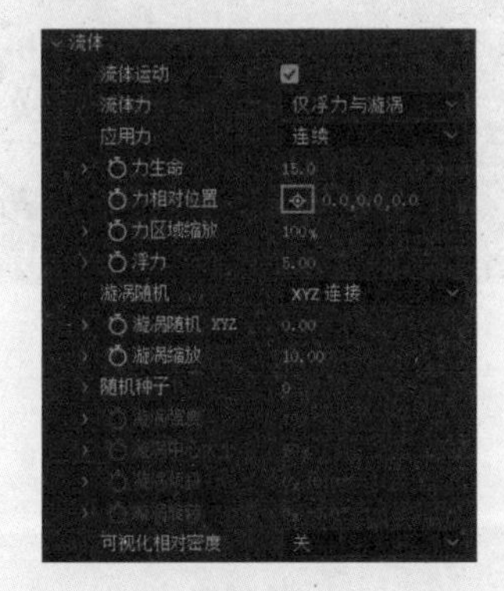

图5-125

※ 流体运动：选中该复选框，激活流体模拟动效，效果如图5-126所示。

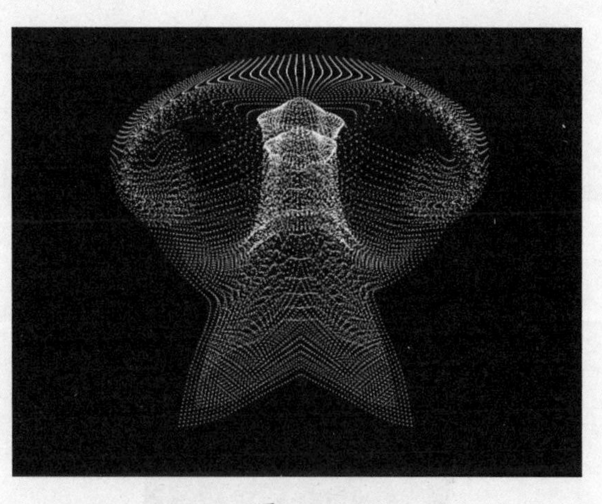

图5-126

※ 流体力：切换流体动效的模式，可选择“浮力”“漩涡”和“涡流”等动效类型。

※ 应用力：设置驱动力完成模式。

※ 力生命：设置驱动力粒子的寿命。

※ 力相对位置：设置驱动力的位置。

※ 力区域缩放：设置驱动力的区域范围。

※ 浮力：设置浮力的强度。

※ 漩涡随机：设置漩涡动效的随机方位。

» 漩涡随机 XYZ：设置漩涡动效的随机 X、Y、Z 轴方位。

» 漩涡缩放：设置旋涡动效的区域。

※ 随机种子：设置动效粒子的数量。

※ 漩涡强度：设置漩涡的强度。

※ 漩涡中心大小：设置浮力的核心尺寸。

※ 漩涡倾斜：设置浮力粒子运动的倾斜程度。

※ 漩涡旋转：设置浮力粒子运动的旋转程度。

※ 可视化相对密度：设置可视范围内的粒子相对密度的叠加模式，分别为“不透明度”和“明度”。

5.3.8 分形场

“分形场”选项组，可以设置四维的噪声分形在 X、Y、Z 轴方向上，随着时间的推移产生的噪声贴图。“分形场”的值可以影响粒子的大小、位移或不透明度。分形场用于创建流动的、有结构的、燃烧的运动粒子栅格，如图5-127所示。

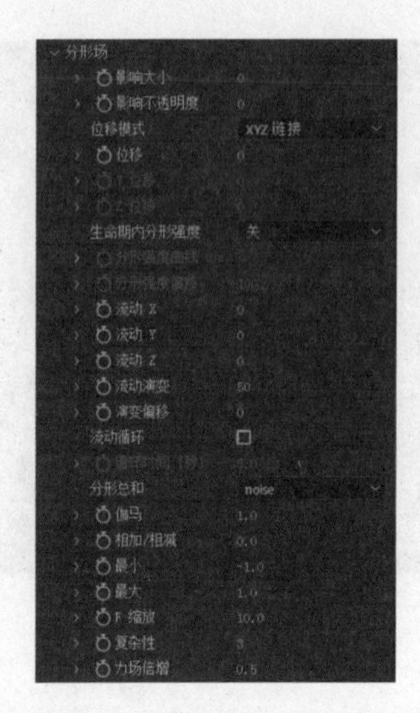

图5-127

※ 影响大小：定义在多大程度上的分形噪声映射将影响粒子的大小。该值越大，生成的粒子尺寸较大。

※ 影响不透明度：定义在多大程度上的分形，影响颗粒的不透明度。

※ 位移：设置噪波作为置换贴图影响粒子的方式，可以同时控制 X、Y、Z 三个轴，也可以单独控制每个轴，效果如图5-128所示。

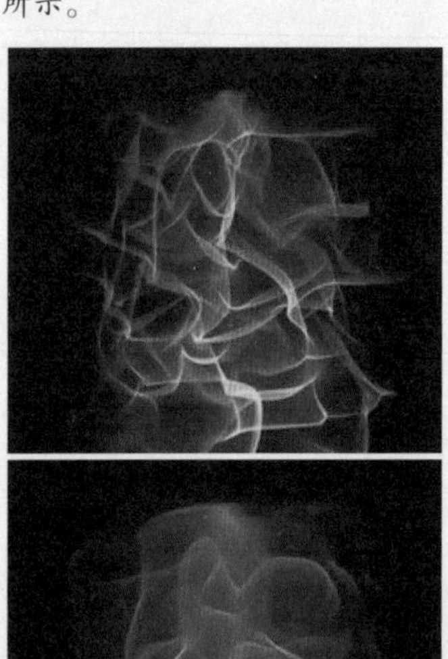

图5-128

※ 生命期内分形强度：使用不同的分形控制强度。

※ 流动 X/Y/Z：控制每个方向的运动速度，如分形场通过粒子网格移动。

※ 流动演变：该值随机值，只要数值大于 0，噪波就可以运动。

※ 演变偏移：改变此数值可以产生不同的噪波。

※ 流动循环：选中该复选框，可以实现噪波的无缝循环。

※ 循环时间 [秒]：设置噪波循环的时间间隔。

※ 分形总和：设定两种不同运算方法得到的 Perlin 噪波，相较而言，noise 模式更为平滑，abs（noise）模式显得更尖锐，效果如图5-129所示。

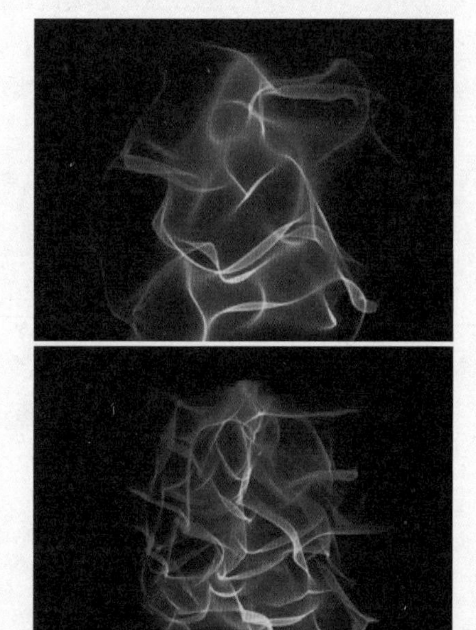

图5-129

※ 伽马：调整伽马的分形值，较小的值导致较大的对比度，在贴图的亮部和暗部之间的位置。在分形图中较大的值会导致平滑区域对比度较低。

※ 相加 / 相减：设置偏移的分形值向上或向下。

※ 最小：设置分形值的最小值，任何低于

最小值的值都将被截断，这通常表现为分形位移中的平坦区域。

※ 最大：定义分形的最大值。任何超过最大值的值都会被设置为最大值，通常表现为分形位移中的高点。

※ F 缩放：设置分形的尺度。较小值会创建更小的缩放效果，从而使外观更平滑；较大的值将增加更多的细节，效果如图5-130所示。

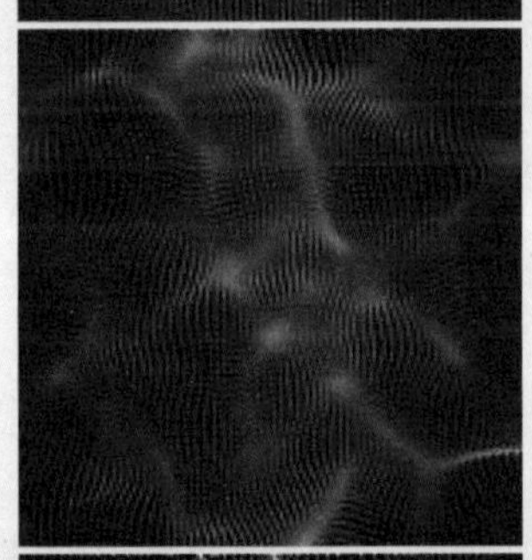

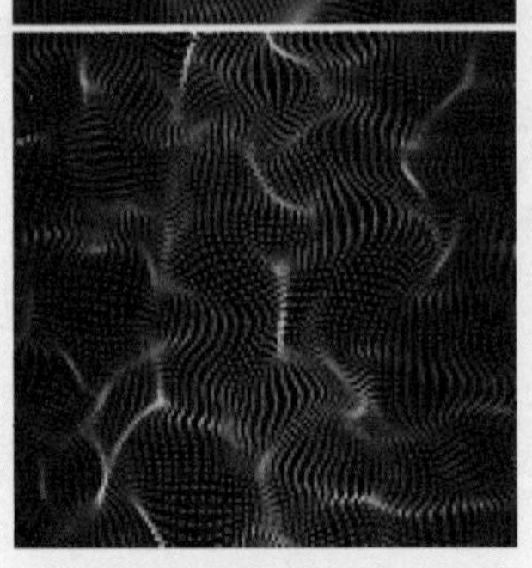

图5-130

※ 复杂性：定义构成 Perlin 噪点函数的噪波层。较大的值生成更多的图层，从而创建更详细的映射。

※ 力场倍增：设置倍频程的乘积，定义噪波图层对最终映射的影响程度。较大的值会导致贴图上出现更多的凹凸纹理。

5.3.9 球形场

调整“球形场”选项组中的参数，可以在粒子的中间形成一个球形空间，这样可以在粒子中间放置其他图形，如图5-131所示。

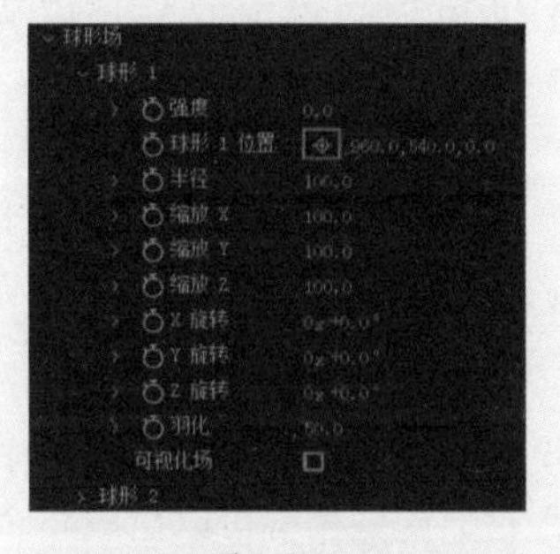

图5-131

※ 球形 1：设置球形 1 的参数。

» 强度：数值为正值时，则球形场会将粒子往外推，而负值则会往里吸。

» 球形 1 位置：定义球形场 1 的位置。

» 半径：定义球形场的半径。

» 缩放 X/Y/Z：定义球形场 X、Y、Z 轴的缩放程度。

» X/Y/Z 旋转：定义球形场 X、Y、Z 轴的旋转角度。

» 羽化：定义球形场的羽化值。

» 可视化场：选中该选项，则在图中显示场。

※ 球形 2：设置球形 2 的参数。

5.3.10 万花筒

“万花筒”选项组可以在 3D 空间复制粒子，如图5-132所示。

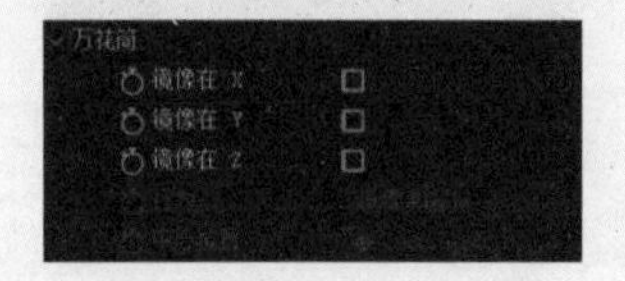

图5-132

※ 镜像在 X/Y/Z：定义对称轴，可以选择 X、Y、Z 轴对粒子进行复制。

※ 行为：控制复制的方法，有两个选项，“镜像和移除”和“镜像全部”，如图5-133所示。

镜像和移除
镜像全部

图5-133

» 镜像和移除：选中该选项，一半的图像是镜像的，另一半是不可见的。

» 镜像全部：选中该选项，镜像所有的粒子。

※ 中心位置：设定对称中心的坐标。

5.3.11 变换

“变换”选项组，将Form系统作为一个整体的变换属性，这些控件可以更改整个粒子系统的规模、位置和角度，如图5-134所示。

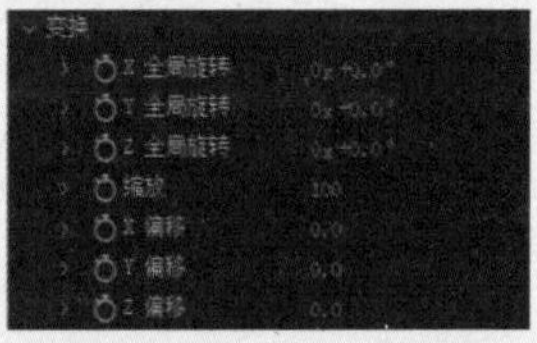

图5-134

※ X/Y/Z全局旋转：旋转整个Form粒子系统与应用的领域。

※ 缩放：调整X、Y、Z轴在整个Form的大小。较大的值，使Form更大。

※ X/Y/Z偏移：重新定位整个Form粒子系统。

5.3.12 全局流体控制

“全局流体控制”选项组用于控制流体物理模式下，粒子系统的特定效果，只影响使用流体物理模型的系统，如图5-135所示。

图5-135

※ 流体时间因子：控制作用于流体粒子的力的时间范围。较小的数值表示施加力的时间较短，而较大的数值表示施加力的时间较长。该值是指数级增长的，因此，需要精确控制。

※ 粘度：定义粒子彼此之间的黏度，创造半流体的效果。

※ 模拟逼真度：控制施加于流体粒子的力的范围。

5.3.13 可见性

“可见性”选项组，可以有效控制Form粒子的景深，如图5-136所示。

图5-136

※ 灭点最远值：设定远处粒子消失的距离。

※ 最远端开始衰减：设定远处粒子淡出的距离。

※ 最近端开始衰减：设定近处粒子淡出的距离。

※ 灭点最近值：设定近处粒子消失的距离。

※ 近端和远端曲线：设定线性或者平滑型插值曲线控制粒子淡出。

5.3.14 渲染设置

“渲染设置”选项组控制粒子的渲染方式，如图5-137所示。

图5-137

※ 渲染模式：设置Form最终的渲染质量。

» 动态预览：快速显示粒子效果，一般用来预览。

» 完全渲染：高质量渲染粒子，但没有景深效果。

» 完全渲染+方形景深（AE）：高质量渲染粒子，采用和系统统一的景深设置。速度快，但景深质量一般。

» 完全渲染+景深平滑：高质量渲染粒子，对于粒子景深效果采用类似高斯模糊的算法，效果更好，但渲染时间长。

※ 加速：切换 CPU 或 GPU 参与渲染。

※ 运动模糊：允许添加运动模糊的粒子。当粒子高速运动时，可以提供一个平滑的外观，类似真正的摄像机捕捉快速移动物体的效果，如图5-138所示。

图5-138

» 运动模糊：运动模糊可以打开或者关闭。如果使用项目中动态模糊的设定，那么在 After Effects 时间线中图层的动态模糊开关一定要打开。

» 快门角度：设置虚拟相机快门保持打开的时间长度。

» 快门相位：设置虚拟相机快门打开的时间点。值为 0 时，表示快门同步到当前帧；负值会导致运动在当前帧之前被记录；正值会导致运动在当前帧之后被记录。

» 级别（Levels）：动态模糊的级别设置越高，效果越好，但渲染时间也会大幅增加。

5.4 Form 效果实例

下面通过一个实例来详细地学习 Form 效果的使用方法，具体的操作步骤如下。

01 创建一个新的合成，命名为FORM LOGO，预设为HDV/HDTV 720 25，“持续时间”为0:00:05:00，如图5-139所示。

02 导入本书配送的LOGO素材文件，从“项目”面板中拖入“时间线”面板，缩放50%，调整到合适的位置。选中LOGO图层，右击，在弹出的快捷菜单中选择“预合成”选项，在弹出的“预合成”对话框中，将LOGO层转化为一个合成层，如图5-140所示。这一步非常重要会影响最终LOGO的尺寸，效果如图5-141所示。

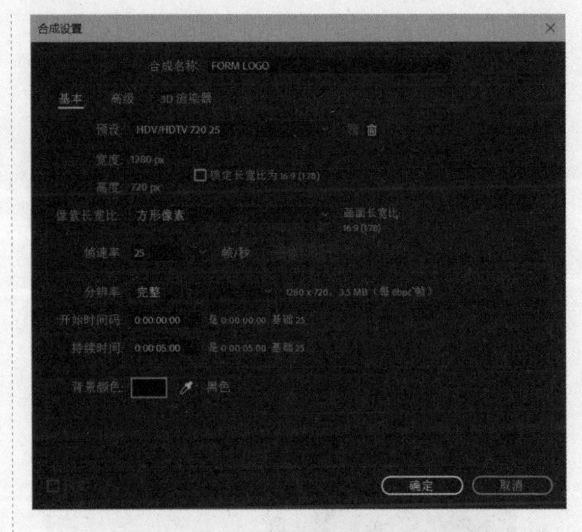

图5-139

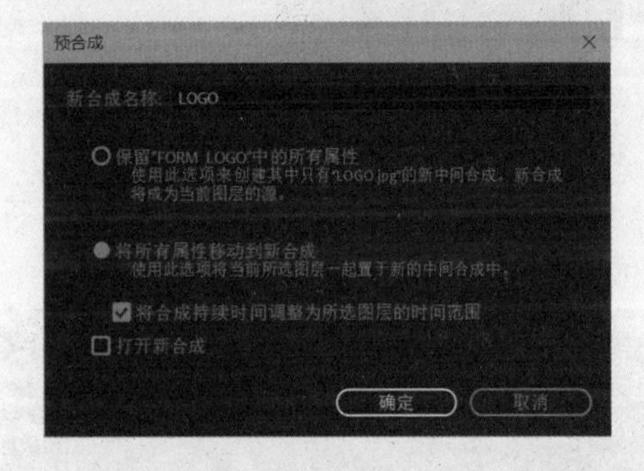

图5-140

图5-141

03 执行“图层”→“新建”→“纯色”命令，或按快捷键Ctrl+Y，在弹出对话框中将纯色图层命名为“渐变”，颜色为白色。选中该图层，执行“效果”→“过渡”→“线性擦除”命令，设置“过度完成”的动画关键帧为0%至100%，并将“羽化”值调整为50%，如图5-142所示，效果如图5-143所示。

图5-142

图5-143

04 选中“渐变”图层，右击，在弹出的快捷菜单中选择“预合成”选项，将“渐变”图层转化为一个合成图层，如图5-144所示。

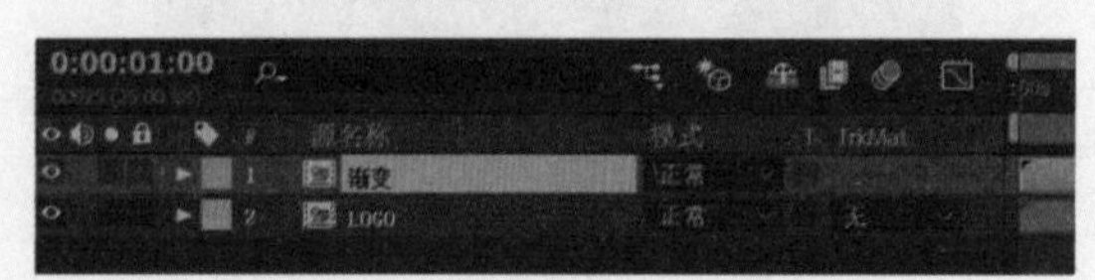

图5-144

05 将“渐变”和“LOGO”图层的眼睛图标 关闭，将其隐藏。执行“图层”→“新建”→“纯色”命令，或者按快捷键Ctrl+Y，在弹出对话框中将纯色图层重命名为FORM。在“时间线”面板中选中FORM图层，执行“效果”→RG Trapcode→FORM命令，画面中出现Form网格，如图5-145所示，“效果控件”面板出现Form相关参数。

图5-145

06 对Form的参数进行调节，首先调节Base Form选项组的参数，主要是为了定义Form在控件中的具体形态。将Base Form切换为Box-Grid模式，将Size切换为XYZ Individual，调整Size X值为1280，Size Y值为720，Particle in Z值为1，如图5-146所示，也就是将粒子平均分散在画面中，如图5-147所示。

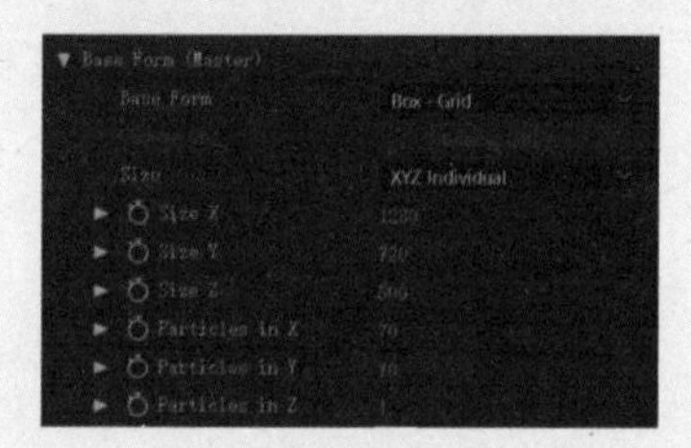

图5-146

图5-147

07 展开Layer Maps下的Color and Alpha，将Layer切换为LOGO图层，Functionality切换为RGB to RGB，Map Over切换为XY，如图5-148所示，可以看到粒子已经变成了LOGO的颜色，如图5-149所示。

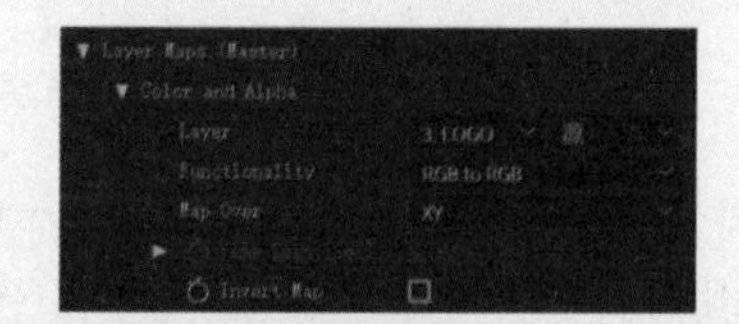

图5-148

图5-149

08 此时，LOGO的色彩还不是很明晰，因为粒子的数量太少了，调整Particle in X值为200，Particle in X值为200，效果如图5-150所示。

图5-150

09 展开Layer Maps（Master）属性，将Size、Fractal Strength、Disperse三个属性的Layer切换为“渐变”图层，Map Over切换为XY，如图5-151所示，效果如图5-152所示。

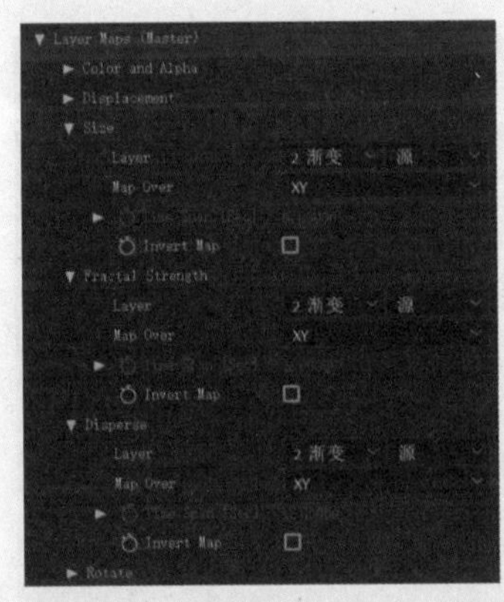

图5-151

图5-152

10 展开Disperse and Twist（Master）属性，调整Disperse值为60，如图5-153所示，看到粒子已经散开了，如图5-154所示。

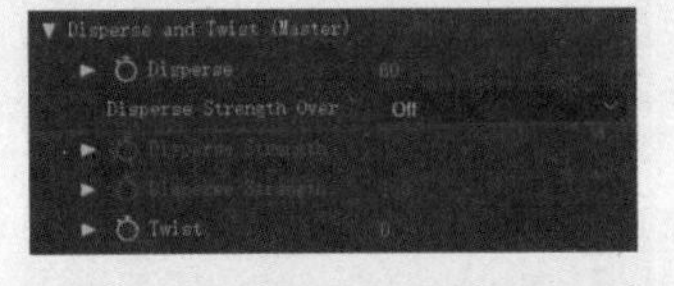

图5-153

图5-154

11 为粒子增加立体感，展开Base Form属性，将Particle in Z值设置为3，效果如图5-155所示。

图5-155

12 选中FORM图层，按快捷键Ctrl+D复制一个FORM图层，并放置在上方，展开Base Form属性，调整Particle in X值为1280，Particle in X值为720，Particle in Z值为1。展开Disperse and Twist属性，调整Disperse值为0，如图5-156所示，这样就有一个完整的LOGO在粒子的上方，如图5-157所示。

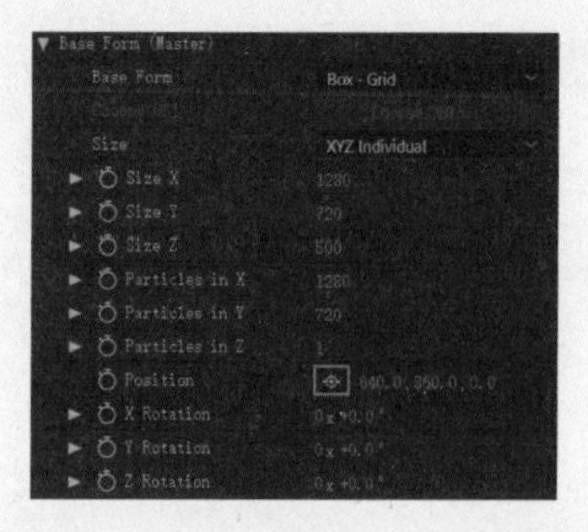

图5-156

图5-157

13 选中下方的FORM图层，调整粒子的变化，展开Fractal Field属性，调整X Displace等参数，如图5-158所示，扩大扰乱粒子的外形，如图5-159所示。

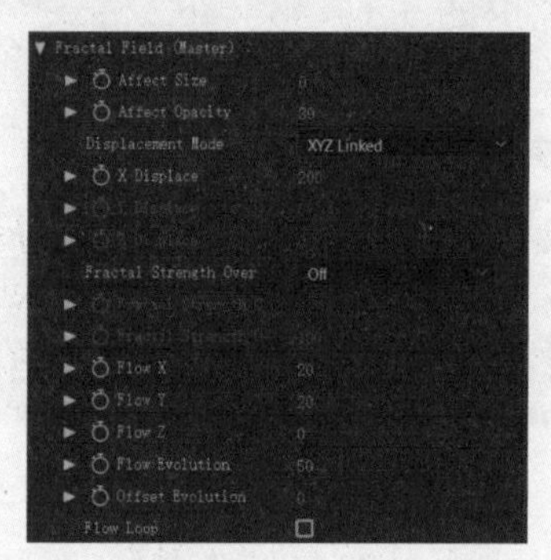

图5-158

14 还可以为粒子添加更复杂的效果，单击Designer按钮，在面板左下角单击蓝色加号图标，选择Duplicate Form选项，如图5-160所示，复制一个Form2图层，如图5-161所示，该图层继承了FORM图层的所有粒子属性，单击Apply按钮，可以在“效果控件”面板中看到所有属性后面都有Form2的后缀，将Base Form切换为Box-Strings模式。可以看到粒子中多了一层线状的粒子层，如图5-162所示。

图5-159

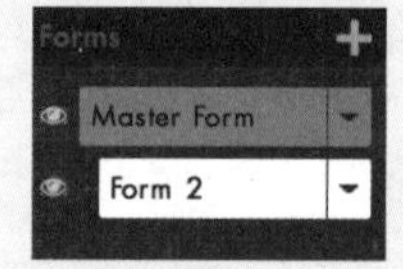

图5-160

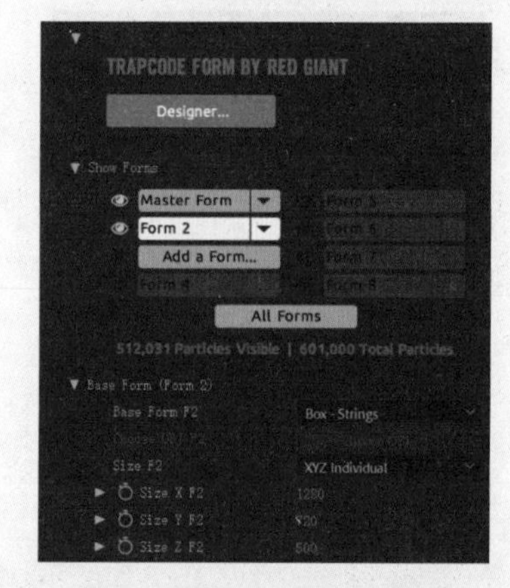

图5-161

图5-162

5.5 MIR 效果插件

使用 MIR 插件能生成对象的阴影或流动的有机元素、抽象景观和星云结构，以及精美的灯光效果，如图5-163所示。本节将采用示例的形式介绍该插件的使用方法，具体的操作步骤如下。

图5-163

01 创建一个新的合成，命名为MIR，“预设”为HDTV 1080 29.97，“持续时间”为0:00:05:00，如图5-164所示。

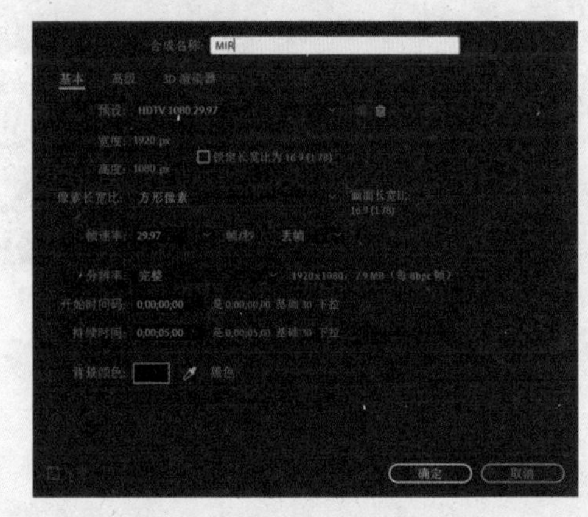

图5-164

02 执行“图层”→“新建”→“纯色”命令，或者按快捷键Ctrl+Y，在弹出的对话框中将纯色图层重命名为“背景”。在“时间线”面板中选中“背景”图层，执行“效果”→RG Trapcode→Mir 3命令，为其添加Mir效果，如图5-165所示。

03 在“效果控件”面板中，调整Geometry属性的参数，这部分参数主要用于定义Mir的基本形态和位置。展开Geometry属性，设置Position XY值为1250,650，将Mir效果放在合成的右下角，如图5-166所示。

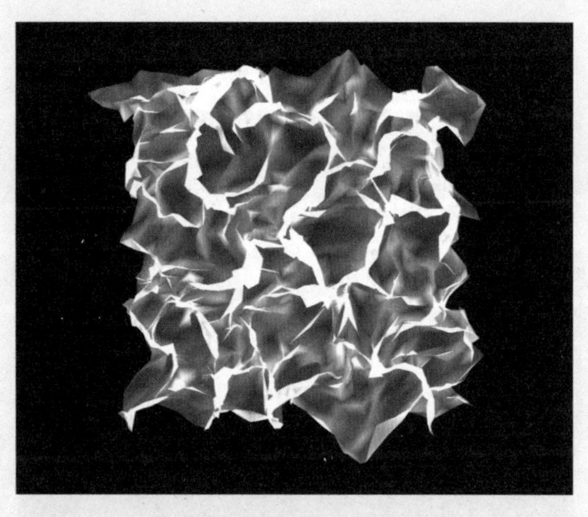

图5-165

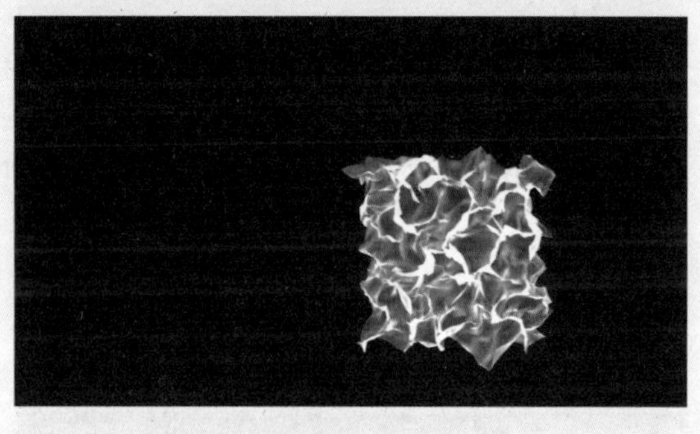

图5-166

04 将Size切换到XYZ Individual模式，这样就可以单独设置X、Y、Z轴的尺寸。采用同样的方式设置Size X和Size Y值分别为2500和280，此时Mir的大小发生变化，调整后的效果，如图5-167所示。

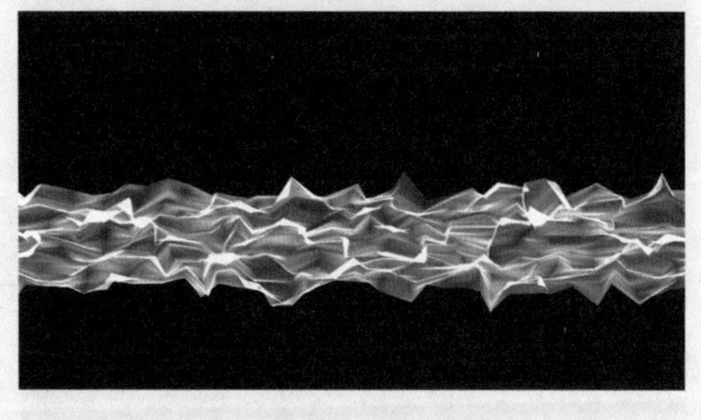

图5-167

05 展开Repeater属性，首先设置Instances值为5，效果的亮度明显提高。然后设置R Opacity值为55，降低Mir的不透明度，画面包含较多的细节，设置R Scale XYZ值为150，如

图5-168所示，Mir产生类似拖影的效果，如图5-169所示。

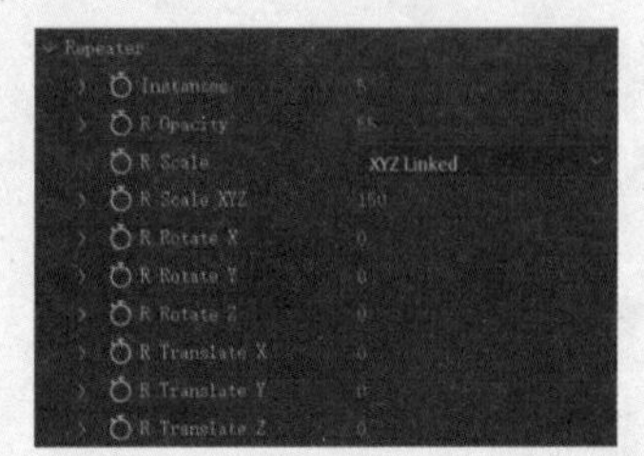

图5-168

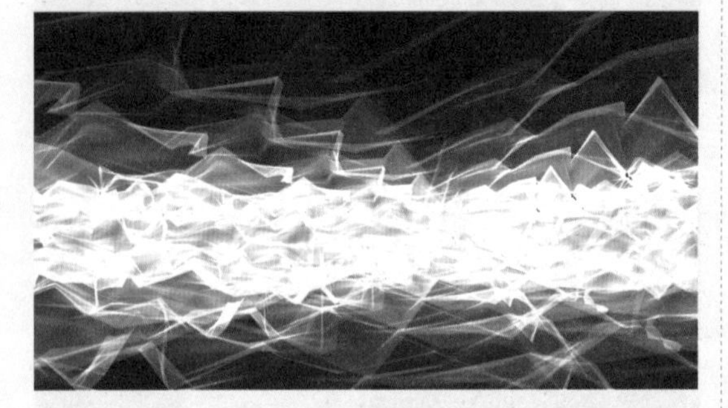

图5-169

06 展开Material属性，为Mir设置材质。设置Color为#66FFCD，效果如图5-170所示。

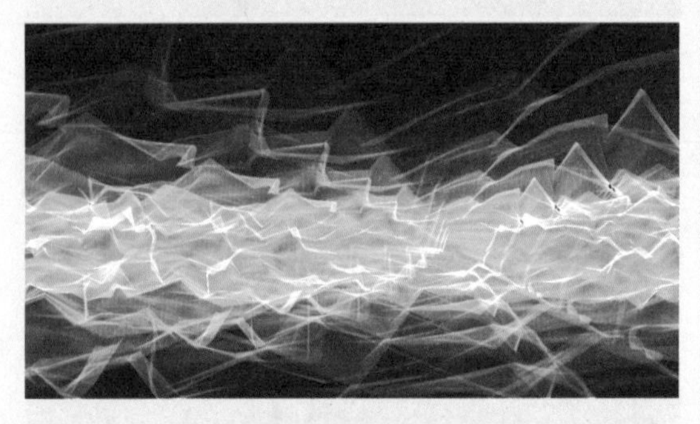

图5-170

07 继续调整Material属性，设置Nudge Colors值为14，画面颜色稍微变暗，如图5-171所示。

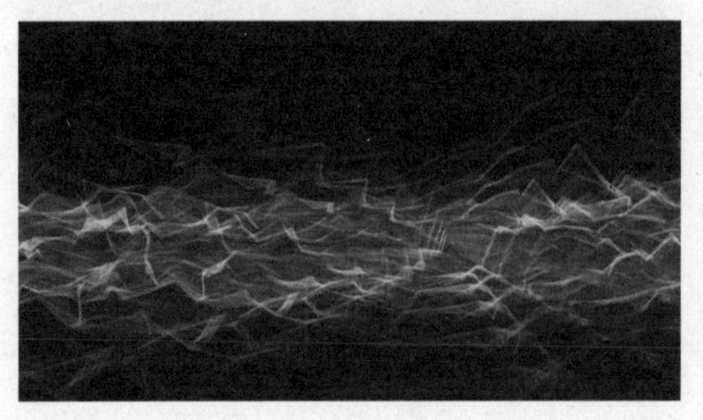

图5-171

08 展开Shader属性，设置Shader为Flat模式，Draw为Wireframe模式，效果如图5-172所示。

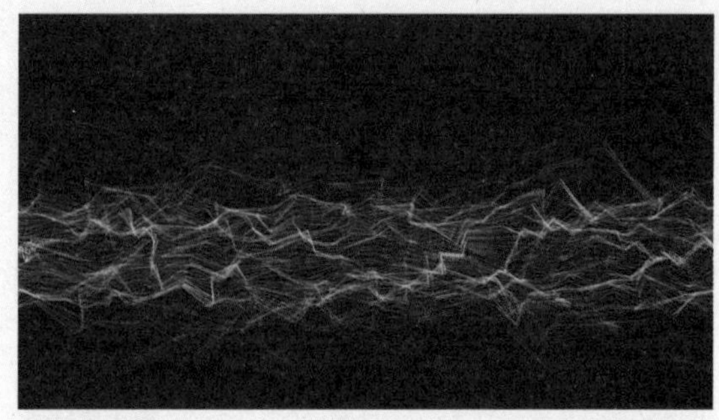

图5-172

09 展开Fractal属性，设置Amplitude值为500，Frequency值为118。同时设置Fractal属性的Evolution动画（0至10的关键帧动画），播放动画可以看到线条随机地动起来了，如图5-173所示。

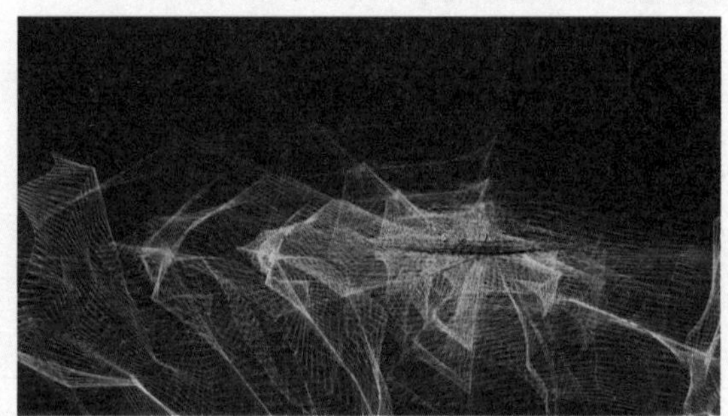

图5-173

10 除了模拟动态背景，还可以设置线和点的背景动画。展开Geometry属性，将Size切换到XYZ Individual模式，设置Size X和Size Y值分别为7500和5500，也就是放大局部，如图5-174所示。

图5-174

11 在“时间线”面板中选中效果图层，按快捷键Ctrl+D复制一个同样的图层，并放在上方。选中上方的图层，展开Material属性，设置Nudge Colors值为75。展开Shader属性，设置Shader为Flat模式，Draw为Point模式，Point Size值为10。播放动画可以看到点随着线移动，如图5-175所示。

图5-175

12 采用同样的方法再复制一个图层，展开Material属性，设置Color为#367C66。展开Shader属性，设置Shader为Flat模式，Draw为Front Fill,Back Wire模式，效果如图5-176所示，至此，本例制作完毕。

图5-176

5.6 TAO 效果插件

本节使用TAO效果插件制作一个实例，具体的操作步骤如下。

01 创建一个新的合成，在弹出的对话框中，命名为“几何”，设置“预设”为HDV/HDTV 720 25，“宽度”为1280px，“高度”为720px，“帧速率”为25帧每秒，“持续时间”为0:00:05:00，如图5-177所示。

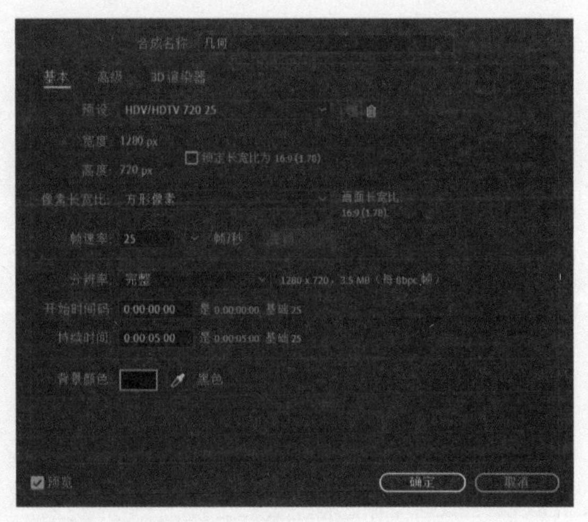

图5-177

02 按快捷键Ctrl+Y新建纯色图层，在弹出的对话框中，名称为“背景”，颜色设置为黑色。重复上述操作，新建纯色图层，命名为TAO，颜色设置为黑色，如图5-178所示。此时“时间线”面板中出现两个图层，如图5-179所示。

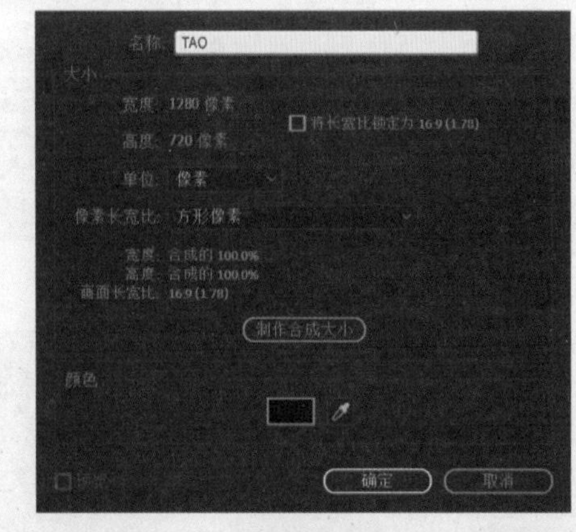

图5-178

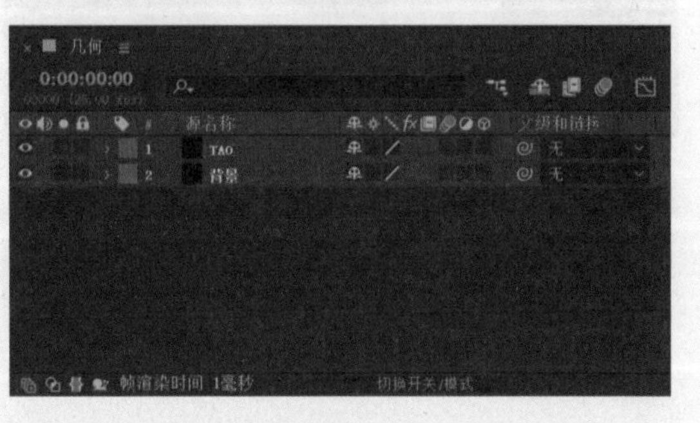

图5-179

03 按快捷键Ctrl+Shift+Alt+C，创建摄像机图

层，在弹出的对话框中设置“预设”为35毫米，如图5-180所示。

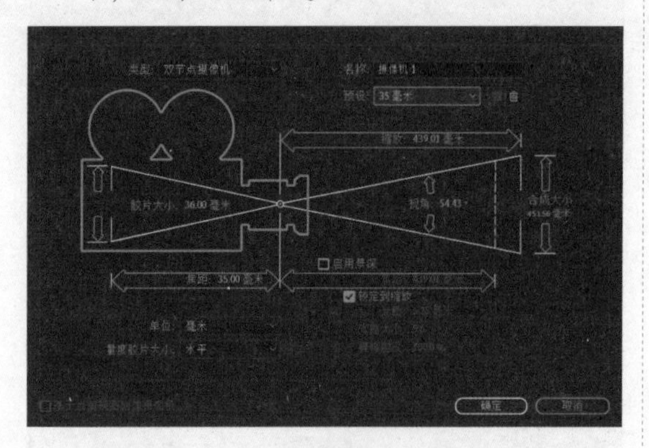

图5-180

04 在“时间线”面板中，选中TAO纯色图层，如图5-181所示，执行“效果”→RG trapcode→TAO命令，添加TAO效果，效果如图5-182所示。

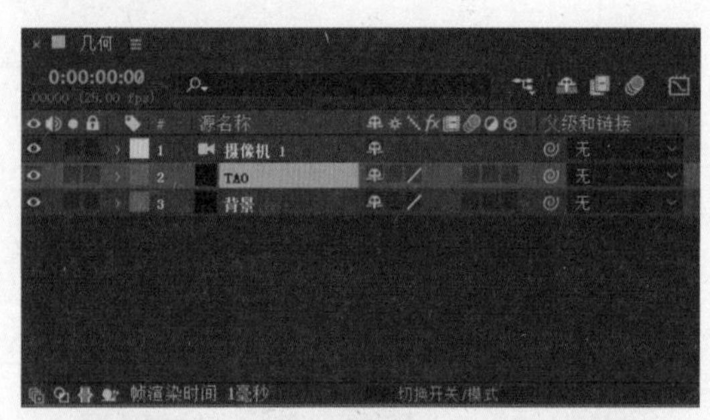

图5-181

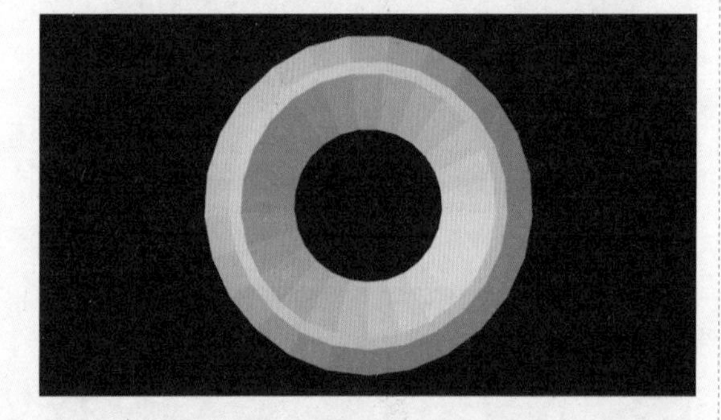

图5-182

05 在“效果控件”面板中展开segment属性，将segment Mode设置为Repeat Sphere，segments值为1500，sides值为25，size值为50，size X、size Y、size Z值均设置为20，如图5-183所示，这一步是为了使新建的图形变得平滑、饱满，看上去更加自然，如图5-184所示。

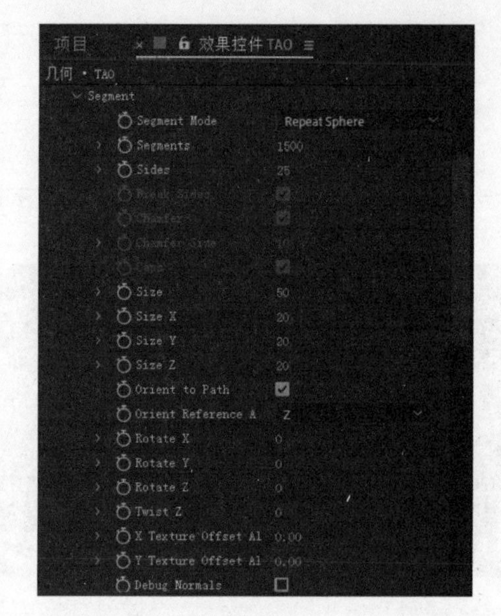

图5-183

图5-184

06 展开Randomness属性，将Random Pos X、Random Pos Y、Random Pos Z值均设置为500，Random Scale值为150，如图5-185所示。此时可以看到图形的排列与大小都变为随机效果，如图5-186所示。

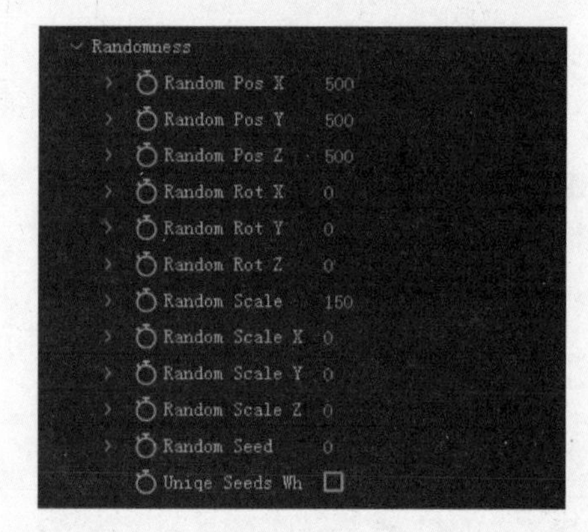

图5-185

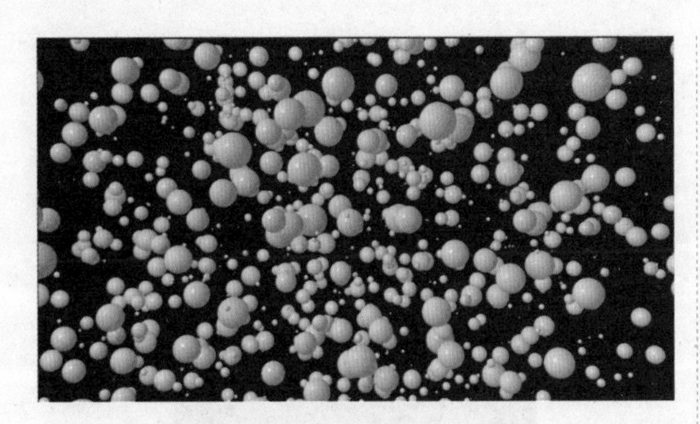

图5-186

07 按快捷键Ctrl+Shift+Alt+L，创建灯光图层，在弹出的对话框中，无须更改任何设置，如图5-187所示，效果如图5-188所示。

图5-187

图5-188

08 单击按钮，在弹出的菜单中选择“选择网格和参考线选项”→“标题/动作安全”选项，打开参考线框，如图5-189所示。单击 活动摄像机… 按钮，在弹出的菜单中选择“左侧”选项。选中“聚光1”灯光图层，如图5-190所示，屏幕中将会出现坐标轴，单击蓝色箭头，将灯光拖至屏幕中心，如图5-191所示。再次单击 左侧 按钮，在弹出的菜单中选择“摄像机1”选项，单击按钮，在弹出的菜单中取消选中“标题/动作安全”选项，回到初始视图，如图5-192所示。

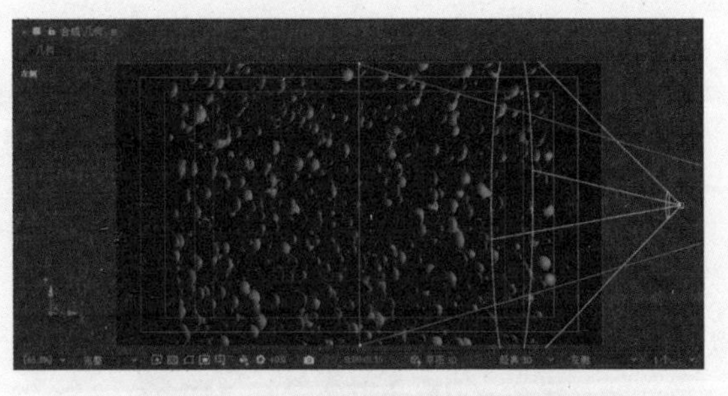

图5-189

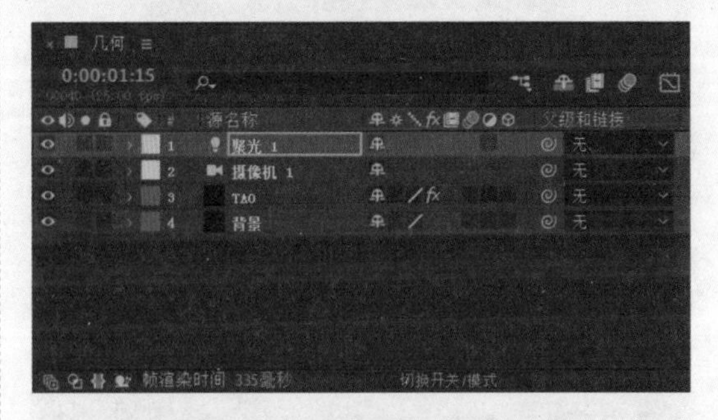

图5-190

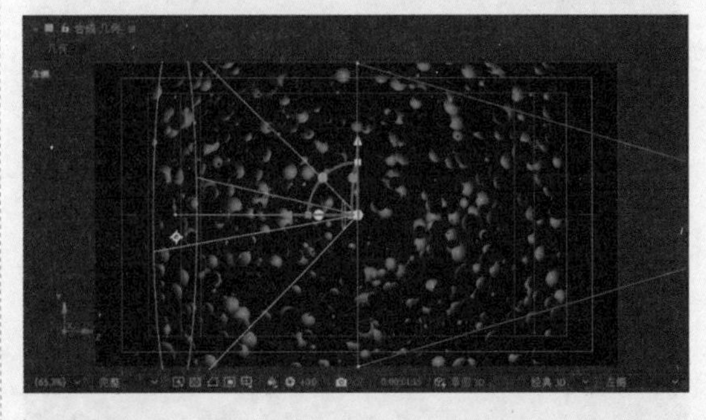

图5-191

图5-192

09 选中TAO图层，在“效果控件”面板中，展开TAO→Material&Lighting属性，将Light Falloff设置为Smooth。将Light Radius值设置为300，Light Distance值设置为500，如图5-193所示。

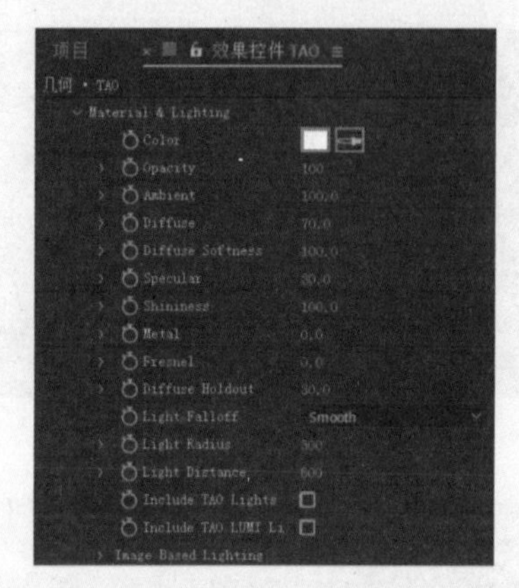

图5-193

10 选中“聚光1”图层，将“强度”值设置为400%，如图5-194所示，效果如图5-195所示。

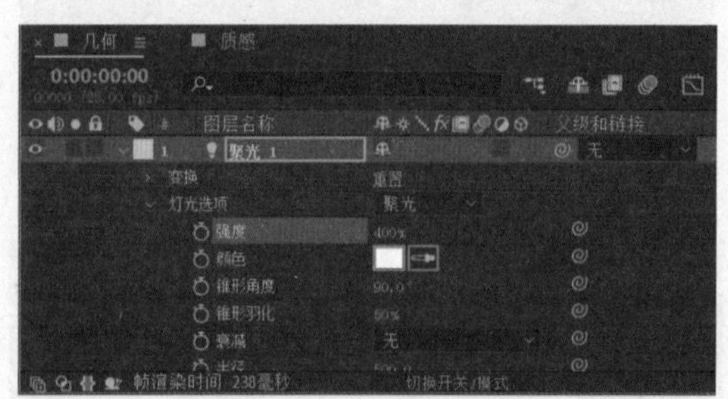

图5-194

图5-195

11 选中TAO图层，在“效果控件”面板中，将Shader设置为Density，如图5-196所示，效果如图5-197所示。

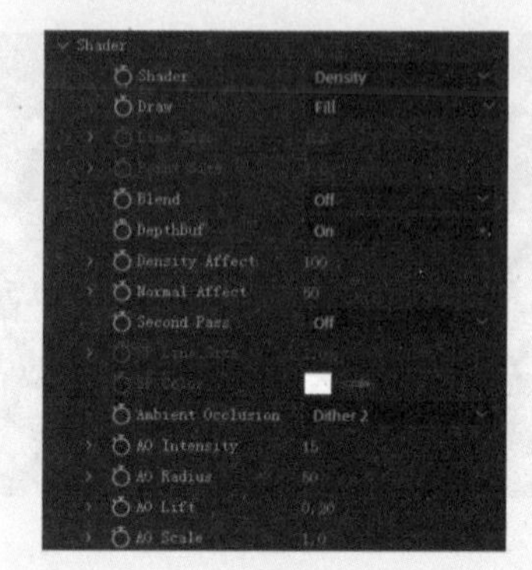

图5-196

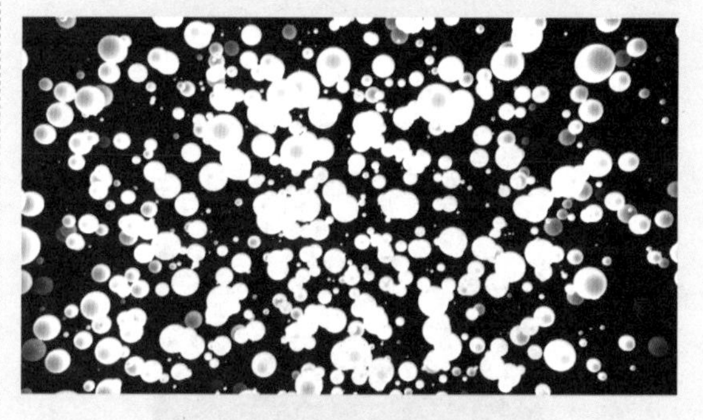

图5-197

12 创建一个新的合成，在弹出的对话框中，设置“合成名称”为“质感”，“预设”为“自定义”，“宽度”值为400px，“高度”值为400px，“帧速率”为25帧/秒，“持续时间”为0:00:05:00，如图5-198所示。

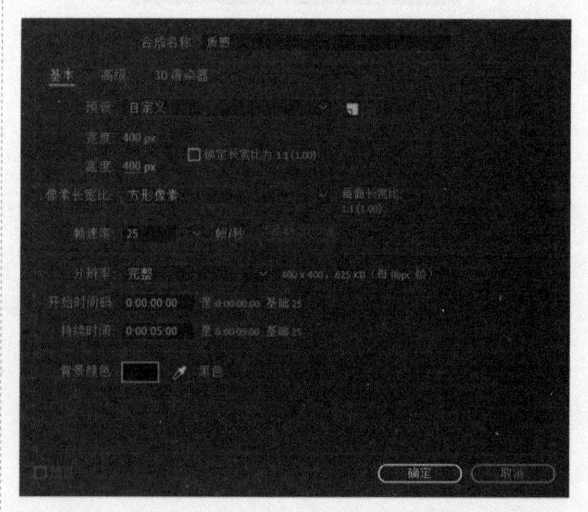

图5-198

13 按快捷键Ctrl+Y新建纯色图层，如图5-199所示。执行“效果和预设”→“生成”→“四色渐变”命令，添加“四色渐变”效果。

在“效果控件”面板中，设置“颜色1”为#FF1339，“颜色2”为#00FFF5，“颜色3”为#EF3E08，“颜色4”为#0000FF，如图5-200所示，使画面对比更强烈，从而达到预期的效果，如图5-201所示。

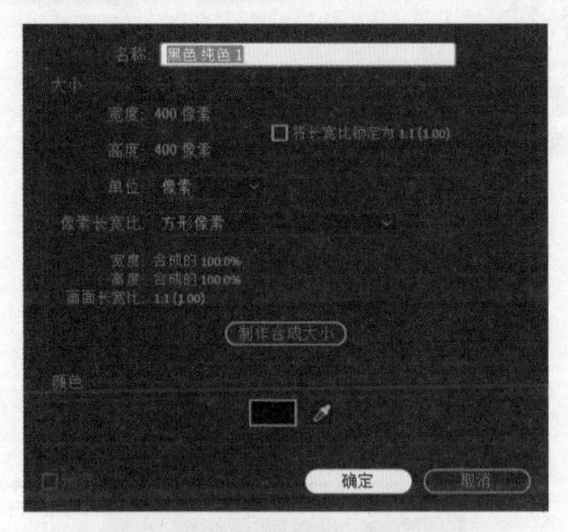

图5-199

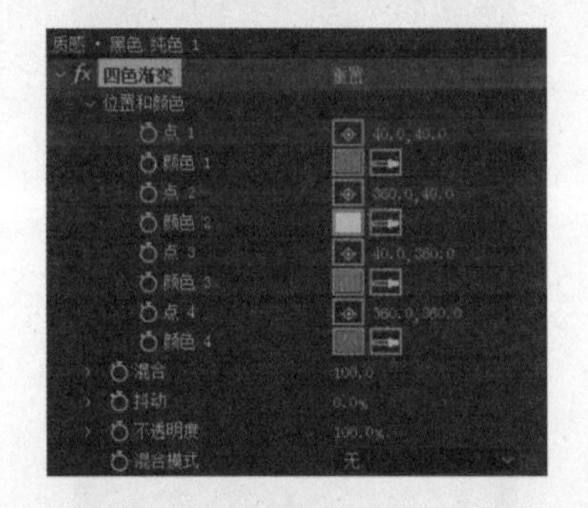

图5-200

图5-201

14 回到“几何”合成中，将“质感”合成拖入“几何”合成中，放置在底层并隐藏，如图5-202所示。

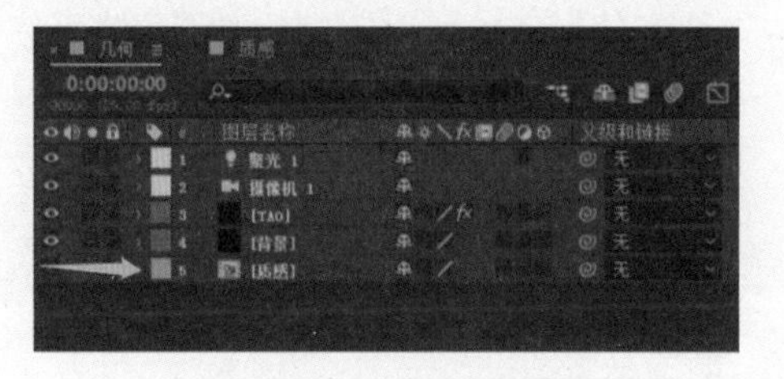

图5-202

15 选中TAO图层，在“效果控件”面板中，将Color Texture设置为“质感”，如图5-203所示。

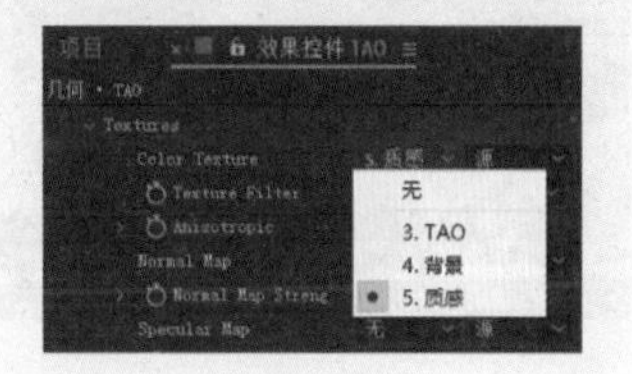

图5-203

16 展开Material&Lighting属性，将Mental值设置为20，Fresnel值为50。展开Image Based Lighting属性，将Built-in Enviro设置为Dark Industrial，如图5-204所示，效果如图5-205所示。

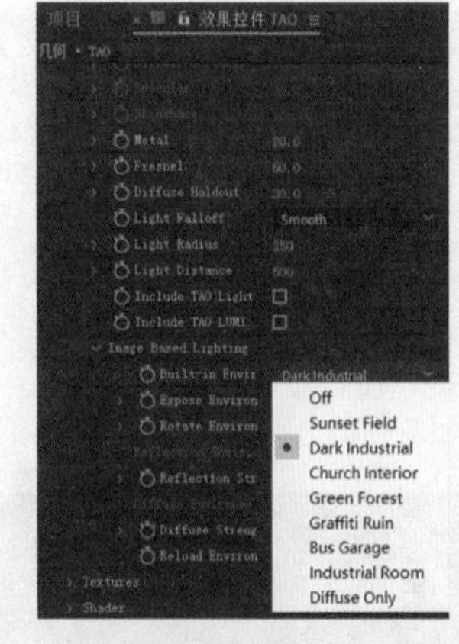

图5-204

图5-205

17 选中“背景”图层，执行“效果和预设”→“生成”→“四色渐变”命令，添加“四色渐变”效果，设置“颜色1”和“颜色4”为#00AEFF，“颜色2”和“颜色3”为#000000，如图5-206所示，效果如图5-207所示。

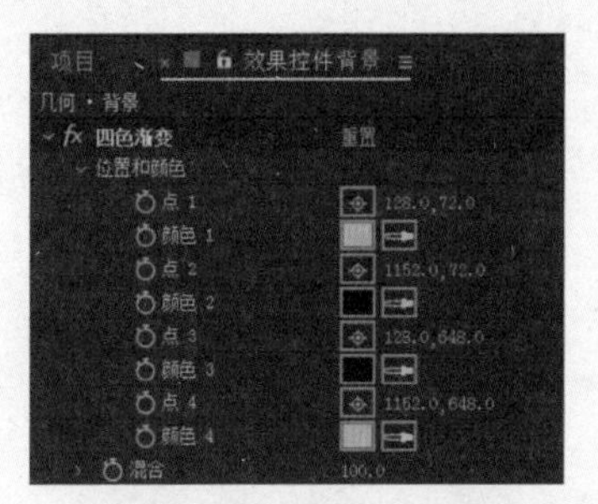

图5-206

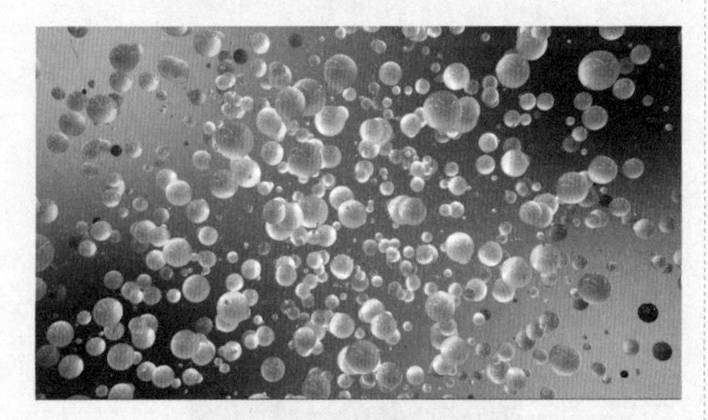

图5-207

18 新建调整图层，将其命名为“光照”，并放置在TAO图层上面，如图5-208所示，在“效果和预设”面板中添加RG Trapcode→Shine效果，如图5-209所示，效果如图5-210所示。

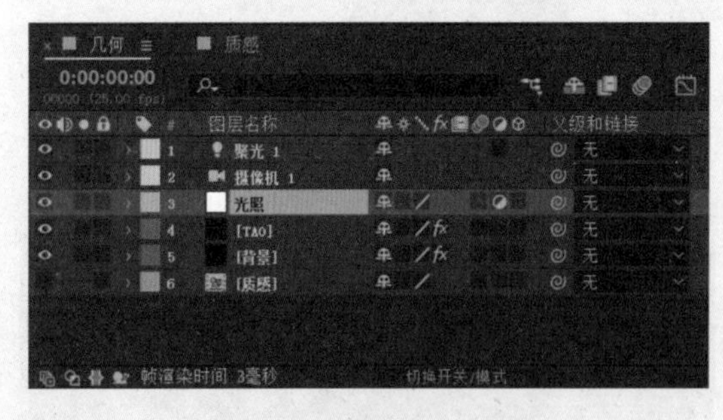

图5-208

图5-209

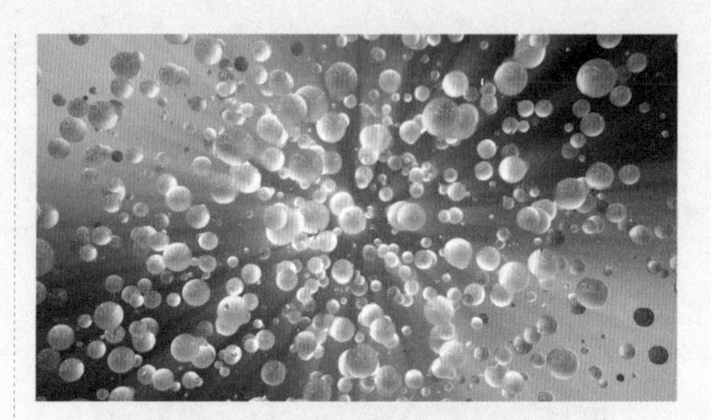

图5-210

19 选中“光照”调整图层，在“效果控件”面板中展开Colorize属性，设置Highlights为#FF3232，Midtones为#936D4D，Shadows为#1700FF，如图5-211所示，效果如图5-212所示，至此，本例制作完毕。

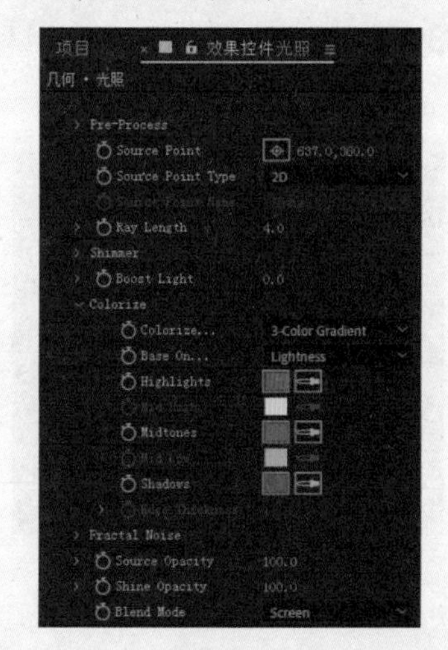

图5-211

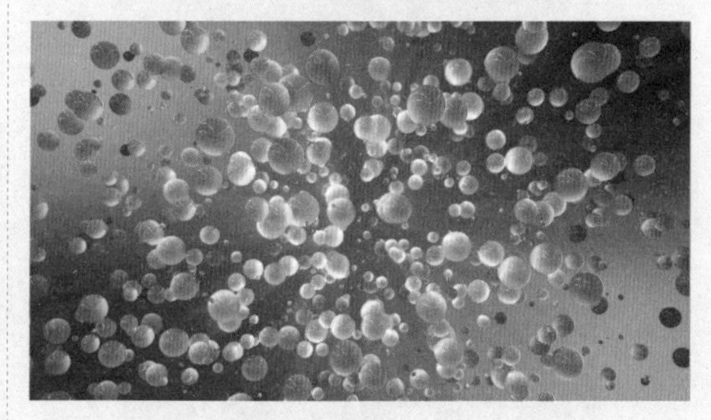

图5-212

第6章 综合实例

经过前面的系统学习，将所学知识在实际中进行有效的运用是我们现在需要思考的问题。熟练地掌握After Effects的使用方法，需要经过反复的练习以及对每一步操作的思考才能实现。在本章中，将对多个实例进行整体剖析，使所学的知识点融会贯通。

6.1 路径应用

在本节中，将对形状图层的使用方法进行详细的讲解，特别针对路径动画，以及可以被运用到路径动画中的效果。具体的操作步骤如下。

01 创建一个合成，在弹出的对话框中设置“预设”为HDTV 1080 29.97，“持续时间”为0:00:03:00。使用“钢笔”工具绘制一段曲线，如图6-1所示。

图6-1

02 在“时间线”面板中，展开形状图层左侧三角图标，在“形状1”属性下有4个默认属性。展开“描边1”属性，调整“描边宽度”值为50.0，“颜色”为白色，并将“线段端点”切换为“圆头端点”，如图6-2所示，效果如图6-3所示。

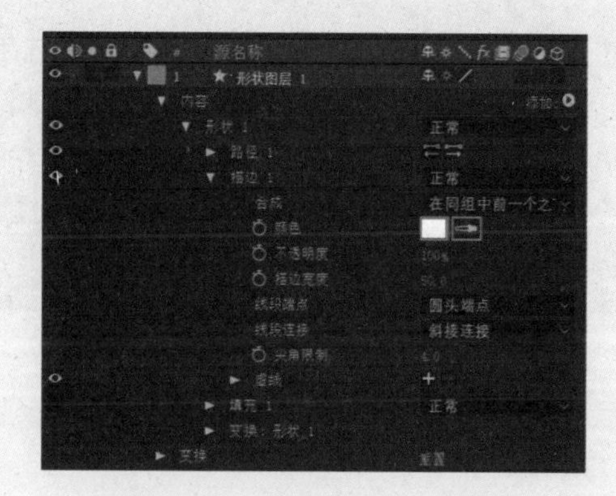

图6-2

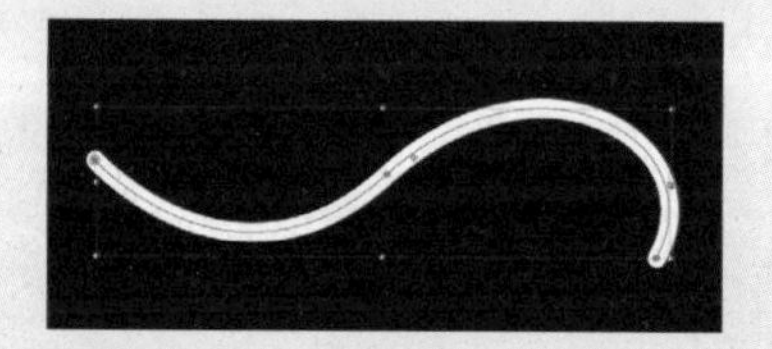

图6-3

03 在“时间线”面板中单击右上角的“添加”旁边的三角形图标，在弹出的菜单中选中“修剪路径”选项，为路径添加“修剪路径1”属性，如图6-4所示。

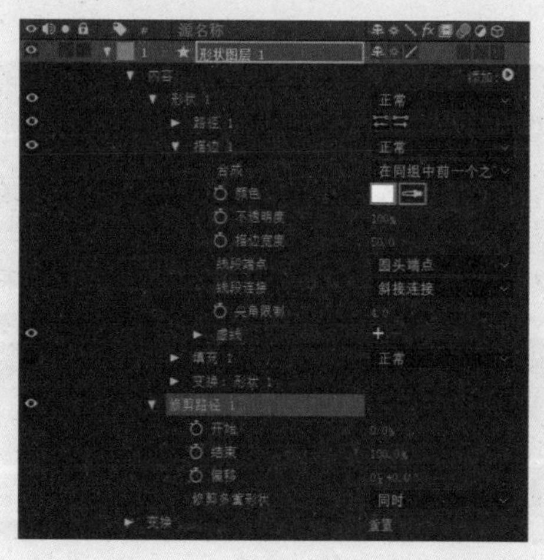

图6-4

04 展开“修剪路径1”属性，设置“开始”和“结束”属性的关键帧，“开始”调整为0%至100%，时长为0.5s，“结束”调整为0%至100%，时长为1s。播放动画可以看到线段随着曲线出现、划过、消失。“开始”属性后面的关键帧控制了线段的长度，如图6-5所示。

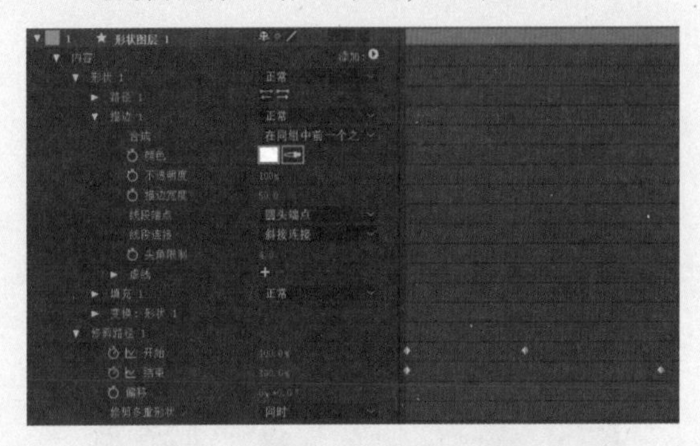

图6-5

05 设置“描边宽度”属性的关键帧。设置4个关键帧，分别为：0%、100%、100%、0%，如图5-6所示，这样就会形成曲线从细变粗，从粗又变细的过程，如图6-7所示。

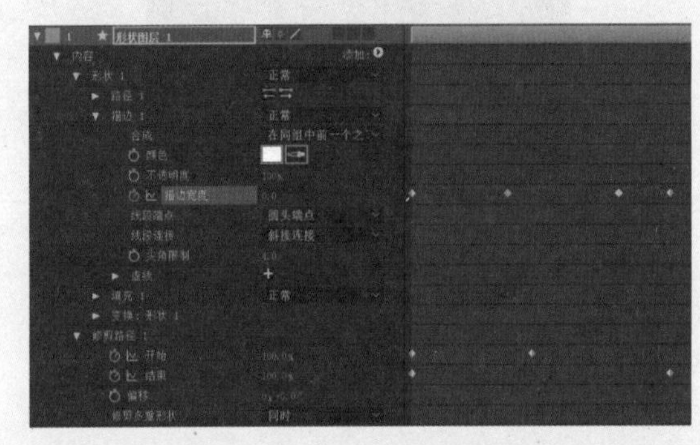

图6-6

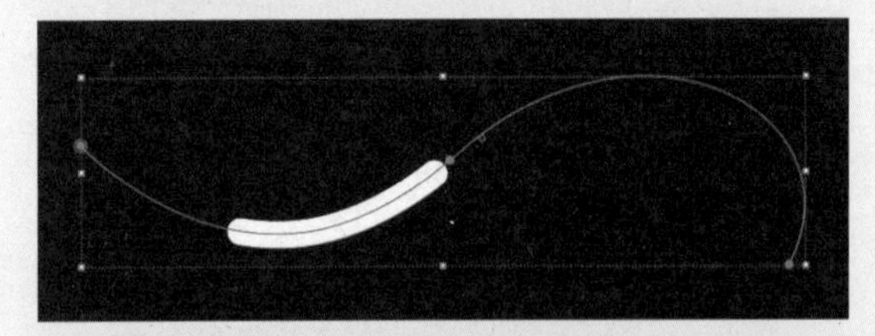

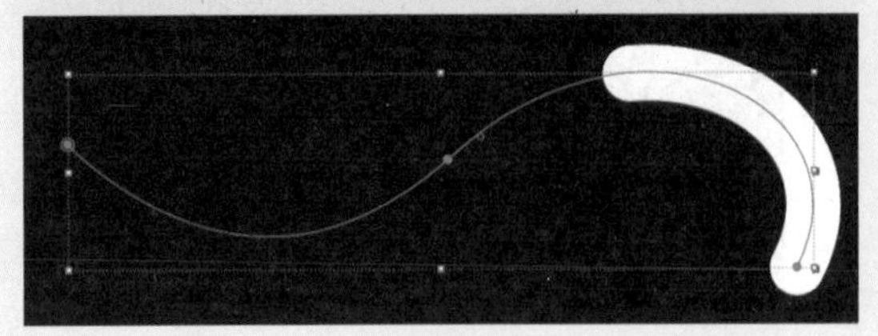

图6-7

06 在“时间线”面板中选中“开始”和“结束”属性最右侧的关键帧，右击，在弹出的快捷菜单中，选择“关键帧辅助”→“缓入”选项，如图6-8所示。需要注意的是，一定要将鼠标指针悬停在关键帧上右击，才会弹出关键帧快捷菜单。可以看到加入“缓入”动画后，关键帧图标有所变化，如图6-9所示。“缓入”命令只改变了动画的曲线，动画大致的运动方向并没有改变。

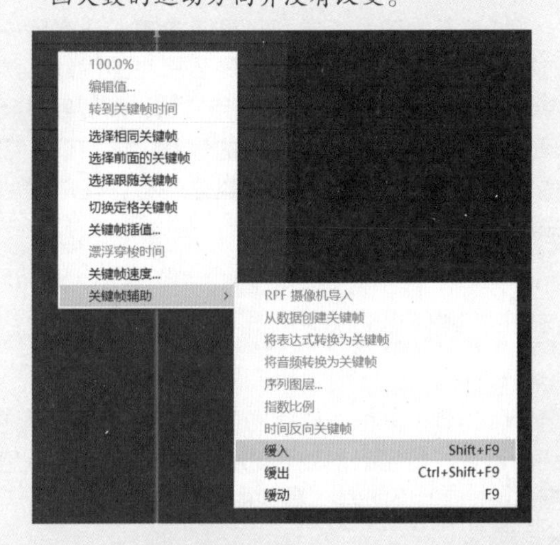

图6-8

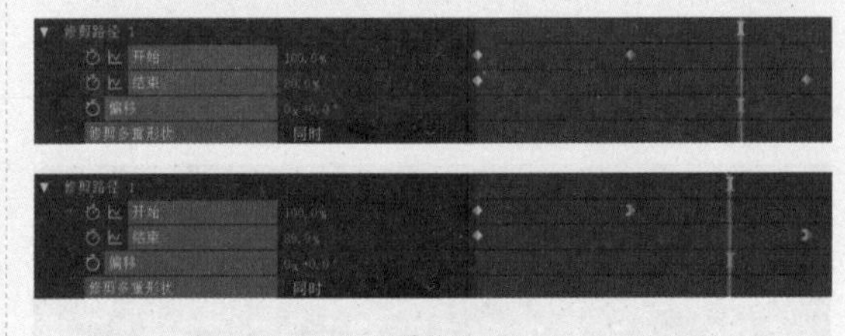

图6-9

07 在“时间线”面板中单击右上角“添加”旁边的三角形图标，在弹出的菜单选中“摆动路径”选项，为路径添加“摆动路径”属性，并调整“大小”和“详细信息”参数，效果如图6-10所示。

图6-10

08 在“时间线”面板中选中“形状图层1”，按快捷键Ctrl+D，复制一个图形图层并放置在图层的下方。选中两个图层，按U键，只显示带有关键帧的属性，如图6-11所示。

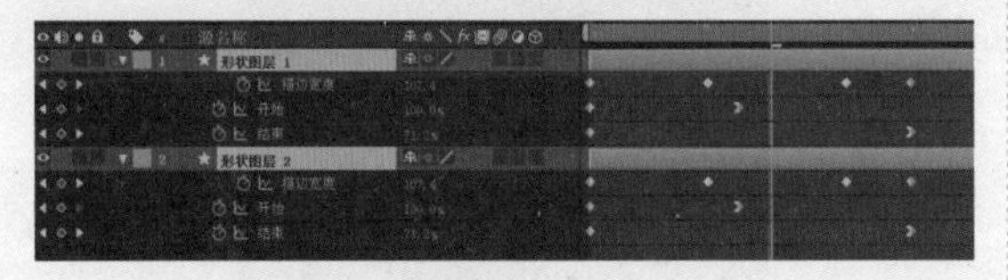

图6-11

09 调整“形状图层1”属性中的“开始”和“结束”的关键帧位置，如图6-12所示，让动画变为前、后两段的动画，如图6-13所示。

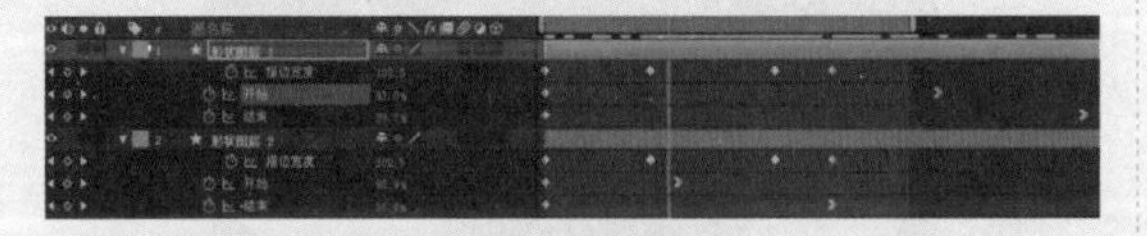

图6-12

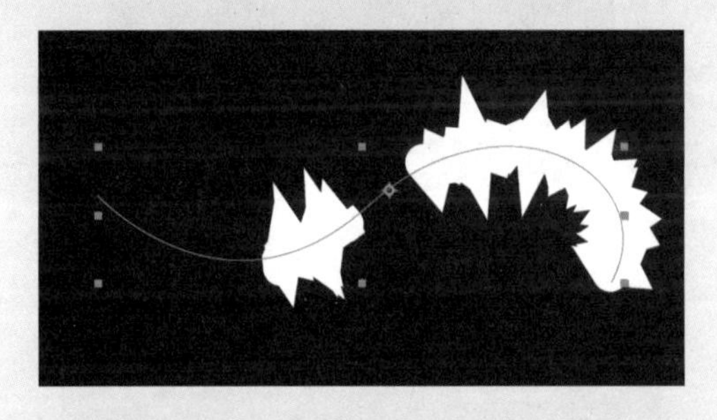

图6-13

10 在“时间线”面板中选中“形状图层2”，按快捷键Ctrl+D，复制一个图形图层放置在图层的下方。选中“形状图层3”的“摆动路径”属性，按DELETE键，删除该属性。隐藏“形状图层1”和“形状图层2”，方便观察“形状图形3”的情况，如图6-14所示。

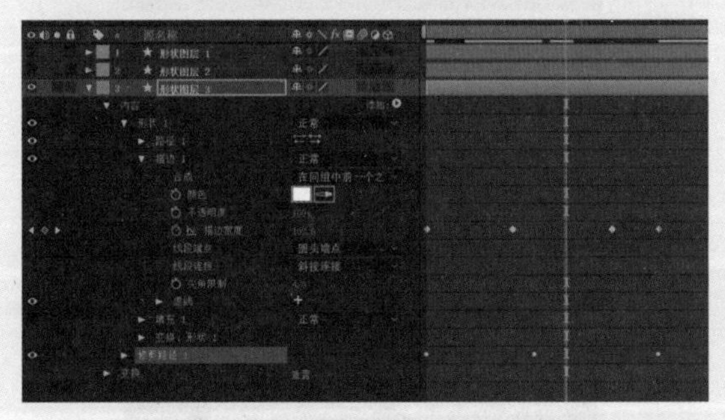

图6-14

11 单击“虚线”属性右侧的+按钮，为其添加“虚线”属性，再次单击+按钮，添加“间隙”属性，如图6-15所示。

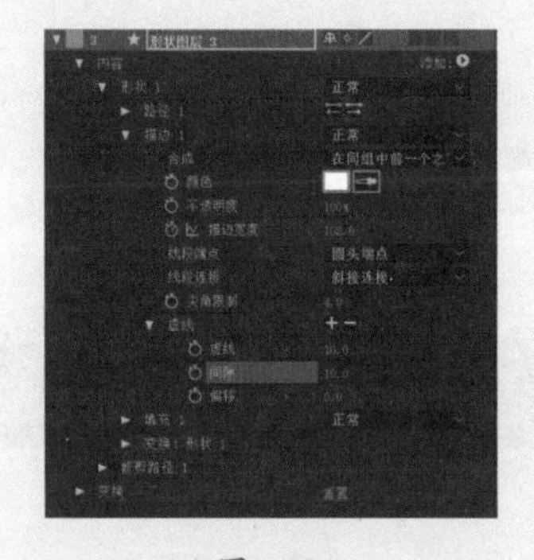

图6-15

12 调整“虚线”值为0.0，并调大“间隙”值，直至出现圆点效果。播放动画可以看到，虚线的点也是由小到大变化的，如图6-16所示。

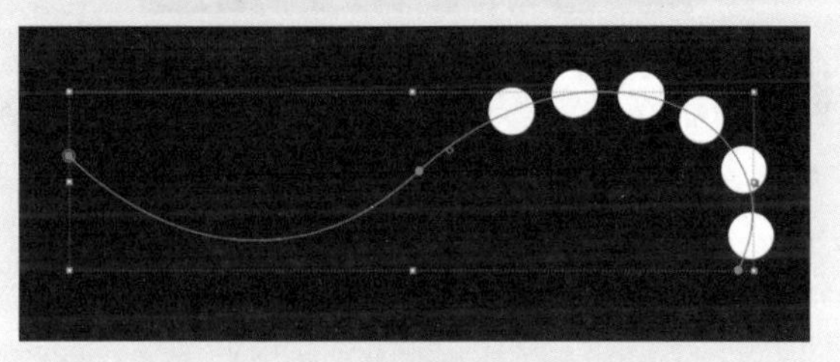

图6-16

13 在“时间线”面板中单击右上角的“添加”旁边的三角形图标，在弹出的菜单中选中“扭转”选项，为路径添加“扭转”属性。调整“角度”和“中心”值，让虚线运动得更随意，如图6-17所示。

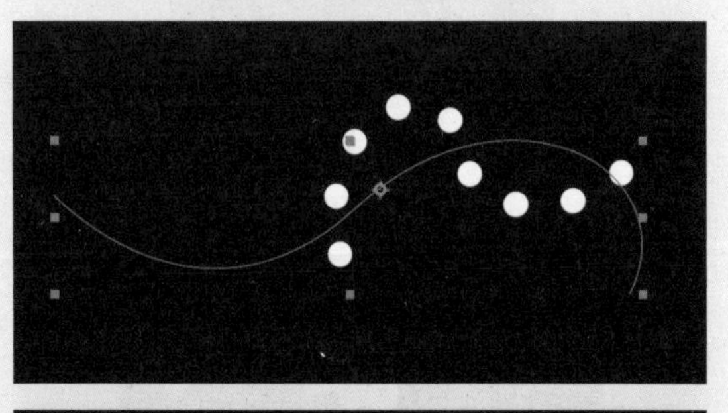

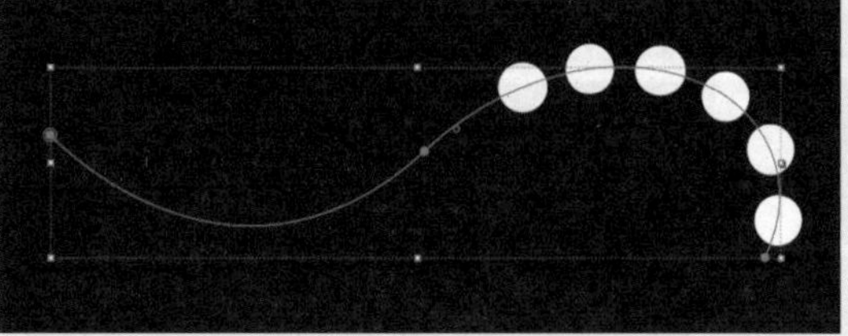

图6-17

14 显示“形状图层1”和“形状图层2”，如图6-18所示，继续调整“形状图层3”，也就是虚线的“修剪路径”属性的“开始”和“结束”关键帧的位置，让路径动画每一个画面的三个图层的画面不相互重叠，如图6-19所示。也可以调整三个图层的前后位置来调整路径动画的时间。

图6-18

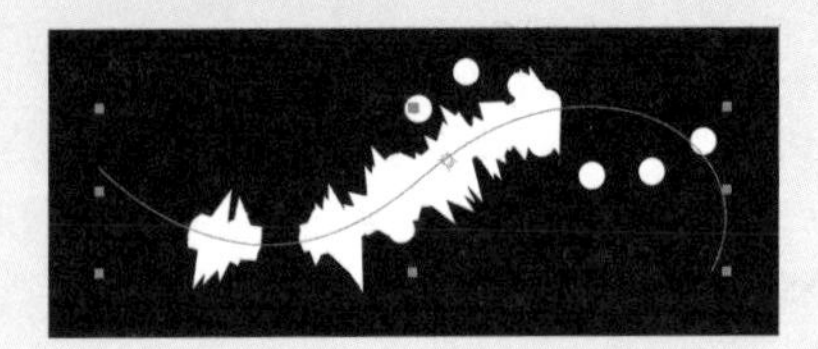

图6-19

15 执行“合成”→“新建”→“调整图层”命令，创建一个调整图层，放置在三个图层的上方。选中该调整图层，执行“效果”→“风格化”→“毛边”命令，调整“边界”和“边缘锐度”参数，如图6-20所示，让几层线条融合在一起，如图6-21所示。

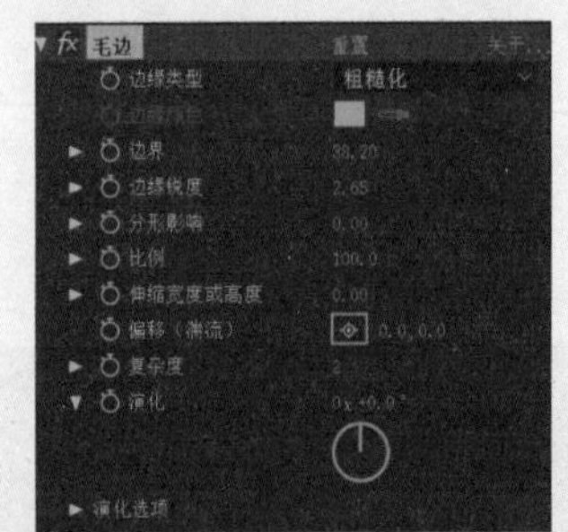

图6-20

图6-21

16 选中调整图层，执行“效果”→“扭曲”→“湍流置换”命令，调整“数量”和“大小”参数，如图6-22所示，可以看到圆点已经开始变形，并且融合到路径中，如图6-23所示。

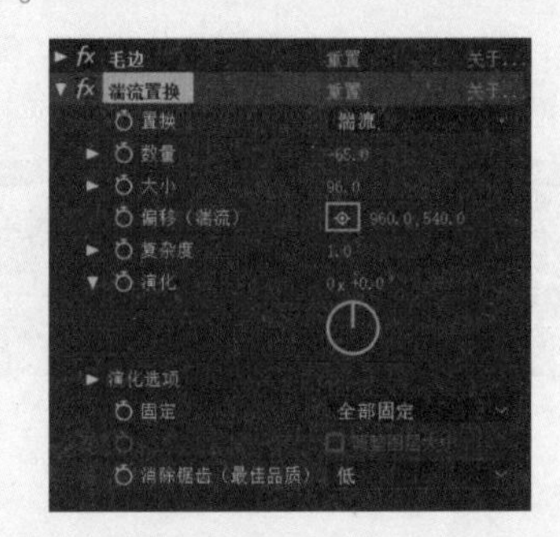

图6-22

图6-23

17 在“时间线”面板中，单击激活所有图层的“运动模糊”图标，如图6-24所示，可以看到激活前后动画的差别，如图6-25所示。

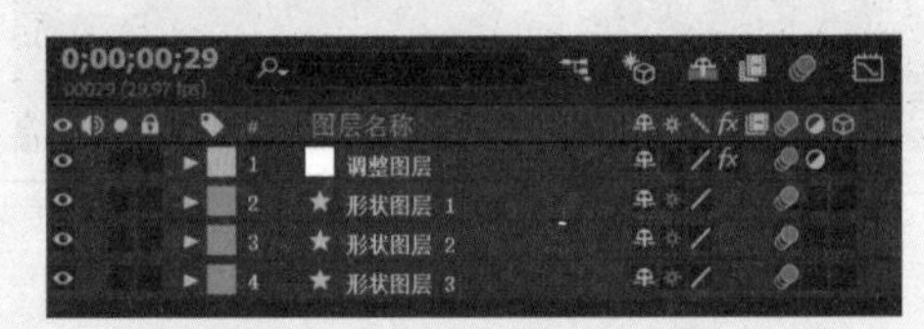

图6-24

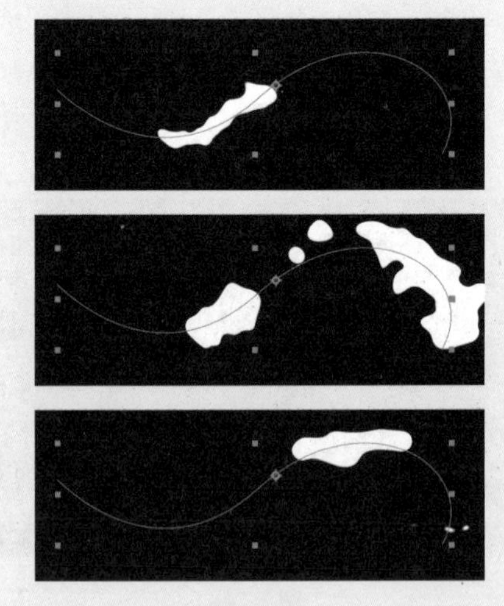

图6-25

6.2 电路文字

本节制作“电路文字”效果，具体的操作步骤如下。

01 新建一个合成，在弹出的对话框中设置“合成名称”为“电路字体”，“预设”为HDTV 1080 29.97，“持续时间”为0:00:10:00，如图6-26所示。

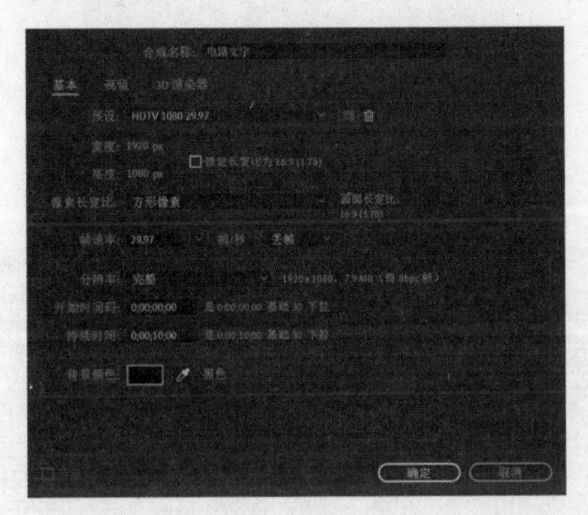

图6-26

02 创建一段文字，可以是单词亦可以是一段话，并设置字体和文字大小，如图6-27所示。

图6-27

03 在“时间线”面板中，选中文字图层，右击，并在弹出的快捷菜单中选择“预合成”选项。在弹出的对话框中，设置“新合成名称”为“文字基础”，如图6-28所示。

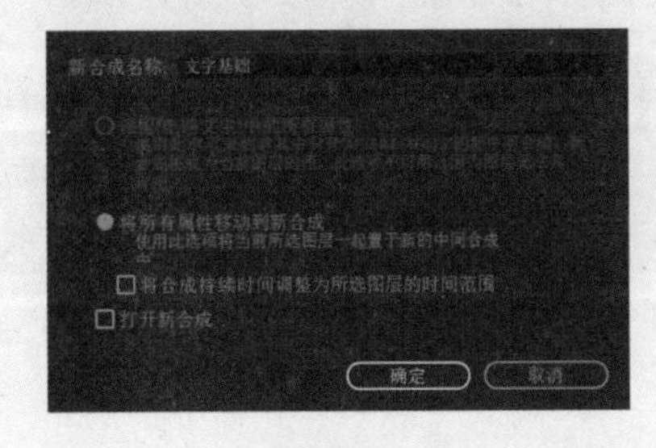

图6-28

04 选择“文字基础”图层，执行“效果”→“杂色与颗粒”→“分形杂色”命令。在“效果控件”面板中，调整“分形类型”为“字符串”，“杂色类型”为“块”，“对比度”值为18.0，“亮度”值为-29.0。展开“变换”属性，取消选中“统一缩放”复选框，调整“缩放宽度”和“缩放高度”值分别为15.0和75.0，如图6-29所示，分形的图案尽量匹配文字的边界，长方形或者正方形并不影响最终的效果。画面中文字部分应用了分形效果，如图6-30所示。

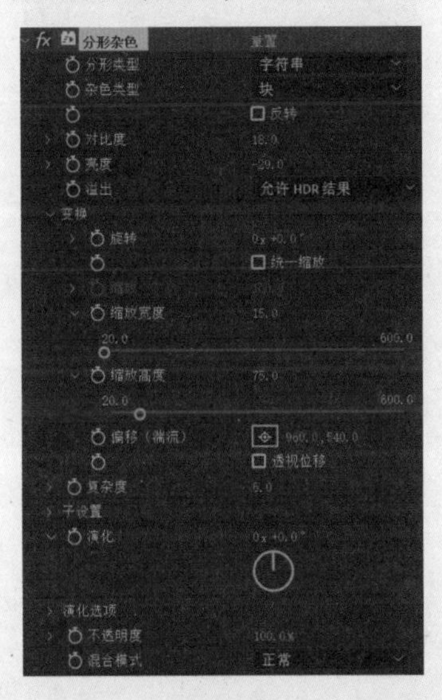

图6-29

图6-30

05 在“项目”面板中，将本书附赠的“石头背景”文件导入，将“石头背景”素材拖至“时间线”面板，放置在“文字基础”的下面，如图6-31所示，用于制作画面背景。

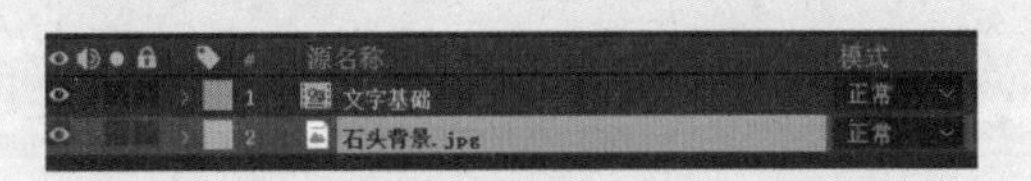

图6-31

06 执行“图层”→“新建”→“纯色”命令，创建一个纯色图层，命名为“背景”。选中该图层，执行“效果”→“杂色与颗粒”→“分形杂色”命令。在“效果控件”面板中，调整“分形类型”为“湍流平滑”，“杂色类型”为“块”，“对比度”值为38.0，“亮度”值为-6.0。展开“变换”属性，调整“缩放”值为404.0，如图6-32所示。

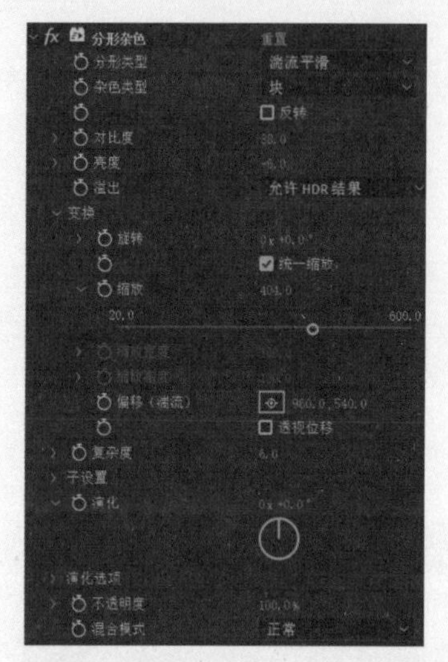

图6-32

07 在“时间线”面板中，将“背景”图层放置在“石头背景”图层的下面，将“石头背景”图层的融合模式调整为“叠加”，如图6-33所示。可以看到带有石头纹理的方形背景，也可以通过设置“背景”图层的“演化”动画，得到动起来的背景效果，如图6-34所示。

图6-33

图6-34

08 执行“图层”→“新建”→“纯色”命令，创建一个纯色图层，并命名为“网格”。选中该图层，执行“效果”→“生成”→“网格”命令。在“效果控件”面板中，将“大小依据”切换为“宽度滑块”，这样就可以将网格变成正方形，并统一调整大小，调整“宽度”值为20.0，如图6-35所示，效果如图6-36所示。

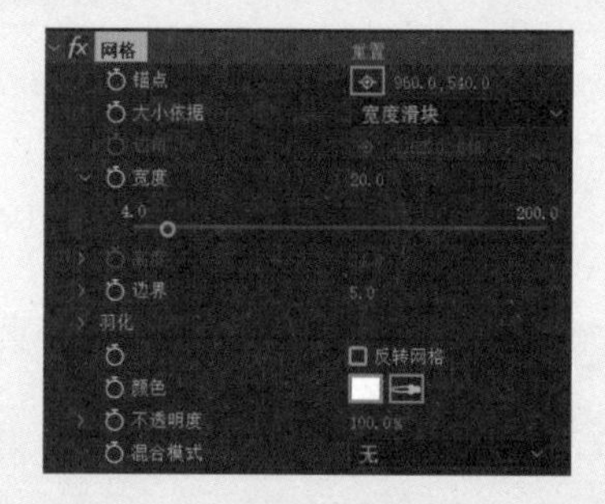

图6-35

图6-36

09 选中“网格”图层，执行“效果”→“蒙版”→“简单阻塞工具”命令。在“效果控件”面板中，将“阻塞遮罩”值调整为3.60，如图6-37所示。可以看到网格的边缘被渐变遮挡，形成渐隐的点状效果，如图6-38所示。

图6-37

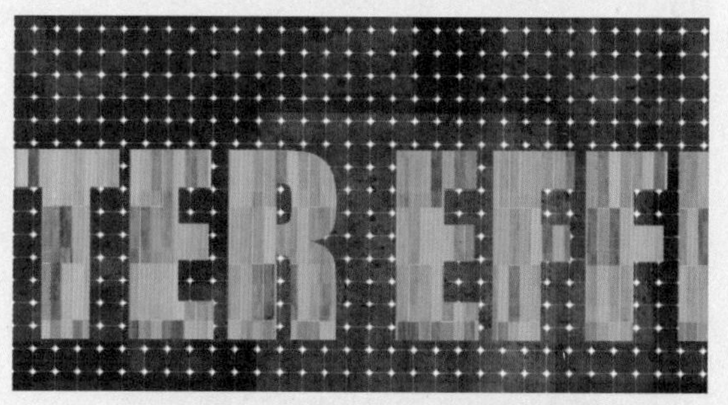

图6-38

10 在“时间线”面板中，将“网格”图层拖至“石头背景”图层的上面，将图层融合模式调整为“模板Alpha”，效果如图6-39所示。

图6-39

11 在“时间线”面板，选中“文字基础”图层，右击，在弹出的快捷菜单中选择“预合成”选项，在弹出的对话框中，调整“新合成名称”为“文字效果”，如图6-40所示。

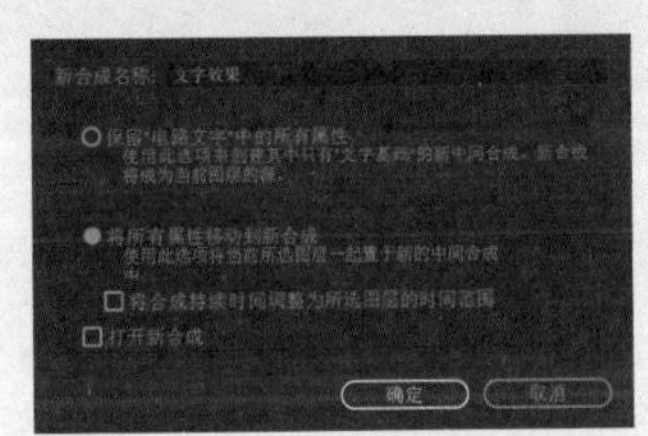

图6-40

12 选中“文字效果”图层，执行“效果”→“过渡”→CC Image Wipe命令。在“时间线”面板中，添加Completion属性的关键帧动画，在0:00:00:00设置值为100%，在0:00:02:00设置值为0%，如图6-41所示。预览动画，可以看到文字逐渐擦出来的效果，如图6-42所示。

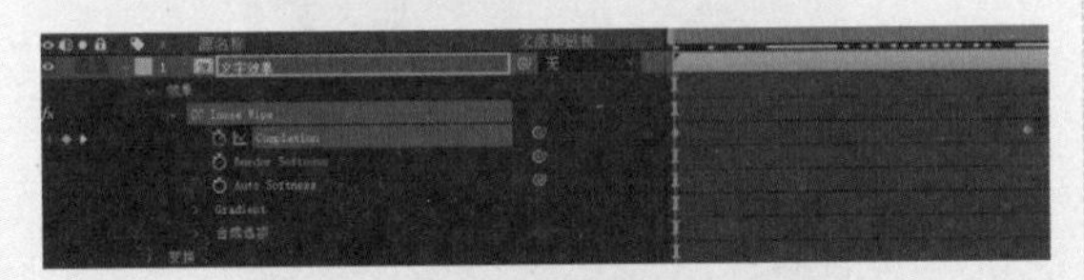

图6-41

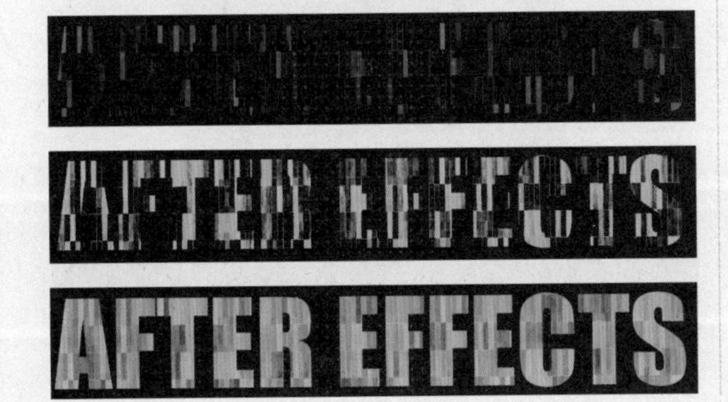

图6-42

13 继续为“文字效果”添加动画，执行“效果”→“扭曲”→“置换图”命令。在“时间线”面板中设置“最大垂直置换”的关键帧动画，在0:00:00:00设置值为-2000，在0:00:05:00设置值为0，如图6-43所示。此时可以看到“置换图”的效果，将文字的图案，由下至上产生流动的动画效果，如图6-44所示。

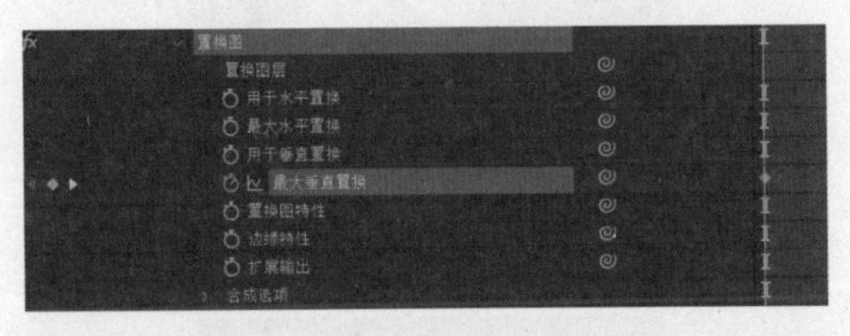

图6-43

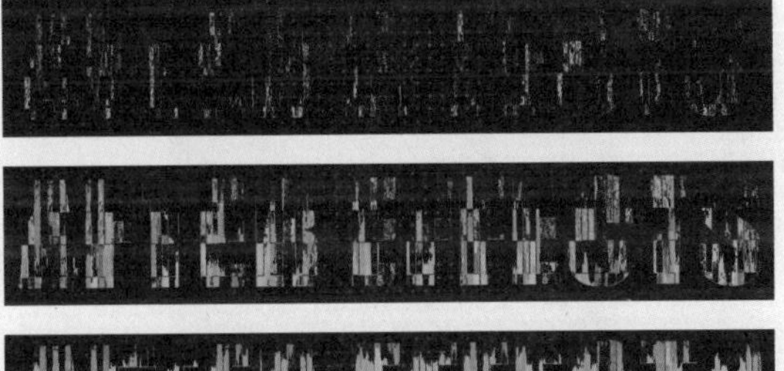

图6-44

14 下面为文字添加颜色，执行“效果”→“色彩校正”→“色光”命令。在“时间线”面板中设置“相移”属性的关键帧动画，在0:00:00:00设置值为0x+0.0°，在0:00:10:00设置值为0x+20.0°，如图6-45所示。

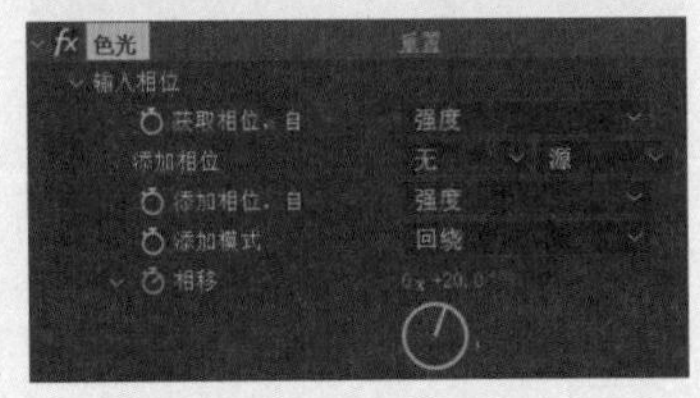

图6-45

15 此时可以看到画面中蚊子的蓝绿色效果，如图6-46所示。展开“输出循环”属性，拖动黄色和绿色三角形图标删除色彩，让色彩在红色和蓝色之间循环，如图6-47所示。

图6-46

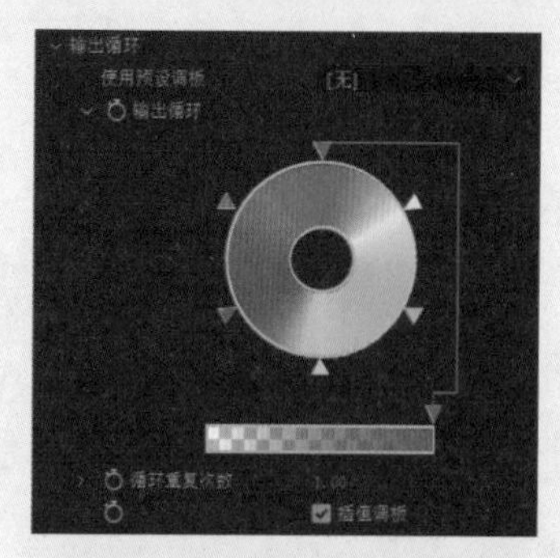

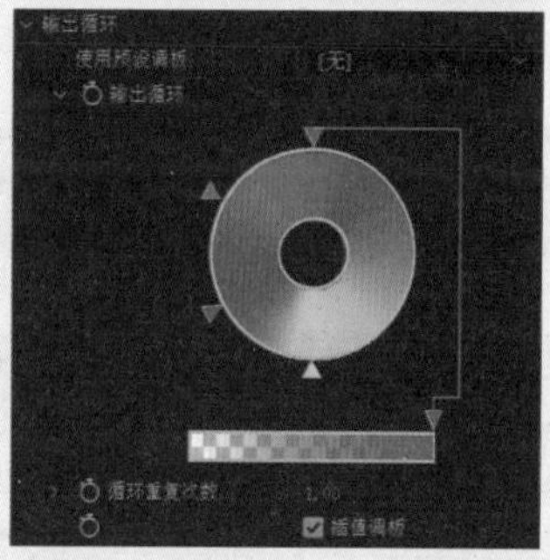

图6-47

16 此时画面过于犀利，可以通过CC glass效果进行纠正。执行“效果”→“风格化”→CC glass命令，在“时间线”面板中，调整Softness值为10.0，Height值为1.0，如图6-48所示，让文字形成一条锐利的边界，效果如图6-49所示。

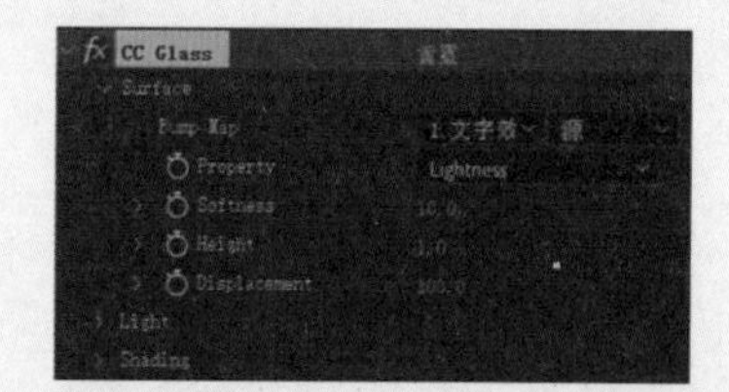

图6-48

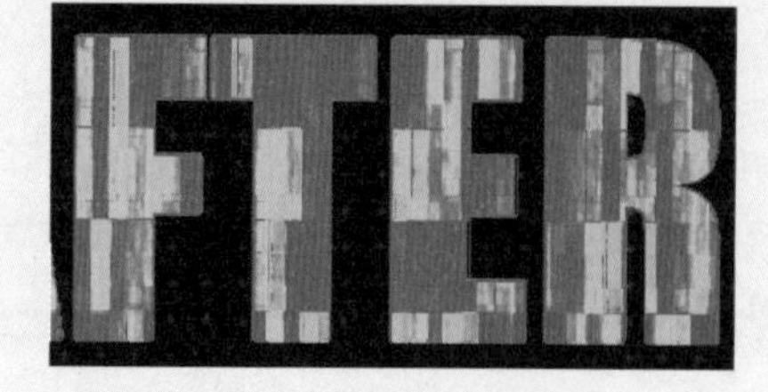

图6-49

17 此时为文字添加描边动画，在“项目”面板中，双击“文字效果”选项，在“时间线”面板中可以看到“文字效果”合成已经展开。选中“文字基础”图层，按快捷键Ctrl+C复制一个“文字基础”图层。切换到“电路文字”合成，按快捷键Ctrl+V，粘贴“文字基础”图层，并将该图层拖至“文字效果”之上，暂时隐藏“文字效果”图层，方便设置“文字基础”图层的效果，如图6-50所示。

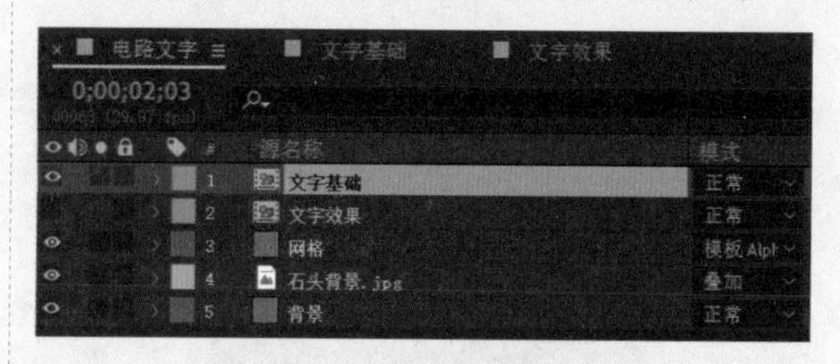

图6-50

18 选择显示的“文字基础”图层，执行“效果”→“生成”→“勾画”命令，在“时间线”面板中，设置“片段”值为1，“长度”值为0.500，“混合模式”为“透明”，“颜色”为#40F2FF，可以看到文字变成了蓝色的线条。添加“旋转”属性的关键帧动画，在0:00:00:00设置值为0x+0.0°，在0:00:10:00设置值为3x+0.0°（也就是让光线转三圈），如图6-51所示，效果如图6-52所示。

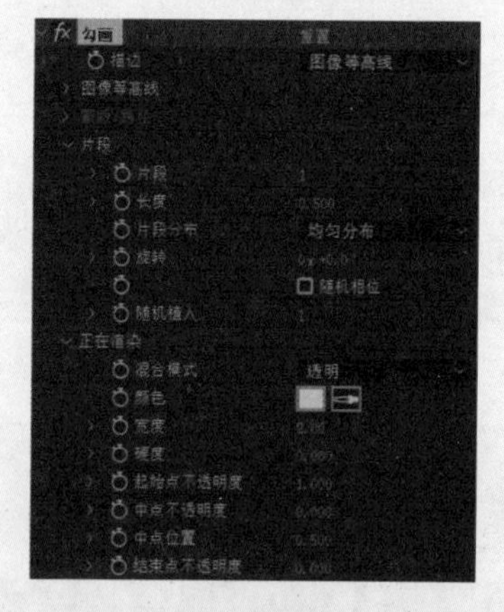

图6-51

图6-52

19 选中“文字基础”图层，按快捷键Ctrl+D复制一个“文字基础”图层。添加“旋转”属性的关键帧动画，在0:00:00:00设置值为0x+180.0°，在0:00:10:00设置值为3x+180.0° 将“颜色”设置为#FF3CFD，如图6-53所示。按空格键预览动画，可以看到蓝色和紫色的线条围绕着文字转动，效果如图6-54所示。

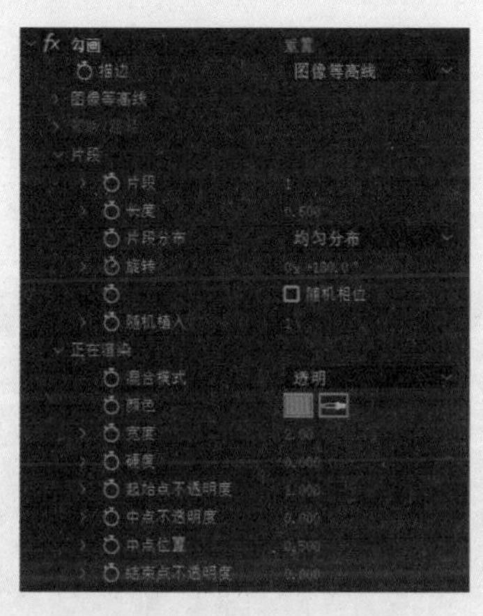

图6-53

图6-54

20 单击开启“文字效果”图层的眼睛图标，如图6-55所示，显示底层文字效果，如图6-56所示。

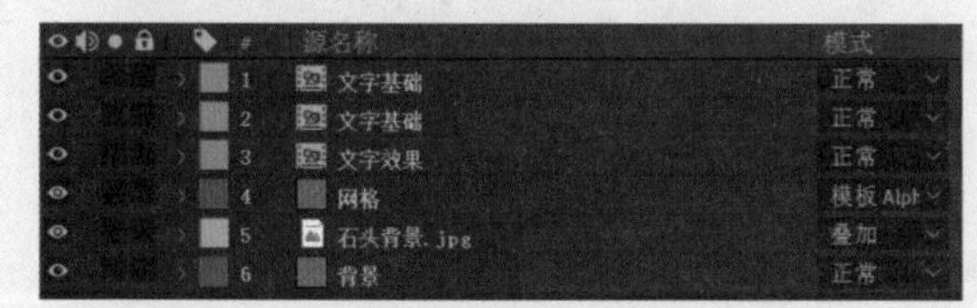

图6-55

图6-56

21 选中“文字效果”图层，按快捷键Ctrl+D复制一个“文字效果”图层。选中下面的“文字效果”图层，执行“效果”→“模糊和锐化”→“定向模糊”命令，设置“模糊长度”值为300.0，为文字添加发光效果，如图6-57所示。

图6-57

22 按空格键预览动画，可以看文字动画效果，如图6-58所示，至此，本例制作完毕。

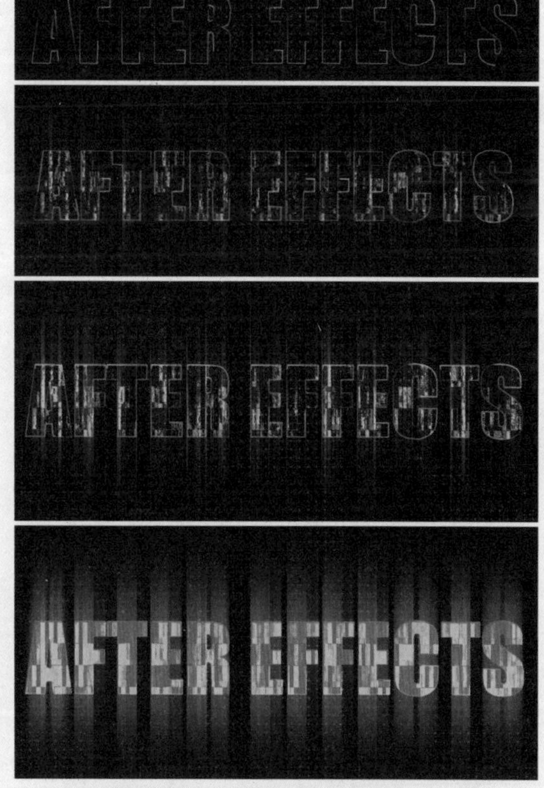

图6-58

6.3 复古片头

本节制作“复古片头”效果，具体的操作步骤如下。

01 创建一个合成，在弹出的“合成设置”

对话框中，设置“合成名称”为“主合成”，“预设”为HD·1920x1080·25fps，“持续时间”为0:00:30:00，如图6-59所示。

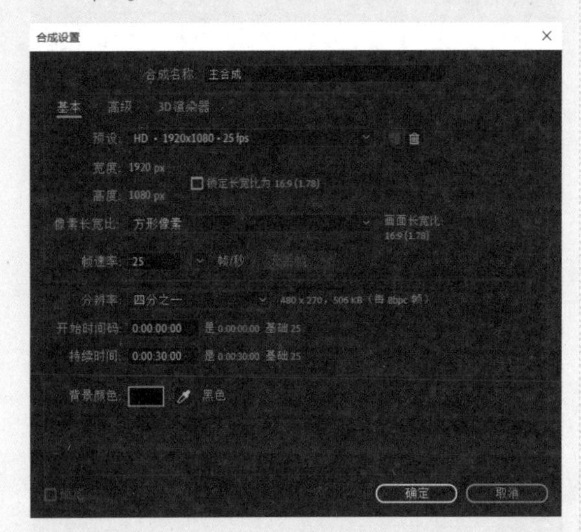

图6-59

02 执行“图层”→“新建”→“纯色”命令，新建纯色图层，在弹出的“纯色设置”对话框中设置“名称”为BG，“颜色”为黑色，如图6-60所示。

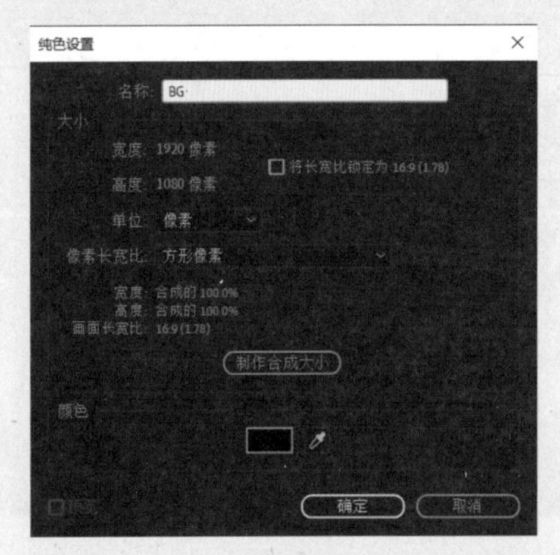

图6-60

03 选中BG图层，右击，在弹出的快捷菜单中选择“图层样式”→“渐变叠加”选项，如图6-61所示，为BG图层添加渐变效果。

04 选中BG图层，在“时间线”面板中，将“角度”修改为0x+180°，单击“编辑渐变”文字链接，如图6-62所示，打开“渐变编辑器”对话框。将左侧色标的颜色更改为#1875AF，将右侧色标的颜色更改为#F25736，如图6-63所示，效果，如图6-64所示。

图6-61

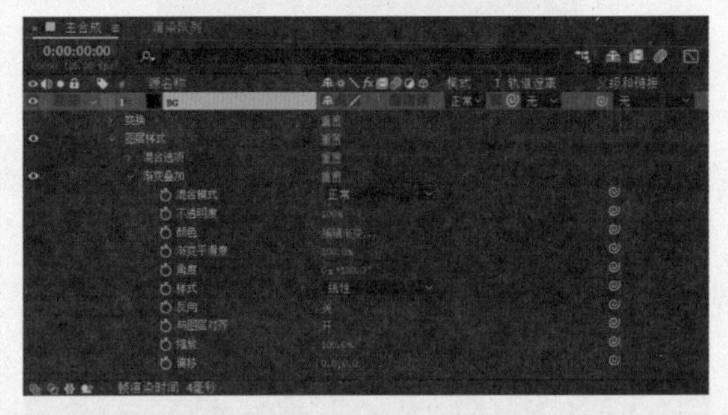

图6-62

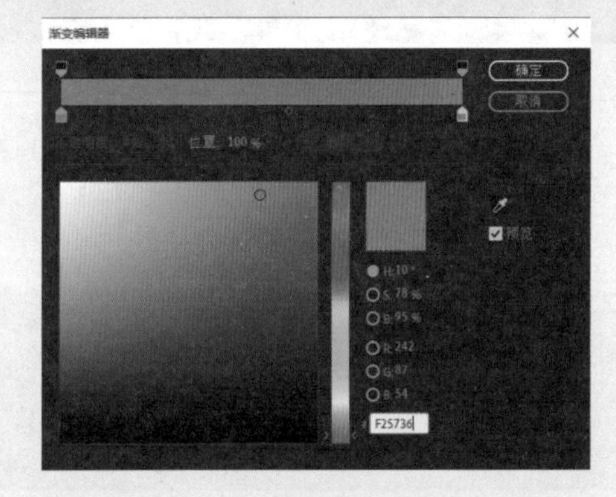

图6-63

图6-64

05 选择“项目”面板中的“纹理.jpg”素材，并拖入“时间线”面板中，如图6-65所示。

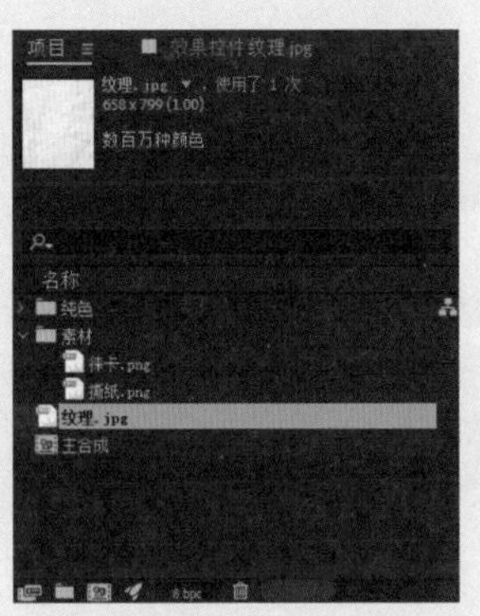

图6-65

06 在“时间线”面板中，按S键，将“缩放”属性显示出来，单击该属性前的“约束比例”图标，取消选中后，修改数值为165.0,175.0%。单击“缩放”属性前的秒表图标，将当前时间指示器放在00f处，创建关键帧。将当前时间指示器放在05f处，将数值修改为-165.0,-175.0%；将当前时间指示器放在10f处，修改数值为165.0,175.0%；将当前时间指示器放在20f处，将数值修改为-165.0,-175.0%；将当前时间指示器放在05f处，修改数值为165.0,175.0%。选中所有关键帧并右击，在弹出的快捷菜单中选择“切换定格关键帧”选项，制作定格动画效果，如图6-66所示。

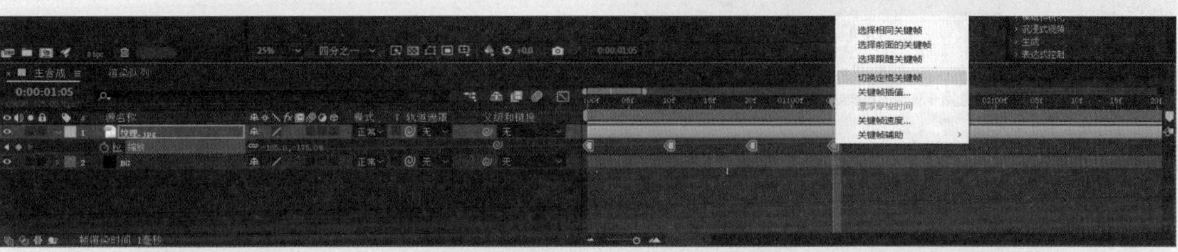

图6-66

07 单击“缩放”属性前的秒表图标，按Alt键，启用表达式，在输入框中输入loopOut()，并将模式更改为“相乘”，如图6-67所示，效果如图6-68所示。

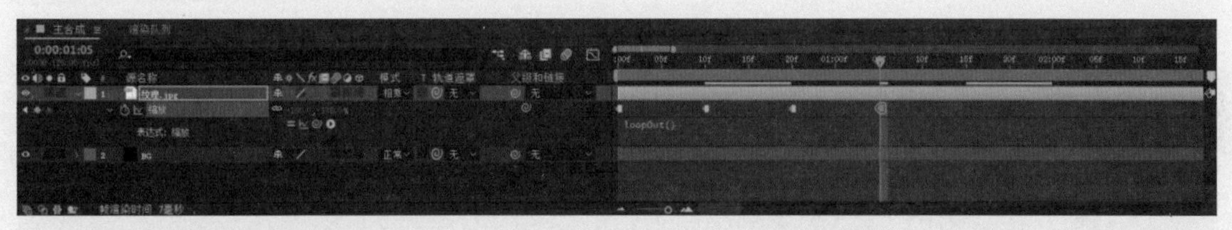

图6-67

图6-68

08 创建一个新的预合成，并命名为“背景文字”，如图6-69所示。输入文字Vintage style freeze frame opening effect，将填充颜色关闭，开启文字描边。将字体设置为Impact，文字大小设置为200px，单击TT图标，全部大写，如图6-70所示，效果如图6-71所示。

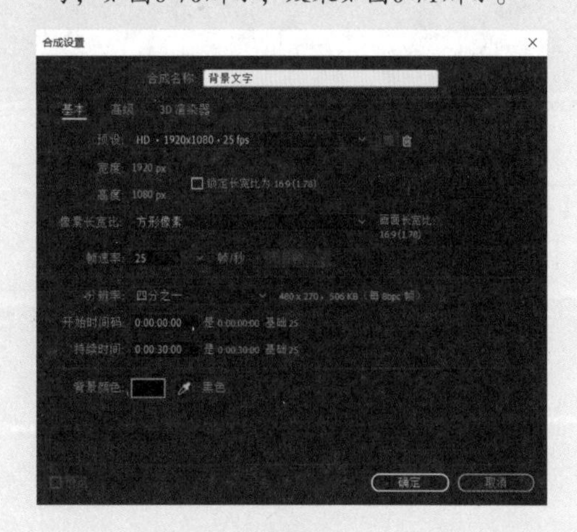

图6-69

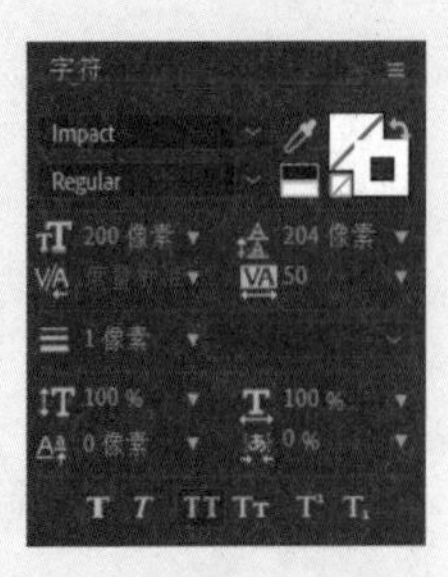

图6-70

图6-71

09 选中文字图层，单击▶图标，在弹出的菜单中选中“位置”和“不透明度”选项。将“位置”值修改为1000.0,0.0；“不透明度”值为0%，如图6-72所示。

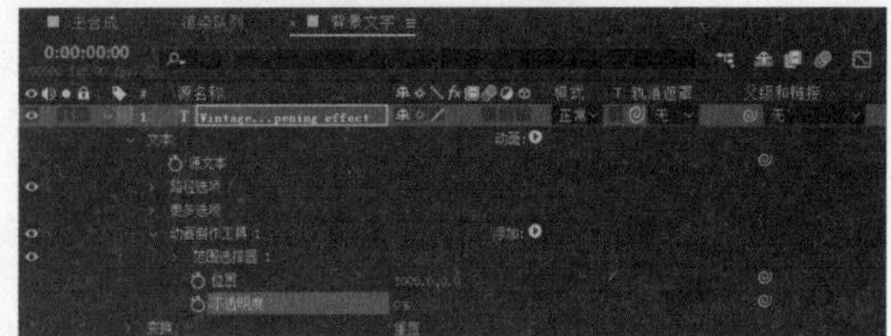

图6-72

10 在“时间线”面板中，选中文字图层，找到“文本”→“动画制作工具1”→“表达式选择器1”属性，将“依据”设置为“词”。选中“动画制作工具1”属性单击“添加”旁的▶图标，在弹出的菜单中，选择“选择器”→“表达式”选项，如图6-73所示，为其添加表达式，如图6-74所示。

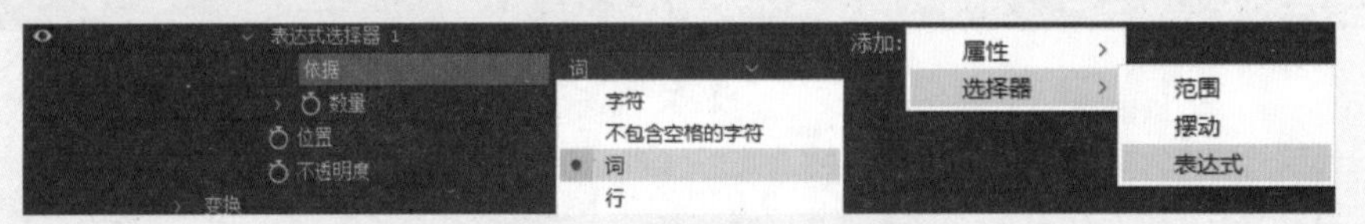

图6-73

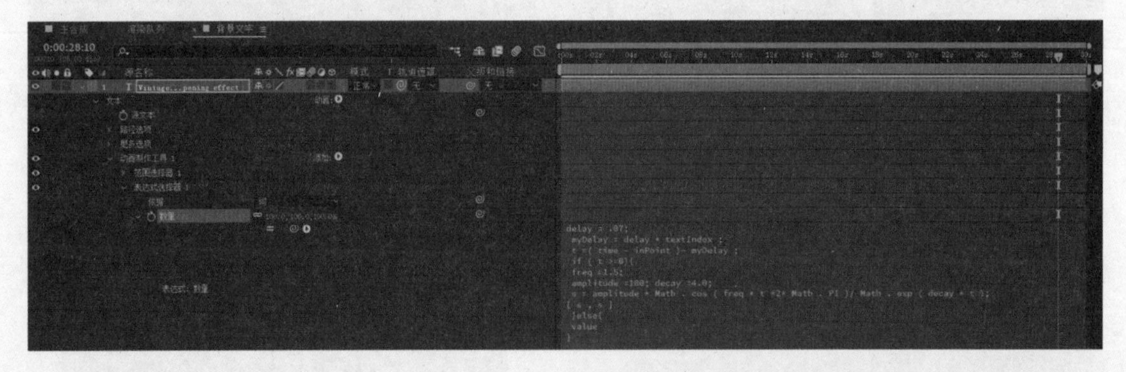

图6-74

11 选中文字图层，按P键调出“位置”属性，在第一帧处创建关键帧，将当前时间指示器调到0:00:10:00，将文字向左平移，如图6-75所示，同时创建关键字，如图6-76所示。

图6-75

图6-76

12 按快捷键Ctrl+D，复制文字图层。在“时间线”面板中找到“文本”→“动画制作工具1”→“表达式选择器1”→“位置”属性，修改为-1000.0,0.0。按P键调出“位置”属性，将第一帧数值修改为1107.0,380.0，将第二帧数值修改为1972.0,380.0，制作交错动画效果，如图6-77所示。

图6-77

13 选中制作好的两个文字图层，按快捷键Ctrl+D，复制文字图层。选中复制出的文字图层，按P键调出“位置”属性，选中关键帧，将文字向下移动，按照相同的方法重复多次，如图6-78所示，效果如图6-79所示。

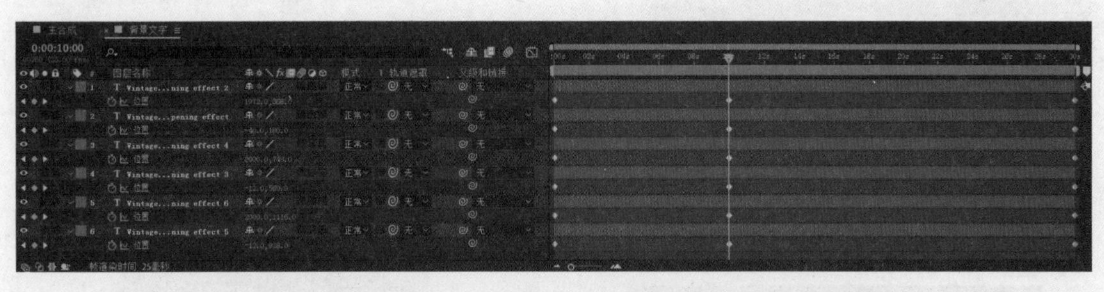

图6-78

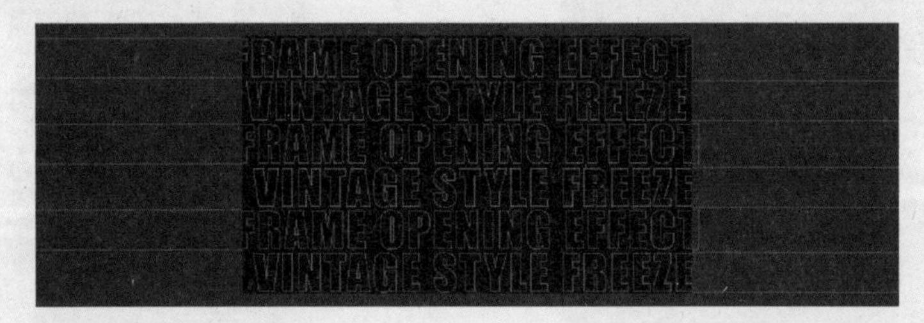

图6-79

14 回到“主合成”中，将“背景文字”图层拖入合成，并将其“不透明度”值设置为50%，如图6-80所示。

图6-80

15 选中“背景文字”图层，在“效果和预设”面板中双击“扭曲”→“湍流置换”效果选项，在“效果控件”面板中，将“数量”值设置为30.0，如图6-81所示，效果如图6-82所示。

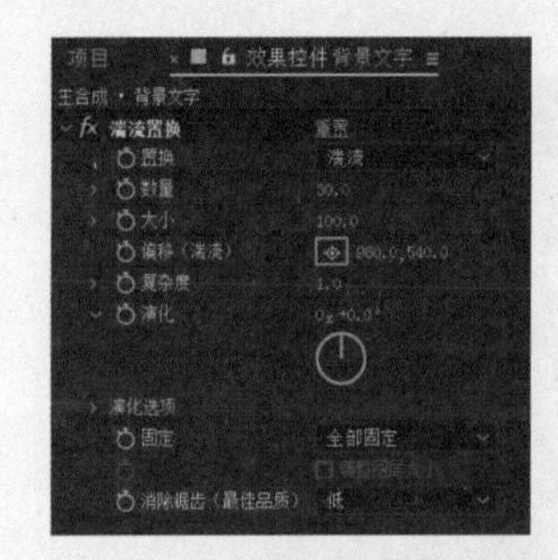

图6-81

图6-82

16 创建一个新的预合成，在弹出的“合成设置”对话框中设置“合成名称”为“撕纸”大小为3000×1080px，“持续时间”为0:00:30:00，如图6-83所示。

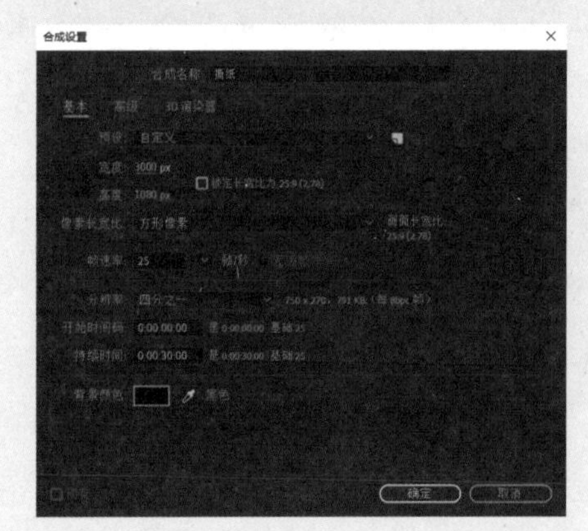

图6-83

17 将“项目面板”中的“撕纸.png”素材拖入“时间线”面板。在“时间线”面板中，按S键调出“缩放”属性，将“缩放”值修改为90.0,121.0。按R键调出“旋转”属性，将“旋转”值设置为0x85.0°。按快捷键Ctrl+D，复制“撕纸.png”图层，并修改其“旋转”值为0x265°，如图6-84所示，效果如图6-85所示。

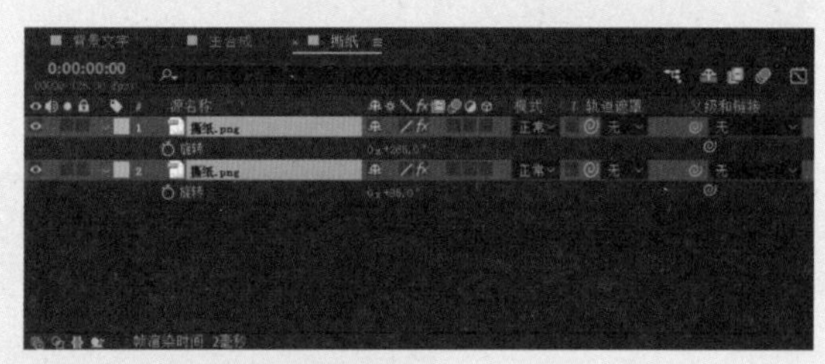

图6-84

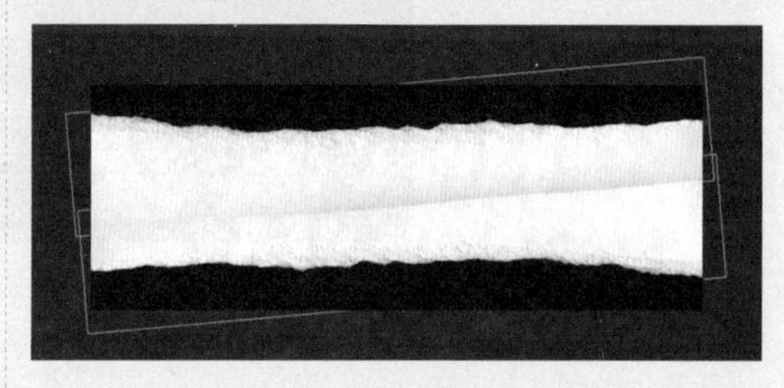

图6-85

18 选中两个“撕纸.png”图层，将“颜色”设置为白色，如图6-86所示。按快捷键Ctrl+D，复制“撕纸.png”图层，并修改“颜色”为灰色，并将其位置分别向上、下移动，做出拼贴效果，如图6-87所示，效果如图6-88所示。

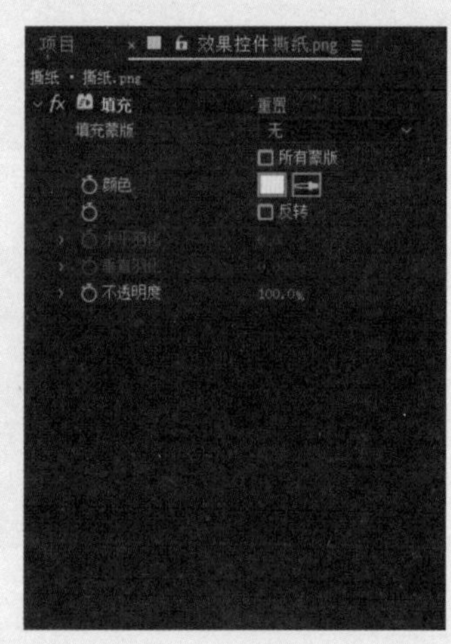

图6-86

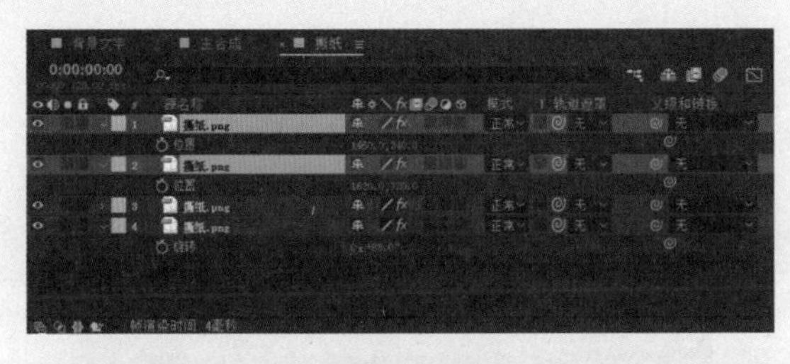

图6-87

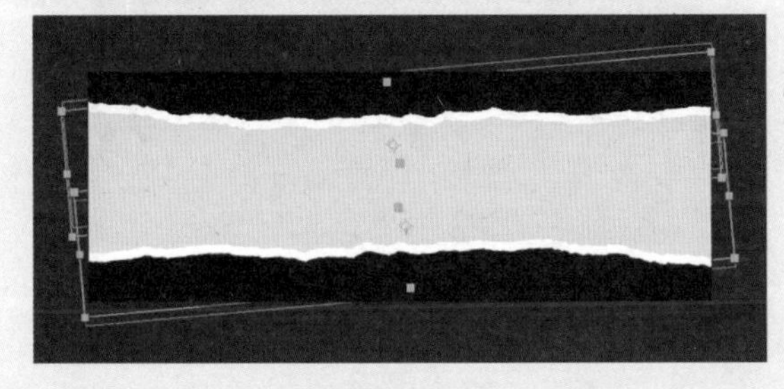

图6-88

19 创建一个新的预合成，在“合成设置”对话框中设置“合成名称”为“撕纸动画”，大小为3000px×1080px，“持续时间”为0:00:30:00，如图6-89所示。

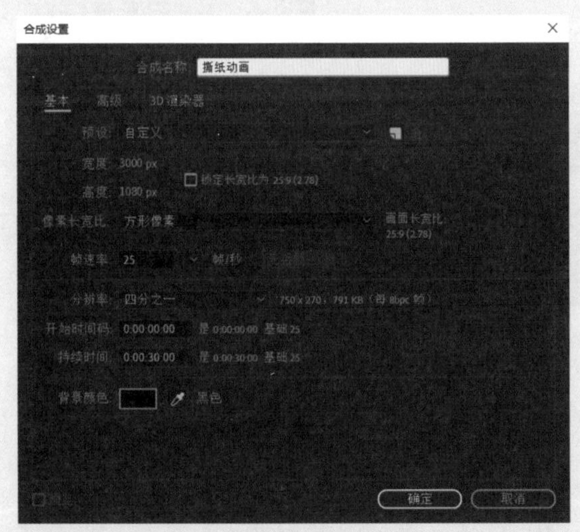

图6-89

20 在“项目”面板选中“撕纸.png”素材，并拖入“时间线”面板。按S键调出“缩放”属性，将“缩放”值修改为350,350。按R键调出“旋转”属性，将“旋转”值设置为−90°。按P键调出“位置”属性，将“位置”值调整为−4530.0,28.0。在00f处创建关键帧，在20f处设置关键帧，将“位置”值调整为15.0,25.0，制作位移动画，如图6-90所示。

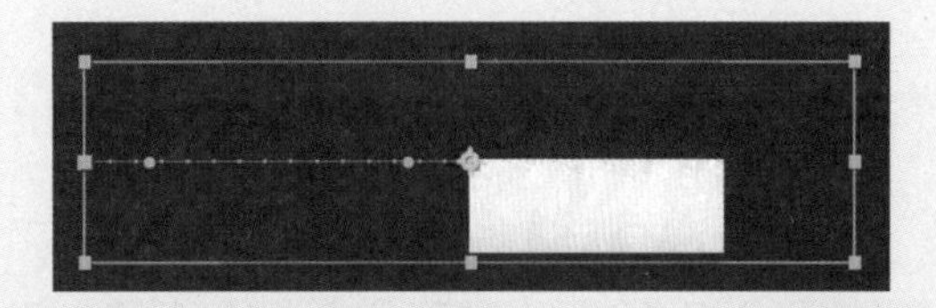

图6-90

21 选中刚刚添加的关键帧并右击，在弹出的快捷菜单中选择“关键帧辅助”→“缓动”选项，如图6-91所示，修改关键帧的属性。按住Alt键单击“位置”前的⏱图标，为其添加表达式posterizeTime(16),wiggle(1,1)，如图6-92所示。

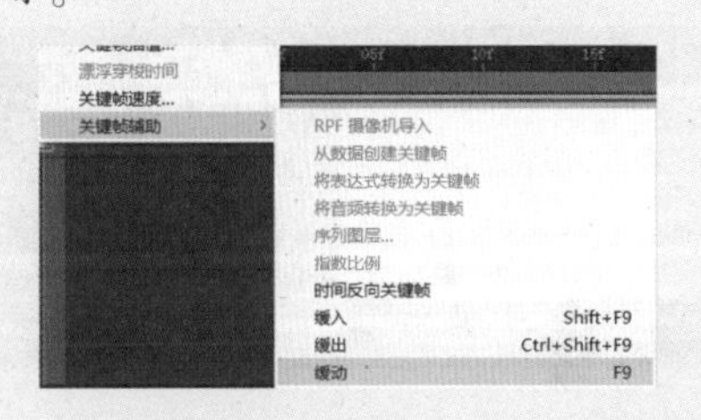

图6-91

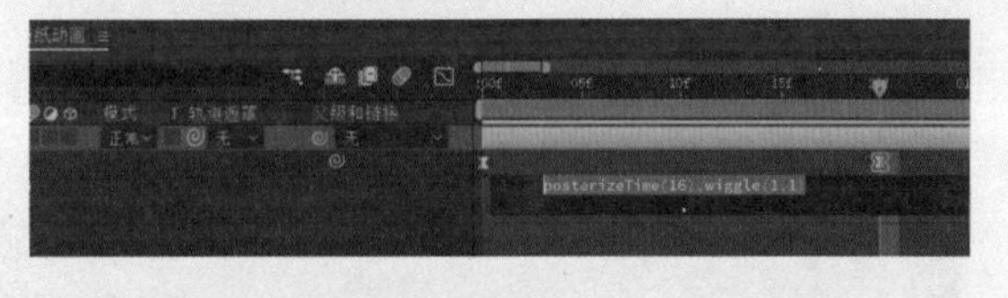

图6-92

22 创建一个新的预合成，在“合成设置”对话框中设置“合成名称”为“纸张动效”，大小为3000px×1080px，“持续时间”为0:00:30:00，如图6-93所示。

图6-93

23 将刚刚创建的预合成“撕纸动画”“撕纸”拖入“时间线”面板，并将“撕纸动画”设置为“撕纸”的alpha轨道遮罩，如图6-94所示，制作出缓动出场的效果，如图6-95所示。

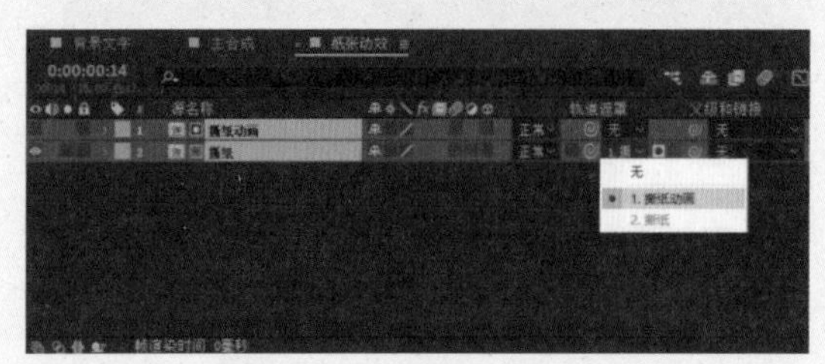

图6-94

图6-95

24 创建一个新的预合成，在弹出的“合成设置”对话框中，设置“合成名称”为“最终撕纸效果”，大小为3000×1080px，“持续时间”为0:00:30:00，如图6-96所示。

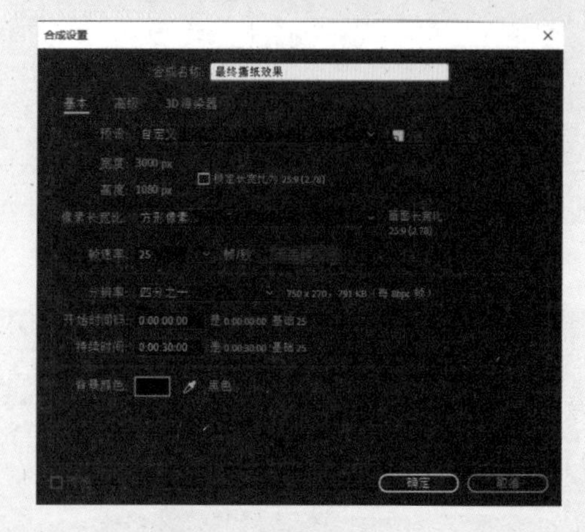

图6-96

25 将“纸张动效”合成拖入“时间线”面板，选中“纹理.jpg”素材，也拖入至“时间线”面板，并放置在“纸张动效”图层上方。选中“纹理.jpg”图层，按S键调出“缩放”属性，修改参数值为260.0,260.0%，如图6-97所示。将“纹理.jpg”图层设置为“纸张动效”的亮度蒙版（单击图标，转换蒙版模式），效果如图6-98所示。

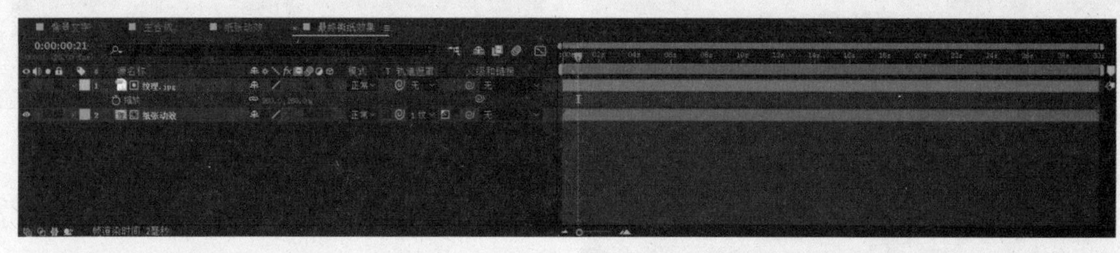

图6-97

图6-98

26 回到主合成中，将“纸张动效”弹出拖入“时间线”面板，按快捷键Ctrl+D复制一层，将两个图层分别移至屏幕的底部和顶部，并做出先后出现的效果，如图6-99所示。

图6-99

27 创建两个新的预合成，在弹出的“合成设置”对话框中，分别命名为“占位符-1”和“媒体-1”，大小均为800px×800px，

"持续时间"均为0:00:30:00，如图6-100和图6-101所示。

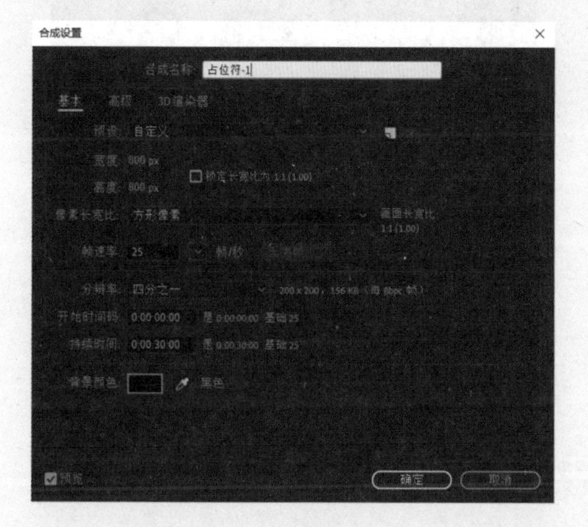

图6-100

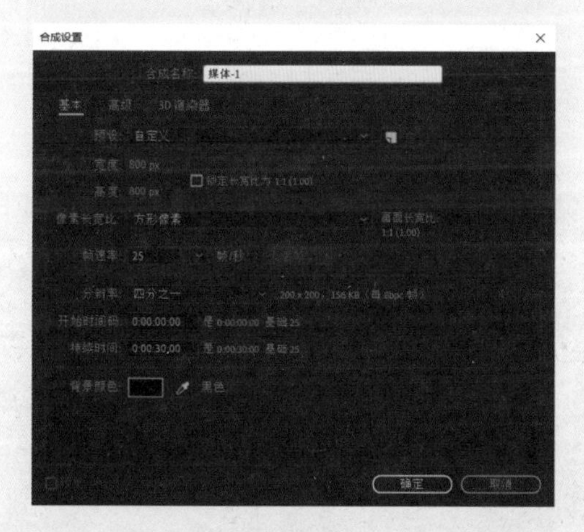

图6-101

28 选择"项目"面板中的"徕卡.png"素材，并拖入"媒体-1"合成的"时间线"面板中，再将"媒体-1"图层拖入"占位符-1"合成中。在"效果和预设"面板中双击"*动画预设"→transition-wipes→"网格擦除"效果，并在"效果控件"面板中调整参数，如图6-102所示，制作出媒体素材的出现动效，如图6-103所示。

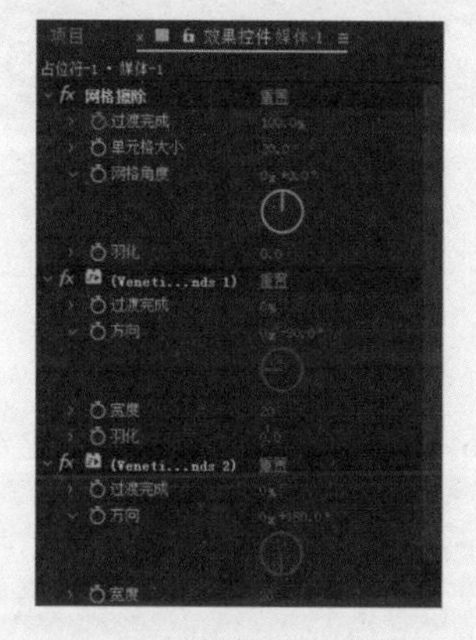

图6-102

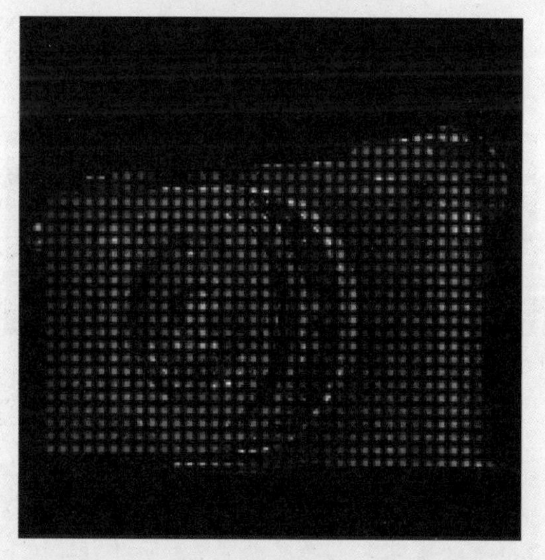

图6-103

29 回到主合成中，将"占位符-1"图层拖入"时间线"面板，按S键调出"缩放"属性，并修改为85.0,85.0%。按R键调出"旋转"属性，并设置为0x+15.0°。按P键调出"位置"属性，按住Alt键，单击⏱图标，为其添加表达式posterizeTime(5),wiggle(3,8)，如图6-104所示，效果如图6-105所示。

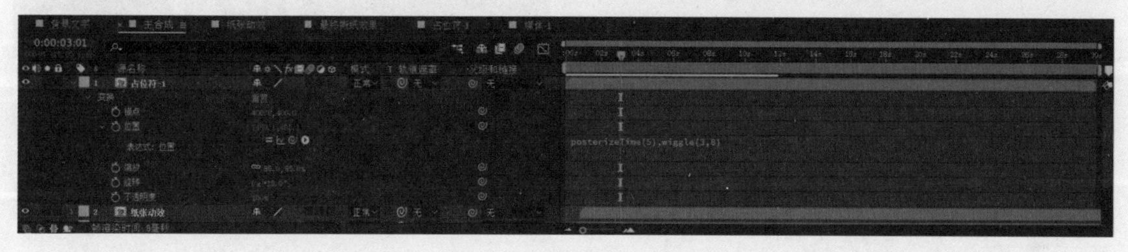

图6-104

图6-105

30 选中“椭圆”工具，绘制一个黑色椭圆形的形状图层，用来制作相机的阴影。选中“形状图层1”图层，在“效果和预设”面板中双击“模糊和锐化”→“高斯模糊”选项，添加“高斯模糊”效果。在“时间线”面板中，将“模糊度”值设置为15。单击拖动“形状图层1”图层的图标，将其链接到“占位符-1”图层上，并为“不透明度”属性制作从0%到50%的关键帧动画，如图6-106所示，效果如图6-107所示。

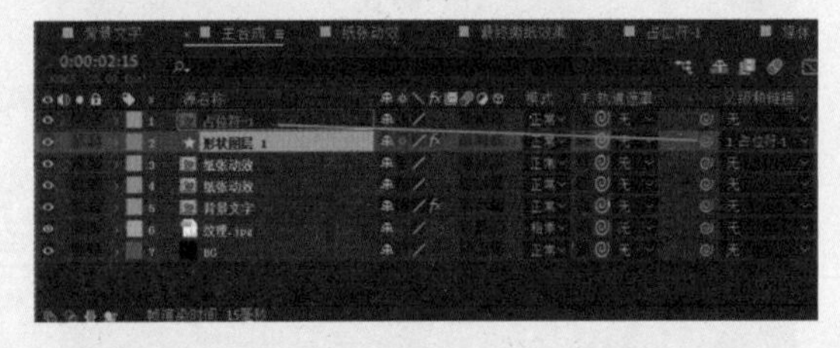

图6-106

图6-107

31 创建一个新的预合成并命名为“文字-1”，如图6-108所示。输入文字Digital Cameras - Display，将字体设置为Impact，文字大小为200px，单击图标，将文字设置为大写；单击图标，将文字设置为斜体。

图6-108

32 选中“文字-1”图层，执行“图层样式”→“渐变叠加”→“编辑渐变”命令，打开“渐变编辑器”对话框，将左侧色标的颜色更改为#D67164，右侧色标的颜色更改为#F7BC88，并将角度修改为180°，如图6-109所示，效果如图6-110所示。

图6-109

图6-110

33 选中文字图层，在“时间线”面板中，单击图标，在弹出的菜单中，选中“位置”和“不透明度”选项，将“位置”值修改为-1000.0,0.0，“不透明度”值为0%，如

图6-111所示。

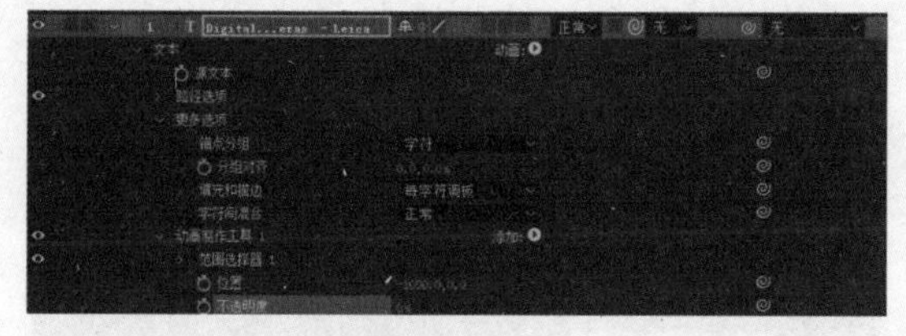

图6-111

34 选中文字图层，在“时间线”面板中，将“文本”→“动画制作工具1”→“表达式选择器1”→“依据”调整为“词”，如图6-112所示。选中“动画制作工具1”，单击“添加”旁的◉图标，在弹出的菜单中选择“选择器”→“表达式”选项，如图6-113所示，为其添加表达式，如图6-114所示。此时的效果，如图6-115所示。

图6-112

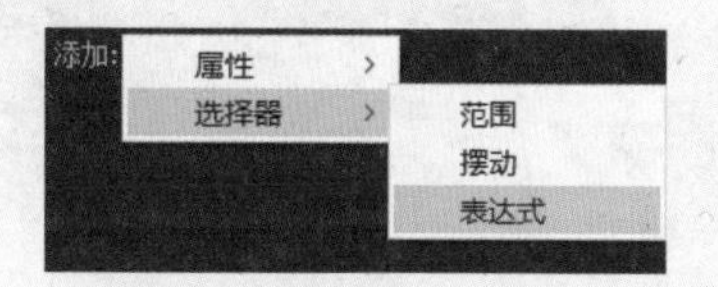

图6-113

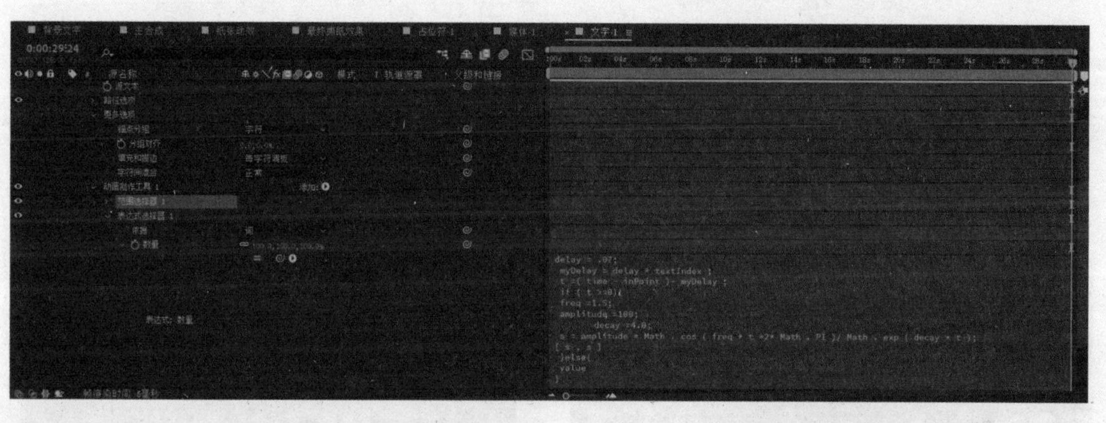

图6-114

图6-115

35 选中文字图层，按快捷键Ctrl+D复制一层，关闭填充，开启描边，将“描边宽度”值设置为30，如图6-116所示。选中两个文字图层，单击◉图标，开启运动模糊效果，如图6-117所示。

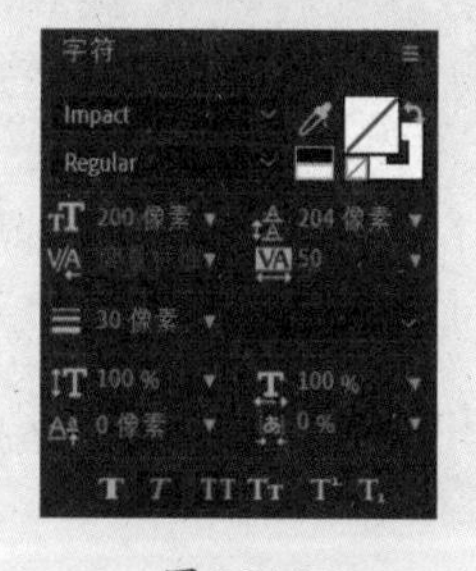

图6-116

图6-117

36 回到主合成中，将“文字-1”图层拖入“时间线”面板，按S键调出“缩放”属性，将其调整为70.0,70.0。按R键调出“旋转”属性，将其调整为-5°。此时，大效果基本成型，如图6-118所示，接下来开始做装饰效果。

图6-118

37 创建一个新的预合成，在弹出的“合成设置”对话框中，调整“合成名称”为“加号”，设置大小为500×500px，“持续时间”为0:00:30:00，如图6-119所示。输入文字+，设置字体为Impact，文字大小为200px。

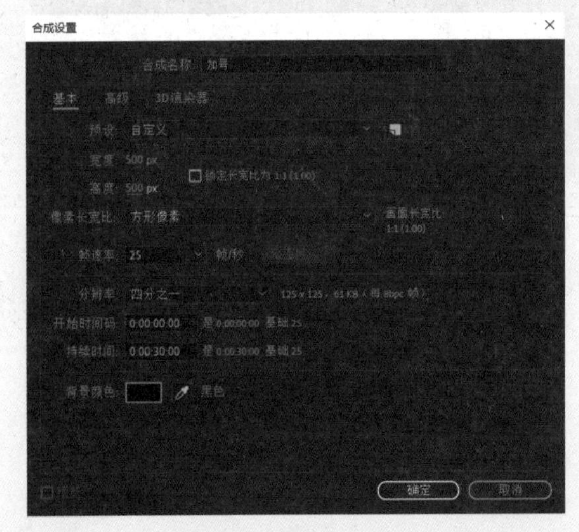

图6-119

38 选中文字图层，按P键调出“缩放”属性，在00f~20f处增加10~15个不同数值的关键帧，数值大小可以按照喜好调整，并在其中添加3个“旋转”属性关键帧。选中所有关键帧，右击，在弹出的快捷菜单中选择“切换定格关键帧”选项，如图6-120所示，制作故障定格动画效果，如图6-121所示。

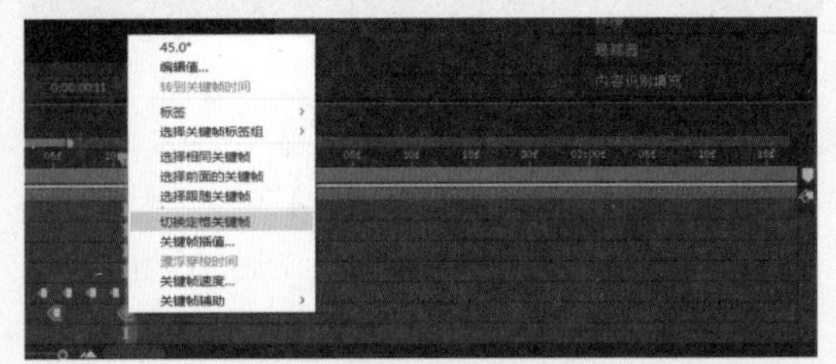

图6-120

图6-121

39 将制作好的“加号”合成拖入主合成中，按P键调出“缩放”属性，调整其值为80.0%，并移至画面的左上角。按快捷键Ctrl+D复制一层，调整大小为50%，移至画面的右下角。将两个“加号”合成稍微向后调整，制作出时间错位感，如图6-122所示，效果如图6-123所示。

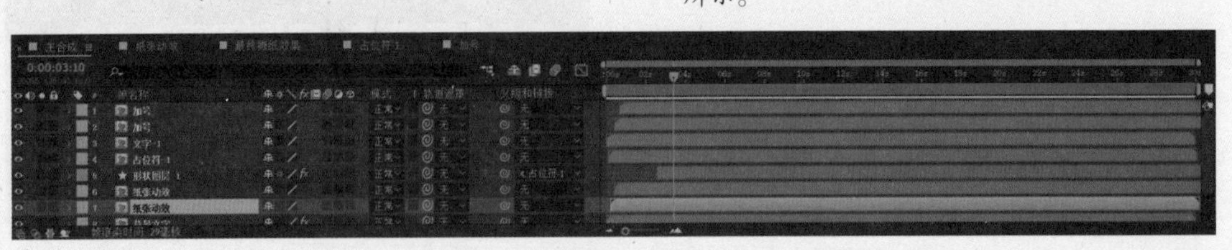

图6-122

图6-123

40 创建一个新的预合成，在弹出的“合成设置”对话框中，设置“合成名称”为“圆形元素”，大小为500×300px，“持续时间”为0:00:30:00，如图6-124所示。

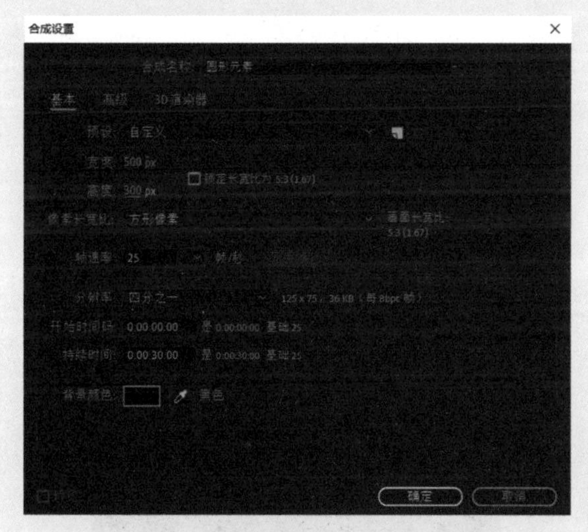

图6-124

41 使用“椭圆”工具绘制一个白色圆形，在“时间线”面板中，按住Alt键，单击“不透明度”属性前的图标，为其添加wiggle(8,80)表达式，制作闪动效果。将制作好的图形复制三排，并单击图标，将其水平均匀分布，如图6-125所示。

图6-125

42 回到主合成中，将制作好的“圆形元素”拖入主合成中，按R键调出“旋转”属性，调整其值为90%。按S键调出“缩放”属性，调整其值为80%，并移至画面的左下角。按快捷键Ctrl+D复制一层，调整大小为70%，移至画面的右上角，如图6-126所示。

图6-126

43 选中“圆形元素”合成，在“效果和预设”面板中，双击“生成”→“填充”效果选项，添加“填充”效果，将白色改为绿色，数值为#00FF73，效果如图6-127所示。至此，本例制作完毕。

图6-127

6.4 数码擦除

本节制作“数码擦除”效果，具体的操作步骤如下。

01 创建一个新的合成，在弹出的“合成设置”对话框中，设置“合成名称”为“数码擦除”，“预设”为HDTV 1080 25，“宽度”为1920px，“高度”为1080px，“帧速率”为25帧/秒，“持续时间”为0:00:05:00，如图6-128所示。

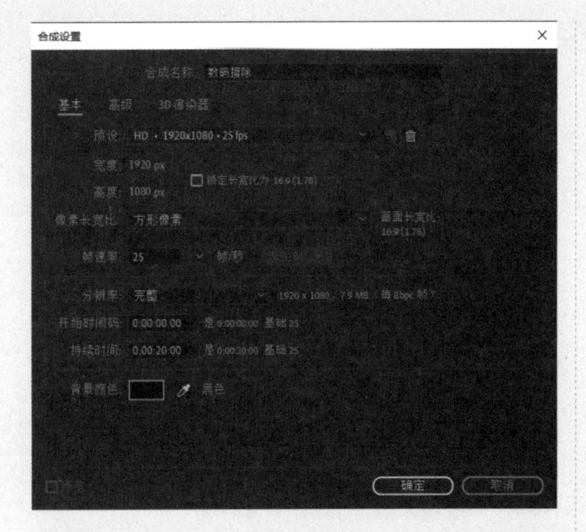

图6-128

02 双击“项目”面板的空白处，导入“游戏手柄.png”素材，如图6-129所示，并将其拖入“时间线”面板，如图6-130所示，此时会发现拖入的图片素材已经显示在合成屏幕中。缩放素材，使其适应合成画面的大小，如图6-131所示。

图6-129

图6-130

图6-131

03 在“时间线”面板中，选中导入的“游戏手柄”素材，按快捷键Ctrl+Shift+C，将其创建为预合成，在弹出的“预合成”对话框中，将“新合成名称”设置为logo，并选中“保留‘数码擦除’中的所有属性”单选按钮，如图6-132所示，单击“确定”按钮，将其转化为预合成，如图6-133所示。

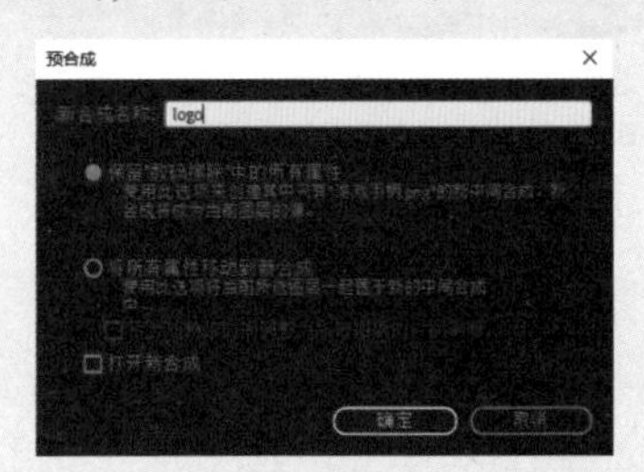

图6-132

图6-133

04 在“时间线”面板中，按快捷键Ctrl+Y，创建纯色图层，在弹出的“纯色设置”对话框中，设置“名称”为“白色 纯色1”，将“颜色”调整为白色，如图6-134所示。在“效果和预设”面板中搜索关键词“毛边”，如图6-135所示，将其添加到新建的纯色图层中。

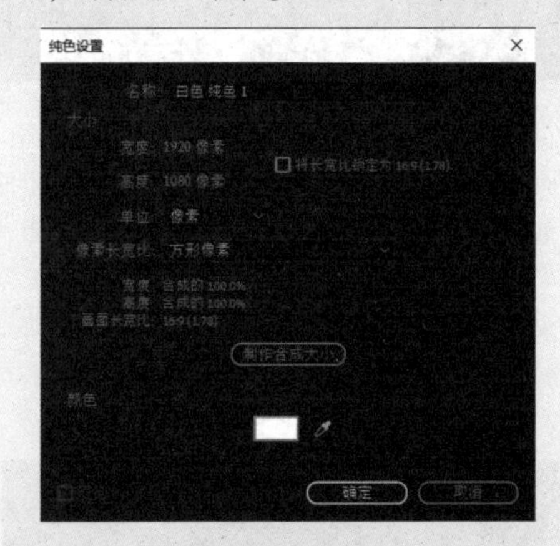

图6-134

图6-135

05 选中纯色图层，在“效果控件”面板中调整“毛边”的参数，将“边界”值修改为500.0，“边缘锐度”值为10.00，按住Alt键，单击“演化”属性前的![icon]图标，为其添加表达式，如图6-136所示。

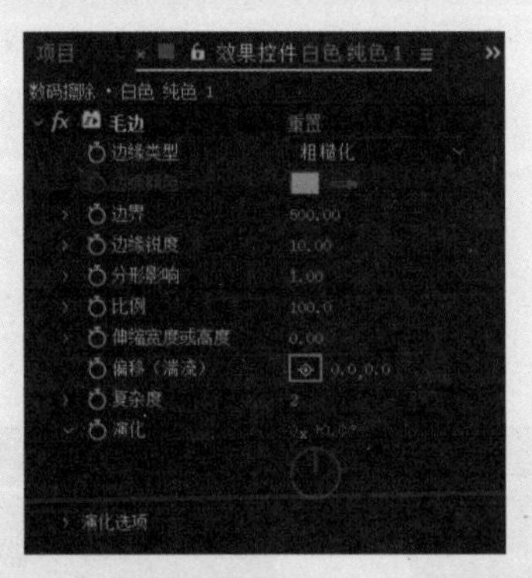

图6-136

06 在“时间线”面板中选中纯色图层，展开“效果”→“毛边”→“演化”属性，单击“演化”中的![icon]图标，如图6-137所示，启用表达式，在输入框中输入time*50，如图6-138所示。按空格键预览，可以发现已经设置好一段毛面演化的动画效果，如图6-139所示。

图6-137

图6-138

图6-139

07 选中“矩形”工具![icon]，为纯色图层添加蒙版，如图6-140所示。在“时间线”面板中找到“蒙版1”属性，首先将“蒙版羽化”值设置为50，单击“蒙版路径”属性前的![icon]图标，创建关键帧。将当前时间指示器拖到0:00:05:00，并将蒙版完全覆盖屏幕，为其添加蒙版路径的运动效果，如图6-141和图6-142所示。

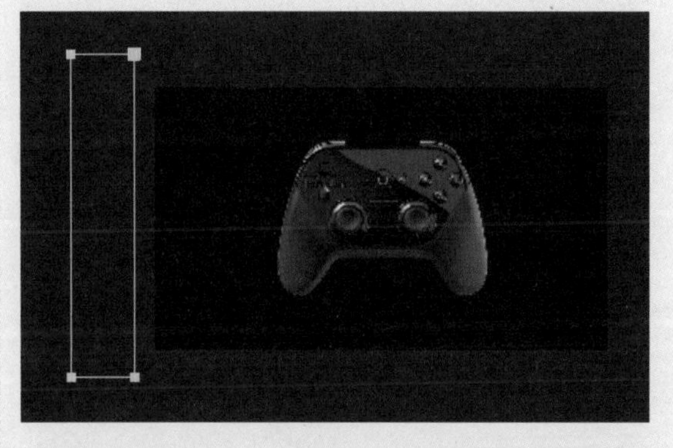

图6-140

图6-141

图6-142

08 在“效果与预设”面板中，双击“风格化”→“马赛克”效果选项，添加“马赛克”效果。在“效果控件”面板中，将“水平块”值修改为50，“垂直块”修改为25，如图6-143所示，此时屏幕中的效果发生了变化，如图6-144所示。

图6-143

图6-144

09 单击纯色图层的图标，将其隐藏。选中logo图层的“轨道遮罩”，将其从“无”修改为“纯色层”，如图6-145所示。按空格键进行预览，可以看到logo图片已经呈现马赛克效果，如图6-146所示。

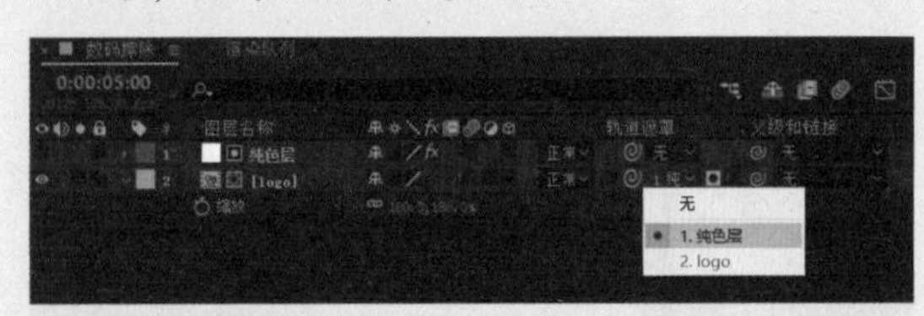

图6-145

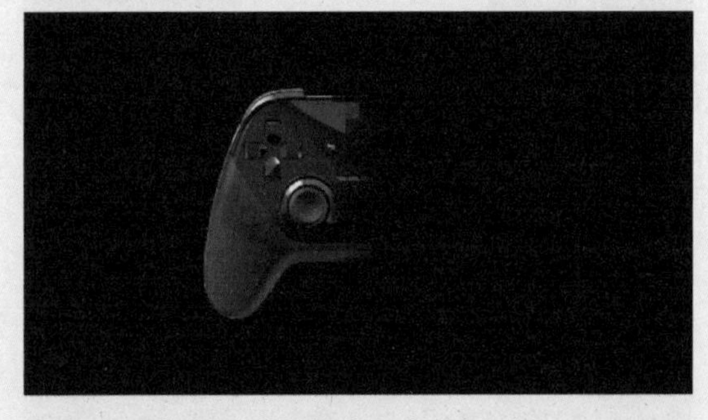

图6-146

10 选中“纯色层”与logo图层，按快捷键Ctrl+D进行复制，并重命名为logo2和“纯色层2”，如图6-147所示。

图6-147

11 选中logo2图层，在“效果和预设”面板中，双击“预设”→“填充”效果选项，添加“填充”效果，在“效果控件”面板中修改“颜色”为白色，如图6-148所示，效果如图6-149所示。

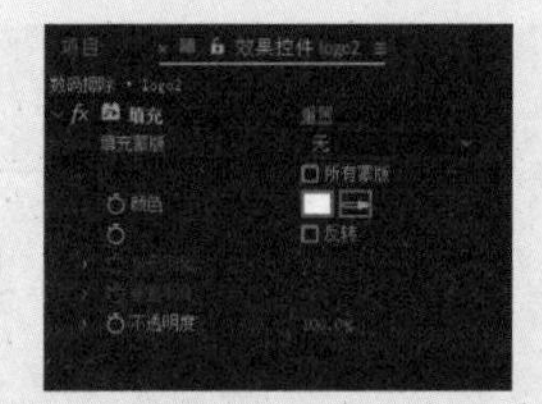

图6-148

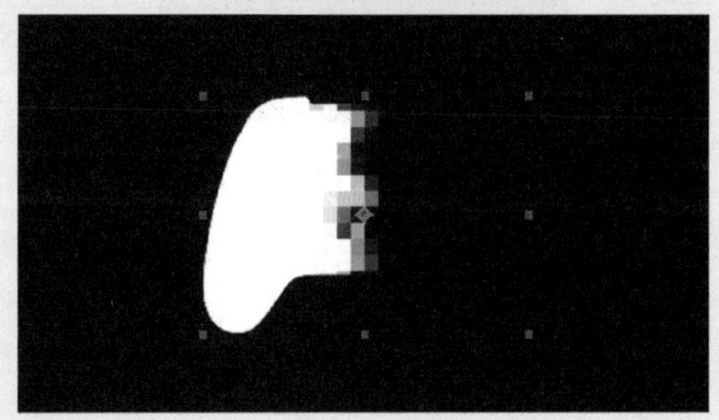

图6-149

12 将“纯色层 2”和logo2图层选中，按快捷键Ctrl+Shift+C，将其预合成，并命名为“效果编辑”，如图6-150所示。在“时间线”面板中，选中“效果编辑”合成，按快捷键Ctrl+D进行复制，并重命名为“效果编辑2”。单击图标，打开“效果编辑”和“效果编辑2”的“独奏”开关，如图6-151所示。

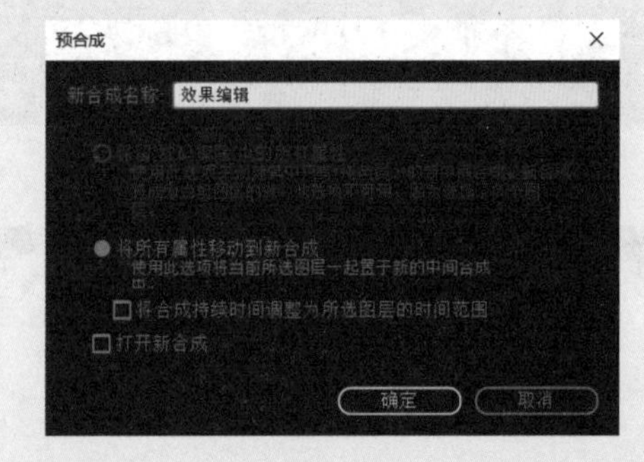

图6-150

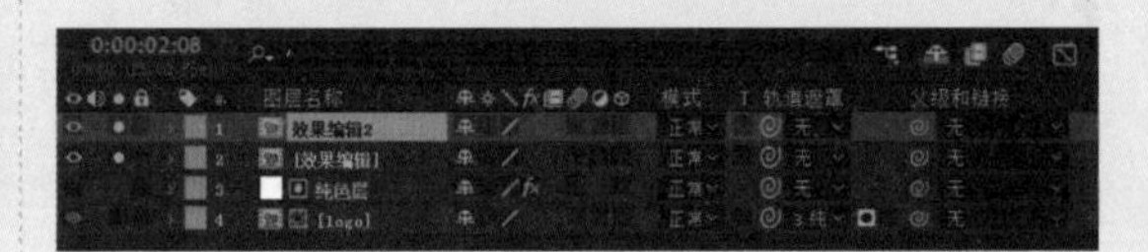

图6-151

13 选中“效果编辑2”图层，将其模式修改为“轮廓 Alpha”，如图6-152所示，并在“时间线”面板中将其向后拖至0:00:00:10。此时，可以看到画面中出现一层浅色的描边效果，如图6-153所示。

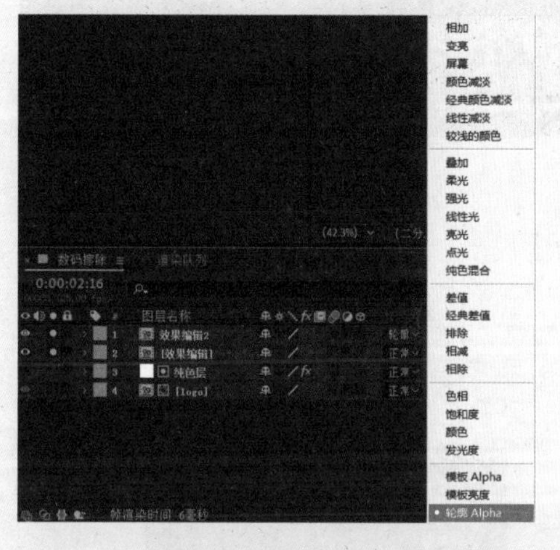

图6-152

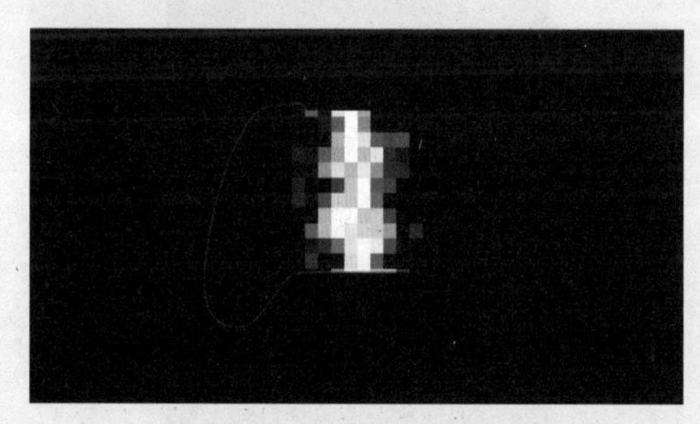

图6-153

14 选中“效果编辑”图层，在“效果和预设”面板中，双击“通道”→“最小/最大”效果选项，添加“最小/最大”效果。在“效果控件”面板中，将“操作”设置为“最小值”，“半径”值为1，“通道”为“alpha和颜色”，如图6-154所示。观察画面效果，可以发现描边消失并转化为轮廓，如图6-155所示。

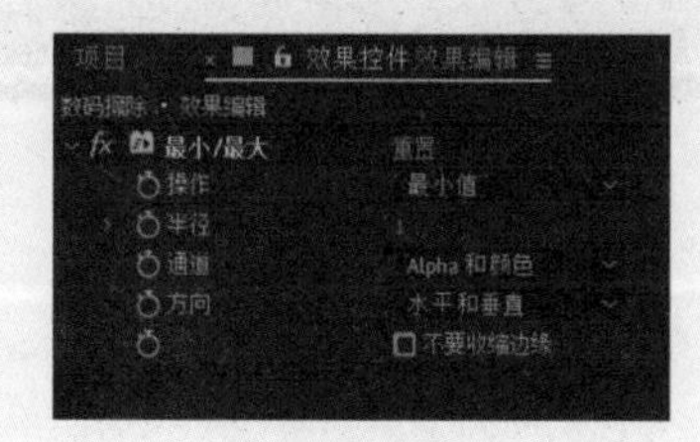

图6-154

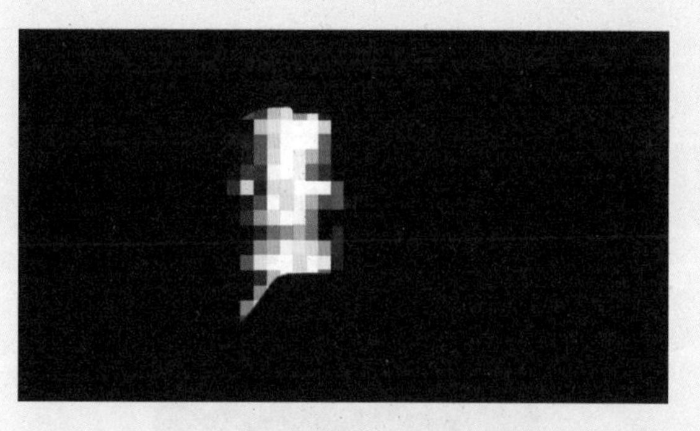

图6-155

15 选中“效果编辑”和“效果编辑2”图层，按快捷键Ctrl+Shift+C，将其预合成并命名为“整体效果”。选中“整体效果”图层，单击■图标，关闭“独奏”开关，并将“模式”设置为“屏幕”，如图6-156所示，效果如图6-157所示。

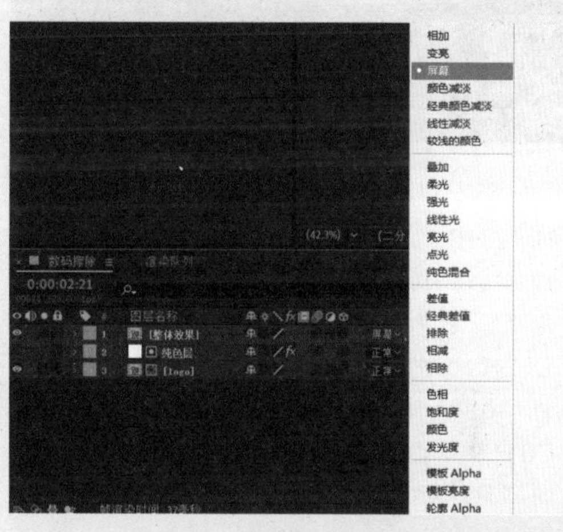

图6-156

图6-157

16 选中“整体效果”图层，在“效果和预设”面板中，双击“风格化”→CC Glass效果选项，添加CC Glass效果。在“效果快捷”面板中，将Property设置为Alpha，调整Softness值为1.5，Height值为-50.0，Displacement值为200.0，如图6-158所示，效果如图6-159所示。

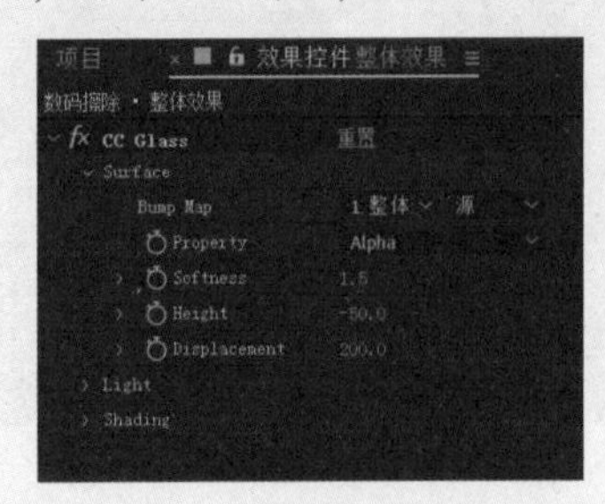

图6-158

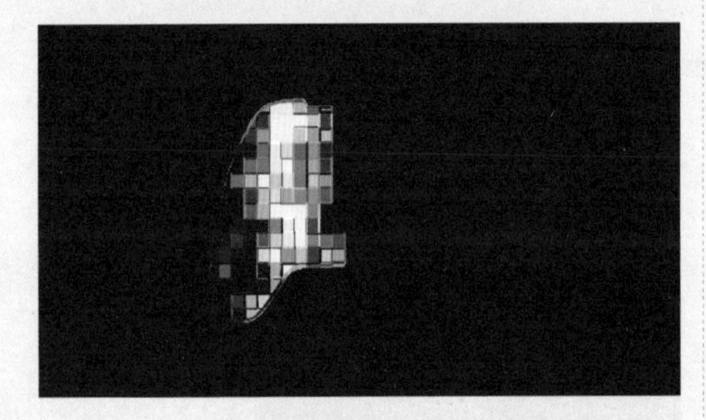

图6-159

17 选中“整体效果”图层，在“效果和预设”面板中，双击“扭曲”→“置换图”效果选项，添加“置换图”效果。在“效果控件”面板中，将“最大水平置换”值设置为150.0。选中“置换图”效果，按快捷键Ctrl+D，复制效果，将“置换图2”效果中的“最大水平置换”值设置为-500.0，如图6-160所示，效果如图6-161所示。

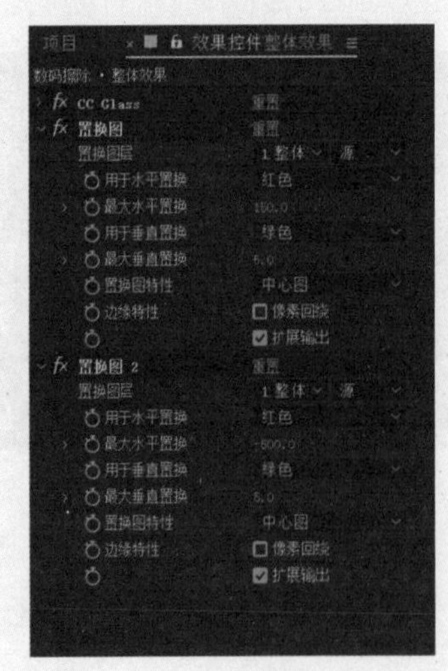

图6-160

图6-161

18 选中“整体效果”图层，在“效果和预设”面板中，双击“颜色校正”→“色光”效果选项，添加“色光”效果。在“效果控件”面板中，选中“修改alpha”复选框，如图6-162所示。画面整体效果，如图6-163所示。

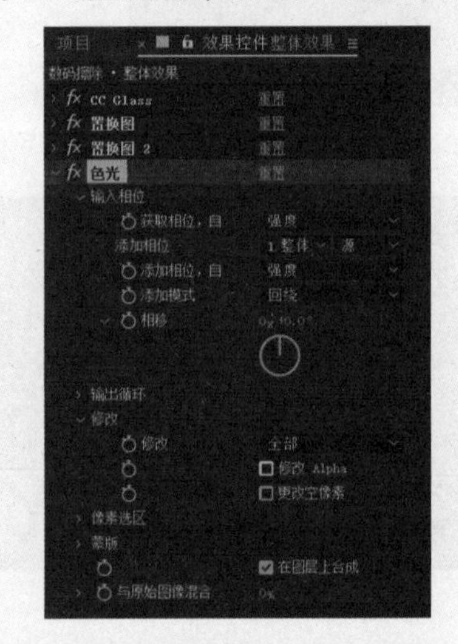

图6-162

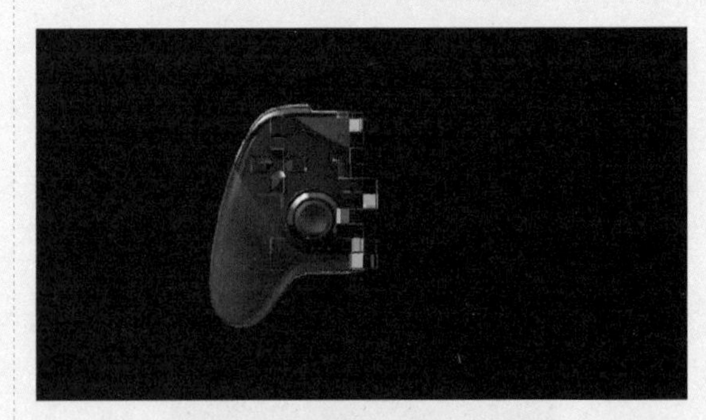

图6-163

19 选中“整体效果”图层，在“效果和预设”面板中，双击Plugin Everything→Deep Glow效果选项，添加Deep Glow效果。在“效果控件”面板中，将Exposure值修改为0.50，如

图6-164所示，可以看到logo有轻微发光的效果，如图6-165所示，也可以按个人喜好进行调整，至此，本例制作完毕。

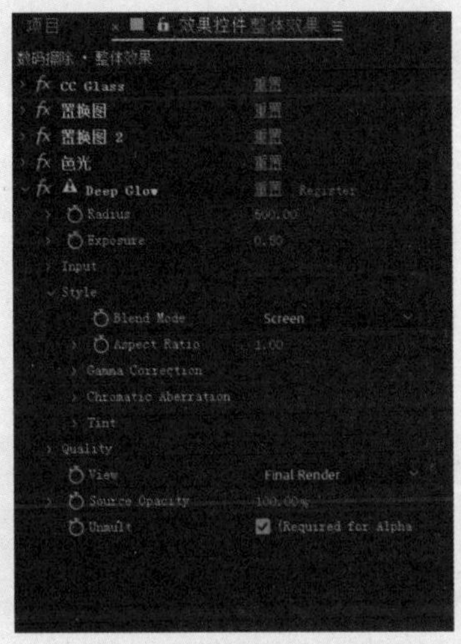

图6-164

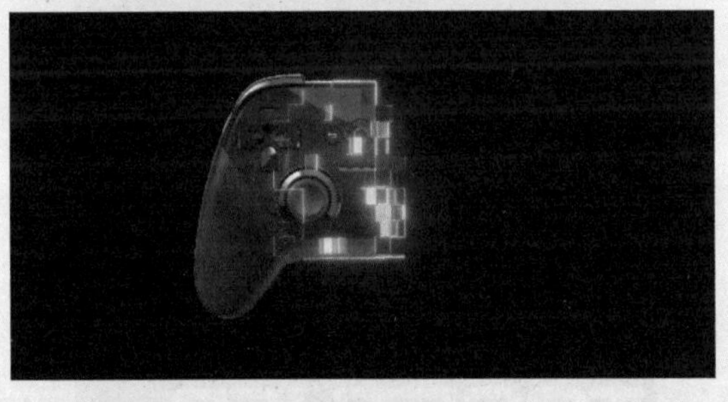

图6-165

6.5 液体文字

本节制作“液体文字”效果，具体的操作步骤如下。

01 创建一个新的合成，在弹出的对话框中，设置“合成名称”为“文字”，“预设”为HDTV 1080 25，“宽度”为1920px，“高度”为1080px，“帧速率”为25帧/秒，“持续时间”为0:00:10:00，如图6-166所示。

02 选择“文字”工具T，系统会自动调出“字符”面板，创建一段文字，并将文字的颜色设为白色，如图6-167所示，可以使用MicrogrammaDBolExt或任意字体。为了效果美观，文字可以分成4行来编辑，如图6-168所示，文字大小分别为40px、35px、40px、35px，并调整颜色，效果如图6-169所示。

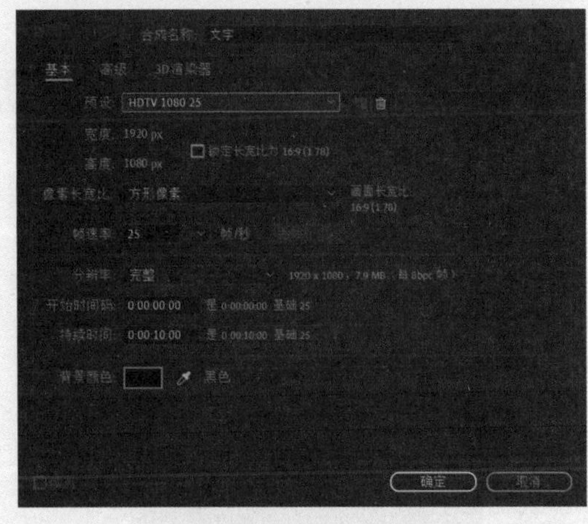

图6-166

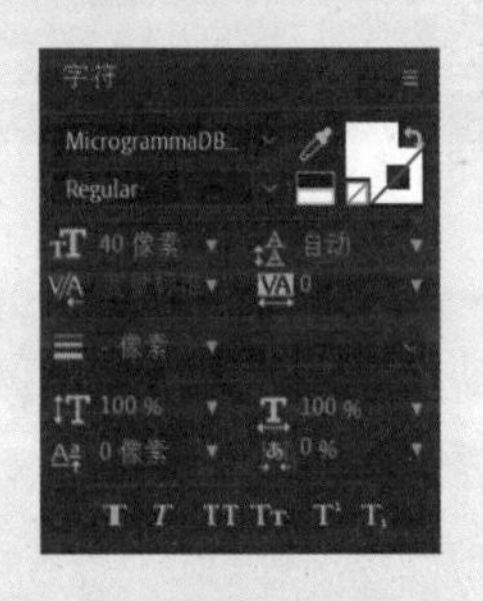

图6-167

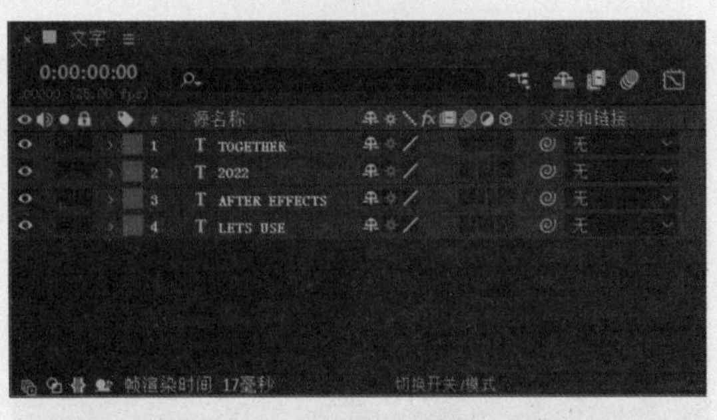

图6-168

图6-169

03 创建一个新的合成，在弹出的对话框中，设置“合成名称”为“动画效果”，“预设”为“自定义”，“宽度”为1920px，“高度”为1920px，“持续时间”为0:00:10:00。

04 在“项目”面板中选中“文字”合成，如图6-170所示，将其拖入“动画效果”合成中，如图6-171所示。此时会发现制作的图像的顶部和底部多出了一些空间，这是为了给文字的滚动效果预留的空间，如图6-172所示。

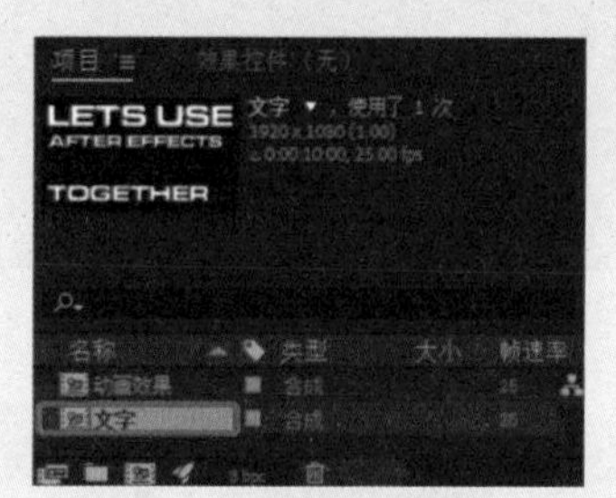

图6-170

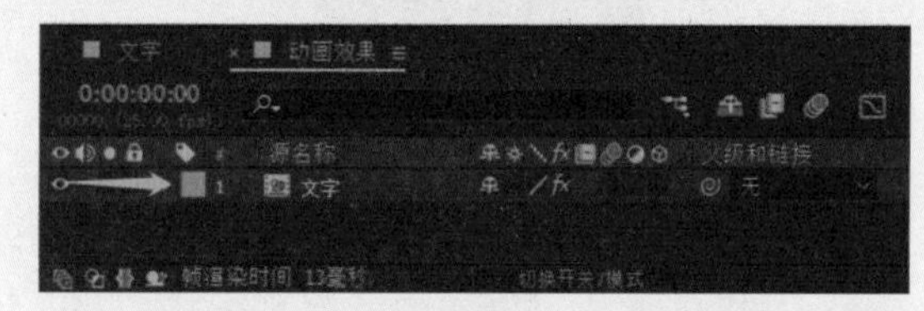

图6-171

图6-172

05 选中“文字”合成，在“效果和预设”面板中，双击“风格化”→CC RepeTile效果选项，在“效果控制”面板中，将Expand Down和Expand Up值均设置为1920，如图6-173所示。在“时间线”面板中，按P键调出“位置”属性，分别在0:00:01:00和0:00:10:00的位置设置关键帧，如图6-174所示，使文字从上向下滚动，如图6-175所示。

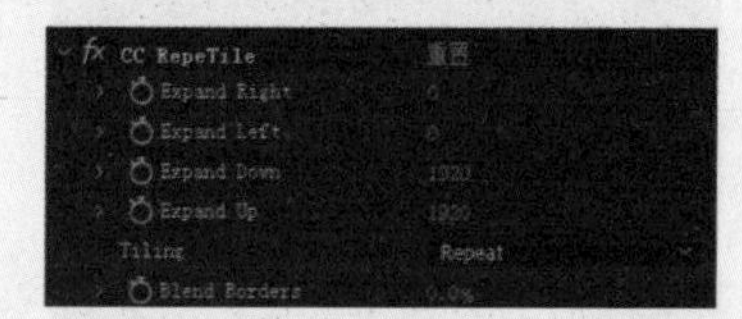

图6-173

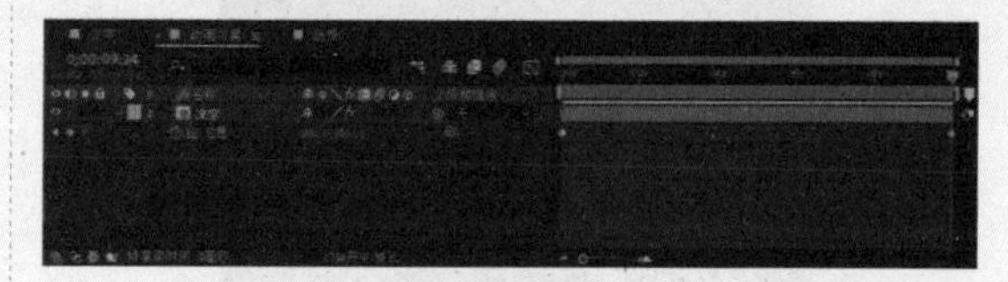

图6-174

图6-175

06 创建一个新的合成，在弹出的对话框中，设置“合成名称”为“场景”，“预设”为“自定义”，“宽度”为1920px，“高度”为1920px，“持续时间”为0:00:10:00。

07 按快捷键Ctrl+Y新建纯色图层，将名称改为“背景”，颜色设置为黑色，如图6-176所示。

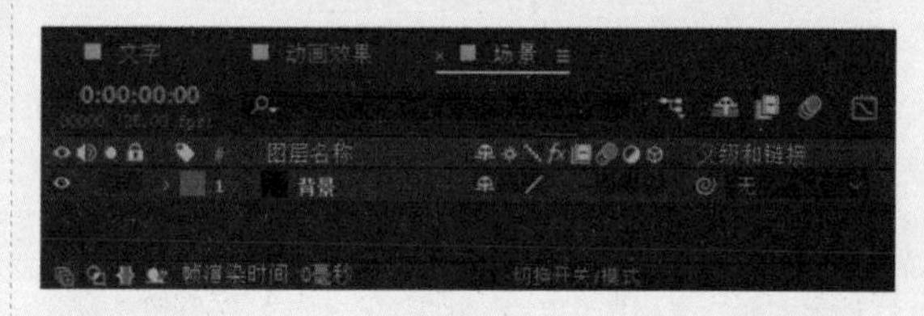

图6-176

08 将“动画效果”合成拖入“场景”合成中，选中“动画效果”合成，如图6-177所示，在“效果和预设”面板中，双击“生成”→“填充”效果选项，如图6-178所示，添加“填充”效果，其默认颜色为红色，如图6-179所示。

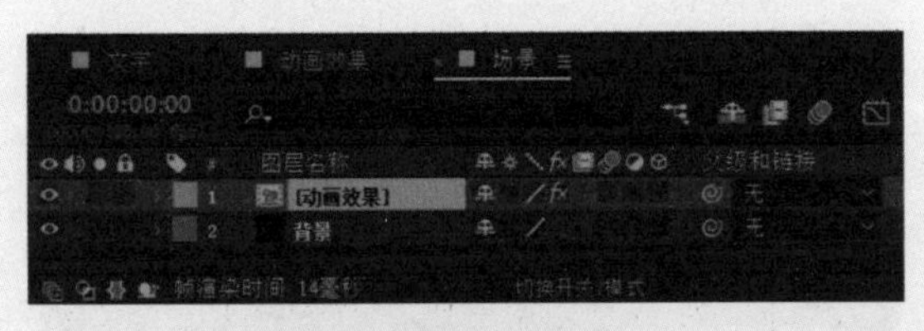

图6-177

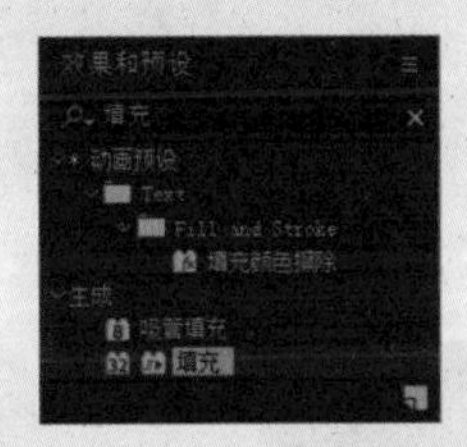

图6-178

图6-179

09 在“效果控件”面板中，单击“颜色”属性旁的红色色块■，将“颜色”设置为绿色，参数为#00FF0A，如图6-180所示，效果如图6-181所示。

图6-180

图6-181

10 选中“动画效果”合成，在“效果和预设”面板中，双击“扭曲”→“湍流置换”效果选项，添加“湍流置换”效果。在“效果控件”面板中，将“大小”值设置为420.0，其他参数保持默认，如图6-182所示，效果如图6-183所示。

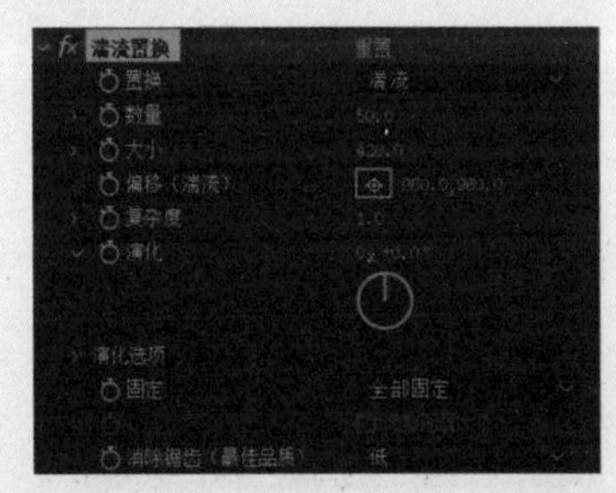

图6-182

图6-183

11 选中“场景”图层，按快捷键Ctrl+D复制为“场景 2”图层，如图6-184所示，复制命令会将“场景”图层中的特效一起复制进“场景 2”图层中，将“场景 2”中的“填充”属性中的“颜色”设置为白色，如图6-185所示。

图6-184

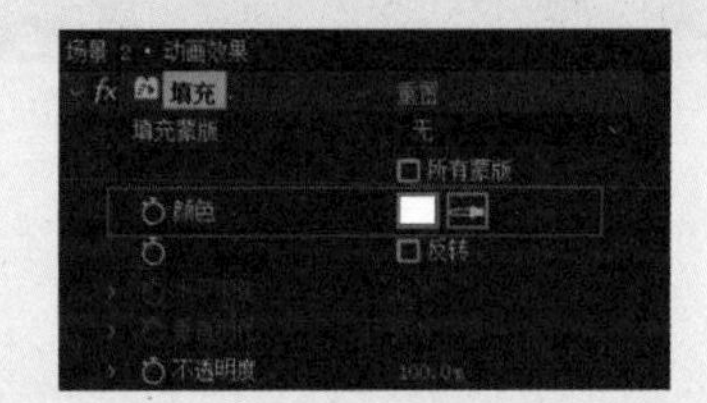

图6-185

12 将“场景 2”图层中的“湍流置换”属性删除，在“效果和预设”面板中，双击“扭曲”→“置换图”效果选项，添加“置换图”效果，如图6-186所示。

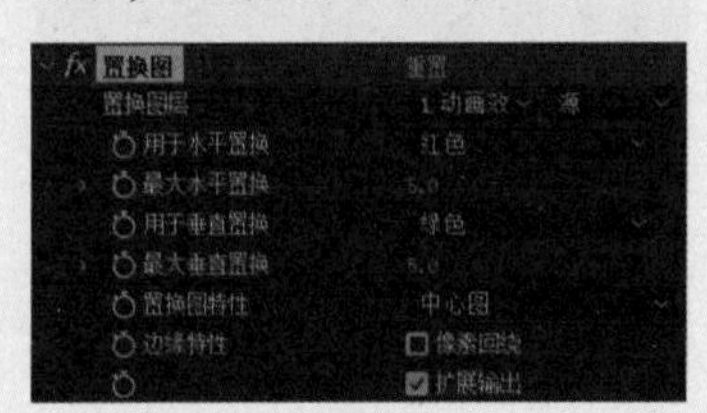

图6-186

13 创建一个新的合成，在弹出的对话框中，设置“合成名称”为“波图”，“预设”为“自定义”，“宽度”为1920px，“高度”为1920px，“持续时间”为0:00:10:00。

14 执行“图层”→“新建”→“形状图层”命令，创建一个白色的形状图层。在“时间线”面板中，将形状图层中的“矩形路径1”的“大小”值设置为500.0,1920.0，将“变换：矩形1”中的“倾斜”值设置为20.0，如图6-187所示，效果如图6-188所示。

15 选中“形状图层1”图层，在“时间线”面板中，单击“添加”按钮，如图6-189所示，在弹出的菜单中选择“中继器”选项，将“中继器1”中的“副本”值设置为12.0，“变换：中继器1”中的“位置”值设置为1070.0,0.0，如图6-190所示。中继器可以在位移、旋转、缩放三个维度上调整复制出来的物体的新位置。复制出12个刚刚做好的形状，是为了制作出背景变化的效果，如图6-191所示。

图6-187

图6-188

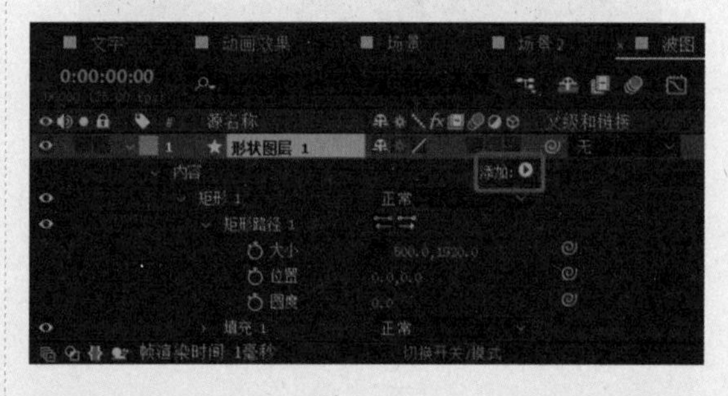

图6-189

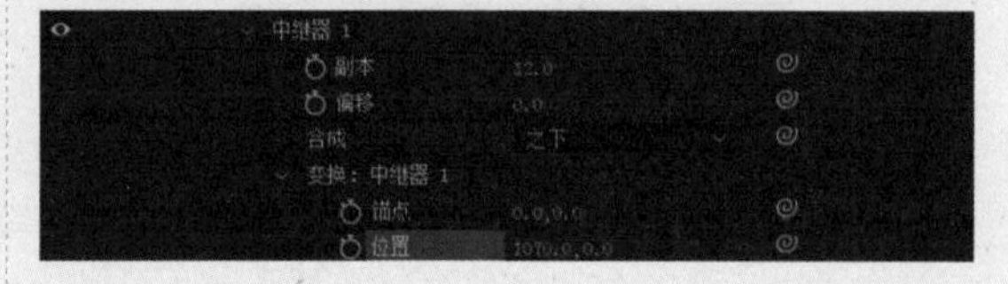

图6-190

图6-191

16 选中“形状图层1”图层，在“位置”属性的0:00:01:00和0:00:10:00的位置创建关键帧，如图6-192所示，使形状从右向左滚动。

图6-192

17 新建调整图层并命名为“模糊”，如图6-193所示，选中该图层，在“效果和预设”面板中，双击“模糊和锐化”→“快速方框模糊”效果选项，添加“快速方框模糊”效果。在“效果控件”面板中，将“模糊半径”值设为250.0，并选中“重复边缘像素”复选框，如图6-194所示。

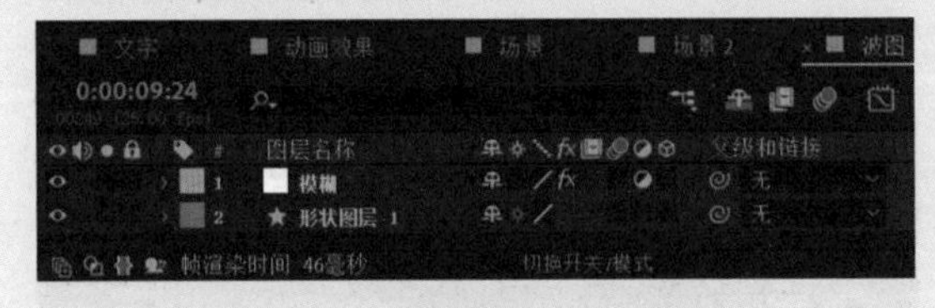

图6-193

图6-194

18 回到“场景2”合成中，将“波图”合成拖入“场景2”合成中，并置于“动画效果”图层的下方，单击“波图”合成前的■图标，将其设置为不可见，如图6-195所示。

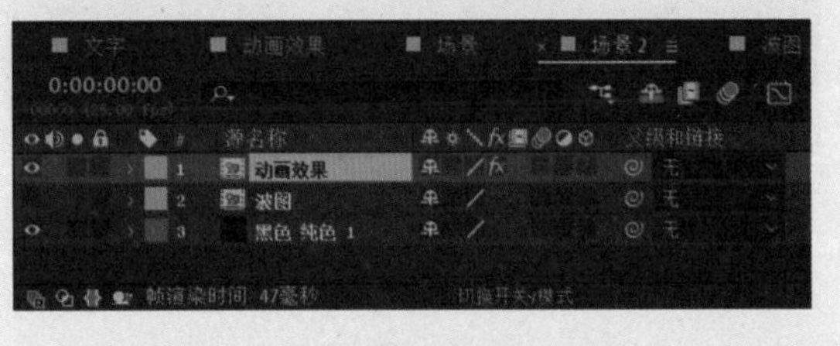

图6-195

19 选择“场景2”中的“动画效果”图层，在“效果控件”面板中，将“置换图”中的“置换图层”设置为“波图”，“最大垂直置换”值设置为-50，如图6-196所示，效果，如图6-197所示。

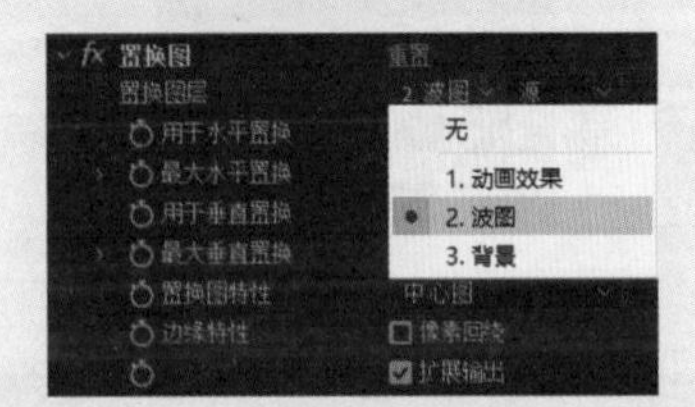

图6-196

图6-197

20 选中“波图”图层，按快捷键Ctrl+D复制一层。将复制的“波图”图层置于顶层，并将其显示出来。选中顶层的“波图”图层，单击“转换控制窗格”按钮■，调出“模式”栏，选择“相乘”模式，如图6-198所示。

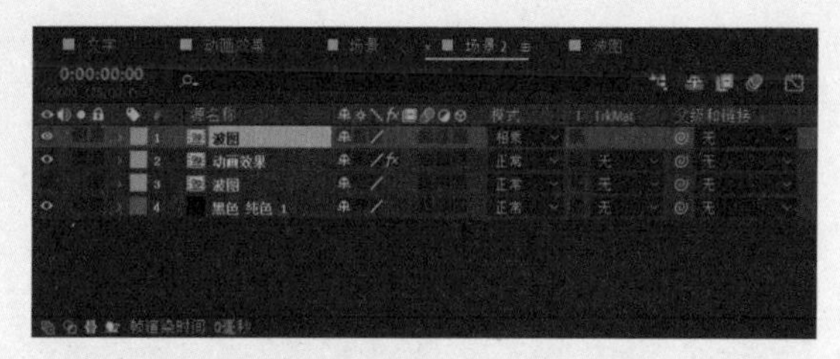

图6-198

21 选中顶层的“波图”图层，在“效果和预设”面板中，双击“通道”→“反转”效果选项，添加“反转”效果，如图6-199所示。在“时间线”面板中，将“波图”的“不透明度”值设置为50%，如图6-200所示，效果如图6-201所示。

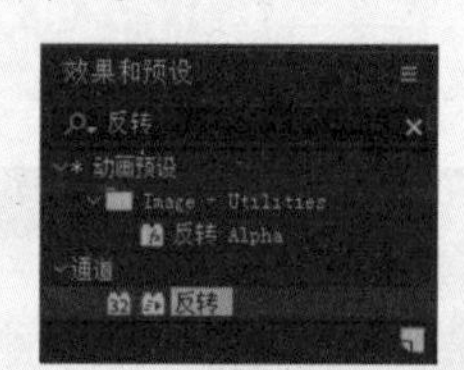

图6-199

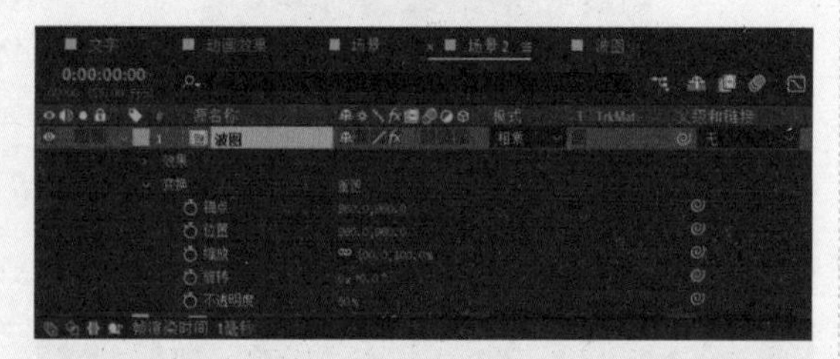

图6-200

图6-201

22 创建一个新的合成，在弹出的对话框中，设置“合成名称”为“主要合成”，“预设”为HDTV 1080 25，“宽度”为1920px，“高度”为1080px，“持续时间”为0:00:10:00，如图6-202所示。

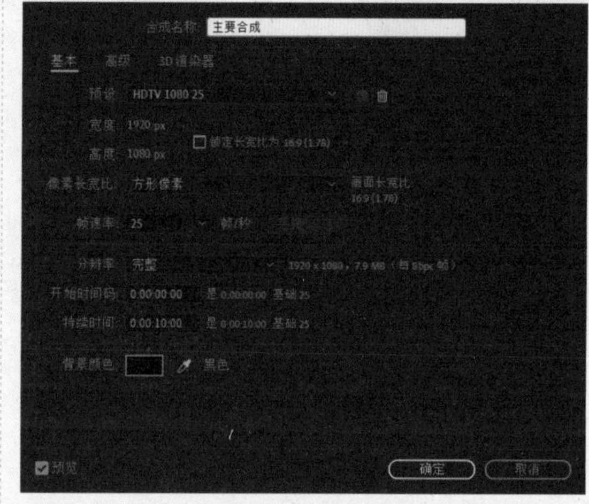

图6-202

23 在“项目”面板中选中“场景”和“场景2”合成，并将“场景”和“场景2”合成拖入刚刚建好的“主要合成”中。在“主要合成”中新建黑色的纯色图层，并放置在底层，如图6-203所示，效果如图6-204所示。

图6-203

图6-204

24 创建一个新的合成，在弹出的对话框中，设置“合成名称”为“形状渐变”，“预设”为“自定义”，“宽度”为1920px，“高度”为1920px，“持续时间”为0:00:10:00。在“形状渐变”合成中新建黑色的“纯色图层”，如图6-205所示。

图6-205

25 选中黑色纯色图层，在“效果和预设”面板中，双击“生成”→“梯度渐变”效果选项，添加“梯度渐变”效果。在“效果控件”面板中，将“渐变起点”值设为960.0,960.0，“渐变形状”改为“径向渐变”，并单击“交换颜色”按钮，如图6-206所示，效果如图6-207所示。

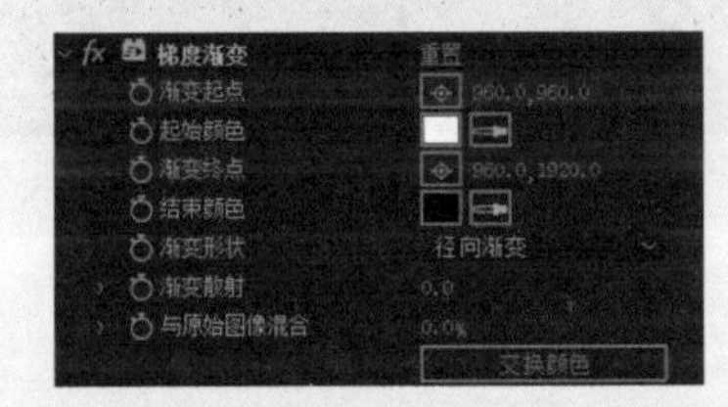

图6-206

图6-207

26 创建一个新的合成，在弹出的对话框中，设置“合成名称”为“圆形图”，“预设”为“自定义”，“宽度”为1920px，“高度”为1920px，“持续时间”为0:00:10:00。在“项目”面板中选中“形状渐变”合成，将“形状渐变”合成拖入“圆形图”合成中，如图6-208所示。

图6-208

27 选中“形状渐变”图层，在“效果和预设”面板中，双击“风格化”→CC RepeTile效果选项，添加CC RepeTile效果。在“效果控件”面板中，将Expand Up值设置为6000，如图6-209所示。在“时间线”面板中，按P键调出“位置”属性，分别在0:00:01:00和0:00:10:00的位置创建关键帧，使圆形从上向下滚动，如图6-210所示。

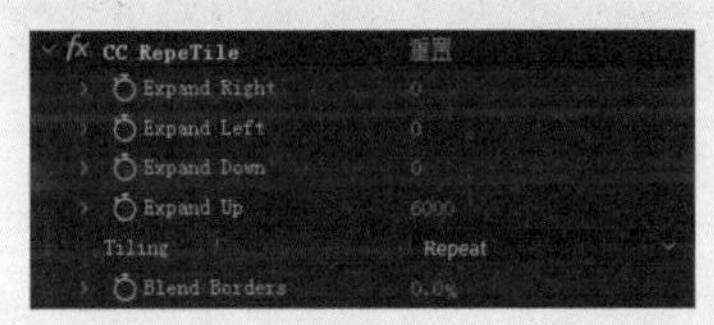

图6-209

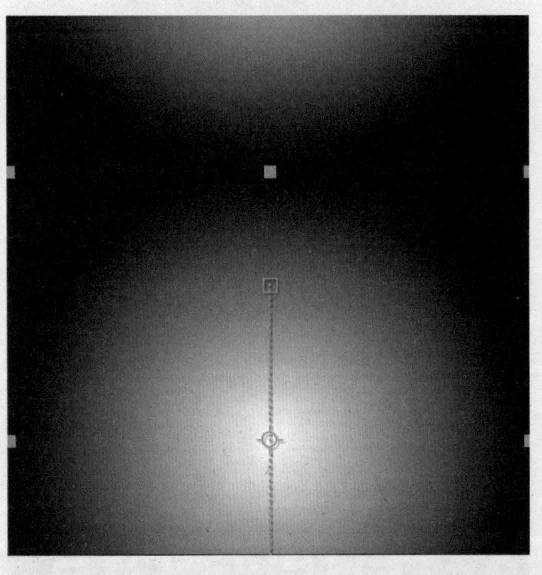

图6-210

28 回到“主要合成”中，将做好的“圆形图”图层置于底层，并将其隐藏。选中“场景”图层，在“效果和预设”面板中，双击“扭曲”→CC blobbylize效果选项，添加CC

blobbylize效果。在“效果控件”面板中，将Blob Layer调整为“3.圆形图”，将Softness值设置为200.0，Cut Away值设置为60.0，如图6-211所示，效果如图6-212所示。

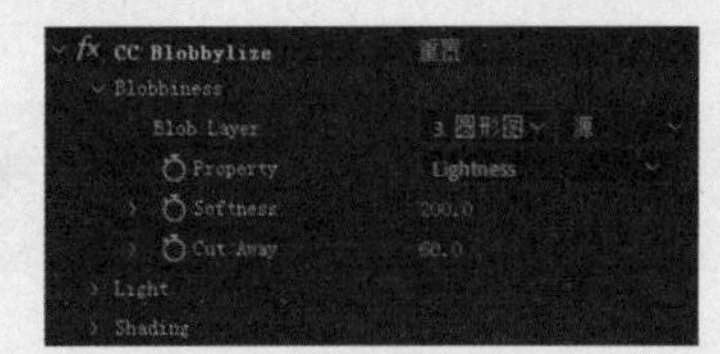

图6-211

图6-212

29 将“场景”图层中设置好的CC blobbylize效果属性复制到“场景2”图层中，并将Blob Layer切换至“无”，如图6-213所示，效果如图6-214所示。

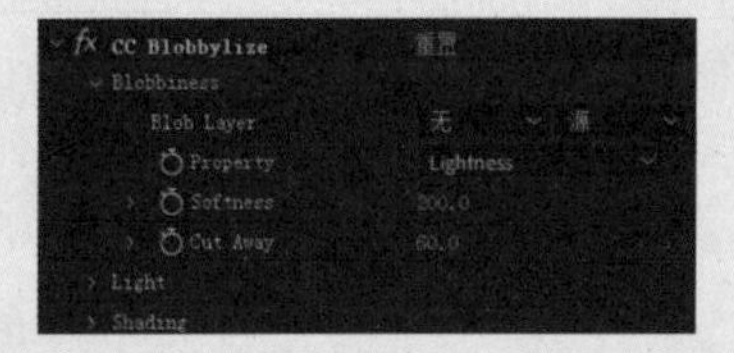

图6-213

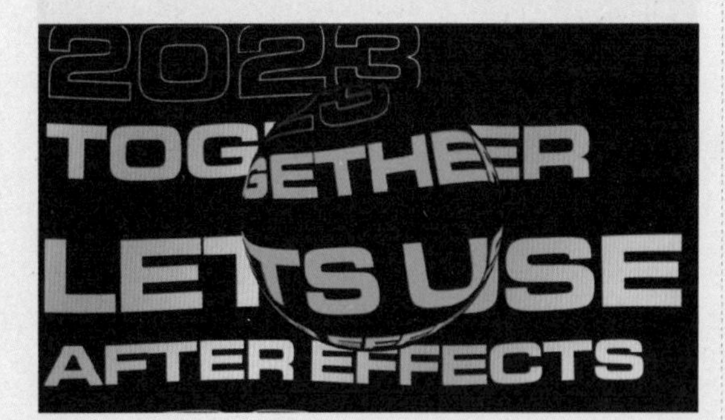

图6-214

30 在“项目”面板中，选中“圆形图”和“形状渐变”合成，按快捷键Ctrl+D复制为“圆形图 2”和“形状渐变 2”，合成中的效果也会一并复制，如图6-215所示。进入“圆形图 2”合成中，将“形状渐变”替换为“形状渐变 2”，选中该图层，在“效果和预设”面板中，双击“通道”→“反转”效果选项，添加“反转”效果，如图6-216所示，效果如图6-217所示。

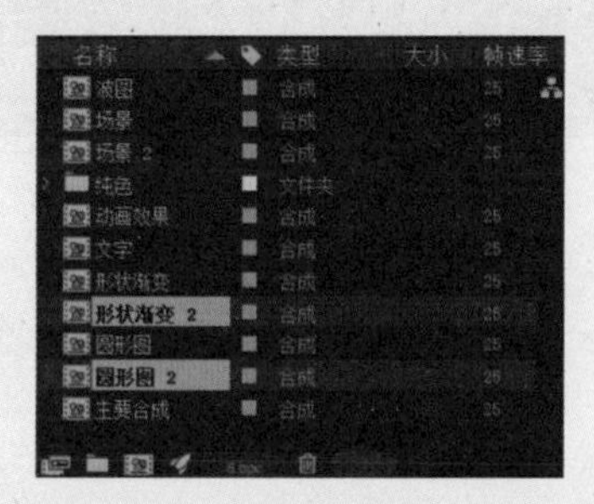

图6-215

图6-216

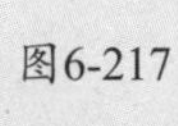

图6-217

31 回到“主要合成”合成中，将“圆形图 2”合成拖入其中，如图6-218所示。修改“场景 2”图层中的CC blobbylize效果，将Blob Layer效果为“5.圆形图 2”，Cut Away值设置为40.0，如图6-219所示，效果如图6-220所示。

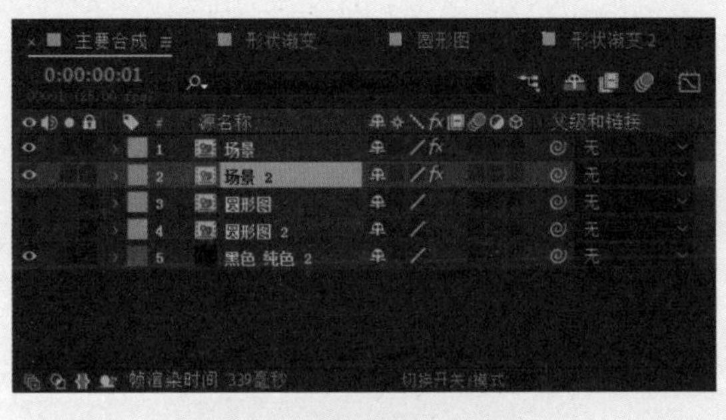

图6-218

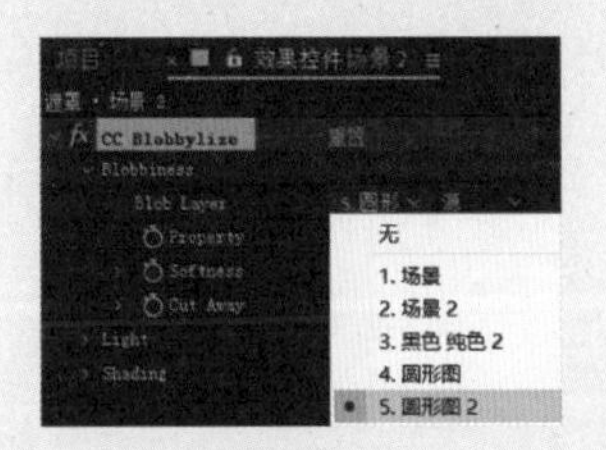

图6-219

图6-220

32 新建调整图层，在“效果和预设”面板中，双击Plugin Everything→Quick Chromatic Aberration2效果选项，添加Quick Chromatic Aberration2效果。在“效果控件”面板中，将Position值修改为3.00，如图6-221所示，可以看到文字有轻微色散的感觉，效果如图6-222所示，也可以凭借个人喜好进行调整。至此，本例制作完毕。

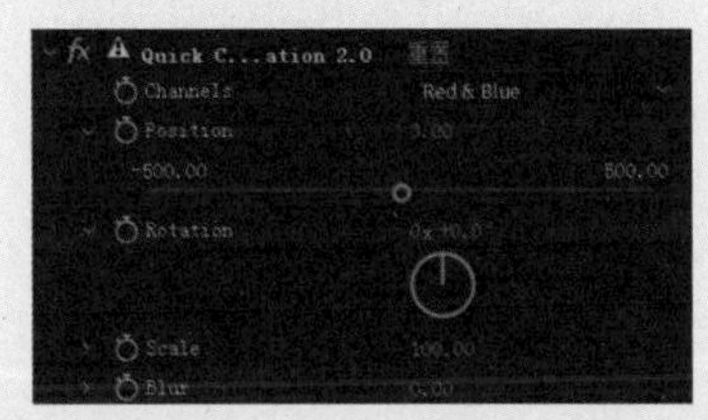

图6-221

图6-222